DIE GESCHICHTLICHE ENTWICKLUNG DER CHEMIE

VON

DR. EDUARD FÄRBER

MIT VIER TAFELN

BERLIN

VERLAG VON JULIUS SPRINGER

1921

ALLE RECHTE, INSBESONDERE DAS DER ÜBERSETZUNG
IN FREMDE SPRACHEN, VORBEHALTEN
COPYRIGHT 1921 BY JULIUS SPRINGER IN BERLIN
Softcover reprint of the hardcover 1st edition 1921

ISBN 978-3-642-50600-0   ISBN 978-3-642-50910-0 (eBook)
DOI 10.1007/978-3-642-50910-0

MEINEM VATER

VORWORT ALS EINFÜHRUNG.

Die Erforschung und Darstellung der Geschichte einer naturwissenschaftlichen Disziplin wird immer noch oft für ein überflüssiges und durch Verzehrung von viel geistiger Arbeit sogar schädliches Unternehmen gehalten. Der Hinweis auf das Erstarken des Sinnes für Wissenschaftsgeschichte kann dagegen natürlich nicht mit dem Werte eines vollen Gegenarguments auftreten; in der Tat würde ein Irrtum nicht dadurch zum Gegenteil, daß er von vielen begangen wird. Und wenn auch die Ablehnung der geschichtlichen Betrachtungen von einem für besonders realistisch gehaltenen Standorte aus geschieht, so erweist sich nun hier wieder einmal, daß es sich nur um eine in bestimmter Weise gesehene und gedeutete Realität handelt. Der praktische Gebrauch soll darüber entscheiden, was als Wissenschaft wertvoll und wertlos ist; die Anwendung im Alltagsleben sei die eigentliche Realität, das wahrhafte Maß, das wirkungsvollste Ziel. Der Hinweis auf ein so empirisches und realistisches Argument wie die erstarkende Wendung zum Historischen auch in den Naturwissenschaften würde gegenüber dieser Wertung nicht schon allein genügen. Auch diese Art realistischer Auffassung kann der historischen Betrachtung nicht ganz entbehren; aber dann wird eine Konstruktion eines Geschichtsverlaufs daraus, der von wüsten Spekulationen, gegen welche die Proteste einzelner ganz andersartiger, hervorragender Menschen gerichtet waren, zu der einzig wahren Beschäftigung bloß mit der Materie unter Ablehnung aller Spekulation geführt hätte. Realisten wären nur wir, leider nur auch nicht alle; die Schaffenden aus früherer Zeit aber waren Phantasten — wenn nicht Betrüger. Doch das wäre dann nur ein Unterschied des Bewußtseins gewesen und beide Male wäre die eigentliche Wahrheit, die sich einfach dem offenen Sinne darbietende Realität nicht erkannt, oder mindestens doch verkannt worden.

Eine solche Ansicht erweist sich schon dadurch als einseitig, daß ihr eine genau entgegengesetzte alle Wahrheit bestreiten kann und bestreitet. Freilich stellt sich dadurch nun auch diese andere Behauptung als extrem dar: daß nämlich jeder historische Zustand durchaus notwendig aus den Erkenntnissen der Zeit nach ewigen logischen Grundsätzen erwachsen wäre, ja daß dann heute eher verwirrter und getrübter wirkte, was einst in durchsichtiger Klarheit und voller Schönheit hervortrat: das Ideale. Man sieht, daß nun diesem der wahre Realitätswert zugesprochen wird und dann auch Wissenschaftsgeschichte ihren Wert davon erhält, daß sie darauf zurückführt.

Nicht das eine und nicht das andere Extrem leitete bei der Abfassung dieses Buches; und will man es einen Mittelweg dazwischen nennen, was hier gefunden werden kann, so ist doch aus der Vermeidung zweier, gar nicht in engem Zusammenhang mit historischen Tatsachen gebildeter, extremer Meinungen ein ganz anderes entstanden. Die Chemie ist heute eine ungeheuer weit ausgedehnte Wissenschaft, in welcher Beweise für Gegenstände auf einem kleinen Teilgebiete von anerkannten Tatsachen eines anderen hergenommen werden. Auch diese andern waren einmal, in noch ganz anderer Weise als heute, des Beweises bedürftig, und auch sie gewannen ihn von einem vorher besser ausgebildeten Gebiete her. So ergibt schon die gründliche Untersuchung heutiger Theorien einen „unendlichen Regreß", sie führt immer weiter in der Geschichte zurück. Aber dann muß man ja zu einem Zustande gelangen, wo sehr wenigen tatsächlichen Erkenntnissen keine solche Hilfe von anderen chemischen Erfahrungsgebieten mehr kommen konnte. Wartete man dann etwa mit der Erklärung? Und wenn man es getan hätte: Wie hätte man sich dann überhaupt in den Beobachtungen zurechtfinden können? Doch woher wären die Antriebe zum Weiterforschen gekommen, wenn man die Erklärung schon gehabt zu haben glaubte? Da greifen vielmehr phantastische Vorstellungen und Freude am Bearbeiten der Stoffe ineinander, und Theorien und Beobachtungen eilen einander voraus oder bleiben hintereinander zurück, in einer Weise, die immer vom einen oder vom anderen einen Vorsprung bestehen läßt, der zur Ansatzstelle weiterer Forschens: Beobachtens und Denkens, wird.

Hätten wir auch in solcher Allgemeinheit eine Übersicht gewonnen, und würden wir ihr Wahrheitswert zusprechen dürfen, so wäre für die spezielle Aufgabe noch sehr wenig geleistet. Wir wüßten nun ungefähr so viel, wie wenn uns jemand den Elektromotor damit erklärte: er werde durch elektrische Energie getrieben. Es gilt also, an den speziellen Erfahrungen das historische Werden nachzuweisen. Was heute als ganz objektive und durchaus gewisse Kenntnis auftritt, das soll seiner Sicherheit nicht etwa beraubt werden; vielmehr läßt sich diese Sicherheit überhaupt erst recht erkennen, bewußt gewinnen, wenn man sie in die Zusammenhänge einstellt, aus denen sie entstand. Dadurch wird den heutigen Erkenntnissen eine Begründung gegeben, die doch gegenüber der früheren starren Idealisierung als die wahrhaft realistische gelten darf. Wie wir nun hier durch die eigentlich philosophische Kritik zur Erkenntnis der einfachen Realität gelangen, so entspringt der Untersuchung experimenteller Erfahrungszustände andererseits ein mehr aufs Theoretische, Ideelle gerichtetes Ergebnis:

Der Weg zum Neuen läßt sich erkennen, und statt bloßer verneinender Ablehnung des Falschen öffnet sich ein gewisser Einblick in die Quellen des Irrtums, aber auch der Wahrheit.

Um nun in der einen oder anderen Richtung nutzbringende Anwendungen zu erzielen, muß man freilich hier wie überall sonst zunächst die Tatsachen mit ganz selbständigem Eigenwerte ausstatten, ihnen folgen, ehe man sie unseren Zwecken dienstbar macht; denn das kann ja erfolgreich nur nach jener Eigenart geschehen. So kommen wir ja immer durch die wissenschaftliche Behandlung zur lebendigen Verwertung.

Die Aufgabe der folgenden Darstellung ist es daher einerseits, wenn auch nicht alle, so doch die wichtigsten unserer heutigen Kenntnisse aus ihren einfachen Anfängen heraus dem historischen Verlaufe folgend zu entwickeln; und das heißt, eine möglichst stetige Reihe der verschiedenen Wissenszustände aufzuzeichnen, zwischen die Stadien des Fortschrittes aber die Anlässe dieser Weiterbewegung als Vermittlung zu legen. Dabei sind diese Anlässe nicht bloß objektive Unvollkommenheit des Wissens, auch nicht nur das Gefühl dafür in den Forschern, sondern eben auch die tatsächlichen neuen Erfahrungen. Von solcher eingehenden Berücksichtigung der historischen Forschungstatsachen aus kann dann der zweite Teil der Aufgabe in Angriff genommen werden, zu deuten und zu vergleichen, schließlich auch zu werten.

Die bisherigen Darstellungen der Geschichte der Chemie lassen unter diesen Gesichtspunkten manche Wünsche unerfüllt; das wird auch sicherlich von der vorliegenden gelten, da sie eben nur eine Bemühung nach der gekennzeichneten Richtung hin vorstellt. Noch immer kann Kopps „Geschichte der Chemie" als vortrefflich gelten, und wäre sie bis auf die jüngere Vergangenheit durchgeführt und von einigen wenigen speziellen Fehlern befreit, so ließe sich ein neues derartiges Unternehmen vielleicht nur durch die veränderten erkenntnistheoretischen Gesichtspunkte rechtfertigen. In Kopps Ergänzungswerk „Die Entwicklung der Chemie in der neueren Zeit" kann man allerdings von den großen Vorzügen seines ersten Buches manches nicht wiederfinden; der oft sehr gekünstelte Satzbau ist dafür nur ein mechanisches Kennzeichen. E. von Meyers bedeutendes Werk läßt leider gerade für die neuere Zeit sehr häufig im Stich; es ist dann teils bloße Datensammlung, teils nur biographische Erzählung. Wilhelm Ostwalds in seinen Lehrbüchern verstreute historische Darstellungen zeigen den Charakter, der auch in seiner „Elektrochemie" wiederkehrt: Der Fortschritt wird scharf und fast schematisch an einzelne Forscher gebunden, die Ergebnisse ihres Wirkens aneinandergereiht und verbunden weniger durch die Schilderung eines Querschnitts durch den damaligen Zustand der Wissenschaft, als durch ganz allgemeine und nur unter anderen Gesichtspunkten außerordentlich wertvolle Erörterungen. Die Geschichte der organischen Chemie hat in den Werken von Edv. Hjelt und Carl Graebe jüngst ausgezeichnete Darstellungen verschiedenen zeitlichen Umfangs gefunden[1]).

Über diese Werke sucht das vorliegende natürlicherweise besonders da hinauszugehen, wo es ihnen teils in Zustimmung, teils in Widerspruch etwas zu verdanken hat. In allem Wesentlichen neu ist aber die Absicht, den heutigen Zustand höchstens hier und da einmal vergleichsweise in allgemeinsten Zügen als bekannt vorauszusetzen, im übrigen aber gerade ihn erst zu entwickeln. Dadurch soll das Buch auch den vielen Nichtchemikern zugänglich und förderlich werden, die mit nur allgemein wissenschaftlichem, kulturgeschichtlichem oder philosophischem Interesse an die Lektüre herantreten. Dem Fachmanne aber soll es über das historische Tatsachenmaterial hinaus — das natürlich nicht in größter Vollständigkeit, sondern nur im Überblicke gegeben wird — noch die Übersicht über den Entwicklungsgang seiner Wissenschaft geben und zwar nicht eine ars inveniendi, aber doch allgemeine methodische Grundlagen aufweisen.

Die vier Bildtafeln zeigen Arbeitsgerät und Arbeitsweise der Chemie zu verschiedenen Zeiten an einigen Beispielen. Dem Germanischen Museum in Nürnberg verdanke ich den Druckstock für sein „Alchemistisches Laboratorium". Das zweite Bild, Berzelius darstellend, ist dem Heft VII von „Kahlbaums Monographien aus der Geschichte der Chemie" (J. A. Barth, Leipzig 1903) entnommen. Die „Innere Ansicht des Analytischen Laboratoriums zu Gießen" zeichnete porträtgetreu Wilhelm Trautschold im Jahre 1842; das Blatt wurde in den Berichten der Deutschen Chemischen Gesellschaft **23**. III. 877/8 (1890) veröffentlicht. Das Privat-Laboratorium von van't Hoff aus seiner Amsterdamer Zeit ist nach der Abbildung bei E. Cohen, „van't Hoff" (Akad. Verlagsges., Leipzig 1912, S. 178), wiedergegeben.

Mannheim, im Oktober 1921.

Eduard Färber.

---

[1]) Weitere Literatur über spezielle Abschnitte aus der Geschichte der Chemie findet sich im Texte zitiert. Dabei wurde im allgemeinen nur das besonders aufgeführt, was für die hervorgehobenen Entwicklungslinien bedeutsam ist. Für wörtliche Anführungen aus zeitgenössischen Arbeiten ist meist die Veröffentlichungsstelle angegeben. Wo statt der Einzelheiten des historischen Geschehens nur eine Summe davon beschrieben wurde, blieben besondere Literaturhinweise, am häufigsten für die älteren Zeiten, fort. Man findet dann die ausführlicheren chemischen Daten in den sammelnden Darstellungen der Spezialgebiete.

INHALTS=VERZEICHNIS.

Tafeln:

QUELLEN DER GESCHICHTE DER CHEMIE.

Um die Anfänge der Entwicklung der Chemie zu finden, müssen wir bis in Zeiten zurückgehen, als es Chemie als Wissenschaft noch gar nicht gab. Wir kommen auf irgend etwas anderes, in vieler Beziehung ihr Fremdes, aus dem sie sich entwickelte, und wir haben die reizvolle Aufgabe vor uns, diese Entstehung eines Neuen aus dem Andersartigen zu erkennen. Das hat nun auch entsprechende technische Schwierigkeiten: Wir können nicht, wie wir es etwa für neuere Zeiten tun würden, Darstellungen der Chemie aus jenen frühen Kulturzeiten als Quellen erwarten. Die Erfahrungen, die man über die Eigenschaftsänderungen der Stoffe erworben hatte, drangen nur zum Teil aus den Kreisen der Handwerker zu denjenigen, die als Schriftsteller Wissen und Meinungen ihrer Zeit aussprachen und ausdeuteten. Für solche ältesten Zeiten sind die Funde von Stoffen selbst die eigentlichen Denkmäler und Quellen der Geschichte der Chemie. Bei den alten Dichtern müssen wir aus den mancherlei Schilderungen dasjenige isolieren, was in unser Gebiet gehört. Werke, die ihrem wesentlichen Inhalte nach von einer Geschichte der Philosophie zu behandeln sind, dienen uns zugleich auch als Quellen für die chemischen Kenntnisse. Auch solche philosophische Abhandlungen sind ja lange Zeit hindurch noch in die Form des Gedichtes gekleidet; so wird man sich nicht wundern, für die Erforschung der Stoffe keine eigene Darstellungsform zu finden.

Immerhin gibt es ungefähr seit der Zeit des DEMOKRITOS (460 bis 370 v. Chr.) eine Reihe von den Naturwissenschaften gewidmeten Schriften, und da wird das chemische Wissen im Zusammenhange — oder besser Gemische — mit dem Wissen über die ganze Erde und das Weltall mitgeteilt.

Erst aus dem dritten nachchristlichen Jahrhundert stammen genauer datierbare Schriften speziell chemischen Inhaltes, wobei natürlich auch mancherlei mitgeteilt wird, was man heute nicht chemisch nennen könnte. In vielen Rezepten schildern die unbekannten Verfasser die Arbeitsmethoden zur Gewinnung der wichtigsten Präparate. Lange, rein praktische Ausübung und viele gelegentliche kurze Aufzeichnungen gehen diesen Verzeichnissen voran. Ihre offenbar nur aufs Praktische gehende Absicht und ihre bloße

Angabe von Vorschriften stechen zwar auf den ersten Blick scharf ab von dem gedanklichen Schwunge der philosophischen Darstellungen; aber dann zeigt sich gerade in dem Phantastischen, das auch die speziellen Mitteilungen noch durchtränkt, die Denkweise dieser Praktiker und der Boden ihrer Gesinnungen. Aus dieser Zeit sind eine ganze Anzahl von Werken, zum Teil auch Fragmenten überliefert, die sich mit der „großen Kunst", mit „Physik und Mystik", beschäftigen, und ZOSIMOS (um 300 n. Chr.) findet Stoff für etwa 28 Bücher über die Chemie.

Das Mittelalter zehrte lange Zeit von den alchemistischen Schriften der Griechen und Araber. Daneben entstehen später spezielle Werke, die entweder einem praktischen Teile der chemischen Forschung — etwa den Erzen und Mineralien — gelten oder, wie die Schriften von PARACELSUS, in heftigem Kampfe gegen das „alte Gesetz" einer neuen Schule die Richtung weisen. Jetzt sind die Autoren auch nicht nur die Vertreter der Ideen, sondern zum Teile selbst die Sammler der Kenntnisse, die sie zum Ausgangsorte nehmen. So lassen sich aus den Werken die Fortschritte des Wissens nach Zeit und Person genauer bestimmen. Doch auch die Art der Anordnung des Materials, die Betonung im speziellen und allgemeinen Beschreiben, weisen deutbar auf den Charakter der Chemie zur Zeit der Abfassung dieser Lehrbücher oder Streitschriften.

War in den älteren Lehrbüchern der Chemie die Anordnung nach den Operationen getroffen, so galten sie offenbar als das Wichtigste: die Tätigkeit des Menschen, nicht die Eigenschaften des Objekts. Vom Standpunkte der alchemistischen Anschauungen stellte sich die Einteilung des Materials ganz anders dar als nach der Erkenntnis der Konstanz der Elemente; wenn die Verbrennung durch das Verschwinden eines Stoffes, des Phlogistons, erklärt wurde, so ergab sich eine Anordnung, die stellenweise entgegengesetzt war der späteren auf dem Boden der Theorie, daß Verbrennung die Vereinigung mit Sauerstoff bedeutet. Mit dieser Theorie kam das chemische System im großen ganzen zu einem gewissen Abschlusse; im 19. Jahrhundert ging die Untersuchung lange Zeit hauptsächlich um die Erkenntnis der organischen Substanzen, und die Lehrbücher waren verschieden je nach der Anschauung, die ihr Verfasser für die richtige hielt.

Neben das Lehrbuch trat besonders im späteren 17. Jahrhundert eine neue Veröffentlichungsform: die Mitteilung in periodischen Zeitschriften. Bei ihnen kehrt in gewissem Sinne die Entwicklung der Buchliteratur wieder: Die ersten Zeitschriften waren der ganzen Philosophie, allen Wissenschaften geöffnet. Aber dann wuchs das spezifisch chemische Material — und entsprechend das anderer Sondergebiete — so stark und stetig, daß dafür, gegen Ende des 18. Jahrhunderts, besondere Journale und Annalen geschaffen wurden. Sie bilden nun die Hauptquellen, in ihnen findet man die wichtigsten Mitteilungen über neue Befunde und Theorien, so daß Liebig, der sich auch um die Ausbildung dieser Literatur große Verdienste erwarb, 1834 schreiben konnte: „Die chemische Literatur ist nicht in den Handbüchern, sie ist in den Journalen enthalten." Freilich galt das auch damals nicht so unbedingt, wie es wohl klingen mag.

Je mehr chemische Zeitschriften entstanden, um so größer wurde der Umfang jeder ihrer Jahresbände; was natürlich umzukehren wäre, wenn man dazwischen ein Kausalverhältnis konstruieren wollte. Noch unter diesen speziellen periodischen Veröffentlichungen machten sich Sonderungen nötig. Die für die Chemie so große Zeit von den siebziger Jahren bis zum Ende des vorigen Jahrhunderts ist besonders reich an solchen Neugründungen, denen dann besonders auf biochemischem und physikalisch-chemischem Gebiete neue folgten. Die Übersicht über das gewaltige neue mitgeteilte Material suchen „Zentralblätter" zu wahren, und schon beginnt auch bei ihnen eine, allerdings den Zweck gefährdende, Trennung nach Einzelgebietsteilen.

Auf der Stufe des Lehrbuches ist die sammelnde Tätigkeit noch immer der forschenden am nächsten; und manche von den Chemikern, denen die Wissenschaft wesentliche Fortschritte verdankt, haben denn auch um des neuen Teiles willen, den sie brachten, die Mühe auf sich genommen, all das andere, fast unverändert Gebliebene, mit ihm zugleich zu beschreiben. So zeigten sie erst das rechte Verhältnis zwischen dem Alten und dem Neuen im Rahmen des Gesamtbildes ihres Faches. Bei der so stark gewachsenen Bedeutung der literarischen Sammeltätigkeit sind heute Forscher und Berichterstatter doch oft genug viel schärfer getrennt.

A. DIE CHEMIE ALS QUALITÄTENLEHRE.

> Der Fortschritt aus der Traumwelt der Zauberer und Wahrsager, der Orakel und Propheten durch das goldene Tor der künstlerischen Phantasie in das Land des allgemeingültigen Wissens, das die Wirklichkeit der Kausalerkenntnis unterwirft — immer neu setzt er bei den Völkern der alten Welt an; nun erst, im Zusammenwirken der neueren Völker, entsteht diese Wissenschaft, mit ihr das Streben, das Wirkliche der Macht des Geistes zu unterwerfen: zuerst die Natur, bis dann die Aufgabe erfaßt wird, auch die Gesellschaft durch dieses wissenschaftliche Denken zu beherrschen.
>
> Wilhelm Dilthey,
> Ges. Schriften II. Bd., S. 343.

I. Die Entstehung des besonderen Wissensgebietes: Chemie.

1. Die Anfänge in Mythos und Handwerk (bis zum 3. Jahrh. v. Chr.).

Was ist Chemie? Eine Definition dafür scheint besonders notwendig zu sein, wo wir doch für ihren Anfang keine gesonderten Darstellungen besitzen und vielmehr selbst heraustrennen müssen, was damals in vielerlei anderes überging. Nach welchen Gesichtspunkten sollen wir dabei verfahren? Wollten wir nur das dafür auswählen, was heute Chemie genannt wird, so wäre das in einem engeren Sinne gar nicht möglich; nur mit einer sehr allgemein gehaltenen Begriffsbestimmung ließe sich dasjenige Konstante gewinnen, das bei allen seinen großen Veränderungen doch immer wieder den Zusammenhang in einer Einheit eines Erfahrungsgebietes bilden kann. Allerdings geraten wir dann zu einem so unbestimmten Ausdrucke, daß man von dieser zuerst für so notwendig gehaltenen Definition nun doch nicht den Eindruck einer wirklichen Erklärung erhalten kann. Man sieht sich also auf die einzelnen Durchführungen verwiesen, wenn man erfahren will, was denn Chemie „eigentlich“ sei; und dann wird es auch klar, daß dieses „Wesen“ dem Wechsel des historischen Geschehens unterworfen bleibt.

a) Wege der ersten Stoffunterscheidungen.

Wir können ein instinktives Einssein mit einem — allerdings recht beschränkten — Teile der Natur als Ausgangsort aller Wissensbildung konstruieren. Für einen engen Bereich primitivster Lebenserfordernisse träfe dann auch der Mensch seine unbewußten Ziele so sicher wie die Schlupfwespe ihr Opfer. Aber nun blieb dem Menschen offenbar sein vom Instinkt beherrschter Geschehensausschnitt nicht so rein von fremden Einflüssen bewahrt, daß er sich damit hätte begnügen können. Was sich so von außen in das kleine System eindrängte, in dem er sich sicher bewegte, das starrte er als Wunder an, nachdem er vielleicht lange ganz ratlos vor den plötzlichen Veränderungen des sonst allein berechtigten Verlaufes gestanden hatte. Freilich müssen wir nun unsere Konstruktion dadurch ergänzen, daß wir dem Menschen die Fähigkeit zusprechen, statt einfach an solchen Veränderungen zugrunde zu gehen, sie allmählich unter Erweiterung seines Tätigkeitsbereiches aufzunehmen und in seine Lebensart einzufügen. Auch damit bleiben wir natürlich noch weit im Unbestimmten; und wir könnten mit ebensoviel Berechtigung den Antrieb zu solcher Erweiterung in den Menschen selbst statt in objektives Geschehen außer ihm verlegen.

Das eine wenigstens ist jedoch gewonnen: Wir erkennen, wenn auch nur ganz grob, das Entstehen neuer Bedürfnisse, entweder aus den äußeren Einwirkungen oder aus dem inneren Drange, am besten wohl aus einem Zusammenwirken zwischen Außen und Innen. Wir dürfen nur jenen Ausdruck: Bedürfnisse nicht in gar zu rationalistischem Sinne nehmen wollen. Wo wir sie wirklich nicht bloß gedanklich konstruieren, sondern auch an Tatsachen nachweisen können, da gehen sie schon weit über das bloß Notwendige hinaus. Gewiß sind andererseits diese Tatsachen nicht solche, die sich auf den undifferenzierten Durchschnitt und die große Masse auch des primitiven Menschen beziehen. Vielleicht stehen die Äußerungen, die wir auch aus kulturarmer Frühzeit besitzen, in demselben Verhältnis zu den Erlebensweisen der großen Mehrheit wie etwa die Taten hervorragender Menschen heute zu denjenigen unseres Durchschnittes. Doch wie man es auch erklären mag: Nicht nur in den gedanklichen Auffassungen, auch in den praktischen Betätigungen tritt über das als bloßes Bedürfnis Erklärbare noch eine Art Luxus zu nennende Beschäftigung hervor. Diese Bezeichnung enthält nun freilich ein Urteil, dessen Richtigkeit angezweifelt werden könnte; vielleicht erscheint uns nur als Überschuß über das Notwendige, was doch seinerzeit ganz anders bewertet wurde. Es genügt aber doch auch, in diesem Zusammenhange darauf hinzuweisen, daß wir die historischen Tatsachen noch in manchen auch allgemeinen Beziehungen nicht als „notwendig" kausal genügend zu erklären vermögen.

Es ist fast selbstverständlich, daß für die mancherlei Verrichtungen, die zum täglichen Leben gehörten, und zwar sowohl für die

primitiven wichtigen wie für die scheinbar spielerisch darüber hinausgehenden, Materialien gebraucht wurden. Unter den Gesichtspunkt
der Chemie bringen wir diese, wenn wir fragen, nach welchen Merkmalen denn die Unterscheidung dieser Materialien erfolgte und wieweit sie auch gelang. Da zunächst die Zustandsveränderungen des
sonst gleichbleibenden Körpers im Vordergrunde standen, so sind es
auch physikalische Eigenschaften, die das Werkzeug zur Erzielung
derselben erkennen ließen. Zum Schneiden ließen sich ja nur diejenigen Steine gebrauchen, die — außer genügender Härte — geeignete Spaltbarkeit besaßen. Dann blieb es aber ohne Belang,
welches sonstige Verhalten dem Steine zukam; die eine praktisch
allein verwertete Eigenschaft war auch die tatsächlich allein wirklich
beobachtete und mit Bewußtsein aufgenommene. Die anderen Bestimmungsstücke waren wertlos und die anderen Gesteinsarten untauglich. Mehr als solche negative Bestimmungen daran hätte man
ja nur gewinnen können, wenn man dadurch irgendeine Veränderung
hätte erzielen können oder — wollen. Daraus ergäbe sich eine erste
Trennung in Werkzeugsteine und unbrauchbare Steine. Das ist gewiß
keine modern chemische, aber es ist ihre Vorstufe. Eine ähnliche
Trennung wurde sicherlich auch vollzogen, wenn man die gefundenen
Materialien in eßbare und nicht eßbare unterschied, wobei nur noch
als dritte Klasse wohl noch die schädlichen Stoffe vereinigt werden
konnten und Geschmack wie Sättigungsgefühl noch weitere Trennung
ermöglichte. An Wichtigkeit kam dann an zweiter Stelle die Unterscheidung des Brennbaren und Nichtbrennbaren. Nach dem Verhalten
im Feuer ließ sich auch unterscheiden, was etwa zur Tonbereitung
geeignet ist und was nicht.

Solche Materialunterscheidungen erwuchsen also aus dem praktischen Gebrauche. Allerdings mögen sie doch nicht sehr scharf
gewesen sein. Überhaupt wird einer Zeit, die noch die verschiedenen
Männer eines Stammes — in der Institution der Blutrache — als
gleichwertig und vertretbar fühlt, auch von den Unterschieden im
Anorganischen nur das Gröbste zugänglich sein. Aber andererseits
gab es doch auch verschiedene Feinheiten des Trennungsvermögens
bei den verschiedenen Mitgliedern der menschlichen Gemeinschaften.
Wer die Gegenstände selbst verarbeitete, gewann bald die Übung,
die ihn noch vor der wirklichen Veränderung im Arbeitsgange erkennen ließ, was dazu brauchbar sein würde. Er hätte sich ja sonst
oft täuschen müssen, wenn er nur die e i n e allein beachtete Eigenschaft benutzt hätte, um sich sein Ausgangsmaterial zu besorgen.
So geschah die bewußte Aufweisung von Unterschieden zwar nur
so einseitig, aber sie wurde ergänzt durch eine Anzahl von vielen
nur u n b e w u ß t e n Gefühlswerten. Der „Messerstein" sollte zwar so

splittern können, daß er eine Schneide liefert; zugleich hatte man aber auch eine gewisse gefühlsmäßige Schätzung für seine spezifische Schwere, und meist war auch die Farbe all dieser Steine die gleiche, die gemeinsam mit ihrem Glanze eine Kennzeichnung zuließ. Mit der einen wertvollen Eigenschaft waren also mancherlei andere verbunden, und je weniger bewußt diese geworden waren, um so fester hielt wohl der praktische Handwerker daran fest, daß auch sie zugegen sein mußten, wenn der Stein auch der „richtige" sein sollte. Hier lag nun die Wurzel eines Konfliktes verborgen, der bedeutsamer dann bei den mit Seltenheitswert versehenen Stoffen hervortrat: der Konflikt zwischen bewußten und unbewußten Unterscheidungsmerkmalen.

b) Metalle.

Durch seinen Glanz und seine intensive Farbe geleitet, kann man das schwere Gold leicht aus einer fahlen sandigen Umgebung abtrennen. Daß man gerade diesem Stoffe eine so hohe Beachtung schenkte, das läßt sich letzthin nur etwa nachfühlen. Bedeutung hatte es nicht sowohl im Sinne eines praktischen Gebrauches, der ein dringendes Lebensbedürfnis erfüllte, als vielmehr für eine Überschußbetätigung darüber hinaus. Nun waren sicherlich die einfachen sinnlich wahrnehmbaren Eigenschaften die zunächst kennzeichnenden. Solange man nichts anderes kannte, genügte es denn auch, Glanz, Farbe und höchstens noch in großer Unbestimmtheit Schwere als seine vollständigen Merkmale anzunehmen. Und doch wurde es nicht als ganz identisch bloß damit aufgefaßt; denn schon aus dem 2. Jahrtausend v. Chr. wird von Gold verschiedener Feinheit und Güte berichtet, so daß man wohl in noch frühere Zeit eine Art Unterscheidung zwischen „Goldarten" setzen kann. Man hatte als Gold das Beisammensein nur jener drei Qualitäten (Glanz, Farbe, Schwere), und auch dies nicht scharf, definiert; nun fand man die Vereinigung derselben drei Eigenschaften, und doch blieben Unterschiede gegen das wahre Gold bestehen. Was waren das für Unterschiede? Ein einziger aufweisbarer hätte zunächst ja genügt. Noch ehe er aber gefunden wurde, war man von seinem Vorhandensein überzeugt. Er war eben nicht bloß erst durch lange und dem direkten Erleben ferne Operationen herauszuholen, und er bestand nicht erst dann, nachdem dies gelungen war. Man hatte ein oder das andere physikalische Merkmal den Stoff kennzeichnen lassen; nun erwies sich, daß der Stoff nicht identisch mit diesem Merkmal allein war, sondern noch etwas darüber hinaus vorstellte.

Schon hier tauchte also das Problem der „Ersatzstoffe" auf. Wenn wir es einerseits nach den Erlebnissen der letzten Jahre besonders dringlich erfahren haben, so ist es andererseits doch weder erst heute begründet worden noch auch auf die Frühzeit beschränkt, in der man chemische Kennzeichnungen nur so mangelhaft vornehmen konnte; vielmehr ist es eines der wichtigsten Probleme der Stofferkenntnis überhaupt. Es gibt also Stoffe, die als solche voneinander verschieden sind und doch in der einen oder anderen einzelnen Eigenschaft miteinander übereinstimmen bis zur Identität darin. Wir gelangen hier zur erkenntnistheoretischen Frage danach, was Stoff und was Qualität denn „eigentlich" sei; die Entwicklung dieser Begriffe, ihres Verhältnisses zueinander und der Methoden ihrer Erkenntnis ist eines der ganz großen Themen einer geschichtlichen Betrachtung der chemischen Erkenntnis.

An manchen Orten fand sich als weißglänzende Masse ein Material, das dem Golde an Glanz und Schwere ähnlich genug war, um mit diesem zusammen den andersartigen Stoffen gegenübergestellt zu werden. Zu Schmuckgegenständen verarbeitetes Silber wurde in der Ägäis aus der Zeit von vor 3000 v. Chr. ausgegraben, in anderen Gegenden war es seiner größeren Seltenheit wegen noch höher als Gold geschätzt. Asem nahm eine Zwischenstellung zwischen beiden ein; mit diesem ägyptischen Namen bezeichneten viele schon um 3000 v. Chr. das Metall, das die Griechen Elektron benannten. Das war nun Gold, und doch wieder nicht; nannte man es „Weißgold", so drückte man diesen Widerspruch schon im Namen aus.

Auch das Kupfer kommt gediegen vor oder ist doch verhältnismäßig leicht aus manchen Erzen abzuscheiden. Hilfsmittel dafür bildeten sich in manchen Kulturgegenden frühzeitig aus. „Vielfach hat man früher aus diesen Tatsachen den Schluß gezogen, daß sich überall und allerorten der Steinzeit zunächst eine Kupfer-, sodann eine Bronze- und erst zuletzt eine Eisenzeit angereiht habe; man glaubte ihn einerseits durch die gemachten Funde bestätigt zu sehen, andererseits durch die antiken Überlieferungen von einem ehemaligen Kupfer- oder Bronze-, richtiger ‚Erz'-Zeitalter, ferner durch die große Rolle des Erzes in Aberglauben und Kult, durch den Übergang der Bezeichnung $\chi\alpha\lambda\varkappa\varepsilon\acute{v}\varsigma$ (Chalkeús) vom Kupfer- und Erz- auf den Eisenschmied usf. Spätere Untersuchungen erwiesen indessen, daß diese Folgerung viel zu weitgehend und in solcher Allgemeinheit ebenso unzutreffend ist wie die zugunsten des Eisens lautende entgegengesetzte. Eine in allen Ländern und bei allen Nationen gleichartige oder gar gleichzeitig einsetzende und fortschreitende Entwicklung erscheint völlig ausgeschlossen, vielmehr hängt deren Richtung und Verlauf von den verschiedensten Bedingungen ab, namentlich von den örtlich gegebenen: bei gewissen Völkern, z. B. zahlreichen afrikanischen, ist daher eine der Eisenzeit vorhergehende Kupferzeit gar nicht nachweisbar; bei anderen, z. B. einigen westasiatischen, mag das Kupfer, oft schon frühzeitig mit der Bronze vergesellschaftet, zweifellos eine langandauernde Rolle gespielt haben; bei noch anderen, z. B. manchen europäischen, bildet die Kupferzeit anscheinend nur eine verhältnismäßig kurze Übergangsperiode zwischen Stein- und Eisenzeit, unter ganz vorwiegender Anlehnung an erstere"[1]).

Wir können natürlich nicht im einzelnen verfolgen, wie die Methoden zur Aufarbeitung der Erze auf reines Metall gefunden wurden. Selbst für die Gegenwart wären wir ja in Verlegenheit, wenn eine derartige Frage gestellt würde. Viele tastende Versuche, über deren Erfolglosigkeit kein Bericht Zeugnis ablegt, sind doch nicht durch bloßes Ungefähr zustande gekommen. Außer dem wichtigen, aber doch nur durch Ort und Austausch bedingten, Momente der Greifbarkeit solcher Stoffe leitete bei ihrer Wahl sicherlich doch auch manche Spekulation, von deren Art wir uns wohl aus dem Tone der Beschreibungen ein gewisses Bild machen können (s. späterhin). Man erhitzte Kupfer mit Zink und stellte ein mannigfach verwertbares Material, Bronze, her; in Persien fügte man dem Kupfer das leicht erreichbare Erz „Tutia" = Galmei zu und erhielt das Messing. Aus gewissen schweren Erzen erschmolz man das Blei, und mit viel mehr Kunst und Arbeitsaufwand auch aus anderen das Eisen. Durch Erhitzen mit Kohle erhielt man das Metall. Ja, man kannte auch Verfahren (mindestens um 400 v. Chr.), es zu härten, Stahl daraus zu gewinnen. Der Papyrus EBERS (aus der Zeit um 1500 v. Chr.) erwähnt außer Eisen aus Oberägypten auch „himmlisches" Eisen, also meteorisches. Dieser Ursprung sicherte ihm natürlich hohe Bedeutung für das menschliche Leben. Im Alten Testamente wird das Eisen als für manche Kulthandlungen verboten angeführt.

Gold und Silber, Kupfer und Zinn, Blei und Eisen, außerdem noch manche Legierung zwischen einigen davon, das sind die Metalle, die uns, örtlich verschieden, schon für eine mehr als drei Jahrtausende zurückliegende Zeit als bekannt gelten müssen.

Dabei müssen wir jedoch berücksichtigen, daß die angegebenen Namen einer viel späteren Periode entstammen, und das ist nicht nur formal von Bedeutung. Der Arbeiter, der Messing hergestellt hatte, wußte zwar so ungefähr und in seinem Begriffskreise, was es vorstellte. Wenn es aber als ein Gold von irgendeiner Sonderart bezeichnet wurde, dann vermutete man wohl innere Beziehungen

---

[1]) E. O. v. LIPPMANN, Entstehung und Ausbreitung der Alchemie, Berlin 1919, S. 538 f.

zwischen beiden — als Ausdruck dafür und dort, wo man sie nicht
scharf zu unterscheiden vermochte. Dem Techniker standen dafür
schon sehr lange, mindestens wohl einige Jahrhunderte vor Christus,
Feuerproben zur Verfügung, um durch Schmelzen mit gewissen Zusätzen das beständige Gold zu erkennen und zu reinigen. Die Arbeits-
methode selbst wandte man ähnlich bei der Glasbereitung an, durch
Schmelzen mit Zusätzen gewann man ja auch viele Metalle aus ihren
Erzen.

Eine ganze Reihe von Unterscheidungen wurde also schon in
den frühesten Kulturzeiten nachweisbar vorgenommen: aber Unterscheidungen nach den direkten sinnlichen Wahrnehmungen, von denen
auch nur einige bewußt hervorgehoben wurden. Das sind zuerst bei
Stein und Metall Farbe und Schwere, das Verhalten beim Bearbeiten.
Um etwa Eisenerz und Bleierz voneinander zu erkennen, dienten
vor der Verarbeitung die Komplexe sinnlicher Eindrücke, die doch
auch uns vor der wissenschaftlichen Erkenntnis etwa die Mineralien
zu unterscheiden ermöglichen. Eine gewisse Technik der Behandlung solcher Materialien im Feuer vererbte sich unter den Handwerkern durch eine Tradition, die jede einzelne der Verrichtungen
heiligte. Man kann sich wohl denken, daß der Ausgangspunkt für
die Entwicklung dieser Verfahren die Zubereitung der Nahrung war.
Gärungen wurden benutzt, um alkoholische Getränke, auch um Brot
mit Säuerung zu bereiten. Kräuter und Pflanzensäfte dienten nicht
nur in der Heilkunde, sondern auch zum Verschönern der Gewebe.

c) Die gedanklichen Zerlegungen: Elemente und Atome.

Wenn die Anleitung zu solchen handwerkerlichen Veränderungen
der Stoffe auf göttliche Vorschriften zurückgeführt wurde, und gewisse
Steine, Metalle und Gewebe bei kultischen Handlungen und in über-
liefertem Mythos mit überirdischen Mächten in Beziehung traten, so
war das in manchen Stücken als eine Art von Erklärung der eigenen
Handlungen aufzufassen. Von hier aus wurde auch das, was sonst
nur den Handwerker und den praktischen Gebrauch anzugehen schien,
ein wichtiger Gegenstand der philosophischen Betrachtung. Die Produkte der Technik wurden ja zuerst, als wertvollste neue Errungenschaften, den Göttern geweiht und in ihrem Dienste verwendet. So
mußten sich die Priester mit ihnen beschäftigen, und vielleicht, je
nach persönlicher Neigung, mehr mit ihrer Herstellung oder mit
ihrer Erklärung. Sie nahmen so etwas wie die Stellung von Direk-
toren oder wissenschaftlichen Beratern bei der Fabrikation ein und
stellten ihr neue Aufgaben. Die ägyptischen Priester waren darum
Besitzer der damals weitestgehenden allgemeinen Kenntnisse: Sie

hüteten sie so gut wie ihre Heiligtümer und erklärten jene wie diese aus göttlichem Zusammenhang heraus. Dann war die Betrachtung auch nicht nur dem oder jenem speziellen Resultate zugewendet, sondern sie bezog auch die ganze Welt mit hinein.

In gedanklichem Systeme logisch geordnet, bringen die griechischen Philosophen mit ihren Anschauungen vom Weltganzen auch die über die Stoffe zum Vortrag. Dieser bedeutsame Zusammenhang kann entgegengesetzt gewertet werden. Er zeigt auf jeden Fall, daß die speziellen Anschauungen nicht aus wissenschaftlicher Isolierung eines Gebietes, sondern aus dem ganzen Leben entwickelt wurden. Aber dieses könnte dann eben nicht in Einzelheiten gesondert, sondern nach großen gedanklichen Prinzipien erfaßt werden. Dem geringen Umfange besonderer Erkenntnisse stand dann deren geringe Bewertung zur Seite — in demjenigen Abhängigkeitsverhältnisse, das, wie bei anderen so allgemeinen Betrachtungen, auch hier nicht in Ursache und Wirkung zerlegt werden kann, und bei solcher Einstellung als Wechselwirkung erscheinen muß. Hier weisen nun die einen darauf hin, daß die in die Gedankensysteme eingeflochtenen Theorien der Materie und ihrer Umwandlung für die Wissenschaftsgeschichte recht bedeutungslos seien; ihr rein spekulativer Charakter wird als eine Verirrung des menschlichen Geistes — wenigstens so weit er wissenschaftlich sein soll — hingestellt, und die ganze Verfahrensweise der „alten Griechen" verurteilt. Demgegenüber wird von anderen der grundlegende Wert dieser philosophischen Auseinandersetzungen stark betont, ja sogar darauf hingewiesen, daß die verschmähten alten Griechen ja eigentlich — schon alles wußten, was wir mühsam erst entdecken. Betrachten wir zunächst das Material, dem so widerstreitende Beurteilung zuteil geworden ist!

Zerlegungen in der Fülle unsrer Stofferfahrungen nach Elementen finden sich bereits bei Homer. Irgend etwas mußte als bestehend angenommen werden, und die alte Elementenlehre sagt eigentlich nicht viel mehr — über ihren mythischen Inhalt hinaus nämlich —, als daß es einige verschiedene und beständige Dinge gäbe. Aber man führte nicht so viele Elemente ein, als man verschiedene Stoffe kannte. Darin zeigt sich die philosophische Umgestaltung primitiver Erfahrungen. Gewiß war sie begünstigt dadurch, daß der Philosoph die Verschiedenheiten gar nicht so eingehend kannte wie der Handwerker; aber was so entstand, war doch nicht bloß durch einen solchen Mangel gekennzeichnet. An die Stelle der handwerkerlichen trat die gedankliche Bearbeitung, und es dürfte doch wohl nicht leicht sein, in exaktem Maße den Wert der einen gegen die andere zu halten. Der Philosoph untersuchte nur die gröbsten Unterschiede, aber er erforschte ihre prinzipielle Geltung. Das Schwere stand dem Leichten gegenüber: Festes und Flüssiges zusammen dem Gasförmigen, wie wir sagen würden. Aber das wird nicht in dieser Art und in solcher Abstraktheit ausgesprochen. Nicht vom Festen, sondern von der Erde ist die Rede, und das Flüssige ist anschaulich und realistischer dargestellt durch das Wasser. Wenn wir diese Übersetzungen beachten, werden wir auch nicht glauben, daß Erde nun allein das von uns so Definierte sein müßte; war es aber ein weiterer, wenn auch unbestimmterer Begriff, so konnte es auch um so eher eines der Elemente aller anderen Stoffe mit sein. Die Unterscheidung im „Leichten" erfolgte als Luft und Feuer.

Diese vier als Elemente bei den ionischen Philosophen (von THALES bis HERAKLIT) werden bei den Pythagoreern durch das fünfte Element, den Äther, ergänzt, mit Zusammenhängen zu mythologischen und geometrischen Vorstellungen (Fünfzahl der regelmäßigen Polyeder). Auch solche Analogien erweisen zugleich Unbestimmtheit und Allgemeinheit des mit den Elementen Gemeinten.

Andrerseits sind diese Trennungen für die Ionier etwa gar nicht absolut streng. Ein einziges Prinzip sollte vielmehr den stofflichen Verschiedenheiten zugrunde liegen, ein Urstoff im Sinne eines Urprinzipes. THALES (um 600 v. Chr.) nimmt das Wasser, ANAXIMENES (585—525) die Luft, HERAKLIT (um 490 v. Chr.) das Feuer als diesen Urstoff an. Bilder, wie der Weg des Feuers nach unten bei der Verwandlung in Erde, nach oben wieder zu Luft und Feuer, besaßen ihren Erklärungswert aus ihrer Verbindung mit Gefühlserlebnissen. Die zwei Gegensätze, in die das eine auseinandertritt: das Warme und Kalte, oder auch das Männliche und Weibliche, zeigen durch ihr Vereinigungsstreben so etwas wie die höhere Geltung der Einheit.

Die Trennung in vier Elemente vereinigt EMPEDOKLES (490 bis ca. 430) mit der in Materie und Kraft (oder Geist). Der Haß trennt die Elemente, die Liebe vereinigt sie, immer aber muß ein fremder Impuls die für sich tote Materie bewegen. Immerhin klingt auch, was über sie gesagt wird, doch noch lebendig genug; ich führe die Worte des EMPEDOKLES nach der Wiedergabe von DEUSSEN mit seinen in eckige Klammern gesetzten Erläuterungen an[1]): „Vernimm zuerst, daß die Wurzeln für alles Seiende vier sind: der [als Blitzfeuer] schimmernde Zeus, die das Leben [als Luft mittels des Atemprozesses] erhaltende Hera, ferner Aidoneus [als Vertreter der Erde] und die Nestis [das Wasser, nach dem Namen einer sizilianischen Wassergöttin], welche die irdische Quellhöhle mit ihren Tränen benetzt." Die Mischung dieser Elemente soll dann die uns bekannten

---

[1]) PAUL DEUSSEN, Die Philosophie der Griechen, Leipzig 1911, S. 112.

Materien, etwa Blut oder Metall, bilden, abhängig von den quantitativen Verhältnissen dabei. Der in Athen lebende Anaxagoras (ca. 500—430) braucht ebenfalls einen Beweger und Weltordner: „Alle Dinge waren zusammen, da kam der Nus und schuf die Weltordnung." Er trennte dabei und zwar nach qualitiven Gleichheiten, in Samen; später nannte Aristoteles sie Homoiomere. Auch sie sind eine Art Elemente, ja sie stehen viel näher am direkt Erfahrenen, wenn etwa Knochen nicht als aus Erde, Wasser und Feuer in einem gewissen Zahlenverhältnisse gemischt gedacht werden, sondern, ihrer tatsächlich nicht vollzogenen Zerlegung nach, als einheitliche, „gleichteilige", aber auch eigenartige Gebilde.

Ganz anders erscheint das Weltbild einem Manne, der aus engem Verkehr mit Praktikern mehr von den empirischen Kenntnissen seiner Zeit sammelte. Demokrit (ca. 460—370) lernte dabei wohl zuviel von den Verschiedenheiten und ihren Werten kennen, als daß ihm diese Elementenlehre genügt hätte. Er suchte die Mannigfaltigkeiten der Stoffe mit der Mannigfaltigkeit der Zahl auszudrücken und die qualitativen Unterschiede entweder ganz durch solche quantitative Beziehungen am eigentlich indifferenten Gleichen oder als irrige subjektive Annahme zu erklären. Hier liegt ein gründlicher Unterschied gegen die Elementenlehre. In ihr wurden einige Grundqualitäten doch gerade für das Qualitative eingeführt. Für Demokrit sind die objektiven Verschiedenheiten alle gewissermaßen nur quantitative, physikalische würden wir sagen. Es gibt nur Materie und die Abwesenheit davon, den leeren Raum. Materie besteht aus kleinsten Teilchen, die sich in Größe, Form, Schwere unterscheiden können und durch Zahl und Lage ihrer Zusammensetzung sich verschieden verhaltende Stoffe bilden. Geschmacks- und Geruchsqualitäten werden als bloßer Schein abgewiesen; es zeigte sich später, daß in diesem Systeme Demokrits genügende Freiheitsgrade vorhanden sind, genügend viel unabhängig verschieden annehmbare Bestimmungsstücke, um auch dafür statt solcher Leugnung ihrer Existenz eine Erklärung zu geben. Die ging dann im Prinzip nicht weiter über die Erfahrung hinaus, war nicht weniger willkürlich als manche Deutungen bei Demokrit selbst.

Es ist bekannt, daß diese kleinsten Teilchen des einzig greifbar Vorhandenen, der Materie überhaupt, Atome genannt wurden. Auf Fall und Zusammenprall dieser „Unteilbaren" gründete Demokrit eine Kosmogonie. Wieviel davon schon bei Leukipp durchgeführt war, läßt sich nicht mehr feststellen; uns kommt es ja auch nicht auf Namen an; wieviel von dieser Atomistik aber in die neuere und neueste einging, wird später zu zeigen sein. Nur darauf kann schon jetzt hingewiesen werden: Die Zurückführung der Qualitäten, die eigentlich das Forschungsgebiet der Chemie ausmachen, auf Quantitatives, bedeutet die Aufnahme physikalischer Prinzipien in die Chemie; zu exakter, nicht spekulativer, sondern speziell wissenschaftlicher Ausbildung konnte dieses Verfahren also erst gelangen, als „physikalische Chemie" einen experimentellen Inhalt bekam. Zunächst war wohl auch mit der Elemententheorie mehr erreichbar. Das zeigt sich darin, daß die Atomistik doch eine geringere Rolle in den folgenden Philosophien spielt. Unbekannt oder vergessen war sie darum nicht. ARISTOTELES erläutert sie sehr hübsch durch den Vergleich: auch Tragödie und Komödie seien mit denselben Buchstaben — die also den die verschiedenen Stoffe bildenden Atomen entsprechen — geschrieben. EPIKUR (342—270) findet ein sehr wichtiges Argument für die gedankliche Notwendigkeit der Atome; wären die Körper nämlich unbeschränkt teilbar, so würde man sie durch Teilung ja vernichten können. Es muß also Grenzen für die Teilbarkeit geben, „wenn nicht alles sich in nichts auflösen soll". Man kann in neueren Schriften Diskussionen über die Atomistik lesen, die durch Berücksichtigung dieses Argumentes wesentlich anders ausgefallen wären. Auch seine gedankliche und experimentelle Bedeutung wird, wie die Atomistik überhaupt, noch oft in ihrer weiteren Entwicklung zu kennzeichnen sein.

Die Elementenlehre wurde von ARISTOTELES weiter zu der Form entwickelt, die, wie seine anderen Lehren auch, das Mittelalter weitgehend beschäftigte. Schon bei PLATON (427—347) war sie erweitert worden: Die gegenseitige Umwandelbarkeit der vier Elemente wird u. a. auf die Analogie der Umwandlung von Wasser in Dampf und Luft, andrerseits aber in feste Körper begründet. Dabei wird nur gleich dieses Feste mit anderem Festen überhaupt zusammen gesehen, und verschiedene Festigkeitsgrade vereinigen Salze, Glas, Steine, Erze, Metalle. Indem Metalle schmelzen, erweisen sie ihre Wassernatur: natürlich, da ja Wasser nicht sowohl streng den Stoff, sondern mehr den Zustand flüssig bezeichnet. Auch die beiden Gegensatzpaare Wärme — Kälte, Trockenheit — Feuchte gewinnen bei PLATON eine Betonung, die ihrer zentralen Stellung im Systeme des ARISTOTELES vorangeht. Da schon trocken und feucht zum Teil soviel wie hart und weich bedeutet — vielleicht außerdem noch mit einer Temperaturempfindung als Bestandteil —, so sind die grundlegenden Unterscheidungen auf unsere primitivsten Sinne: den Wärme- und den Tastsinn, aufgebaut. Die alte Trennung in Materie und Geist kehrt hier in anderer Form wieder: entweder Materie und Idee bei PLATON, oder Hyle und Form (oder „Möglichkeit") bei ARISTOTELES. Die beiden Qualitätsgegensatzpaare werden nun von diesem in doppelter Überscheidung den vier Elementen zugeordnet:

Kalt + Trocken:
Erde

Kalt + Feucht: Trocken + Warm:
Wasser   Feuer

Feucht + Warm:
Luft

Die eigentlichen Elemente sind diese vier Qualitäten; denn aus ihrer quantitativ verschiedenen Mischung entstehen die Verschiedenheiten der Dinge. Damit war die unveränderliche Grundlage der Stoffe, trotz ihrer engen Beziehung auf primitives und darum keiner Erklärung bedürftiges Gefühl, doch recht weit ins Abstrakte gerückt. Sie zwar bleiben unverwandelbar fest, aber durch ihre Mischbarkeit veranlassen sie die Übergänge der wirklichen Stoffe ineinander.

Wenn das nicht als eine bloße willkürliche, konstruktive Spekulation erscheinen soll, müssen wir dasjenige an experimentellen Erfahrungen berücksichtigen, was als ihr Beweis gelten sollte. Den Weg des Wassers nach oben und unten (Verdampfung und Verdichtung) hatte schon PLATON geschildert. Als eine Verwandlung von Feuer in Erde konnte es vielleicht angesehen werden, wenn beim Verbrennen des Holzes Asche zurückblieb. Zwischen ähnlichen Dingen, den Metallen etwa, fand man ja Übergänge in den verschiedenen „Arten" des Goldes, auch im Messing, das ihm gleich und doch nur verwandt, nicht identisch mit ihm war. Noch viel gewichtiger sprachen aber wohl die Wachstums- und Reifungsvorgänge in der Natur für eine Theorie der Verwandelbarkeit der Elemente. Wenn wir von der „Reifung" einer photographischen Platte, vom „Totbrennen" des Kalkes oder Gipses sprechen, so meinen wir freilich nur metaphorische Bilder damit. In den alten Schriften klingt das ganz anders. Da soll durch solche Vergleiche der chemischen Veränderungen mit Vorgängen unseres Lebens eine wirkliche Erklärung gegeben werden; da sind überhaupt die für vergleichbar gehaltenen Erscheinungen über uns sehr groß scheinende Zwischenräume hinweg aneinander gerückt, so nahe, wie es zu einer Erklärung erforderlich wäre. Mythen und Feste, die wir erst nach Umwegen auf natürliche Vorgänge beziehen können, waren damals ihr direkter Ausdruck. Dann mußten auch so weite Analogien als Beweise einer Theorie gelten können. Erst durch die Betrachtung dieser philosophischen Theorien können wir uns ein wenig die Bedeutung vergegenwärtigen, die ihre speziellen Erfahrungen für die damaligen Menschen hatten.

Die bisherigen Betrachtungen galten einem außerordentlich langen Zeitabschnitte; er beträgt, selbst wenn wir nur das Datierbare berücksichtigen, etwa drei Jahrtausende. Noch weiter zurück reichen die stofflichen Veränderungen, die für Nahrung, Genuß, Schutz vorgenommen wurden. Die natürliche Gärung von Fruchtsäften mußte man zeitig schon in gewisser Richtung zu lenken verstanden haben, um gute Weine herzustellen und die Essigbildung zu verhindern. Wohlriechende Öle wurden hergestellt, durch Pressen von Blüten und Früchten zunächst, sehr früh wohl aber auch schon durch geeignetes Erhitzen und Abkühlen des Dampfes. Färbungen der Gewebe mit pflanzlichen Stoffen, des Körpers mit vorwiegend mineralischen führten zu einer Technik unter Leitung der Priester und mit kultischen Zusammenhängen. Gefärbte Perlen und Gläser, glasierte Tonwaren stellten Ägypter vor ca. drei Jahrtausenden her. Aus dem dritten Jahrhundert erfährt man das Bestehen von Technikergilden; zu ihnen gehörten z. B. die „Einpökler", die beinahe unseren Laboranten entsprächen. Am eifrigsten wird die Metallkunde bearbeitet. Hier spielten Verfälschungen schon frühzeitig eine große Rolle, aber man hatte doch auch schon Möglichkeiten, objektive Prüfungsverfahren anzuwenden, um die verschiedenen Goldlegierungen als Gold „verschiedener Güte" zu erkennen. Unter Gesteinen, Erzen, Metallen, Salzen gab es eine zunehmende Reihe von Trennungen. Aber wenn sie der Handwerker auch sicher und scharf mußte durchführen können, so bezog sich seine Erfahrung doch nur auf einen geringen Umfang. Wo der aber beim Betrachter und Denker größer war, betonte man doch mehr die Einheit in unserem Weltbilde und ließ die Unterschiede wenig gelten. Denn da hieß die Aufgabe vielmehr: die neuen Erfahrungen — oder die daran besonders beachteten Teile — mit denjenigen auf Götter und Geister bezogenen Vorstellungen zu verknüpfen, die als Grundwahrheiten auch die Grundlage aller Erklärungen sein mußten.

Wenn die Philosophen solche Arbeit erst leisten mußten und darum hoch angesehen waren, so drückte sich darin doch eine weiter gediehene Differenzierung aus. Eine Technik hatte sich aus den Lebenszusammenhängen abgesondert und bedeutete trotz solcher Beschränkung doch eine Erweiterung der erkannten Tatsachen. Freilich war die Spezialisierung strenger nur bei dem Handwerker, der dann um so mehr von kosmischen und natürlichen Deutungen brauchte. So war in gewissem Umfange hier vereint, was sich später in Technik und Wissenschaft, ja außerdem noch Philosophie und Religion trennte.

2. Die Entstehung der Alchemie. (Die Zeit bis etwa zum 3. Jahrh. n. Chr.)

Nicht nur direkt körperliche Bedürfnisse, sondern auch die Kulthandlungen, der damit zusammenhängende Schmuck und die Benutzung von Metallen als Tauschmittel beim Handel drängten zur Beschäftigung mit den Stoffen und ihren Verhaltensweisen. Ja, gerade die mehr als Luxus anzusehenden Betätigungen trugen am stärksten dazu bei, das Umgehen mit den Stoffen zu spezialisieren. Dadurch wurde ein Tätigkeitsgebiet aus dem primitiven Lebenszusammenhange hinausgedrängt. Es gab nun Berufsmenschen, und ihr Tun fand eine eigene, isolierende Bezeichnung. Aber diese Isolierung war weit davon, „rein" zu sein: Die starken Einschläge mythologischer und mystischer Vorstellungen, die das ganze Leben früherer Kulturzeiten kennzeichnen, blieben auch hier erhalten. Es ist kaum recht mit Worten wiederzugeben, welche eigenartige Auffassungen so entstanden; man kann es im Grunde nur fühlend nacherleben, und muß es, wenn man ein eigentliches historisches Verständnis dabei erstrebt. Die Darstellung kann nur einzelne Züge davon isoliert aufweisen; erst ihre Zusammensetzung zu einem neuen Ganzen schafft das der ganzen Wahrheit angenäherte Bild.

Bei der Bereitung von Zaubertränken und Pulvern mußte der Beistand göttlicher oder dämonischer Hilfe beschworen werden. Die Hilfe der Planeten, die ja besonders im Orient als Götter gedacht wurden, war notwendig zum Gelingen des Werkes. Die Veränderungen, die in seinem Verlaufe geschahen, waren also nicht die eines isolierten Systems reiner, von allem übrigen getrennter Stoffe; wenn man sie mit Ausdrücken beschrieb, die von mythologischen oder natürlich-menschlichen Geschehnissen genommen waren, so sollte das nicht nur verdunkelnder Vergleich, sondern zunächst vollwertige Erklärung sein. Auch wurden ja viele der erhaltenen Produkte für den menschlichen Körper angewendet; hatten die Gestirne Einfluß auf ihn, so äußerten sie ihn, nach einem der hier so außerordentlich häufigen, weit gespannten Analogieschlusse, auch auf die Präparate selbst. „So fest glaubte man z. B. an ein Band der Sympathie, das die kranken Körperteile, die erforderlichen Heilmittel und die Gestirne vereinige, daß noch der große GALENOS (gegen 200 n. Chr.) nachdrücklich versicherte, ‚Nechepsos Jaspis' bewähre sich auch ohne die vorgeschriebene Eingravierung von Sternen oder Zauberzeichen!"[1])

Auch solche Zauberzeichen verlieren allmählich den Zusammenhang mit ihren ursprünglichen Quellen. Man sprach von Vermählung der Bestandteile, von Reifung und Wachstum des Produktes, männlichem und weiblichem Charakter der Stoffe, Eingeweide der Erde: Das geschah anfangs doch, um die wirkliche Gleichheit zwischen den Vorgängen während des „großen Werkes" und in der Natur zu bezeichnen. Aber dann traten bedeutungsvolle Wandlungen ein, wenn auch das Wort beibehalten wurde; das war der Ausdruck dafür,

---

[1]) E. O. v. LIPPMANN, Entstehung und Ausbreitung der Alchemie. Berlin 1919. S. 183.

daß man von jenen verbindenden Fäden doch gelegentlich wieder Gebrauch machen wollte. OLYMPIODOROS (im 5. Jahrhundert n. Chr.) berichtet von der Aufbereitung des Bleies, indem er seine Behandlung mit Beizmitteln „Einsalzung" und das in Leinen gewickelte Metall „Grab des Osiris" nennt. So hatte sich der alte ägyptische Mythos vom Tode des OSIRIS zu einem schlagwortartigen Fachausdrucke gewandelt. Daß es nicht vollständig geschehen war, sicherte ihm eben seine Rolle, die spezielle chemische Handlung in den Kontakt mit dem Weltgeschehen zu setzen. Solche nur schwankende und nie vollständig vollzogene Begriffswandlungen sind geradezu die Grundlage aller Beschreibungen bis tief in das Mittelalter hinein. Sie stellen ja nicht nur technische Behelfe des Ausdrucks dar, sondern kennzeichnen die Denkweise der Forscher und Lehrer. Sie entsprechen den Vorschriften, sich, ehe man ans Werk geht, kultisch zu reinigen und die Gnade von oben zu erflehen; das gelingt, wie in den alten Beschwörungsformeln, durch die Aussprechung des „Namens". Wenn man den Gott damit zum Werke zwingen kann, dann beherrscht man durch den Namen auch den Stoff in seinem Verhalten.

Dieser Schluß galt als durchaus streng in dieser Zeit der kühnen Analogiebeweise, wo der Schwefel als göttlich galt, weil, wie PLINIUS (1. Jahrhundert n. Chr.) nun schon mit rationalistischem Einschlage begründet, „sein Geruch dem des Blitzes gleicht". So sonderbar das auch klingen mag: fern liegen derartige Schlüsse der modernen Wissenschaft allerdings, im volkstümlichen Denken dagegen kann man sie jederzeit immer wieder antreffen[1]). Der Auffindung solcher Analogien leiht sich die Unbestimmtheit und wechselnde Schreibweise der Wörter, so wie sich der Konstruktion stofflicher Übergänge die wechselnden Eigenschaften der nicht rein erhaltenen Stoffe zuordnen lassen. In derselben Richtung liegt es schließlich auch, daß die Autorschaft so mancher früheren alchemistischen Schriften durch Unterschiebung falscher Verfassernamen, Fälschungen des in Originalen mitgeteilten tatsächlichen Materials, Zurückdatierung in ältere Zeiten schwer genau feststellbar ist. Wie zwischen weit entfernten Dingen wurde auch zwischen verschiedenen Autoren und ihren Angaben eine so enge Beziehung gefühlt, daß man den Vorwurf der Lüge gar nicht streng aufrechterhalten kann.

Die Theorien stimmten daher mit den praktischen Erfahrungen überein, weil schon diese selbst ganz anders gesehen wurden, als wir es heute etwa tun würden. Wenn eine Mischung dem Feuer aus-

---

[1]) Bei LIPPMANN findet sich auch ein Hinweis darauf, wie die alten orientalischen Vergöttlichungen der vier Elemente sich im Volksglauben noch erhalten haben: In Tirol und Salzburg findet am Christabend das „Füttern der Elemente" statt (Alchemie, S. 668).

gesetzt wurde, so kam aus diesem Elemente etwas zur Mischung hinzu. Man kannte übrigens verschiedene Methoden der Erhitzung: im Holzfeuer, das man durch Hineinblasen von Luft verstärkte, oder im kochenden Wasser, und am gelindesten im feuchten Dung. Ton- und Glasgefäße können angewandt werden, aber auch in eine Feige eingeschlossen erhitzte man die Substanzen. Hohes Alter besitzen auch die einfachen Destilliervorrichtungen, über die im 1. Jahrhundert n. Chr. bei Dioskurides und Plinius berichtet wird. Mit solchen Hilfsmitteln wurden die Veränderungen von Stoffen erzielt. Dabei entstehen tatsächlich neue Qualitäten, und als ihr deutlichstes und sicherstes Merkmal gelten die Veränderungen der Farbe. Das hatte schon Aristoteles hervorgehoben. Aus einem dunklen und daher „schwarz" genannten Erze erhielt man bei dem geeigneten Schmelzen ein helleres Metall. Das kann Kupfer, Blei, Zinn usw. sein. Aber wenn man doch die Veränderung des Ausgangsmaterials so weit treiben kann, ließe sich dann nicht erwarten, daß durch Aufwendung von noch mehr Kunst schließlich das Gold erzeugbar wäre? Man müßte nur die richtige Konstellation der Gestirne dazu herausfinden. Die Gestirne waren ja durch besondere Farben gekennzeichnet, schon im alten Babylonien (vor 2000 v. Chr.), und die Mauern der Stadt Ninive trugen die Farben der fünf Planeten und von Mond und Sonne. Nach späteren Deutungen (aus dem 5. Jahrhundert n. Chr.) soll schon Platon gemeint haben, die Strahlen der Sonne lassen in der Erde das Gold entstehen; zum Monde wurde das Silber, zum Mars das Eisen, zum Saturn das Blei in derselben Weise zugeordnet. So wurde später (um 150 n. Chr.) Venus mit dem Kupfer, Merkur mit dem Queck- silber in Verbindung gebracht. Man sieht, daß hier die Verbindung dieser Vergleiche durch die Farbe nur recht teilweise das erklären kann, was vielmehr viel mystischere Vorstellungen veranlaßten.

Ei, Chaos, schwarze Urmasse ist das Ausgangsmaterial. Und aus ihm erzeugte man die Farben in einer Läuterung und auf dem Wege über die Schmelze. Das geschmolzene Material wurde als überhaupt Flüssiges in Verbindung gebracht mit dem Wasser, noch mehr mit dem einzigen, auch bei gewöhnlicher Temperatur flüssigen Metalle: dem Quecksilber. Der Begriff des Flüssigen vermittelte so die Kon- struktion der Verwandtschaft der Metalle mit dem Quecksilber — da sie ja geschmolzen werden können, aber auch aus demselben Grund mit dem Wasser. Quecksilber, das man in Gräbern aus dem 16. oder 15. Jahrhundert v. Chr. gefunden hat, und von dem Aristo- teles manches berichtet, enthält auch schon in seinem Namen (in Übersetzung: geschmolzenes Silber, flüssiges Silber) den Hinweis auf das Silber. Die Analogie zu den anderen Metallen wurde wesentlich gestützt dadurch, daß man es in verschiedenen Graden von „Flüssigkeit", nämlich Reinheit kannte, und daß es andere Metalle löste, was schon im alten Ägypten und Kleinasien bekannt war. Aus rotem und schwarzem Erze, dem Zinnober, konnte man es nach einer Angabe von Theophrast (um 300 v. Chr.) herstellen.

Über den Zinnober hängt Quecksilber mit dem Schwefel zusammen. Wie mit allen möglichen Stoffen, erhitzte man das Quecksilber einmal auch mit dem Schwefel und erhielt dabei eben Zinnober. Auch den Schwefel kannte man in mancherlei Gestalt, so daß es fast — für die damalige Anschauung wenigstens genügend — kontinuierliche Übergänge zu anderen Stoffen gab. Hier erwies der Schwefel sich nun als das Prinzip, das Färbungen veranlaßt; denn je nachdem, ob man mit ihm zusammen das „flüssige" Quecksilber oder ein festeres anwendet, entstanden gelbe oder rote metallähnliche Produkte aus den vorher weißen. Natürlich war damit trotz einer gewissen Ähnlichkeit der Farbe noch sehr wenig von den Eigenschaften des Goldes erzeugt; der Handwerker jedenfalls beherrschte die Untersuchungsmethoden zu seiner objektiven Erkennung. Aber die Farbe war offenbar so ganz besonders wichtig. Das zeigen die vielen Umstände und Mühen, die man sich mit der Färbung der Gewänder machte, und die über die Theorie von den Farben der Planeten hinweg einen tiefen Grund im Gefühlsleben des antiken Menschen haben muß.

Zu den seit ältesten Zeiten benutzten Schminkmitteln gehörte Stimmi, gepulvert und als Salbe zubereitet. Man erkannte es neben vielen anderen Stoffen nur mit einiger Variationsbreite; man übertrug auch dementsprechend seinen Namen auf andere Substanzen, die in der einen Verwendungsart ihm ähnlich waren. Im ersten Jahrhundert n. Chr. beschreiben Plinius und Dioskurides, daß man aus dem Stimmi oder Stibi ein Metall beim Erhitzen mit Kohle bereiten kann, und sie nannten es Blei trotz mancher Unterschiede von diesem. Es war falsch zu glauben, daß die Verschiedenheiten gar nicht wahrgenommen werden konnten; es handelte sich vielmehr um ihre Bewertung. Da man aber immer etwas schwankende Verhaltensweisen an den Produkten der Natur und der Kunst erhielt, so ergaben sich Übergänge in großer Zahl. Mit Beiworten wie: „männliches" Stimmi, „schwarzes, weißes Blei", hielt man nur einige der verschwebenden Variationen fest. Das taten Ägypter um 1500 v. Chr. anders als Griechen und Römer 1600 Jahre später. Die hatten von den Eigenschaften doch mehr als diejenigen erfahren, die sich dem direkten Anblicke darbieten oder die sich bei der einen bestimmten Art des Gebrauches herausstellten. Was Theophrast, der Nachfolger des Aristoteles, als Arsenikon bezeichnet hatte, unterschied man zur Zeit des Plinius als goldfarbenes Arsenikon und als gesättigt rote Sandarache.

Es hatte sich eben doch gezeigt, daß diese verschiedenen Färbungen nicht bloß zufällig waren und nicht die einzigen Verschiedenheiten zwischen diesen Stoffen bildeten. Sie verhielten sich etwa auch verschieden, wenn man sie erhitzte und das Sublimat am Deckel des Gefäßes betrachtete. Das ist nun schon eine Untersuchungsmethode, die zunächst um ihrer selbst willen angewendet wird, eine Unterscheidung, die indirekt genannt werden muß, wenn man als direkt die lebendige Benutzung versteht. Noch weiter ist solches Verfahren um das 1. Jahrhundert n. Chr. bei den Vitriolen ausgebildet. Vitriol war der zusammenfassende und gleichsetzende Name für blaue bis grüne, natürlich oder künstlich erhaltene Mineralien. Von diesen löste sich ein Teil im Wasser auf. Trennte man die Lösung von dem Unlöslichen ab, so entstand bei dem Verdunsten oder Abkühlen ein nunmehr reineres Material. Die eine Art Vitriole gab nun Lösungen, die mit dem Extrakt von Galläpfeln sich schwarz färbten. Immerhin wußten nur wenige ausgezeichnete Forscher jener Zeit, daß die andere Art der Vitriole sich anders verhält und Kupfer als Bestandteil aufweist. Dann mußte es als eine Metallverwandlung gelten, wenn Eisen in den Lösungen dieses zweiten Vitriols metallisches Kupfer ergibt. Aber eines solchen experimentellen Beweises bedurfte es nicht einmal sehr dringend, um den Glauben an die Metallverwandlungen zu begründen.

Der hohe Wert von Edelmetall und Edelstein gab den Anreiz, sie nachzumachen: nicht nur in dem Streben, gefühlsmäßige Voraussagen und mythologisch begründete Anschauungen zu verwirklichen, sondern auch direkten materiellen Gewinnes wegen. Im alten Rom begünstigten sogar die Kaiser derartige Bestrebungen — soweit sie unter kaiserlicher Aufsicht standen. Nero (54—68) „streckte" die silbernen Denare durch einen Zusatz von Kupfer; schon im Jahre 81 v. Chr. hatte die „Lex Cornelia de falsis" verboten, durch „Färbung" oder Schmelzung mit gewissen Zusätzen den gemeinen Metallen das Aussehen von Gold oder Silber zu geben. Diese Kunst mußte also doch eine große Ausdehnung schon erreicht haben, und das Bewußtsein der Fälschung dabei war ganz deutlich ausgesprochen.

Aber bis ins 3., vielleicht 4. Jahrhundert n. Chr. hinein findet sich keine zusammenfassende Bezeichnung für alle solche Künste, obwohl die „Kunst der Metalle", die Kunst zu färben, Öle zu bereiten, alkoholische Getränke zu brauen, Glas zu schmelzen, Seife zu sieden, technisch in den alten Kulturländern weit entwickelt war. Das Alexandria zur Zeit der ersten römischen Kaiser war einer der Knotenpunkte dafür, sowohl der geistigen als der technischen Entwicklung. Dort blühten Fabriken und Schulen, Philosophie und Medizin. Und jede technische oder gedankliche Tat wirkte auch auf die Ausbildung der Chemie ein. Auch von der Medizin her gelangte man zu weiteren Kenntnissen solcher Art. Die Quellwasser mußten besondere Bedeutung haben, da sie ja aus dem Innern der Erde dringen. Prüfte man ihre Eigenschaften näher, so stellte man bald außer ihrer verschiedenen Temperatur auch verschiedenen Geschmack fest. Die einen schmeckten brennend wie die Asche von verbrannten Pflanzenteilen oder wie die Laugensalze, welche die Glasschmelzer und Seifensieder benutzten; andere hatten den zusammenziehenden, beizenden Geschmack, den man auch an verschiedenen in der Färberei gebrauchten Mineralien kannte, am alumen (Alaun). So gewann man dann eine Einteilung der Wasser in laugige oder kaustische und in zusammenziehend schmeckende aquae aluminosae.

II. Die Chemie als die Kunst, Edelmetalle zu machen. Das Zeitalter der Alchemie.
(Vom 3. bis 15. Jahrhundert n. Chr.)

1. Der Name Chemie.

Um das Jahr 300 n. Chr. finden wir die ersten sicheren Erwähnungen des Namens Chemeia. Darunter waren Künste gemeint, die von gefallenen Engeln oder Dämonen getrieben wurden, und die sie in einem Buche „Chemu" beschrieben hätten. Die Erklärung, der Name käme von einem Manne namens Chemes, ist ungefähr so gut, wie die der Tanzkunst aus einem Tanzvermögen. Die wahrscheinlichste Ableitung des Wortes knüpft an den griechischen Namen des Landes Ägypten an: PLUTARCH (in der ersten Hälfte des 2. nachchristlichen Jahrhunderts) schreibt: „Die weisen Priester Ägyptens nennen das meist schwarzerdige Ägypten Chemia, so wie das Schwarze im Auge." Kême ist auch das hieroglyphische Wort für Ägypten. Andrerseits ist aber das Schwarze von ganz besonderer Bedeutung in all den Operationen, die als Chemie zusammengefaßt werden[1]).

Schwarz ist die Mischung, aus der die Kunst das Einfarbige (Gelbe, Rote, Weiße) herauszuholen lehrt. Schon in den Schriften des sog. DEMOKRITOS — der Name soll die Autorität des alten griechischen Atomistikers für die vorliegenden Angaben verwerten, obwohl die Abfassungszeit nach dem 1. nachchristlichen Jahrhundert liegt — wird die Schwärzung als die wichtigste und unumgängliche Vorstufe der Metallbereitung betont; Weißung, Gilbung, Rötung folgen ihr.

---

[1]) Ich folge hier den Darlegungen v. LIPPMANNS (Alchemie, S. 293 ff.), welche die alte Frage nach dem Ursprunge des Wortes Chemie wohl für einige Zeit entscheidend beantworten.

ZOSIMOS (um 300 n. Chr.) beschreibt deshalb als ursprüngliche Meinung, das schwarze Blei wäre der Urstoff aller Metalle.

Man sieht unter anderm daran, wie wenig scharf man hier „schwarz" als die Bezeichnung einer bestimmten und bloß der einen Farbe ansehen darf. Seine Benutzung beruht vielmehr auf einer weitgespannten Analogie: Der Nilschlamm ist schwarz und fruchtbar; er ist der Ausgangsort für die pflanzliche Fruchtbarkeit. „Schwarz" ist das dunkle Menstrualblut, aus dem sich nach damaliger Meinung der menschliche Fötus bilden sollte. Aber selbst das doch weiße Quecksilber ist identisch mit der urtümlichen Schwärze: „mercurius philosophorum est nigredo perfecta" war ein lange Zeit wichtiger Grundsatz. Differenzierte Gebilde können erst neu entstehen, nachdem sie vorher in die einheitliche Urmasse zurückverwandelt wurden, die wie alle Qualitäten, auch alle Farben als schwarze Substanz enthält. So ist denn, ganz allgemein gesprochen, das „Schwarze" das den Ausgang bildende Gemischte; die „schwarze Kunst" bestand darin, sowohl dieses Schwarze zusammenzumischen, als auch die eigenartigen Stoffe daraus zu isolieren. Von ihrem Urprodukte erhielt die Kunst ihren Namen, mit all den Anklängen an mystische Vorstellungen, von denen ein kleiner Teil auch jetzt noch nachlebt. So ist die Schwärze der „Inbegriff der 10 000 Geheimnisse und Bücher" (OLYMPIODOR).

2. Entwicklung der speziellen Kenntnisse.

Vorbemerkung. Die Betrachtung in einem vorangehenden Abschnitte hat einiges von den allgemeinen Grundlagen der Alchemie zu zeichnen versucht. So wird es möglich sein, jetzt zunächst die Veränderung des experimentellen Wissens aus dem Ganzen der alchemistischen Bewegung herauszuschneiden. Gewiß wird das ganze historische Verständnis dafür nur im Zusammenhange mit den Theorien zu erkennen sein. Aber auch für diese Zeit gilt noch recht weitgehend, daß die Darsteller der Theorien nicht die Erforscher des Verhaltens der Stoffe waren, und andrerseits, daß, wenn von diesen letzteren schriftliche Äußerungen niedergelegt wurden, fast nur Rezeptsammlungen herauskamen. Man muß annehmen, daß bei diesen die Theorie eben nur nicht ausgesprochen wird, z. T. deshalb, weil sie noch dunkler, namentlich unbewußter oder gefühlsmäßiger ist als bei den eigentlichen Theoretikern. Beschränken wir uns zunächst auf diesen experimentellen Teil, so kann die Entwicklung der objektiven Stofferkenntnis verfolgt werden; die Entwicklung der Theorie hat in dieser Zeit sowieso ein wesentlich anderes Tempo und steht gar nicht immer in sehr direktem Zusammenhange mit dem Experimente.

a) Vom 3. bis zum 6. Jahrhundert.

Den Stand der rein praktischen Kenntnisse um das 3. nachchristliche Jahrhundert können wir aus zwei in der Nähe von Theben (Ägypten) ausgegrabenen Papyri erkennen. Beide sind Sammlungen von Arbeitsvorschriften, und es trifft sich gut, daß der eine hauptsächlich über Edelmetalle, der andere über Edelsteine und Färberei berichtet.

In dieser Metallkunde handelt es sich um die Erzeugung gewisser Legierungen und um die Verbilligung der teuren Edelmetalle dadurch, daß man ihnen geeignete andersartige Zusätze gibt. Die Methoden dafür sind: Erhitzen, entweder im offenen oder im verschlossenen Gefäße; und das Schwierige daran ist, die geeigneten Mischungen herauszufinden. Getäuscht wird durch solche Mittel nur der Unkundige. Zosimos aus der oberägyptischen Stadt Panopolis, der um 300 lebte, charakterisiert sehr schön, wie dieselben Leute als Einkäufer von Metallen sehr wohl wissen, woran sie die Reinheit erkennen, aber als Verkäufer hoch und teuer versichern, es gebe gar keine solche Prüfungsverfahren. Tatsächlich aber hatte man im Verhalten beim Schmelzen für sich oder mit Zusätzen ein Erkennungsmerkmal. Geschmolzenes Zinn verkohlt oder entflammt ein Stück Papyros nur dann, wenn jenes Blei enthielt. Aus Kalk und Schwefel erhält man beim Zusammenschmelzen ein höchst wichtiges Reagens, das in fester Form oder als „schwefliges Wasser" gelöst, die Metalle verschiedenartig angreift. Aus allen Naturreichen werden die Materialien hergeholt, die beim Färben benutzt werden: der in den Weinfässern abgesetzte Stein: der Weinstein, Alaun, Vitriol, Galläpfel, Wurzeln, Harn. Dabei tritt in den nüchternen Vorschriften um so stärker hervor, welche mystischen Kräfte den Körperausscheidungen junger Knaben, reiner Jungfrauen oder der Schwangeren zugedacht werden. Außerordentlich komplizierte Angaben für das Färben der Edelsteine und der Wolle setzen eine lange praktische Erprobung und gerade durch abergläubische Vorstellung geheiligte Praxis voraus.

Die verwendeten, direkt von dem natürlichen lebendigen Material genommenen oder ihm gegenüber nur wenig veränderten Substanzen konnten freilich in ihrer Wirkung kaum erklärt werden, und soweit man das überhaupt verlangte, benutzte man eben ihre natürlichen Zusammenhänge dafür. Die Umwandlung in besonderen Apparaten erst entfernte die Produkte von ihrem Ursprung. Die Ähnlichkeit des griechischen Wortes für Schwefel mit dem für Gott ließ dann die aus dem Schwefel bereiteten wirksamen Wasser als „göttliche" bezeichnen, wobei ihre starken Wirkungen das vermittelnde Ver-

gleichsglied bildeten — soweit eines gebraucht wurde. Das Streu-
pulver, das zum Verwandeln der Metalle oder zu ihrer „Vermehrung“
nötig ist, brauchte eine geheimnisvolle Zahl von Tagen zur Vollendung. Sein Name Xèrion geht über die arabische Form al-Iskir
in Elixier über. Ist es richtig bereitet, so vermag es tausend, ja eine
Million Teile unedlen Metalls in Gold zu verwandeln. Gegenüber den
einfachen Beschreibungen der beiden Papyri, die experimentelle Befunde mitteilen, ist hier die Phantasie weit über die Wirklichkeit
hinausgeflogen.

Die ferner überlieferten Schriften enthalten zum großen Teil recht
undurchsichtige Schilderungen, die noch durch den schwankenden
Gebrauch der Bezeichnungen verdunkelt werden. Immerhin lassen
sich doch manche Grundlinien erkennen. Wenn nach Pelagios (im
4. Jahrhundert) vom Pyrit, dem „etesischen Stein“, zum großen Werke
ausgegangen wird, so ist wohl verständlich, daß aus diesem Gemische
sehr vieler und an Edelmetall reicher Bestandteile verschiedenartige
Produkte erhalten werden konnten. Nun setzte man als Xèrion
noch aus Quecksilber und Gold erhaltene Präparate zu. Außerdem
wird aber durch zugefügtes Gold die „Gärung“ verstärkt, es bildet
einen Samen, aus dem nun sein Gleiches, eben das Gold, bei ge-
eignetem Pflegen erwächst. Dabei brauchte das Erhaltene ja gar
nicht reines Gold zu sein, um dafür angesprochen zu werden; es genügte, wenn es mit dem „verdoppelten“, „verdreifachten“ Gold übereinstimmte, und auch das nur in der äußeren Erscheinung. Zosimos
schreibt begeistert von der Herstellung eines dem natürlichen völlig
gleichenden Goldes aus Kupfer (und Galmei), trotzdem er wohl
wußte, daß es kein wirkliches Gold ist. Vor allem ist zu bedenken,
wie schwer es war, die gegebenen Vorschriften zu befolgen, wenn etwa
Schwefel und Blei (bei Olympiodoros im 5. Jahrhundert) als außerordentlich ähnlich beschrieben und wohl auch dem Namen nach
gelegentlich vertauscht werden; wenn Quecksilber als festes oder
flüssiges entweder wirklich jenes Metall oder Arsen, gegebenenfalls
aber auch wieder Schwefel oder anderes bedeuten kann. Hier mußte
eine mündliche Tradition das eigentlich Wesentliche mitteilen. Manche
Stoffe, die nach einem Fundorte genannt wurden, waren wohl nur
durch eine gewisse Tradition des handwerkerlichen Betriebes bekannt. Magnesia war der Name einer kleinasiatischen Stadt und
eines Erzes, das von den Glasarbeitern zur Klärung benutzt wurde.
Offenbar handelte es sich um Braunstein, der ja auch heute in derselben Weise verwendet wird. Wie der Magnet das Eisen, so zieht
Magnesia die Unreinheiten an sich; und so nehmen auch gewisse
Salze die Beimengung hinweg, die die Anwesenheit des Goldes ver-
bergen sollte.

Ein neues, oder vielmehr wesentlich verbessertes Hilfsmittel für solche Arbeiten stellten die Destilliervorrichtungen dar, deren Erfindung damals der jüdischen Chemikerin Maria, etwa im 1. oder 2. Jahrhundert n. Chr. zugeschrieben wurde[1]. Man setzt auf das erhitzte Gefäß ein anderes auf, das man durch einen Schwamm kühlt, oder führt die Dämpfe durch eine Abzugsröhre in eine Vorlage (siehe Abbildung). Mit diesen Apparaten konnte man die flüchtigen Bestandteile aus manchen Mineralien viel vollkommener darstellen als mit den bei Dioskurides beschriebenen Gefäßen ohne diese Trennung von Heizraum und Auffangegerät durch das Abzugsgerät. Besonders für quecksilber- und schwefelhaltige Mischungen konnte sie angewendet werden. Auch hier spielen natürlich andersartige, vom Lebendigen hergenommene Beziehungen eine wichtige Rolle. Der aufsteigende Dampf ist „Vogel" oder Geist, Pneuma; der Apparat entspricht Teilen am menschlichen Körper, und der Rückstand ist das Tote, oder die Knochen, die wiederbeseelt werden durch Zufügung des Pneumas (Zosimos).

Wir können also etwa folgendes Arbeitsverfahren aus diesen Angaben konstruieren: Das rote, schwere Erz, von dem die Überlieferung schon den Quecksilbergehalt festgestellt hatte, wurde unter Zusatz vielleicht von Eisen destilliert. Das übergangene Quecksilber ergab dann beim Erhitzen mit Kochsalz, Alaun, vielleicht auch Vitriol oder anderen Salzen, ein getötetes Quecksilber, das nämlich fest war. Dieses destilliert zwar nicht, ist aber auch im Feuer flüchtig und liefert dann am Deckel das Sublimat. Metallisches Blei ist leicht schmelzbar; bei längerem Erhitzen verwandelt es sich aber in einen „Kalk" des Bleies, oder „Kalk des Philosophen". Man behandelt Kupfer — das selbst vielleicht schon Beimengungen anderer Metalle enthält — mit Arsenikon und macht es so „weiß" — also silberähnlich, also beinahe zu Silber. In ähnlicher Weise genügt es ja auch, einem von den miteinander für verwandt gehaltenen Kristallen oder Gläsern die grüne, rote Farbe eines Edelsteins zu geben, um ihn als Ersatz dafür gelten lassen zu können.

b) Vom 6. bis zum 15. Jahrhundert.

All diese Künste verändern sich nun Jahrhunderte hindurch nur sehr wenig. Bei den arabischen und syrischen Schriftstellern werden sie im 6. bis 10. Jahrhundert zum Teil etwas klarer beschrieben. Es ist deutlicher geworden, daß zur qualitativen und quantitativen Prüfung auf Gold Alaun, Vitriol und Kochsalz gehören;

---

[1] Vgl. auch S. 19.

man hat Borax, dieses Salz aus manchen Quellen und Wässern, als Lötmittel kennengelernt; man weiß, daß durch Essig und Kupfer eine Art Malachit, ein tödliches Gift, herausgezogen wird. Aldimeschqi (1256 bis ca. 1330) meint, in Übereinstimmung mit mehrere Jahrhunderte älteren Angaben ("Steinbuch des Aristoteles", 9. Jahrhundert), Zinn sei ein aussätziges und pockennarbiges Silber, Blei ein ungares Gold. Als Pompholyx oder Hüttenrauch[1]) war das Zinkoxyd ja schon lange bekannt; das Zink selbst, das der genannte Araber wohl zuerst erwähnt, hat aber eine ihm unbekannte Herstellungsweise. Es ist zwar dem Zinn sehr ähnlich, wird auch weißes Kupfer genannt, aber es ist doch außer durch dumpferen Klang, auch durch größere Veränderlichkeit gekennzeichnet.

Unter den mancherlei salzartigen Substanzen zeichnete sich eine, die aus Armenien stammen sollte, durch ihre Sublimierbarkeit aus: Dieses sal armoniacum erwähnt Dschabir ("Geber", Anfang des 9. Jahrhunderts), es ist das Salmiak. Auch die Naphtha spielt bei den Arabern eine besondere Rolle. Sie konnte ja auch in dem so beliebten Destillierapparate behandelt werden und fand wohl auch Verwendungen; denn in Damaskus sollen noch vor dem 13. Jahrhundert große Anlagen für die Destillation in Betrieb gewesen sein. Dabei wurde nicht direkt, sondern nach einem ebenfalls schon alten Verfahren im heißen Wasser oder seinem Dampfe erhitzt und in mehrstöckigen Öfen wasserklares Destillat erhalten. Schon im 7. Jahrhundert wurde es in der Mischung mit Kalk als "griechisches Feuer" in Byzanz benutzt und von da aus weiter verbreitet. Bei dem Aufspritzen von Wasser erhitzt sich der Kalk so stark, daß sich die leicht flüchtigen Öle entzünden; Feuerpfeile und Feuerwerk entwickelten sich später daraus.

Auch den Wein unterwarf man der Destillation. Setzt man dabei Salz hinzu und verwendet alten, sehr starken Wein, so erhält man ein "Wasser", das mit Flamme brennen kann. Seit dem 12. Jahrhundert kehren solche Angaben häufig wieder. Das Destillat heißt aqua ardens (brennbares Wasser), oder bei Albertus Magnus (1193 bis 1280, Albert von Bollstaedt) "liquor supernatens, humor oleaginosus, unctuositas inflammabilis" (obenauf schwimmende Flüssigkeit, ölartige Flüssigkeit, entflammbare Fettigkeit)[2]). Der Name Alkohol, der später dafür gebraucht wurde (um 1300), geht auf die arabische Bezeichnung Kohol zurück, die besonders feinpulverige und überhaupt "zarte" Substanzen bezeichnet. So wird in den Er-

---

[1]) Hüttenrauch, dialektisch: Hidrach nennen die steirischen Bauern das Arsenik, von dem sie so ungeheuerliche Mengen vertragen.

[2]) Vgl. E. O. v. Lippmann, Chemiker-Zeitg. 1910, S. 625.

zählungen in „1001 Nacht" Kohol oft für Augenschminke gesagt, und Alkohol heißt auch späterhin noch häufig feine Schminke.

Die natürlich gegebenen Dinge, die man früher im wesentlichen unverändert benutzte, lernte man jetzt doch auch weiterhin umwandeln. Die Abtrennung des „Geistes" aus dem Wein ist dafür im allgemeinen schon kennzeichnend. Man bearbeitet und zerlegt das natürliche Material, wenn man auch nur auf den einen praktisch verwendeten Teil dabei achtet. Aus den Knochen junger Tiere bereitet man durch Auflösen in Essig eine Art Leim. Die Asche, welche die verbrannten Pflanzen hinterlassen, nimmt man nicht nur so unverändert hin, sondern setzt ihrer wässerigen Lösung Kalk zu, verstärkt ihre Wirkung dadurch ganz außerordentlich.

Im 15. Jahrhundert tauchten ziemlich unvermittelt in den Quellen neue wichtige Kenntnisse auf. Reich daran sind die Schriften, die angeblich Dschabir zum Verfasser haben sollen, tatsächlich aber von abendländischen Autoren des 13. Jahrhunderts herrühren. Arbeitsmethoden, deren Anfang wir schon vorher erwähnten, erscheinen hier weitgehend verbessert und gut beschrieben. Durch Auflösen in Wasser kann man aus manchem Körper einen unlöslichen Bestandteil abtrennen; entfernt man dann das Wasser aus der Lösung durch Verdunsten oder Verkochen, so scheidet sich das gereinigte Material aus. Man war also nicht mehr allein darauf angewiesen, die Unterschiede der Flüchtigkeit beim Destillieren zu benutzen; und auch dieses geschieht nach diesen Schriften in geschickterer Weise. Die giftige Substanz, die mit Essig aus dem Kupfer „erzeugt" wird, ließ sich z. B. durch Umkristallisieren reinigen, und ähnlich auch das mit Essig und Blei erhaltene Bleisalz. So oft waren bis dahin schon Gemische aus Salz, Vitriol, Alaun erhitzt worden. Hier erst wird untersucht, welche flüchtige Substanz sich dabei bildet: Besonders wichtig ist dafür dasjenige Salz, das im 9. Jahrhundert in einer syrischen Schrift als „der Salmiak, der in Bädern entsteht", vorkommt. Dort wurde nämlich trockener Mist zum Heizen angewendet. Dieser Salmiak ist aber ein anderer als der gewöhnliche, es ist der Salpeter. Mit Vitriol und Alaun liefert er beim Erhitzen einen „Essig" als Destillat, der alle Metalle bis auf das Gold auflöst. Daher wird er „Scheidewasser" genannt. Fügt man zu ihm Salmiak, so entsteht „Königswasser", ein saures Wasser nämlich, das auch den König der Metalle bezwingt, das Gold auflöst. Von ihrer Flüchtigkeit her werden diese Wasser auch spiritus genannt (flüchtige Geister). Bei anderer Arbeitsweise entsteht aus Vitriol ein Spiritus oder auch Oleum des Vitriols, das Vitriolöl.

Vielleicht fanden diese Kenntnisse langsam Eingang in die Werkstätten der Handwerker und der Fabriken. Dort wuchsen sie dann

im stillen weiter, um später als plötzlich fertige ans Licht der geschriebenen Überlieferung zu gelangen. Es ging damit wohl wie
mit dem Volksliede, wo auch zu einem vorläufig fertigen Gebilde
hier und da ein unbekannter Mann ein Wort, eine Zeile einfügte,
als seine einzige Leistung auf diesem Gebiet vielleicht; und dann,
ohne daß wir das Wachstum im einzelnen verfolgen könnten, fast
unvermittelt ein neues Ganzes hervortritt.

3. Alchemistische Theorien.

„Reine“ Praxis ist unmöglich; auch zur einfachsten Feststellung
gehört schon eine Deutung. Ein gänzlich „objektiv“ gedachtes Geschehen würde uns ja gar nicht zugänglich sein. Aber nun kommt
es darauf an, wo der Zugang gefunden wird, was dasjenige als bekannt
Gefühlte ist, auf das die Deutung sich bezieht, und was als genügende
Erklärung gelten darf. Während wir Tatsachen aufeinander und
auf ein aus ihnen konstruiertes Gebilde beziehen wollen, war in
wissenschaftlicher Frühzeit menschliches und göttliches Geschehen
der gesuchte Erklärungsgrund. Ihm kam derjenige Grad von Bekanntheitsgefühl zu, der für Erklärungen verlangt wird; und freilich
war das im 3. Jahrhundert n. Chr. ein anderer als der heutige.
Da ist alles natürliche Geschehen nach derselben Regel zu erklären: Immer gehört die Vermählung männlichen und weiblichen Prinzips dazu, um ein Neues zu schaffen; dieses wächst
aus seinem Samen wie der menschliche Embryo und verlangt geeignete
Nährstoffe. Immerhin ist von einer solchen grundlegenden Anschauung noch ein weiter Weg zu der speziellen Bedeutung des Quecksilbers als des männlichen, des Schwefels als weiblichen Prinzipes.
Der Gleichklang der griechischen Namen für männlich und Arsen
kann über diesen Weg nicht viel lehren. Nur wenn man auf die Unbestimmtheit der Namen verweist, kommt man vielleicht näher
heran. Da ist zuerst weder Quecksilber noch Schwefel die Bezeichnung, die streng nur für die chemisch charakterisierbaren Stoffe gelte.
Die aus der speziellen Erfahrung bekannten Stoffe erfahren vielmehr
eine Umdeutung in allgemein philosophisches oder mystisches Gebiet;
und das ständige Überschreiten der Grenzen zwischen diesem und
dem der wirklichen experimentellen Erfahrung gewährt einerseits
überhaupt den Erklärungswert, andererseits aber auch die Spannung
zwischen dem im einen und anderen Sinn gebrauchten Ausdrucke,
die das Ganze dem damaligen Menschen erst anziehend machte. Es
ist gar nicht bloß als nüchterne theoretische Beschreibung gemeint,
wenn Pibêchios[1]) (4. Jahrhundert, Alexandria) ausruft: „Sämtliche

---

[1]) E. O. v. Lippmann, Alchemie, S. 94.

Körper sind Quecksilber, sämtliche Körper enthalten Quecksilber. Wenn du es ausziehst und fixierst, so erhältst du das Gesuchte! Dies ist das enthüllte Geheimnis!"

In ein wenig verschiedener Gestalt lehrte Zosimos unter anderm die Theorie der Metallverwandlung. Kupfer, Blei, Magnesia sind zunächst tot; das belebende Sperma tritt hinzu und brütet in geeigneter Geschwindigkeit bei günstiger Jahreszeit das Gold aus. Aus dem „philosophischen Ei" werden Gold und Silber nur herausgeholt, sie sind darin vorhanden, wie im Samen das Menschlein. In einer Vision — in der also die eigentliche Wahrheit geschaut wird — sieht Zosimos daher ein Menschlein (homunculus) entstehen. Das Feuer, das ja mit dem belebenden Pneuma auch sonst in engen Zusammenhang gebracht wird, kann eben deshalb auch zum Golde „beleben".

Solche mystische Spekulationen bildeten nun den Boden für spezieller gemeinte Theorien, die dabei natürlich immer einen Zusammenhang mit ihrem Ausgangsorte bewahrten. Dann kommt es nur darauf an, das Mischungsverhältnis von Quecksilber und Schwefel zu verändern, um neue Metalle zu erzeugen; und so bedingt, nach Geber, die Zufuhr von Quecksilber die Verwandlung von Blei in Zinn und kann so zu anderen Metallen weiterführen, oder, wie bei Avicenna (980—1036), die beiden Elemente sind in verschiedener Klarheit und Dichte in den verschiedenen Metallen vorhanden. Die Begriffe der beiden Grundelemente blieben immerhin noch vieldeutig genug, um mit solchen Theorien auch die Erfahrungen beschreiben zu können. Wie das im einzelnen ausgeführt werden muß, das lehrt eben die Chemie. Der Araber Almas'udi[1]) (gestorben 956) erklärt demnach: „Alkimija ist das Werk der Darstellung von Gold, Silber, Edelsteinen, Perlen und Elixier."

Aber der Glaube, daß die Erzeugung des Goldes wirklich und ehrlich gelingt, wurde doch sogar in der Blütezeit der Alchemie angezweifelt. Schon Zosimos spricht von Ungelehrten und Betrügern, von Unterschieden des künstlichen Goldes gegen das natürliche; aber dennoch bleibt das ganze Werk ihm heilig. Arabische Schriftsteller schon des 8. Jahrhunderts behandeln die Vergeblichkeit der alchemistischen Bemühungen als etwas Bekanntes. Der Araber Alkindi (9. Jahrhundert) betitelt eine seiner Schriften sogar: „Die Betrügereien der Alchemisten"; aber einige Umwandlungen der Metalle gibt er doch zu. Um 1220 beschreibt ein anderer Araber die Methoden der Betrüger: Erst verwandeln sie Edelmetall durch Behandlung mit schwefel- und arsenhaltigen Stoffen in „Aschen" und erzeugen dann daraus die Metalle als vorgeblich neue. Silber machen sie aus Kupfer

---

[1]) E. O. v. Lippmann, Alchemie. S. 299.

und Auripigment (oder anderen arsenhaltigen Mineralien) oder Quecksilber, Gold durch „Gilben" von Kupfer, angeblich echte Edelsteine aus gefärbten Gläsern und Schmelzen.

Die Wissenden ließen sich also nicht mehr das Edelmetall vortäuschen, wenn bloß seine Färbung erzeugt worden war. Früher hatte man vielleicht ehrlich daran geglaubt; und ausgestorben war dieser Glaube selbst bei sonst gründlichen Forschern auch in weit späterer Zeit noch nicht. Tatsächlich kann man ja wirkliche Umwandlungen zwischen verschiedenen Stoffen hervorrufen. Was dabei unveränderlich bliebe, konnte erst durch langes weiteres Experimentieren gefunden werden. Noch Bacon von Verulam (1561 bis 1626) nahm nach seiner Theorie an: Gold muß sich künstlich darstellen lassen, wenn man die Träger seiner Eigenschaften mischt. Das war eigentlich noch gute Alchemie in ihrer späteren Ausbildung. Da waren Schwefel und Quecksilber aus Prinzipien des Männlichen und Weiblichen, schärfer als zu Anfang auch, die materiellen Träger gewisser Qualitäten geworden: Seit Aristoteles und bis in unsre Zeit hinein sucht man ja für die Qualitäten Stoffe als ihre Träger oder Ursachen. Die alchemistischen Theorien stellen eine Stufe der Entwicklung dieser Anschauung dar. Man ist ein wenig rationalistischer geworden, wenn man da den für sich verbrennlichen Schwefel als „das Prinzip" der Veränderlichkeit der Metalle im Feuer ansieht, oder auch als das farbgebende Element, und Quecksilber in den Metallen darum annimmt, weil sie schwer und metallglänzend sind. Darin bestand zugleich der Nachweis für ihr tatsächliches Vorhandensein in den Metallen, aus denen sie doch nicht so geschieden werden konnten, wie es ein heutiges Beweisen verlangen würde. Man muß nur immer den schwankenden Umfang des mit den Worten bezeichneten Begriffes dabei berücksichtigen und die experimentellen Grundlagen festhalten: Auch die wirklich isolierten Stoffe wurden ja noch für die gleichen gehalten, selbst wenn sie gewisse Unterschiede in den Eigenschaften zeigten.

Die ursprüngliche Verbindung der alchemistischen Theorien mit den Anschauungen über natürliches Wachstum entwickelte sich immer deutlicher dahin, den die Verwandlung veranlassenden Mitteln und schließlich den Endprodukten selbst hohen Wert für das menschliche Leben zuzusprechen. Aus der „philosophischen" Kunst geht nach dem sog. Demokritos (ca. 1. Jahrhundert n. Chr.) die medizinische hervor. Xèrion beeinflußt auch Leben und Gesundheit, bringt auch den Menschen zu günstiger Entwicklung und gedeihlichem Wachsen[1]. Zudem gewannen aus demselben Grunde, aus dem man besonders

---

[1] Man beachte diese Umkehrung zu dem Ausgangsorte der Spekulationen.

farbige Edelsteine als Zaubermittel so hoch schätzte, auch besonders gefärbte Chemikalien medizinischen Wert. In China galt Zinnober wegen seiner roten Farbe für Glück und Heilung bringend. Marco Polo berichtet (in der zweiten Hälfte des 13. Jahrhunderts), daß in Indien ein aus Schwefel und Quecksilber bereiteter Trank lebensverlängernd wirkte; und auch für das Abendland liegen ähnliche Überlieferungen vor. Bei den außerordentlich temperamentvollen praktischen Vertretern der alchemistischen Theorie erwuchs aus solchen Grundlagen die Behauptung, das Elixier oder der „Stein der Weisen" könne das Leben um das Vielfache seiner normalen Dauer verlängern.

Diese Art von Analogieschluß kennzeichnet auch die andern nebenhergehenden Anschauungen der Alchemisten. Zu einigen experimentellen Erfahrungen wird mit Hilfe gefühlsmäßiger Vergleiche die Erweiterung auf das ganze Leben gewonnen, und man kann dann gar nicht genau sagen, wie weit die vom menschlichen Gefühlsleben hergenommenen Begriffe sich von dieser Basis schon ins Bereich des Objektiven entfernt haben. So geht es uns z. B., wenn wir bei Albertus Magnus von affinitas (Verwandtschaft) der aufeinanderwirkenden, weil einander anziehenden Stoffe, lesen. Im Essig wird eine „äußerst kalte Natur" erkannt. Geber will das schon im Namen (arabisch: hall) finden; eine andere, noch ältere Erklärung meint, die heißen feurigen Teile des Weines verfliegen, und so bleibt der kalte Essig zurück. Man sieht, wie hier die Vorstellung vom „feurigen" Wein mit der Beobachtung, daß beim Lagern aus ihm Essig entstehen kann, zusammenwirkt.

Die wesentliche Entwicklung der Theorien in diesem so langen Zeitabschnitte besteht hauptsächlich in dem Wandel der Stoffbegriffe von belebten Wesen zu Trägern einer Qualität. Wie man aus den natürlichen Komplexen hier und da einzelne Bestandteile abtrennte, die nun das ganze Wesen jenes Komplexes darstellen sollten, so isolierte man aus dem Begriffe des männlichen oder des belebenden Samens schließlich nur den einer physikalischen Eigenschaft, die zwar nicht ganz rein von den anderen abgetrennt wurde, aber darum um so größere Selbständigkeit erhielt. So bleibt von dem Begriff des Männlichen vielleicht nur der der Härte übrig, und das Harte wird darum als das Männliche bezeichnet. Die hohe praktische Bedeutung der Edelmetalle gab die Aufgabe, sie recht billig darzustellen. Die theoretische Anschauung sollte die Möglichkeit einer Lösung dieser Aufgabe dartun, ohne daß nun freilich sicher gesagt werden könnte, was von beiden zuerst da war, und ohne daß etwa die Theorie die Ursache der experimentellen Forschungsrichtung gewesen wäre, oder umgekehrt. In diese beiden Bestandteile trennte vielmehr doch

Alchemistisches Laboratorium des Germanischen Nationalmuseums in Nürnberg.

erst der Denker, mit verschiedener Betonung je nach seiner Anlage. Wie tief bei allem gelegentlichen Zweifel die Richtigkeit der Metallverwandlung auch im experimentellen Wissen dieser Zeit begründet schien, das zeigt recht schön eine Stelle aus dem „Roman de la rose". Diese große altfranzösische Dichtung, die in zwei Teilen 1237 und 1277 entstand, erzählt auch, daß Alchemie doch eine wahre Kunst sei, und erläutert es dann:

> „So wissen die Meister der Glasmacherkunst
> Aus den Pflanzen vom Strand am Meer
> Asche und Glas zu stellen her
> Kraft einer Läuterung sanft und milde;
> Und doch ist die Pflanze kein Glasgebilde,
> Und auch das Glas kein Gewächs im Meer!"[1]

4. Kulturgeschichtliche und chemische Bedeutung der Alchemie.

Die Zusammenhänge zwischen abgesondertem Wissenschaftsgebiet und allgemeinem Kulturleben sind für die Zeit der Alchemie noch so außerordentlich stark, daß sie auch in einer Geschichte der Chemie berücksichtigt werden müssen. Man betrieb gar nicht Chemie als ganz eigenes Fachgebiet in denjenigen Kreisen, die darüber berichteten. Die griechischen, arabischen und westeuropäischen Schriftsteller der Alchemie sind Philosophen oder philosophische Ärzte.

Allerdings sollte nach der Meinung der Alchemisten ihre Kunst göttlichen Ursprung haben; so war Hermes, der in vielen Büchern die Kunst durch „Tausende von Worten" erklärte, eine Art Personifikation des Wissens überhaupt, nachdem er mit einigen ägyptischen Göttern gleichgesetzt worden war. Und wenn es später auch nicht mehr, wie in den ersten Jahrhunderten, gefallene Engel waren, die das Wissen lehrten, so wurden doch die Heroen der alten und ältesten Zeiten mit Vorliebe als Autoritäten gebraucht. Das darf wohl zum Teil als ein Zeichen dafür angesehen werden, daß die wahren Entdecker neuer Tatsachen und neuerer Deutungen dafür anfangs ganz unbekannt blieben. Aus Ägypten, Babylonien, Persien stammten die Erfahrungen, die dann die hellenistischen Griechen übernahmen und später die Araber weiterpflegten. Auch hier sind für das 7. bis 10. Jahrhundert, und auch später noch oft, zu den überlieferten Autorennamen die Persönlichkeiten unbekannt. DSCHABIR (Anfang des 9. Jahrhunderts) beschreibt im „Buche der Gleichgewichte" oder im „Buche des Mitleides" und vielen anderen die Kunst recht unklar. Aber die Lehren sollen nur für Philosophen faßbar sein, andere würden

---

[1] Nach V. LIPPMANNS Übersetzung in seiner „Alchemie", S. 501 f.

sonst zu große Macht durch diese Kenntnisse erhalten (so ALFARABI in der ersten Hälfte des 10. Jahrhunderts). Teils durch die Araber, teils aber auch durch die direkte Berührung mit Griechenland und dem Orient — man denke an die byzantinische Gemahlin Theophano des Kaisers Otto II. — kam die Alchemie über Sizilien und Italien auch weiter hinauf nach dem Norden.

ALBERTUS MAGNUS (geboren 1193, gestorben 1280 in Köln), der als Philosoph berühmte Dominikanermönch, verfaßte auch ein Werk „De mineralibus", und andere alchemistische Bücher gehen unter seinem Namen. VINCENZ VON BEAUVAIS (gestorben ca. 1260) sammelte im „Speculum naturale" die alchemistischen Angaben, mit gelegentlichem, leisem Zweifel am Gelingen wahrhafter Golderzeugung.

Gegenüber diesen — und wohl auch vielen anderen — bloß literarisch tätigen Philosophen betont ROGER BACON (ca. 1214 bis 1294) den großen Wert experimentellen Forschens; er mußte sich aber auch wegen Bündnisses mit dem Teufel anklagen lassen. ARNOLD VILLANOVUS und RAYMUND LULLUS (zweite Hälfte des 13. bis Anfang des 14. Jahrhunderts) sind mehr durch ihr Leben als durch ihre von Schülerhand veränderten Werke charakteristisch: Im Kampfe mit der Kirche, wegen Irrlehre und Zauberei verfolgt, oder als Vorkämpfer des wahren Glaubens, irren sie durch alle Länder, getrieben durch Abenteuerlust und gewaltiges Affektleben.

Sie sind so Vorbilder mancher späteren Alchemisten, die an den Höfen geldbedürftiger Fürsten oder bei geheimnissuchenden Klosterbrüdern nach glänzendem Leben doch früher oder später als Betrüger entlarvt und bestraft wurden. Schon um 1300 versetzt darum DANTE den Alchemisten zutiefst in die „Hölle". PETRARCA, LEONARDO DA VINCI verurteilen die Alchemie aufs schärfste. Und doch blieb sie noch lange Zeit weiterhin lebendig. Nicht nur immer neue, hochgestellte Auftraggeber fanden sich, auch die Philosophen, und besonders die Mystiker, sprachen und schrieben stets von neuem über die mystischen Geheimnisse, die die Alchemie enthält.

Man wird ihr nicht ganz gerecht, wenn man sie nur als gewollten Betrug hinstellt, und es genügt auch nicht, nur allgemein darauf hinzuweisen, daß wir immer erst über Irrtümer hinweg zur Wahrheit gelangen. Einige tatsächliche Beobachtungen ließen sich zunächst so deuten, als ob Metallverwandlungen geschehen. Mochte das hier und da als irrig erwiesen sein: der überstarke Wunsch, daß es möglich sein muß, galt mehr als die doch auf großen Umwegen und mit lebensfernen Apparaten gewonnenen Ergebnisse. Was der eine erfahren hatte, konnte nicht jeder auch wiederholen; denn einmal stand es nicht genügend fest, was jener mit seinen Namen für Stoffe gemeint hatte, und außerdem bestimmte ja doch das Wollen

höherer Mächte das Gelingen des Werkes. So hinderlich dies in dieser
Ausbildung auch dem Forscher und der Einigung über die Ergebnisse sein mußte, so liegt doch hier der Keim des wissenschaftlichen
Forschungsverfahrens: Der Handwerker befolgte nur die über-
kommene Regel streng und starr; der nach neuem oder auch nur
nach dem Lebenselixir Suchende ließ sich mehr Freiheit. Ferner
bot die verstärkte Anwendung eigenartiger Geräte, wie Retorten
und Destillierblasen, zunächst vielleicht hauptsächlich ein eigenartiges Lustgefühl; daraus erwuchs beim einen ein leerer Hokus-
pokus, beim anderen die weitere Ausbildung der Handfertigkeit und
der Benutzung solcher Apparate. Allmählich erst gewann man dann
mehr Zutrauen zu den mit ihnen erhaltenen Ergebnissen, als zur bloßen
direkten Sinnesprüfung und gefühlsmäßigen Vorausbestimmung.

Im wesentlichen ist es zwar das Material aus altklassischer und
ganz frühmittelalterlicher Zeit, das hier jahrhundertelang hin- und
hergewendet wird und das nur selten um Neues bereichert wurde.
Aber langsam entwickelte sich doch größere Vertrautheit mit ob-
jektivem Forschungsverfahren. Der eine große Antrieb dafür: die
Erzeugung von Edelmetall, hatte sich allmählich als irrig heraus-
gewiesen. Vielleicht war das der bedeutendste Gewinn dieser Arbeiten.
Daß er nicht mit einem Male zutage trat, das zeigt, daß erst nach
einer positiven Widerlegung durch eine andere theoretische Anschauung gesucht werden mußte. Es bedurfte neuer Impulse, um
die chemische Forschung wieder zu beleben.

III. Die Chemie als die Kunst der Arzneibereitung.
Das Zeitalter der Iatrochemie.
(Vom Beginn des 16. bis zur Mitte des 17. Jahrhunderts.)

1. Erweiterung der Elementenlehre.

Wenn man vom Wirken des PARACELSUS im frühen 16. Jahrhundert einen neuen Abschnitt in der Entwicklungsgeschichte der
Chemie datiert, so kann damit natürlich nicht gemeint sein, daß nun
eine plötzliche und gänzliche Änderung eingetreten wäre. Wie es
Alchemisten bis weit in das 18. Jahrhundert hinein gab, so ging die
medizinische Verwendung chemischer Präparate weit in die Vergangenheit zurück.

Die Alchemie hatte ihr größeres Problem ja eigentlich nicht gelöst.
Daß sie keine Bereitung von Gold und Silber lehren konnte, das war
zunächst nur ein praktischer Mißerfolg, der freilich auch praktisch
bedeutsam genug war. Aber darüber hinaus blieb doch die Aufgabe

bestehen, eine tatsächlich beobachtete qualitative Veränderung zu erklären. Das konnte nicht dadurch geschehen, daß man meinte: es könnte aus jedem alles werden; denn in der Tat gehörten auch nur zu den möglichen Umwandlungen gewisse bestimmte Reagenzien und Operationen. Und wenn auch vieles an ihnen noch schwankende Resultate gab, so war doch eine ganze Anzahl davon in dieser Beziehung eindeutig festgelegt und erkannt. Zu den direkt sinnlich wahrnehmbaren Kennzeichen eines Stoffes traten die bei seiner Verarbeitung gefundenen komplizierten Merkmale. Wenigstens die häufiger vorkommenden Substanzen ließen sich so einwandfrei und einsinnig erkennen; Täuschungen und Verwechslungen gab es nur, wenn man diese Hilfsmittel nicht gebrauchte oder neue Stoffe zu beurteilen hatte. Jedem Stoffe konnten also konstante Eigenschaften zugeordnet werden. Trotzdem bestand dafür eine gewisse Variationsbreite und von da aus eine Überleitung zu anderen Stoffen. Nur experimentell konnte man die Grundlage dafür erhalten, wie solche Variationen zu werten waren, wie die Grenzen der Beständigkeit des Stoffes gelegt werden mußten. Solange man die Stoffe gänzlich unverändert ließ, blieben sie zwar sauber voneinander getrennt, aber dann hatte man ja gar nichts von ihnen: weder praktisch, da sie zu ihrer Verwertung erst Umformungen zu erfahren hatten, noch auch theoretisch, da man von ihren Eigenschaften nichts erfuhr. Bearbeitete man sie aber, so geschahen eben Umwandlungen des einen in den anderen. Dabei mußte etwas erhalten bleiben. Das organische Wachsen und Werden suchte man zu verstehen, indem man dem Keime schon all die Eigenschaften beilegte, die sich aus ihm entwickelten; im Samen sah man ein ganz kleines Menschlein, an dem alles schon fertig war und nur noch sich zu vergrößern brauchte. Die chemischen Veränderungen brachte man zwar in Analogie dazu, aber man erklärte sie doch nicht so grob: nicht das fertige Präparat in Verkleidung hatte man schon in dem Ausgangsmaterial, sondern nur seine Elemente, und das heißt: seine hauptsächlichen Qualitäten. Dafür brauchte man die Namen Quecksilber und Schwefel, und meinte nicht sowohl die so bezeichneten Stoffe als vielmehr ihre einzig hervorgehobenen Eigenschaften: Metallglanz und Farbe, oder auch nur Schwere und Veränderlichkeit beim Erhitzen. Diese Elemententheorie stellte damit den Ausdruck für ein Erhaltungsgesetz der Qualitäten dar; alle sonstigen stofflichen Eigenschaften waren nur eine Mischung aus denjenigen der Elemente in verschiedenen Verhältnissen.

Noch im 15. Jahrhundert begann eine Erweiterung dieser Lehre um eine dritte Grundqualität, das Salz. Darunter war nur ebensowenig wie unter den anderen ein bestimmter Stoff zu verstehen.

Nur eine seiner Qualitäten war gemeint, vielleicht die Festigkeit, vielleicht auch die Löslichkeit gewisser Produkte aus Metallen und aus Gesteinen. Am Stoffe „Salz" selbst kannte man außerdem noch mancherlei individuelle Eigenschaften; aus ihnen wurde eben als ein Prinzip, als das Wesen und die „Idee" dieses eine isoliert und betont. Dann erhielt es seinen Wert aber erst durch die Ergänzung zu einem neuen selbständigen Gebilde, wie wir es schließlich bei jeder Erklärung auch weiterhin beobachten werden.

2. Die neue Aufgabe der Chemie.

Zu diesen noch für lange Zeit konstant bleibenden Grundzügen kam ein anderer aus dem Erbe der Alchemie, der nun besondere Ausbildung erfuhr. Die Vergleiche zwischen chemischer Bearbeitung und organischem Wachsen bildeten nicht nur Krücken für das Verständnis, sondern auch Grundlagen praktischer Verwendung zu Heilzwecken. Ein Stoff mit „kalter Natur" mußte gut sein gegen Fieber, die Metalle mit ihren besonderen göttlichen Eigenschaften mußten auch Krankheiten heilen können. Aber während man früher Wurzeln und Steine benutzte, wie man sie fand, hatte man ja in so vielen alchemistischen Küchen die rechte Zubereitung dafür ausfindig machen wollen. Da war durch „Zerbrechung der Form" der wahre Kern herausgeholt worden, da hatte man die natürliche Reifung, deren Endergebnis nach langer Zeit zustande kam, künstlich beschleunigen gelernt, um sie ihrem wertvollen Endziele zuzuführen. Nur galt dafür jetzt nicht ausschließlich die Umwandlung ins Edelmetall:

„Nicht als die sagen / Alchimia mache Gold / mache Silber: Hie ist das fürnemmen / Mach Arcana / und richte dieselbigen gegen den kranckheiten."

So ruft Theophrastus Paracelsus in seinem „Buch Paragranum" (um 1530) den Zeitgenossen zu.

„Was macht die Birnen zeittig / was bringt die Trauben? nichts als die natürliche Alchimey. Was macht aus Gras Milch? Was macht den Wein aus dürrer Erde? Die natürliche Digestion . . .

Zeitigung der früchten ist natürliche kochung:

Also wann der Artzet kochen kan / das die obbemalten Philosophey und Astronomey innhalten: Jetzt ist er ein Artzet / deß man sich warhafftig trösten und freuen mag."

Astronomie und Philosophie sind so die Grundlagen der Kunst der Arzneibereitung; man muß damit erreichen:

„wo Mars liegt in Sole, dz Mars werd hinweg genommen / auch wo Saturnus liegt in Venere, Saturnus von der Venus gescheiden werde[1])."

---

[1]) Zitiert nach der Ausgabe von Franz Strunz, Leipzig 1903, S. 75; 14; 87. Übrigens sind nicht die Grundideen selbst neu; die „natürliche Kochung" beim Reifen der Früchte führt Aristoteles (und Theophrast) öfter an; aber Paracelsus ging nun von da aus in neue Richtungen weiter.

Auch hier geht die Theorie über kosmische Beziehungen erst auf die speziellen zu erklärenden Vorgänge, und jede chemische Verrichtung nimmt daran teil. Nur wenn man einzelnen stofflichen Bezeichnungen solche Zusammenhänge läßt, kann man verstehen, was diesen Theorien ihren Erklärungswert gab. Ihre Beziehung zu den einzelnen Tatsachen ist im Grunde dieselbe, wie sie schon bei HERAKLIT (um 500 v. Chr.) einmal vorkommt: Das Feuer ist das schaffende Element in der Welt; je mehr Feuer die Seele in sich trägt, um so weiser ist sie demnach. Dann ist aber auch die trockene Seele die weiseste; in der Trunkenheit verliert sie ihre Weisheit: denn sie, die Seele, ist dann feucht geworden. Die Seele kann aber auch zuviel Feuer enthalten: das ist es ungefähr, was PARACELSUS meint, wenn er im Fieberzustand einen Überschuß an Schwefel annimmt. Auch von den anderen beiden Elementen kann ein Zuviel oder Zuwenig Krankheiten hervorrufen. Dafür ist nun der Arzt da, daß er für die Wiederherstellung des richtigen Mischungsverhältnisses der Elemente sorgt. Die entsprechenden Vorstellungen über die Chemikalien gaben den Weg dazu an. Außer Antimon- und Quecksilberverbindungen wurden auch Pflanzensäfte von geeigneter „Kraft" nach der richtigen „Kochung" verwendet. Mit den erzielten Wirkungen ging es dann aber ähnlich wie mit den für bewiesen gehaltenen Golderzeugungen: Viel trug der Glaube und der Wunsch dazu bei, das Ergebnis so zu sehen, wie man es leidenschaftlich erstrebte, und wie es gerade PARACELSUS besonders eindrucksvoll vertrat.

THEOPHRASTUS BOMBAST VON HOHENHEIM, wie er sich auch nannte, wurde am 10. November 1493 in Einsiedeln (Schweiz) geboren. Als Reformator und Arzt zog er durch die Welt, schimpfte seine Kollegen Suddelkoch und Leussiager, und krönte sich zum Monarcha Medicorum. Das war die Art, sich viele Feinde zu machen, aber doch auch die Geister wachzurütteln und auf die neue Lehre aufhorchen zu lassen. PARACELSUS starb 1541 (am 24. September) in Salzburg. Aber sein Werk lebte weiter, bekämpft von denen, die auf GALEN schworen, gefördert zunächst von einigen ebenso ungestümen Geistern. Wir können als den Kern dieser Lehre herausschälen: Der Körper des Menschen ist wie mit aller Natur, so auch mit den chemischen Vorgängen engstens verbunden. Seine Bestandteile sind dieselben wie die Stoffe des Chemikers. Das bedeutet nicht Materialismus: es ist vielmehr ebensowohl eine chemische Deutung des menschlichen Lebens als eine vermenschlichende Beschreibung des chemischen Geschehens. Gestirne und Geister haben Einfluß auf dieses zweite: Ein besonderes Geisteswesen, der Archeus, lebt im Menschen mit der Aufgabe, die Verdauung seiner Speisen zu besorgen. Mit solchen Vorbehalten und Umdeutungen kann man hier die Anfänge desjenigen sehen, was heute als Chemotherapie besonders seit dem Wirken PAUL EHRLICHS eine so hervorragende Stellung zwischen Chemie und Medizin einnimmt.

3. Neue Wege der chemischen Erkenntnis.

So hatte die chemische Laboratoriumsarbeit ein in diesem Umfange neues Ziel gewonnen. Eigentlich war ja nur mit besonderer Betonung ins Bewußtsein gebracht worden, was schon vorher lange ausgeübt worden war. Aber wir sehen nun auch das Reformatorische daran: Von einer gewissen Entwicklung dieser Kenntnisse ausgehend, werden sie als die überhaupt einzig Wertvollen mit Begeisterung verkündet, einer Begeisterung allerdings, die zum Teil ersetzen mußte, was an Tatsächlichem noch nicht geleistet war. Daher kam aber erst der Antrieb zu neuem Arbeiten und Forschen; die Spannung zwischen Gewolltem und Vorhandenem war auch hier einer potentiellen Energie vergleichbar, die sich nur bei der verwirklichenden Ausführung in eine Art kinetische Energie umwandelte.

Daneben gab es freilich andersartige Forschernaturen, die viel ruhiger die Kleinarbeit weiter verfolgten, und denen die laut verkündete Theorie gar nicht so viel galt, weil sie mehr durch die Freude am einzelnen Experiment als durch den Schwung einer großen Idee geleitet wurden. In solchem Gegensatz steht zu PARACELSUS sein Zeitgenosse GEORG AGRICOLA (geboren 1494 in Glauchau, gestorben 1555 in Chemnitz). In vielen umfangreichen Büchern beschrieb er die technischen Verfahrensweisen, zu deren Vervollkommnung er manches beigetragen hatte. Dabei galten ihm und vielen Nachfolgern gewisse neue Metalle als bloße „Abbilder" von bekannten alten, als Bastarde der eigentlichen Metalle, wie es in den im 17. Jahrhundert unter dem Namen des BASILIUS VALENTINIUS veröffentlichten Schriften heißt: Antimon wäre der Bastard des Saturni (= Blei), Wismut der Bastard des Jovis (= Zinn). Damit war nicht nur ein allgemeines Verwandtschaftsverhältnis zwischen den betreffenden Metallen ausgedrückt, sondern auch eine genetische Abhängigkeit voneinander, die natürlich auf alchemistischem Boden erwachsen war. Zu ihrer Kennzeichnung dienten noch im wesentlichen mechanische Merkmale, außer dem Verhalten bei der Bearbeitung. Die äußere Erscheinung und das mechanische Verhalten leiteten auch bei der Unterscheidung der Mineralien, wie sie AGRICOLA in seinem großen Werke „De natura fossilium" beschrieb.

Daneben lernte man aber doch auch das rein chemische Verhalten als charakteristisches erkennen. PARACELSUS unterschied Vitriole vom Alaun auch dadurch, wie sie sich zu einem Extrakt aus Galläpfeln verhalten: nur die ersteren geben tiefe blaue oder schwarze Färbungen. Hatte man mit Scheidewasser das Silber vom Golde gelöst, so entstand in der Lösung mit Kochsalz eine calx oder lac argenti; und da man nun sah, daß dies immer so geschieht, so ließ sich an solcher „Kalk"- oder „Milch"-Bildung das Silber erkennen, ohne daß man es metallisch darstellte. Aber man fühlte dabei dennoch einige Unsicherheit. So galt auch für Libavius das Aussehen von Schnittflächen oder der Klang eines Metalls mehr für seine Kennzeichnung. Der Arzt Libavius, der 1616 als Gymnasialdirektor in Koburg starb, suchte das Wissen seiner Zeit in seinem Lehrbuche „Alchymia" (1595) systematisch zu ordnen. Zwar standen ihm nicht, wie den älteren Verfassern von Lehrbüchern, die Operationen durchaus im Vordergrunde, aber sie dienten ihm doch als Einteilungsmerkmale: Bei einer einfachen chemischen Behandlung entsteht auch eine „einfache Spezies"; wird sie noch einmal verarbeitet, so ist sie dann „zusammengesetzt". Die Chemie ist ihm die Kunst, Magisteria, eben solche Präparate herzustellen, aber auch die reinen Bestandteile aus Gemischen herauszuholen. Daher nennt er auch die Säuren, von deren Darstellung im vorigen Kapitel berichtet wurde: aquae solventes, Lösewässer, einfach nach ihrer Benutzung.

An einem wichtigen Beispiele kann noch klargemacht werden, was diese Auffassung bedeutete. Wenn man in die Lösung eines gewissen Vitrioles einen Eisenstab hält, so entsteht Kupfer. Auf der Grundlage der direkten Beobachtung kann man das „realistisch" nur mit den Worten beschreiben: Das Eisen hat sich in Kupfer verwandelt. Zu dieser direkten Beobachtung kann nun von der dogmatisch festgehaltenen Theorie her sogar eine einleuchtende Erklärung gewonnen werden: Aus dem Vitriole ließ sich ja ein spiritus bereiten, etwas Flüchtiges, Schwefeliges; dieses kommt in den Versuchen zum Eisen hinzu und macht daraus das stärker schwefelhaltige Kupfer. Auf diese Weise fand auch Libavius Stützen für seinen Glauben an die Alchemie.

Ganz anders verfuhr van Helmont. Er betrachtete nicht nur das eine gerade geschehende Ereignis, um dann eine entfernte allgemeine Anschauung darauf anzuwenden; er bedachte vielmehr auch die Vorgeschichte des Versuches. Da war Vitriol aufgelöst worden, aus dem man durch eines der vertrauten Schmelzverfahren das Kupfer schon für sich darstellen konnte. Dann mußte das Kupfer aber in dieser Lösung vorhanden sein, und wie sonst durch Ausschmelzen, schied man es nun bei gewöhnlicher Temperatur durch das Eisen wieder aus. Das Kupfer war also nicht synthetisiert worden, es verdankte seine Entstehung vielmehr einer Zerlegung des Vitriols. So bedeutsam dieser Unterschied mit der späteren

Elementenlehre als Gesichtspunkt erscheinen muß, so liegt er für die damalige Zeit doch eigentlich etwas anders: An die Stelle einer unklaren Vorstellung vom Schwefel als Metallelement war in diesem einen Falle eine scharfe Bezugnahme auf wirklich darstellbare Stoffe getreten, und zur Erklärung diente nicht das Dogma, sondern die ausgedehntere Untersuchung des einzelnen Vorkommnisses. Im allgemeinen hielt auch van Helmont alchemistische Ansichten für berechtigt. Nur lag ihm viel an experimentellen Beweisführungen: Zog er eine Pflanze in einem Topfe, dessen Erde er reichlich mit Wasser begoß, so entwickelte sie sich im Laufe der Jahre und lieferte bei der Verbrennung eine Menge Asche. Das Gewicht der Erde war aber unverändert geblieben: die erdige Substanz mußte also aus dem Wasser gebildet worden sein.

Johann Baptist van Helmont (geboren 1577 in Brüssel und dort 1644 gestorben) hat gerade dadurch, daß er seine Theorien eng an besondere Experimente anzuschließen versuchte, Grundlegendes in der Chemie geleistet. Als Philosoph suchte er die gedankliche Sauberkeit, als Iatrochemiker die Zurückführung der organischen Funktionen auf chemische Vorgänge. Die Alchemie mußte ihm das Wesen derjenigen Umwandlungen erklären, die er chemisch nicht zu fassen vermochte. Die Vertrautheit mit chemischen Operationen, die er im Gegensatze zu manchem Theoretiker seiner Zeit durch eigene experimentelle Arbeiten erwarb, ließ ihn auch die chemische Kennzeichnung der Stoffe recht hoch bewerten. Er benutzte also schon die erwähnten Methoden, durch Fällungen aus wässerigen Lösungen Metalle nachzuweisen. Wenn dann ein wie Käse aussehender Niederschlag das doch ganz anders erscheinende Silber anzeigen sollte, oder ein mit Lauge erhaltenes gelbes Pulver das Quecksilber, da stand nicht mehr die Erhaltung der einzelnen Qualitäten im Vordergrunde beim Erkennen der Stoffe: Metallglanz und Härte und Farbe konnten sich ändern, aber der Grundstoff blieb erhalten. Hier lag ein wichtiger Ausgangsort zur Entwicklung einer eigentlichen Stofflehre.

Dann blieben auch nicht Quecksilber, Schwefel und Salz die Elemente. Säure und Alkali waren als gegensätzliche Stoffe bekannt geworden; brachte man sie in geeigneten Mengen zusammen, so vernichteten sie gegenseitig die Eigenschaften, die sonst die hervorragendsten an ihnen waren. Saure und alkalische Reaktion sollten nun auch die körperlichen Vorgänge wesentlich erklären: so wie man ja immer die Erklärung eines zunächst einheitlich aufgefaßten Ganzen auf einer ersten Stufe durch zwei entgegengesetzte Teile versuchte.

Wenn man Pottasche mit einer Säure übergießt, entwickelt sich unter Aufbrausen eine Art Luft. Aber das ist keine gewöhnliche Luft, denn ein brennender Holzspan erlischt in ihr, die Flamme wird erstickt. Solche erstickende Luftarten hatte man auch in Bergwerken gefunden, daneben aber auch noch gefährlichere, die sich entzünden lassen und dann selbst brennen. So hatte man eine Trennung in drei Arten von Luft: die gewöhnliche Lebensluft, die erstickende und die brennbare. van Helmont, der diese Unterscheidung zuerst lehrte, hatte also den brennenden Holzspan und vielleicht noch den Geruch als Hilfsmittel zur Erkennung dieser noch nicht recht faßbaren Stoffe, die er Gase nannte. Er suchte zunächst einmal ihre Quellen auf. Die erstickende Luftart entsteht auch, wenn man Kohle mit Königswasser behandelt, oder bei der Wein- und Biergärung. Daher erhielt sie den Namen gas vinorum. Von den Dämpfen, die aus heißem Wasser aufsteigen, unterscheiden sich die Gase dadurch, daß sie nicht flüssig werden, wenn man sie sich abkühlen läßt.

Auch außerhalb der früher hauptsächlich betriebenen Metallkunde gab es also wertvolle Untersuchungsgebiete zur Aufklärung des Verhaltens der Stoffe. Die Chemie der Salze war ein solches fruchtbares Gebiet. Alkali, das man in der Asche verbrannter Pflanzen oder im Verdampfungsrückstande mancher Quellwasser fand, hatte man ja schon zu reinigen verstanden, indem man es durch Lösen in Wasser von „erdigen" Teilen trennte. Man wußte, daß es verschiedenerlei Alkali auch nach solcher Reinigung noch gab, das zeigte die praktische Verarbeitung. Wollte man sicher sein, das Richtige zu erhalten, so mußte man sich an diese oder jene Ursprungsstellen halten. Glauber fügte zu den Lösungen verschiedener solcher Alkaliarten Schwefelsäure und erhielt dann Salze, die sich durch ihr verschiedenes Kristallisationsvermögen trennen ließen. Das schwefelsaure Natron führt ja heute noch mit Recht den Namen Glaubersalz nach dem Manne, der es von anderen abtrennte und technisch gewinnen lehrte.

In solchen mit Säure und Alkali entstehenden Salzen hatte man ein wertvolles Unterscheidungsmerkmal für die verschiedenen Alkaliarten. Das war zugleich auch ein Weg, in die Natur der Salze selbst Einblick zu erhalten. Früher hatte man z. B. Antimon mit Vitriol und Kochsalz erhitzt und als überdestillierendes dickes Öl eine Substanz erhalten, die nach ihrer Beschaffenheit Antimon-Butter hieß. Glauber zerlegte diesen Vorgang: aus Vitriol und Kochsalz für sich stellte er den spiritus salis, den flüchtigen Geist des Salzes her; diesen nun — die Salzsäure — ließ er auf vorher erhitztes, also kalziniertes Antimon einwirken und wußte nun, woraus sich die wieder gebildete Antimonbutter zusammensetzt: aus Metall und Säure. Das zeigte er auch noch auf andere Weise: Wenn man Salmiak mit Kali oder Kalk kocht, so entweicht sein flüchtiger Geist, das Ammoniak, und zurück bleibt das Salz des Kalis oder Kalkes. Zur Bildung dieses Salzes ist, wenn man diesen Teil der Reaktion allein vornimmt, Säure nötig. Hier kam sie aus dem Salmiak, und darum ist dieses „Ammoniak mit angehänktem sal acidum". Die beiden vereinigten sich miteinander, weil sie sich lieben; offenbar lieben sich, wie der Versuch zeigt, Säure und Kali aber noch mehr als die Bestandteile des Salmiaks. Man sieht auch aus der Bezeichnung „Säure-Salz" für die Salzsäure, oder Alkalisalz für das Alkali, daß GLAUBER die Bezeichnung Salz ziemlich freigebig gebrauchte. Sie hieß im wesentlichen bloß: Wasserlösliches; aber bei anderen Zeitgenossen beschränkte man sie schon auf die Stoffe, welche Verbindungen zwischen Säure und Alkali sind.

JOHANN RUDOLF GLAUBER (geboren 1604 zu Karlstadt, gestorben 1668 in Amsterdam) gewann diese Ansichten durch seine enge Verbindung mit der Technik. Er wollte ihr freilich außer neuen Fabrikationsmethoden und ihrer Aufklärung auch in phantastischen Plänen zum Aufschwunge verhelfen. Ihm genügte so wenig wie den anderen Großen aus dieser Zeit die bloß fachliche Tätigkeit; darüber hinaus blieb die Absicht immer aufs ganze direkte Leben gerichtet, das ihnen die Probleme aufgab und den Wert ihrer Lösung erst bedingte. Sonst war es die philosophische Idee, die dem Experimente als ihrer Verwirklichung das Ziel und den Wert gab.

Die Anwendung der Säuren führte noch auf einem anderen Gebiete zu neuen Stoffen. Man kochte Alkohol mit Schwefelsäure; eine Flüssigkeit destillierte über, die nach den benutzten Ausgangsstoffen den Namen sulfur vini erhielt, oder auch als oleum vini nach ihrer Löslichkeit, nämlich der geringen Mischbarkeit mit Wasser, mit den Ölen zusammengefaßt wurde. Im Zeitalter der Iatrochemie fand dieser Stoff natürlich auch medizinische Anwendung.

4. Zusammenfassung.

Im ganzen gewinnt die Chemie unter dem Zeichen der Medizin manchen wesentlichen neuen Zug. Den Platz, den früher die Mystik in ihr eingenommen hatte, füllte allmählich — und natürlich nie ganz — die alte Wissenschaft vom Körper des Menschen aus. So sind denn auch von den hervorragenden Männern dieser Zeit, obwohl sie frei und abenteuerlustig genug im Leben stehen, doch viele spezieller fachlich als Ärzte ausgebildet, und die anderen lehnen sich an die reiche und feste Tradition der fabrikmäßigen Darstellungen an. Das Handwerksmäßige findet stärkere Aufnahme in die Wissenschaft, und entsprechend mehr vom Experimente geht in die Theorie ein. Die direkt sinnlich wahrnehmbaren Eigenschaften sind nicht mehr die einzig verläßlichen; ein beginnendes Gefühl für die Erhaltung des Stoffes als Summe seiner Qualitäten lernt die chemischen Umwandlungen zur Charakteristik eines Stoffes benutzen. Dann findet man Zerlegungsteile eines Stoffes, die selbst wieder stofflich gefaßt werden können. Natürlich kann dadurch die alte Theorie von den elementaren Bestandteilen Quecksilber, Schwefel und Salz nicht sogleich verdrängt werden; nur die Vorbereitung dafür verwirklicht sich jetzt. Säuren und Salze gewinnen Beachtung auf Kosten der Metalle; dazu treten die Gase und einige Erweiterungen der Erkenntnis der aus Pflanzen erhaltenen Stoffe. Der bewußten Anwendung von Chemikalien im menschlichen Körper entspricht die vermenschlichende Beschreibung chemischer Vorgänge. Wie treffend die manchmal sein können, dafür möchte ich aus dem Buche „Wiederholung vom großen Stein der uralten Weisen" eine Stelle anführen. Dieses Buch gehört zu denjenigen im Beginn des 17. Jahrhunderts veröffentlichten, die den Namen eines älteren Alchemisten, des Basilius Valentinus, tragen. Dort wird nun der Salpeter beschrieben, der beim Auflösen im Wasser Abkühlung veranlaßt, andrerseits aber — welcher Gegensatz! — Verbrennungen besonders heftig gestalten kann. Der Salpeter spricht:

„Zwei Elemente werden am meisten in mir gefunden, als Feuer und Luft; Wasser und Erden am wenigsten; darum bin ich feurig und flüchtig. Denn ein subtiler Geist steckt in mir. Mein höchster Feind ist der gemeine Schwefel, und doch mein bester Freund, denn so ich durch ihn gereinigt werde, und geläutert durch das Feuer, so stille ich alle Hitze des Leibes innen und außen und bin die beste Arznei. Meine Kühlung ist äußerlich viel trefflicher denn des Saturni, mein Geist aber viel hitziger denn einig Ding. Ich kühle und verbrenne, wie man mich haben will, und darnach ich bereitet werde. Wenn Metalle sollen zerbrochen werden, muß ich sein ein accidens. Außerhalb meiner Zerstörung bin ich ein Eis, wenn ich aber anatomiert werde, bin ich ein lauter höllisch Feuer."

IV. Die Chemie der Verbrennungsvorgänge. Das Zeitalter der Phlogistontheorie.

(Von der Mitte des 17. bis gegen das Ende des 18. Jahrhunderts.)

1. Die neue Zeit.

Zur Erfüllung rein praktischer und vorwiegend luxusartiger Bedürfnisse war chemische Arbeit zuerst geleistet worden. Daraus grenzte sich allmählich deutlicher die Aufgabe einer künstlichen Herstellung edler Metalle und Steine ab. Aber selbst wenn sie ihr Programm erfüllt hätte, wäre diese Aufgabe wohl nicht die einzige geblieben. Eine andere praktische Anwendung chemisch zubereiteter Substanzen, und eine ebenfalls nicht alltägliche, erwuchs aus abergläubischer Dumpfheit zu einem wissenschaftlich bewußten Ziele. Die chemische Arbeit erhielt ihre Berechtigung und ihre Probleme von einem a u ß e r h a l b ihrer gelegenen Gebrauche her. Sie war noch zu wenig ausgedehnt, um, zum mindesten bei den nicht rein praktisch Forschenden, ihr Gebiet abgrenzen und als relativ eigen berechtigt gelten lassen zu können.

Doch etwa von der Mitte des 17. Jahrhunderts an tritt ein anderes Zentralproblem in der Chemie auf: die Wirkung des alten treuen Dieners der Menschheit, des Feuers, bei den chemischen Umwandlungen. Das stellte eine viel eigenere, „reiner" chemische Aufgabe dar, als die bisherigen; die neuen Grenzverletzungen nach dem Bereiche der Physik hin bleiben ja durch manche wesentlich gleiche oder ähnliche Arbeitsziele gerechtfertigt. In diesem Sinne kann man sagen: Von dieser Zeit an beginnt die Chemie frei zu werden von der Bedingtheit durch außerhalb gelegene Anwendungen; sie ist zunächst um ihrer selbst willen da.

Das ist natürlich nur mit vergröbernder Herausarbeitung der Unterschiede gesagt. In die Kontinuität des historischen Geschehens sind Abschnitte gelegt, in einer Weise, die vielleicht durch folgendes mathematisches Bild beschrieben werden kann: Die Veränderung der chemischen Wissenschaft erfolgte in gewissen kleinen Zeitteilen um kleine Beträge, die bei geeigneter und idealer Wahl nicht größer als mathematische Differentiale wären. Nun wird eine größere Zeitstrecke zusammengefaßt, das Integral der Veränderungen darüber genommen, und dann stellt man diese Integralwerte an der scharfen Grenze zweier solcher Zeitstrecken als ebenso wie diese selbst einander folgend gegenüber. Immerhin, wenn wir uns dieser Methode bewußt bleiben, können wir ihre Vorteile wohl benutzen. Wir verabsolutieren ihre Ergebnisse nicht und können darum den Wert einer gerade gegenteiligen Darstellung ungefähr abschätzen.

Man könnte den Unterschied dieser neuen gegen die vorhergehende Zeit anders kennzeichnen wollen: Man wiese auf die Vorherrschaft der theoretischen Spekulationen noch im Zeitalter der Iatrochemie hin, und sähe das wesentlich Neue und den großen Fortschritt darin, daß das Experiment nun erst recht zu seinem Werte kam. Man hat freilich noch kein Maß oder irgendeinen genau vergleichenden Ausdruck für den Anteil von Theorie und praktischer Erfahrung an wissenschaftlicher Arbeit und menschlicher Betätigung überhaupt; immerhin sollte schon jetzt eine genauere Abschätzung dieser Größen zugänglich sein, als daß nicht mehr denn ein Pendeln zwischen den Extremen der je nach subjektiver Anlage für wahr gehaltenen Meinungen möglich wäre. Ich möchte mit der Phlogistik das chemische Mittelalter beginnen und die vorhergehende Zeit als das Altertum in der Chemie bezeichnen. Dann wäre in diesem die umfassende und alles erklärende Theorie, mit einem Ausgangspunkte in einigen wenigen, und in demselben Maße unspezifizierten Erfahrungen doch im wesentlichen der Ausdruck und die Entwicklung der menschlichen „Verstandeskräfte" überhaupt. Man verfuhr im ganzen doch so, wie es sich SOKRATES vorgenommen hatte: erst sich selbst zu erkennen, ehe man die objektive Natur erforschte. Die ganze Naturkunde, als „Physik" zusammengefaßt, war ein Teil der Philosophie; aber man beobachtete eben auch gleich so „philosophisch", daß zwischen der philosophischen Theorie und der Erfahrung die nötige innige Berührung vorhanden sein konnte. Nicht dieser Abstand änderte sich entscheidend im damaligen Rahmen. Wohl aber wurde die Art der Beobachtung, der experimentellen Erkenntnisbildung, eine andere, und mit ihr auch die Theorie: wieder nicht, indem scharf das eine als Ursache das andere bewirkte, sondern indem mit Spannungen hier und da sich beides fortbewegte.

Selbst wenn man nun das Kontinuitätsgesetz axiomatisch voraussetzen wollte, man könnte sich davor nicht verschließen, daß einzelne ausgezeichnete Männer die Erkenntnis sprunghaft weiterführten. Man findet ja sogar eine Geschichtschreibung, die an das Heldenlied gemahnt. Sie mag sich darauf stützen, daß die urkundlichen Quellen gelegentlich diesen Ton anschlagen. Man wird das menschlich verstehen können und auch dann noch aufzufinden vermögen, wenn es nicht in so naiver und polternder Art geschieht, wie etwa bei PARACELSUS, sondern gemilderter, stärker an die Sache angelehnt, weiter objektiviert. Der affektbewegte Einzelne mag es so darstellen dürfen, als ob er plötzlich ein ganz und gar Neues geschaffen habe. Allerdings kann der Historiker nur in sehr seltenen Fällen exakt nachweisen, was da im Unbewußten kontinuierlich erwuchs, bis es sich so diskontinuierlich äußerte. Auch bleibt selbst nach Aufweisung gewisser Vorbedingungen, und sogar wenn ihre Zahl sehr groß ist, das geniale Schaffen ein unerklärliches; aber dann ist es nicht nur für die Verwirklichung der historischen Kontinuität die unüberwindliche Schranke. In die Lücke der kontinuierlichen Zeichnung tritt darum der Name des großen Mannes.

Es gehört zu den Kennzeichen des neuen Zeitabschnittes, daß statt der unbekannten oder doch nicht genau erfaßbaren Gesamtheiten von Männern einzelne die neuen Erkenntnisse bringen. Je stärker aber der einzelne hervortritt, um so mehr muß für einen Zusammenhalt und einen Ausgleich des an verschiedenen Stellen Erreichten gesorgt werden. In das 17. Jahrhundert fallen die Gründungen großer Akademien und wissenschaftlicher Gesellschaften, die in Vorträgen und Zeitschriften als Organisation des wissenschaftlichen Verkehrs wirkten. Das hängt damit zusammen, daß die experimentelle Arbeit auch vom Schriftsteller in der Chemie selbst in größerem Umfange ausgeübt wurde. Er sammelt nicht mehr bloß fremdes Wissen, das er unter aristotelische Gesichtspunkte bringt. In welchem Maße das geschah, das lernt man etwa an dem Kampfe, den GALILEI und BACON VON VERULAM gegen den aristotelischen Geist in der Wissenschaft führten. Dem bloßen Wort- und Gedächtniswissen, der Abhängigkeit von der Autorität oder der Doktrin der Schule galt dieser Kampf. Er konnte ja anderes, Positives bringen: Die Beobachtungen selbst sprachen ja verständlich für diese neue Zeit, so daß es schien, man hätte nur die Natur oder das Experiment abzuschreiben, um sie auch ganz zu verstehen und zu erklären; oder wenigstens konnte empfohlen werden, ein methodisch gereinigtes Denken darauf anzuwenden. Charakteristisch genug will BACON (1561—1626, London) statt auf ARISTOTELES auf DEMOKRIT zurückgehen. Sein großer Zeitgenosse GALILEI (1564—1641, Florenz) nimmt den Grundsatz an: „Alles messen, was meßbar ist, und versuchen meßbar zu machen, was es noch nicht ist." Diese Rückführung alles Beobachteten auf Maß und Zahl enthielt ja auch DEMOKRITS Lehre. Auch ihre Atomistik erwachte um diese Zeit zu neuem Leben. Ihre großen Verkünder sind PIERRE GASSENDI (1592—1655, Paris) und RENÉ DESCARTES (1596—1650, lebte zur Schaffenszeit in den Niederlanden). Die Chemie mochte größeren Nutzen noch als von dieser Atomistik zunächst aus den Untersuchungen über die Erkenntnismethoden ziehen, die von diesen Denkern ausgebildet wurden. Wir nähern uns ja der Zeit des JOHN LOCKE (1632—1704), ISAAC NEWTON (1642—1727), G. W. LEIBNIZ (1646—1716). Immerhin war auch bei getreulichem Beachten all der Anweisungen, sich nur an die experimentelle Wahrheit und die einleuchtende Evidenz zu halten, mancher Irrtum im einzelnen möglich. Es kam alles darauf an, was man als die Erfüllung solcher guten Grundsätze ansah.

Wenn die Atomistiker die Realität der Qualitäten in Abrede stellten und als das wahre Sein eine qualitätslose Materie betrachteten, so bedeutete das für die Chemie nicht, wie es beim ersten Zusehen scheinen könnte, die Entziehung ihrer ganzen Grundlage. Aber eine Veränderung war es insofern, als die direkte sinnliche Wahrnehmung zurückgedrängt wurde, zugunsten umständlicher Erkennungsweisen. Im übrigen boten die Spekulationen über die Substanz der Chemie nicht immer viel. DESCARTES, der nach einem Erhaltungsgesetze im natürlichen Geschehen suchte, stellte es für die Bewegungsgrößen auf; aber er nahm das Produkt nicht aus Masse und Geschwindigkeit, sondern aus Volum und Geschwindigkeit. „Den Begriff Masse kennt DESCARTES noch nicht[1]." Bedeutsamer ist die Auffassung, die GASSENDI — nicht als einziger — hegt: außer der wägbaren Substanz gäbe es noch eine geistige, immaterielle. Auch sonst galt ja das Geistige als eine eigene, zweite Realität, und die Naturforscher, die an sie glaubten, hielten sie eben auch in ihrem Bereiche für ebenso gut bewiesen als die andere.

Mit diesen Andeutungen soll nur hingewiesen werden auf die allgemeinen Zusammenhänge spezieller chemischer Theorien mit den philosophischen Lehren; denn obwohl die Chemiker dieser Zeit in viel geringerem Maße als früher zugleich als Philosophen zu bezeichnen sind, so spielten doch solche Theorien nicht nur im philosophischen Systeme ihre Rolle. Noch mehr gilt das natürlich für die Nachbarwissenschaften. BOYLE, den wir an die Spitze dieses chemischen Zeitabschnittes stellen, ist zugleich in der Physik bekannt durch das Gasgesetz (p. v = constant). Er widerlegt GASSENDIS Behauptung, daß der Salpeter im wesentlichen aus kalten Atomen bestände und als primum frigidum anzusehen sei. Zu solcher Feststellung der kalorischen Natur eines Stoffes benutzte man zunächst noch Argumentationen, die ähnlich klingen wie bei ARISTOTELES: Ihm war es z. B. Problem, wie Blut zwar wärmer sein könnte als Wasser und Öl, und daß es dennoch leichter erstarrt. Die richtige Beobachtung, daß das flüssigere Metall z. B. dasjenige ist, das sich auch langsamer abkühlt und später erstarrt, führte zu solchen Verwirrungen, weil die Betrachtung zuviel in einem Schwunge erfassen sollte. Erst als das Thermometer zu den Beobachtungen benutzt wurde, traten hier die notwendigen Unterscheidungen allmählich ein.

---

[1] ÜBERWEGS Grundriß der Geschichte der Philosophie III[11], 1914, S. 95.

Zwar hatte u. a. auch VAN HELMONT ein Thermometer gebaut, bei dem ein Flüssigkeitsfaden die Ausdehnung eines durch ihn abgeschlossenen Luftvolums anzeigte. Aber die Differenz der damit erhaltenen Angaben gegen das einfache Temperaturgefühl wurde zunächst als ein Mangel des Apparates angesehen. Die mit Flüssigkeit gefüllten Thermometer von HALLEY und RÖMER verbesserten das Instrument, das wohl BOERHAVE (um 1730) als erster auch bei chemischen Arbeiten verwendete. Dann konnte durch Messungen das spezifische Gewicht und die Ausdehnung von Stoffen in der Wärme, ihre Leitung usw. bestimmt werden. Es sei ferner an NEWTONS Abkühlungsgesetz erinnert.

Wenn man ein Metall, wie Zink oder Blei, der Wirkung der Wärme aussetzt, so schmilzt es nicht nur, so daß es nach der Abkühlung wieder das alte würde: Bei längerem Erhitzen verwandelt es sich vielmehr in eine weiße oder gelbe Masse, die jedenfalls durchaus nicht mehr den Charakter eines Metalles hat, sondern eher den des Kalkes. Für diese oft vorgenommene Operation hatte PARACELSUS die Erklärung: Das schweflige Prinzip entweicht aus dem Metalle; das war seine „Seele"; nun bleibt der „Leichnam" des Metalles zurück. Diese Worte hatten hier nicht mehr die mystisch-anschauliche Bedeutung; in der langen Zeit ihres Gebrauches waren sie allmählich zu Bildern geworden, zu solchen allerdings, die ganz vorzüglich zu passen schienen. So dürfen wir denn wohl eine solche Erklärung rationalistisch deuten: Das Metall hatte eine Eigenschaft verloren; die neuen, die es gewonnen hatte, waren schon vorher verborgen im Metalle gewesen, so daß der Nachdruck auf diesem Verluste ruhte. Schwefel war aber das Element, das gerade für die verlorene Eigenschaft stand: die „Brennbarkeit", wie allgemein diese Veränderlichkeit im Feuer genannt wurde. Verbrannt, also zerstört, war ein Teil des Metalles; nur ein Rest blieb zurück.

Das war der bleibende Kern an den verschiedenen Deutungen für diesen Vorgang. Statt Schwefel konnte man auch ein anderes elementares Ding für entwichen erklären: AGRICOLA setzte die Feuchtigkeit dafür. Dies offenbarte tatsächlich dieselbe Anschauungsweise; denn das Schmelzen des Metalls hatte man ja schon früher als Hervortreten seines Gehaltes an Wasser angesehen; und nun verschwand dieses, mit ihm die Schmelzbarkeit selbst. Der Name Phlogiston für diesen bei dem „Verkalken" eines Metalls entweichenden Stoff wurde erst später angewendet und hatte auch einige besondere Bedeutungen noch, deren Entwicklung zu verfolgen sein wird.

2. Von Boyle bis Boerhave.

a) Die chemische Analyse.

Die echten Alchemisten arbeiteten im wesentlichen auf ein Ziel hin, das als Endprodukt einer chemischen Umwandlung erreicht werden sollte. Von dem Ablaufe chemischer Veränderungen stand deshalb nur die eine Richtung als wertvoll und beachtenswert da. Das hat auch natürlich eine andere, experimentelle Quelle: Man behielt den wirklichen Zusammenhang zwischen Umwandlungen nur über eine kurze Strecke hinweg in der Hand. Aber dazu kam dann wieder die Methode des Erklärens, die einen solchen einsinnig abgelaufenen Vorgang so ganz und gar umfaßte, daß dem Experimente keine Aufgabe weiter blieb. Auch hätte dieses nur schwer gegen die Theorie etwas ausrichten können, da man mit einem gewissen Rechte mehr Mißtrauen gegen jenes als gegen diese hegte. Darum war es so bedeutsam, daß VAN HELMONT die vermeintliche Erzeugung von Kupfer aus Eisen durch eine umfassende Betrachtung widerlegte, in die er auch die Vorgeschichte eines der beteiligten Stoffe hineinzog. Auf derselben Grundlage baute sich auch die Erkennung von Stoffen an den Verbindungen, die man aus ihnen erzeugte, auf. Bei VAN HELMONT fanden wir die Verwendung des „Silberkalkes" dafür. Weitere Ausdehnung gewann solches Verfahren durch ROBERT BOYLE. Gerade indem man überzeugt war, aus dem veränderten Produkte das ursprüngliche, und denjenigen Teil, auf dessen Erkenntnis es ankam, wiederherstellen zu können, konnte man die Reaktion zur Prüfung verwenden. Wenn man den historischen Ausgang von metallurgischen Schmelzprozessen nicht berücksichtigte, könnte man es ja sonderbar finden, daß solche chemischen Umwandlungen bei gewöhnlicher oder wenig erhöhter Temperatur und bei Gegenwart von Wasser sich so lange nach den Schmelzproben erst entwickelten. Wir sahen ja auch an der alten Theorie der Elemente, daß zu Schwefel und Quecksilber erst später das Salz hinzutrat, im Zusammenhange damit, daß man diesen definitionsgemäß wasserlöslichen Stoffen nun mehr Aufmerksamkeit zuwendete.

BOYLE gehört mit zu den ersten, und noch lange nicht durchaus erfolgreichen Bekämpfern der älteren Elemententheorie. Dieser zarte Sprößling aus einem adligen englischen Geschlechte (geboren 25. Januar 1627, gestorben 30. Dezember 1691) hatte nach reicher philosophischer und psychologischer Vorbildung als Dreißigjähriger das Studium der Gasgesetze begonnen. Mit den in der Physik gewonnenen klaren Begriffen unternahm er die Kritik der chemischen Ansichten (1661: „Sceptical Chymist"). Was als chemisches Element sollte gelten dürfen, das müßte auch stofflich aufweisbar sein. Von der Luft, die manchem Zeitgenossen auch unter den Wissenschaftlern noch ein recht geheimnisvolles Ding war, hatten ihn seine an GUERICKES Luftpumpenversuche anschließenden Experimente manches Überraschende gelehrt. Er freute sich über das Staunen, das seine Beweise über den Luftdruck und das Zusammenhalten evakuierter Kugelschalen hervorriefen. Nun wollte er auch die anderen chemischen Stoffe ebenso handgreiflich, und nicht nur durch das subjektive Gefühl erkennbar, aufweisen.

Die Säuren z. B. faßte man nach ihrem Geschmack als verschieden von anderen Körpern zusammen. BOYLE verwendete — wohl nicht als erster — die Rotfärbung des Saftes von Lackmus oder Kornblume dafür, die Anwesenheit von Säure anzuzeigen. Das war ein weiterer Schritt auf dem Wege, den die Chemie seitdem immer rascher gegangen ist: die Stoffe durch ihr Verhalten zueinander zu kennzeichnen, statt nach der Einwirkung auf unser Fühlen. — Merkwürdig genug war es, daß einer eindeutigen Geschmackswirkung eine so gleichartige chemische Reaktion entsprach. — Und so verfuhr BOYLE nun auch in anderen Fällen: Ammoniakdämpfe ließ er durch die Nebelbildung mit Salzsäuredämpfen sich anzeigen, und er erhoffte viel von solcher Art der chemischen Analyse. Um ihren Unterschied gegen das sonst häufig angewendete Verfahren zu bezeichnen, erwähne ich eine Erklärung von SYLVIUS (geboren 1614 zu Hanau, gestorben 1672 in Leyden). Er hatte (1660) die kühlende Wirkung der Luft auf ihren Gehalt an Salpeter zurückführen wollen. Der Beweis war im wesentlichen dadurch geführt, daß Salpeter ja ein ganz besonders „kühles Wesen" hat; so erwies er denn seine Anwesenheit schon genügend, wo etwas Kühlendes wirkte! Man erinnert sich dabei, daß BOYLE die Ansicht widerlegte, Salpeter sei das Wesen der Kälte überhaupt, indem er darauf hinwies, daß es ja Eis schmelzen könne.

Anschauungen, wie die erwähnte von SYLVIUS, herrschten überall in der Chemie; von da war es weit bis zu denjenigen stofflichen Darstellungen der zur Erklärung verwendeten „Prinzipien", die BOYLE forderte. Wege dahin wurden nur langsam besser bekannt. Man brauchte dazu noch mehr solcher chemischer Merkmale, wie sie für das Silber und die Säuren erwähnt wurden, noch mehr Einblicke in die einzelnen Phasen der chemischen Vorgänge und in ihre Umkehrbarkeit. Vom Salpeter ausgehend hatte man oft schon beim Erhitzen mit Kohle ein Alkali hergestellt; BOYLE führte den Kreisprozeß zu Ende, indem er daraus mit Salpetersäure wieder den Salpeter erzeugte. Die Vertiefung solcher Erkenntnisse wird uns auch in den folgenden Betrachtungen gelegentlich entgegentreten.

b) „Prinzip" und Stoff; Qualität und Quantität.

Im „Sceptical Chymist" wollte Boyle nicht nur die Lehre von den drei Elementen bekämpfen; er wollte auch eine möglichst exakte und vom Gefühl befreite Stofflehre gründen. Das war offenbar dann am vollständigsten geschehen, wenn die von subjektiven Schwankungen abhängigen Qualitäten auf Maß und Zahl zurückgeführt waren. Dieses alte Problem der Atomistiker ist ja auch heute noch höchstens das Endziel gewisser Forschungsarten, und es ist von hervorragenden Physikern in zunehmend exakter Gestalt behandelt worden. Der Fortschritt dabei könnte ebenso gut wie durch das zu einer Zeit positiv Erreichte gemessen werden, wenn man die historische Einsicht in das noch Unerkannte benutzte. Den älteren Atomistikern, etwa im 16. Jahrhundert, erschien jedenfalls viel mehr schon wirklich erklärt, als den besonneneren des neunzehnten. Boyle war übrigens weit davon entfernt, vollständig „Materialist" zu sein. Wie viele Forscher, besonders unter den englischen, wählte er nur für die Befriedigung seines Strebens nach Mystik ein anderes Gebiet als seine naturwissenschaftlichen Beschäftigungen; vielleicht kam es nur darin auch hier zur Wirkung, daß er der Richtigkeit der alchemistischen Golderzeugung gewiß war.

Eine bemerkenswerte Fortbildung erfuhr die atomistische Erklärung der Qualitäten durch Nikolaus Lemery (1645—1715). In seinem großen Lehrbuche, das seit 1675 in vielen Auflagen erschien, will er nicht nur den Geschmack der Säuren auf die spitzige Form ihrer Teilchen zurückführen, sondern auch die chemischen Umwandlungen in solcher Weise deuten. Wenn Salzsäure in Silberlösungen einen Niederschlag hervorruft, so kommt das daher, daß die gröberen Teilchen der Salzsäure durch Erschütterungen und Stöße die feineren Spitzen, mit denen das Silber in der Lösung gehalten wurde, abbrechen und es so zum Niederfallen bringen. Ganz besonders fein sind die Teilchen der Feuermaterie. Sie kann dadurch sogar die Gefäßwände durchdringen und zu dem Metalle gelangen, das sie erhitzte. Dann verbindet sich die Feuermaterie mit dem Metalle, dieses verwandelt sich in den Metallkalk und nimmt daher auch an Gewicht zu. Auch der eigentliche Kalk aus Marmor nimmt bei seiner Darstellung Feuermaterie auf; bringt man ihn mit Pottasche zusammen, so überträgt sie sich vom Kalk auf das Kali und macht es dadurch „plus actif et plus piquant". So ist es die Feuermaterie, die in den ätzenden Alkalien wirkt; und sie wirkt deshalb in den doch auch mit jener Materie beladenen Metallkalken nicht ebenso ätzend, weil sie darin stärker gebunden ist.

Die stoffliche Auffassung des Feuers wird hier also mit einem für den engen Bereich des zu Erklärenden guten Erfolge verwendet, um Gewichts- und Qualitätsänderung beim Erhitzen ganz zu erklären. Boyle hatte zwar die Hitze nur als eine schnelle Bewegung der Atome ansehen wollen; aber wenn er damit auch die Ätzwirkung des Erhitzten hätte erklären können, so doch viel schwerer die Gewichtszunahme.

Wie man darüber dachte, das erfährt man jetzt bequem genug aus einem kleinen Schriftchen des Arztes Jean Rey aus dem Jahre 1630[1]). Man erwartete beim Erhitzen eines Metalles und seiner „Verbrennung" zum Kalk wegen des Verschwindens des Schwefels aus ihm einen Verlust, und fand statt dessen, wenn man nur auch gut beobachtete, eine Zunahme. Da hatte man früher (im 16. Jahrhundert) gelegentlich gemeint, das Metall „stirbt" beim Verkalken, es verliert also die „himmlische Hitze", die ihm früher Leichtigkeit verlieh — und würde darum schwerer. Rey dagegen bewies aus Analogien, die eigentlich nicht viel besser als die seiner Vorgänger waren, daß Luft wie Feuer Schwere besitzen. In der Ofenhitze wird die Luft verdichtet, und dann haftet sie viel stärker an dem Metall und beschwert es, „wie der Sand schwerer wird, wenn man ihn mit Wasser durchrührt". Daß die Luft tatsächlich für den Verbrennungsvorgang wesentlich ist, hat allerdings erst Boyle einwandfrei ererkannt, als er eine Kerze im abgeschlossenen Luftraume nach kurzer Zeit erlöschen sah. Luft war dann immer noch vorhanden, so daß man schließen konnte, daß nur ein Teil der gewöhnlichen Luft die Verbrennung ermögliche, irgendeine „in der Luft verbreitete flüchtige Substanz, Salpetergeist oder eine andere unbekannte, siderische oder unterirdische Substanz", wie Boyle 1672 schrieb.

Bald darauf unternahm es einer seiner Anhänger, John Mayow (geboren 1643 zu London, gestorben 1679), das verbrennende Prinzip aus der Luft schärfer abzutrennen. Er benutzte dazu die Erkenntnis der Natur des Salpeters, dieser wunderbaren Substanz, die „ebensoviel Lärm in der Philosophie wie im Kriege zu verrichten" scheint. Der Säuregeist, der aus dem Alkali im Boden den Salpeter bereitet, stammt aus der Luft; und daß dieser der für die Verbrennung wichtige Teil ist, zeigt sich darin, daß nur bei Gegenwart von Salpeter Kohle auch ohne Luftzutritt verbrennt. Dieser Teil ist es auch, der zur Atmung nötig ist. Um die Erklärung auch ganz wahrscheinlich und ganz vollständig zu machen, gibt nun auch Mayow zahlreiche Spekulationen über die atomistischen Vorgänge dabei; das ist nur diejenige Ergänzung, die besonders in früheren Zeiten immer zu der Unvoll-

---

[1]) Neu herausgegeben in der Sammlung: „Ostwalds Klassiker der exakten Wissenschaften", Nr. 172.

ständigkeit der Tatsachenerkenntnis hinzukommen mußte, um die ihr zugrunde liegenden großen theoretischen Prinzipien zu erfüllen.

Obwohl Mayows Schriften auch nach seinem so frühen Tode noch mehrmals herausgegeben wurden, wirkten sie doch nicht sehr weit. Man muß dafür berücksichtigen, daß gerade das von Boyle gefundene Gesetz über die Ausdehnung der Gase mit zu beweisen schien, daß alle Gase eigentlich ein und derselbe, ein wenig modifizierte Stoff wären; jenes Gesetz galt ja in gleicher Weise für sie alle, mochte es nun gewöhnliche, oder die bei der Gärung entwickelte, oder die aus Eisen mit Schwefelsäure entstehende Luft sein.

Auch auf andern Gebieten suchte man den allmählich stärker hervortretenden Verschiedenheiten gegenüber die Einheit durch die Einführung von „Urstoffen" zu wahren. Besonders in Deutschland verfuhr man in dieser Weise. Im Zusammenhang mit mystischen und andrerseits sehr realistischen Bedürfnissen lebte hier die Alchemie noch ziemlich stark weiter. Johann Kunckel (1630—1703) und Johann Joachim Becher (geboren 1635 in Speyer, gestorben 1682 in London) lebten an verschiedenen Höfen mit recht wechselndem Geschick als Goldmacher. Aber sie machten bei ihren Arbeiten auch wirklich bedeutsame Erfahrungen: Kunckel ist berühmt durch die Rubingläser[1]), die er auf der Pfaueninsel bei Potsdam fabrizierte; Becher wurde der Vater mancher weitreichenden chemischen Theorie.

Die Säuren sind ihm alle verschiedene Modifikationen des einen Urprinzipes, das ihnen eben ihre hervorstechendste Eigenschaft verleiht: einer Ursäure. Nun lebte ja diese Art der Zusammenfassung noch lange fort; auch später an der Wiege der neuen chemischen Theorie gab es ein „säurendes Prinzip"; einen Unterschied bedeutet nur die Bestimmtheit der Aussagen sowohl über das Prinzip als auch über die in seinen Modifikationen hinzukommenden Bestandteile. Es ist wie eine Ergänzung dieser stofflichen Unbestimmtheit in dieser Zeit, daß nun das Prinzip gedanklich um so sicherer bewiesen zu sein schien. Wie könnte etwas sauer sein, ohne einen Stoff, der sauer macht? Und ähnlich argumentiert man für die Verbrennung: Ein Prinzip dafür müßte in den verbrennlichen Stoffen angenommen werden. Dann stand gar nicht zuerst in Frage, die experimentellen Einzelheiten damit zu erfassen; es genügte, rein logische Forderungen zu erfüllen. Becher hatte statt der alten drei Elemente, die ihm zu weit getrennt schienen, nur Modifikationen einer Art Urerde für richtig gehalten: die glasartige, die brennbare, die merkurialische Erde. Man erkennt leicht Salz, Schwefel, Quecksilber darin wieder,

---

[1]) Von Kunckels Werk: „Die vollkommene Glasmacherkunst" gab Goethe 1823 eine längere Inhaltsanalyse (unter „Naturwissenschaftliche Einzelheiten").

die auf eine einheitliche stoffliche Vorstellung zurückgeführt waren. Eine Erde war es dann auch, die das verbrennliche Prinzip bildete: eine fettige Erde, da vom Fette die Brennbarkeit ja einfach bekannt war. Sie entweicht bei der Verbrennung, bei der Bildung der Metallkalke: denn bei dieser Veränderung ging ja eben verloren, was eine so wichtige Eigenschaft bildete. Man kann aus den Kalken wieder das Metall erzeugen, allerdings nicht mit einer „fettigen Erde", sondern mit Kohle. Aber die erweist sich eben dadurch als besonders reich an verbrennlichem Prinzip. So schien auch die Umkehrung jenes Vorganges realistisch beschrieben zu sein, wenn man das Metall als eine Verbindung seines Kalkes mit brennbarem Prinzip betrachtete.

Georg Ernst Stahl (geboren 1660 in Ansbach, gestorben 1734 als königlicher Leibarzt in Berlin) führte diese Ansichten Bechers systematischer durch und wurde dadurch der eigentliche Verkünder der Phlogistontheorie. Sie brachte die neue, zusammenfassende Antwort auf eine große Zahl alter Probleme. Man fragte sich, woher denn ein Umwandlungsprodukt eines gewissen Stoffes kam; und wenn man nicht eine Urzeugung des neuen dabei annehmen wollte, mußte man eine Art Präformationslehre anwenden, die das neu Entstandene im Alten schon enthalten sein ließ. Man beachtete ja nur die Veränderung dieses einen Stoffes, und diese nur, soweit sie mit einfachen Hilfsmitteln wahrgenommen werden konnte. Da bedeutete es stets viel, wenn die Betrachtung auf einen fremden mitwirkenden Stoff gelenkt wurde, wie etwa bei Lemery oder Mayow. Es bildete damals ein großes Problem, ob die Alkalien, die bei der Verbrennung von Pflanzen entstehen, schon so vorher in ihnen vorhanden gewesen waren, oder ob sie erst beim Verbrennen erzeugt würden. Die Frage ist falsch gestellt, würden wir sagen; aber sie war die direkteste, und wie sie verändert werden mußte, das kam erst bei den Bemühungen um eine Antwort heraus. So behaupteten manche auch, im Schwefel sei die Schwefelsäure schon vorgebildet, die bei seiner Verbrennung bemerkbar wird. Stahl zeigte, daß Schwefelsäure mit Kohle wieder Schwefel gibt, und da war ihm klar, in welcher Form die Schwefelsäure schon vorher im Schwefel anwesend war: als die Verbindung mit dem brennbaren Prinzip[1]). Er nannte es mit einem schon früher gelegentlich benutzten Worte Phlogiston.

Aber es ist nicht identisch mit der Kohle; man fand vielmehr noch ganz andere Erscheinungsformen dafür. Das Gas, das auch Boyle aus Eisen und Schwefelsäure erhalten hatte, ist unter Explosion entzündlich. Woher kam es aber? Weder das Wasser

---

[1]) Schwefelsäure + Kohle gibt Schwefel; also wäre ja Schwefel = Schwefelsäure + Kohle.

noch die Säure ist verbrennlich; nur im Eisen konnte also das Verbrennliche vorhanden sein, das sich nun zeigte — und das damit zugleich bewies, daß die Metalle alle mit ihm zusammengesetzt sind. Die beiden Stoffe, in denen man das Phlogiston fassen konnte: dieses entzündliche Gas und die Kohle, sind nun freilich recht verschieden voneinander; gleich war nur der Vorgang der Verkalkung, und darum mußte ihm ein einziges Prinzip als seine Ursache zugeordnet werden. Das war nur eine Art Urstoff, und Modifikationen desselben konnten zugelassen werden. Die Verbrennung nahm den Rang eines Erkennungsmerkmales ein, und sie zeigte das wirklich Gleiche auch in den verschiedenen Erscheinungsformen; vielmehr war eben das stofflich gleich, was nach dieser Prüfung sich gleich verhielt.

Diese Denkweise tritt uns auch bei einem Stoffe entgegen, der damals die ganze chemische Welt in Erregung hielt. Ein verunglückter Kaufmann, der es nun wohl mit der Alchemie versuchen wollte, Brand, hatte um das Jahr 1675 einen im Dunkeln leuchtenden Körper hergestellt, als er eingedampften Harn mit Sand vermischt stark erhitzte. Das überdestillierende merkwürdige Produkt wurde Phosphor, und zum Unterschiede von anderen bekannten „Lichtträgern" Phosphor mirabilis genannt. Beim Verbrennen entsteht daraus eine Säure. Stahl meinte deshalb, die wäre im Phosphor enthalten gewesen, und wie beim Schwefel in Verbindung mit dem Phlogiston. Aber was für eine Säure ist diese aus dem Phosphor erhaltene nun? Harn ist reich an Kochsalz, das der Flamme eine gelbe Farbe erteilt, eine Farbe, die der des leuchtenden und verbrennenden Phosphors ähnlich ist. Danach war es klar, daß Phosphor aus eben derselben Säure zusammengesetzt ist, die man auch aus dem Kochsalze gewinnen kann.

Doch wie ließ sich die schon seit langem bekannte Gewichtsvermehrung beim Verkalken damit vereinigen, daß aus dem Metalle dabei ein Bestandteil entwich? Sie wurde zunächst gar nicht recht beachtet. Auch das hatte experimentelle Gründe. Die mancherlei Operationen, die man vornahm, waren zumeist mit Substanzverlusten verbunden: die Gefäßwände wirkten auf das erhitzte Gut ein, bei Destillation und Sublimationen entwich an den Verschlußstellen Dampf, und dazu kamen noch andere mechanische Verluste. Die Unsicherheiten, die sich daraus und aus der Anwendung unreiner Substanzen ergaben, halfen mit, den Glauben an die Metallverwandlung noch zu stützen. Man erkennt den neuen Geist in Versuchen, wie sie Boerhave (1668—1738, Leyden) zur Widerlegung solcher Ansichten vornahm: Er erhitzte Quecksilber 15 Jahre lang und stellte eine nur ganz winzige Änderung fest; er destillierte

Quecksilber 500 mal und zeigte, daß es dabei immer noch Quecksilber blieb. — Vielleicht dachte man auch über die Gewichtsvermehrung in derselben Weise, wie es oben erwähnt wurde: das Ent-
weichen der Hitze oder des „Leichten" beschwerte den zurück-
bleibenden Kalk.

So stand das Phlogiston gleichberechtigt neben den anderen
Stoffen, ja als ein ganz besonders ausgezeichneter; es war viel
eher ein wahres „Element" als irgendeiner der anderen Stoffe, in
denen doch vielleicht mehrere Elemente oder Primitiverden vorhanden waren. Viel abstrakter könnte dagegen das Prinzip zu sein
scheinen, auf das die chemische Verbindung überhaupt zurückgeführt wurde: die Liebe oder Verwandtschaft zwischen den
Stoffen. Aber wenn daraus auch nicht noch einmal ein Stoff als
Prinzip der Verbindungsfähigkeit konstruiert wurde, so gab es doch
etwas Ähnliches in der atomistischen Affinitätslehre, wo wenigstens
Stücke des Atoms, die Häkchen und Spitzen, die Verbindung veranlaßten und vermittelten. Der eigentliche Fortschritt lag hier aber
darin, daß man die Verwandtschaftsstärken vergleichend festzustellen
suchte. Stahl fand z. B., daß die Verbindung zwischen Silber und
Schwefel durch Blei zerlegt wird, weil dieses den Schwefel stärker
anzieht; noch stärker wirkt aber das Kupfer. Die Umsetzung zwischen
Kalomel und Silber geht bei hoher Temperatur umgekehrt vor sich als
bei niederer. Stephan Franz Geoffroy (1672—1731, Paris) dehnte
dieselben Betrachtungen noch viel weiter aus. In seinen „Tables
des rapports" (1718) ordnete er eine große Zahl von Stoffen nach
der Stärke ihrer Verwandtschaft. Da erscheint z. B. das „principe
huileux" (Phlogiston) als erstes bei der Schwefelsäure, dann folgen
fixes und flüchtiges Alkali, die Erden, Eisen, Kupfer und Silber.
Zum Alkali haben Schwefelsäure und Salzsäure mehr Affinität als die
Essigsäure und der Schwefel. Eine solche Tafel war als Zusammenfassung zahlreicher Versuchsergebnisse recht wertvoll, aber auch recht
schwierig zu gewinnen. Die Bezeichnung „Rapport" mußte für die
gemeinte „Attraction" eingesetzt werden, weil die französische
Akademie im Kampfe gegen Newtons Lehre dieses Wort verpönt
hatte[1]).

Neben den hier hervorgehobenen Veränderungen entwickelten
sich die Anfänge mancher neuen Kenntnisse über die Eigenart einiger
bis dahin für gleich gehaltener Stoffe. Auf dem Wege vom „Prinzip"
zum Stoff führte die chemische Analyse als wichtigstes Hilfsmittel.

---

[1]) Vgl. Wilhelm Ostwald, Lehrbuch der allgemeinen Chemie. II, 2², S. 20.

3. Von Black bis Scheele.

a) Salze, Erden und Metalle.

Die Unterscheidung von zwei Abschnitten in der „Periode der Verbrennungstheorie" rechtfertigt sich dadurch, daß im ersten die grundlegende Ausbildung der beherrschenden Ansichten stattfand und nun die Einzelarbeit unter diesen Gesichtspunkten eine Zeit mannigfacher und bedeutender Entdeckungen einleitete. Die Phlogistontheorie war schon gesicherter Besitz in diesem zweiten Drittel des 18. Jahrhunderts; aber dann begann auch bald das Material zu ihrer Widerlegung zu wachsen, nach langer Vorbereitung durch den Wandel der Begriffe von Stoff und Element.

Will man von solchen Veränderungen mehr als zusammenhanglose Daten verzeichnen — ein Verfahren, das den Namen realistisch fast am wenigsten verdiente —, so genügt es doch auch nicht, die Probleme und ihre Lösungen nur nach ihrem heute erreichten Endziele zu beurteilen; denn um ein solches Verfahren realistisch zu nennen, müßte man das gegenwärtige Wissen als das absolut richtige auffassen und außerdem noch es als Idealbild den Forschern vergangener Zeiten vorschweben lassen. Es hängt von der Eigenart dieser Männer ab, welchen Anteil weitgehende Theorien an ihrem Schaffen hatten; wenn wir manchmal auch heute anerkannte Prinzipien in größerer Allgemeinheit ausgesprochen finden, so ist es die Aufgabe der historischen Darstellung, das Verhältnis zu den verwirklichenden Experimenten zu zeigen. Dann bilden die Vermittlung speziellere Theorien, die zwar vielleicht sehr eng zeitlich bedingt waren, aber doch „aufgehoben" wurden nur in der Doppelbedeutung, die Hegel an diesem Worte betonte. In diesem Sinne kann man sagen, daß das Vergangene nie ganz vergangen, sondern in die Erfahrungen zu neuem, aber nicht mehr selbständigem Leben eingegangen ist. An die Stelle des von der Gegenwart rückwärts gewandten Interesses tritt bei solcher speziellerer Betrachtung nicht gleichgültiges Sammeln, sondern vielmehr ein von der Vergangenheit nach vorwärts gerichtetes Interesse.

Wir konnten als ein wichtiges Problem dieser Zeit die Nachweisbarkeit von Stoffen erkennen. Natürlich hatte auch vorher nicht als bloßes Hirngespinst gegolten, was zur Erklärung von Tatsachen gute Dienste leistete. Aber man verlangte jetzt andere Merkmale für einen als existierend angenommenen Stoff. Das ist nicht sehr genau formuliert; aber schärfer tritt es allein bei der speziellen Betrachtung hervor, wie es gemeint ist.

Den Alkohol hatte man für etwas Ölartiges gehalten, weil er wie ein Öl verbrennlich ist. KUNCKEL entwickelte die Folgerungen daraus: Öl heißt nicht nur Verbrennlichkeit, sondern außerdem noch eine ganze Reihe von chemischen Verhaltensweisen: Unlöslichkeit im Wasser unter anderm, und Bildung einer Säure beim Erwärmen mit Alkali. Alkohol aber läßt sich mit Wasser in jedem Verhältnisse mischen und wird durch Alkalien kaum verändert. Die Gleichheit — oder vielmehr Ähnlichkeit — in der einen Eigenschaft, entzündbar zu sein, genügt also nicht mehr, um Stoffe, die ja Komplexe von Eigenschaften sind, als gleich zu kennzeichnen. Wie weit und wie scharf das in einem gesunden Streben zunächst Vereinigte getrennt werden mußte, das entschieden die wirklich erreichten Kenntnisse.

STAHL veröffentlichte 1723 eine Schrift mit dem Titel: „Ausführliche Betrachtung und zulänglicher Beweis von den Saltzen, daß dieselben aus Einer zarten Erde mit Wasser innig verbunden bestehen." Aber mochte es auch eine „zarte" Erde sein: als Erde mußte sie wie die anderen alle, wie die Kalkerde z. B., durch Pottasche niedergeschlagen werden. DUHAMEL DU MONCEAU (1700 bis 1781), der vielseitige Verbreiter der Kartoffelkultur in Frankreich, Meteorologe und Chemiker[1]), prüfte unter diesem Gesichtspunkte das Kochsalz: Der geringe Niederschlag, der durch hinzugefügte gelöste Pottasche entsteht, gibt mit Salzsäure kein Kochsalz, ist also auf eine Beimengung zurückzuführen. Das Salz „selbst", nämlich als reines, enthält also keine Erde. Durch Erhitzen mit Salpetersäure läßt es sich in Salpeter und dieses durch Verpuffen mit Kohle in ein Alkali umwandeln, das nach Löslichkeit und Kristallisation identisch ist mit Soda. In dieser Weise gelang es auch in Borax und Blut das Alkali aufzuweisen. Erst nach langen Diskussionen wurden solche Beweisführungen anerkannt.

Nach dem Kochsalze hatte man sich wohl überhaupt das Muster eines Salzes gebildet: Geschmack und Löslichkeit im Wasser kennzeichnet diese Stoffe, mit jener Erweiterung einiger Eigenschaften zu einem Stoffe, die so charakteristisch besonders für frühere Zeiten ist. Erst die genauen Unterscheidungen zwischen den teilweise gleichartigen Stoffen erwiesen deren Selbständigkeit und gaben dem Begriffe Salz einen neuen, mehr systematischen Inhalt.

Dabei muß man nur immer beachten, daß Änderungen, die an den Namen eines hervorragenden Mannes geknüpft werden, nicht sogleich auch allgemeine Annahme fanden. Man hatte ja in vielen Salzen zwei Bestandteile trennen können: eine Base und eine Säure. WILHELM HOMBERG (1652—1715) hatte sogar schon manche quantitative Verhältnisse dabei aufgeklärt. Erst W. F. ROUELLE (1703 bis

---

[1]) Vgl. HOEFER, Histoire de la Chimie. II, S. 387 ff.

1770)[1]) benutzte diese Kenntnisse zu einer Festlegung, was Salz denn eigentlich bedeute: „Ich nenne neutrales Salz, Mittelsalz oder eigentliches Salz (sel neutre, moyen ou salé) jedes Salz, das durch die Vereinigung irgendeiner mineralischen oder vegetabilischen Säure mit einem fixen oder flüchtigen Alkali, einer absorbierenden Erde, einer metallischen Substanz oder einem Öle gebildet wird" (1744). Es gab also auch andere als diese neutralen Salze; sowohl die Säure als auch die Base können im Überschuß anwesend sein und dann saure oder basische Salze bilden. Die beiden lange bekannten Salze des Quecksilbers, das schwer lösliche Kalomel und das leichter lösliche Sublimat, unterschieden sich z. B. nur durch den Gehalt an Salzsäure, und zwar einen wesentlichen Gehalt, der auch nicht beim Sublimieren verändert werden kann. Diese Darlegungen verhinderten nicht, daß späterhin etwa der Zucker als „Salz" bezeichnet wurde. Aber dann wurde dies doch zu einer bildlichen Ausdrucksweise, die eigentlich nicht mehr bedeutete, als daß ein weißes, wasserlösliches, kristallinisches Produkt vorlag; so wie ja trotz der andersartigen neuen Definition heute noch immer das gasförmige Verbrennungsprodukt des Kohlenstoffes „Kohlensäure" statt Kohlendioxyd genannt wird.

Wie vorher alle Salze, so hatte man darauf alle Säuren als im wesentlichen gleich aufgefaßt; ja, noch 1781 versuchte ein italienischer Chemiker (Landriani) zu beweisen, daß alle Säuren in eine einzige verwandelt werden könnten, in die „fixe Luft" nämlich, von der noch ausführlich die Rede sein wird. Aber das war doch eine Ausnahme. Man wußte schon vorher sehr wohl, daß Salpeter-, Salz- und Schwefelsäure eigenartige Salze bildeten, die sich durch Kristallform und Löslichkeit unterschieden. Dabei war allerdings nur für die Schwefelsäure eine weitere Umwandlung in Schwefel und „flüchtigen Schwefelgeist" (nämlich schweflige Säure) bekannt.

Die beim Verbrennen des Phosphors entstehende Säure konnte man nicht mehr mit Salzsäure verwechseln, soviel scheinbare Analogien auch dafür vorliegen mochten, seitdem Andreas Sigismund Marggraf (1709—1782) seine Untersuchungen über den Phosphor (1743 und 1746) veröffentlicht hatte. „Schon im Jahre 1725 [als Sechzehnjähriger], bevor ich von meinem Vater zum Studium der Chemie und Physik dem sehr gelehrten und berühmten Rat Neumann anvertraut wurde, habe ich die Darstellung des Phosphors aus dem Gemisch von drei Teilen grob zerriebenen Sandes und einem Teile bis zur Konsistenz eines Extrakts abgedampften Urins glücklich fertig gebracht[2])." Als er dann später die Arbeit

---

[1]) Hoefer, S. 378 ff.
[2]) Vgl. Ostwalds Klassiker, Nr. 184.

wieder aufnahm, zeigte er, daß zwar nicht der ganze Urin zu dem Versuche nötig ist, daß aber auch salzsaure Salze allein dazu nicht genügen: Ein Salz, das BOERHAVE aus dem eingedampften Urin kristallisiert hatte, ist vielmehr das Ausgangsmaterial für die Phosphorbildung. Erhitzt man es, so bleibt auch bei hohen Temperaturen ein glasiges Produkt in der Retorte, das nun auch außer der Fähigkeit, Phosphor zu liefern, sich durch die Unlöslichkeit seiner Verbindungen mit Kalken und Erden als eigentümlich erweist. Daß dabei noch mancherlei zu trennen war, wurde allerdings erst fast 100 Jahre später gezeigt.

Auch zwischen den Basen nichtmetallischer Art lernte man jetzt allmählich genauer unterscheiden; auch das nicht in plötzlichen Sprüngen, sondern mit Zurückgreifen auf alte und Ergänzung durch spätere Versuche. STAHL hatte 1702 „eine bisher wenig bedachte salzige Art alkalischen Geschlechts" im Kochsalz gefunden. Ihre Verschiedenheit von dem Alkali aus Pottasche, wieder aus Löslichkeit und Kristallform der Salze geschlossen, wurde durch MARGGRAF noch in besonderer Weise bekräftigt: Die von der Soda abgeleiteten Salze färben die Flamme gelb, die von der Pottasche stammenden bläulich (1758 und später). Weitere Beiträge dazu lieferten dann BERGMANN und KLAPROTH, bei denen auch die heutige Benennung sich ausbildet.

Wir werden nun öfter in dieser Weise das von dem einen Chemiker begonnene Werk von Zeitgenossen und Nachfolgern weitergeführt sehen. Zum Teil kamen dann genauere quantitative Untersuchungen hinzu, mehr Stoffe wurden in die Untersuchungen einbezogen, ihr Verhalten zu dem im Mittelpunkte stehenden neuen, oder genauer abgetrennten, Stoffe wird im einzelnen verfolgt, und auch dazu noch trägt die Kleinarbeit von Forschern und Liebhabern bei, von denen nicht einmal die Namen aufgeführt werden können. In einer kurzen Übersicht über den Entwicklungsgang dieser Kenntnisse kann natürlich auf diese Einzelheiten nicht genügend verwiesen werden. Aber wenigstens auf dieses Verhältnis muß ich doch hindeuten, wenn es auch fast selbstverständlich erscheinen kann, daß das hier Erwähnte nicht „die ganze Chemie" ist.

Aus hauptsächlich in England beobachteten Mineralquellen kannte man ein Bittersalz seit dem Ende des 17. Jahrhunderts. Nun war die Frage, welche Beziehungen zwischen ihm und anderen Verbindungen bestehen. BLACK, dessen hauptsächliches Werk später noch besprochen werden soll, unterschied es nach Löslichkeit und Geschmack von entsprechenden Kalksalzen und stellte mit Kohle die Magnesia als eine dem Kalk entsprechende, aber davon verschiedene Erde dar (1755). Sie bildet auch einen wesentlichen Bestandteil des

Talks. Während Magnesia vorher unterschiedslos Niederschläge aus Salzsolen und Salpeterrückständen bezeichnet hatte, war nunmehr wieder ein bestimmter Stoffbegriff an die Stelle des Namens für eine Art der Ausscheidung getreten. Kurz vorher hatte (1750) MARGGRAF den Gips als Verbindung der Schwefelsäure mit Kalkerde erkannt. Auch Schwerspat galt wegen seines isolierten Vorkommens und seiner mineralogischen Eigenschaften zunächst als eigenartiger Stoff, und erst der Versuch, ihn chemisch zu erkennen, führte zu Gleichsetzungen mit dem Kalk. Das bewies nur die geringe Feinheit der Unterscheidungsmethoden. Daß das mineralogisch Verschiedene auch chemisch nicht das gleiche war, zeigten erst SCHEELE, BERGMANN, GAHN auf verschiedenen Wegen, BERGMANN besonders auch durch das sehr schwer lösliche schwefelsaure Salz. Auch Gips ist ja wenig löslich im Wasser. Aber obwohl hier „nur“ quantitative Verschiedenheiten vorliegen, können sie doch nicht als „Modifikation“ des — verbreiteteren und länger bekannten — Kalkes gedeutet werden; denn mit diesem einen Unterschiede sind zahlreiche andere stets verbunden. Wir hatten im vorangehenden mehrfach darauf hinweisen müssen, daß falsche Urteile entstanden, wenn man die Ähnlichkeit in einer Eigenschaft zum Beweise der Gleichheit von Stoffen benutzte. Hier sehen wir, wie die Verschiedenheit einer Eigenschaft zur Erkenntnis der Verschiedenheit von Stoffen genügen konnte. Das setzte aber voraus, daß die Verschiedenheit an gereinigten Stoffen und in stets wiederholbarer Weise festgestellt wurde; und immer mußten auch andere Untersuchungen ergänzend hinzutreten.

Die Erforschung des Alauns bietet dafür ein weiteres Beispiel. Alaun gehörte zu den seit langem schon handwerkerlich verwandten Präparaten, und im Laboratorium diente es gelegentlich zur Darstellung von Schwefelsäure. Die destillierte beim Erhitzen über und zurück blieb eine Erde, die STAHL als eine „subtile, schlammige“ beschreibt. Da nun auch die Kreide, mit jener acido vermengt, eine „gleichmäßige alaunige Art“ gibt, so sind, meinte STAHL, Alaunerde und Kalkerde wohl ein und dasselbe. Aber das gründet sich auf eine Beurteilung, die ganz unbestimmt ist oder wenigstens nach so kurzer Zeit schon dafür gelten mußte. Kalksalze kristallisieren anders als von der Alaunerde erzeugte Salze. Wohl zeigen die Lösungen beider gewisse gemeinsame, oder besser, ähnliche Verhaltensweisen, aber die Alaunerde vermag nicht, wie es die Kalkerde tut, aus dem Salmiak flüchtiges Alkali auszutreiben (MARGGRAF, 1754). Freilich meinte ein französischer Physiker (BAUMÉ), Alaunerde sei nur Kieselerde, durch einen geringen Anteil innigst gebundener Vitriolsäure modifiziert; aber Kieselerde ist mit dem Alaun nur im

Ton verbunden. MARGGRAF trennte in späteren Arbeiten durch Mineralsäuren den löslichen Bestandteil, den Alaun, von der Kieselerde im Ton.

Daß bei solchen Fortschritten doch auch manches von der alten Denkweise erhalten blieb, ist natürlich; es mußte sich aber immer weiter auf das Gebiet des noch Unbekannten zurückziehen. Das „Fettige im Anfühlen" des Tones sollte da die Anwesenheit eines Brennbaren darin beweisen. Man kann von manchem Maurer heute noch von „fettigem Kalke" sprechen hören, und das nicht nur in dem Sinne, wie wir wohl noch rein bildlich „fetter Ton" sagen, sondern noch in bezug auf die Stärke der Erhitzung beim Ablöschen.

Alkalien und Erden standen gleichrangig neben den Metallen im Systeme der Chemie. Zwar gaben ja auch die Metalle Erden beim Erhitzen, aber durch die Rückverwandlung in das Metall unterschieden sie sich scharf genug von den anderen. Da war nun eine Erde, von der man ein metallisches „Prinzip" vermutete, aber lange nicht isolieren konnte, bis dies endlich 1746 unserem nun schon alten Bekannten, MARGGRAF, gelang. Das Zink, das er durch Erhitzen jener Erde mit Kohle erhielt, zeigte sich schon äußerlich und durch Härte und Bruch und dann eben durch seine Verbindungen als ein neues — oder vielmehr: neuerlich erforschtes — Metall.

Wenn man die Mineralien und Erze nach ihrem Aussehen beurteilte, stellte sich manchmal eine ärgerliche Täuschung heraus. So kannte man ein Erz, das wie ein Bleierz aussah und doch kein Blei gab; deshalb wurde es „Blende" genannt. In ähnlicher Art nannte man Kobalt (Kobold) und Nickel (ein anderes Wort für „neckende" Geisterchen) Erze, die nicht hielten, was ihr Aussehen versprach, und keines der gesuchten Metalle darstellen ließen. Kobalt konnte wenigstens zur Blaufärbung von Glas gebraucht werden; auch vom Nickel fand man zunächst grüne Färbungen von Glasschmelzen. Aus beiden Erzen ließen sich auch mit Säuren nach entsprechenden Vorbereitungen blaue und grüne Lösungen erzielen. Eisen und Kupfer gaben allerdings ähnliche Farberscheinungen, und dafür besaß man ja noch nicht genügend feine Unterscheidungsmethoden. Aber die Färbungen von Glas sind verschieden bei ihnen, die Metalle, die GEORG BRANDT (1735) aus dem Kobalterz, ALEX. FRIEDRICH CRONSTEDT (1751) aus dem Kupfernickelerz mit Kohle erschmolzen, sind durch Farbe, Hämmerbarkeit, magnetisches Verhalten von den ihnen in manchen Verbindungen ähnlichen zu unterscheiden. Doch der Beweis, daß hier neue Metalle entdeckt waren, galt erst dann als vollständig, als er auch an anderen Verbindungen geführt war. In Teilen ihres Verhaltens konnten die neuen Metalle eben doch gewissen anderen gleichgesetzt werden, und die auch dabei beobachteten Verschiedenheiten für sich allein wären zu gering gewesen, um nicht vielleicht den Unreinheiten und Ungenauigkeiten zugeschrieben werden zu können. CRONSTEDT benutzte dazu noch ein für analytische Zwecke außerordentlich wertvolles Verfahren, das erst später seine theoretische Bedeutung gewann: Wie man früher in Kupfersalzlösungen Eisen in Kupfer verwandeln wollte, so stellte er nun Stäbchen von Eisen oder Zink in die Metallsalzlösungen, eben um das Kupfer abzuscheiden. In den Lösungen des Nickels rufen sie aber keine Veränderungen hervor.

Um die Mitte des 18. Jahrhunderts fand man in Jamaika einen unbearbeitbaren „Stein" metallischer Art neben dem Golde. Sein Name Platina, was soviel heißt wie „kleines Silber", bezog sich auf eine nur geringe Ähnlichkeit in der Farbe; denn chemisch verhält es sich, wie SCHEFFER (1752) feststellte, eher wie das Gold: An der Luft und beim Schmelzen ganz unveränderlich, löst es sich nur im Königswasser mit goldähnlicher Farbe. So erschien „Weißgold" ein viel besserer Name, obwohl es nicht eine Art Gold, sondern ein eigenartiges Metall darstellt.

Hier war aus fernen Landen ein neues Metall nach Europa gekommen; es gab jedoch auch im alten Bekannten noch viel Neues zu entdecken. Vom Braunstein, als Glasreinigungsmittel, „Glasseife", schon den Alchemisten bekannt, hatte man doch nur wenige über diese praktische Anwendung hinausgehende Kenntnisse. POTT (1692—1777), der Berliner Fachmann für Glas und Porzellane, meinte zwar 1740, eine eigenartige Erde befände sich im Braunstein; doch erst SCHEELE und BERGMANN erwiesen (um 1771) die Eigenheit tatsächlich. Hervorragend wichtig wurden diese Untersuchungen in SCHEELES Hand; darüber später mehr. Hier sei nur noch erwähnt, daß 1774 GAHN das Metall darstellte, das sich nicht nur in seinem Erze Braunstein, sondern auch in der rosa Farbe der einen und der blauen und roten von anderen seiner Salze von den bisher bekannten Metallen unterschied.

Auch Molybdän schien etwas ganz Bekanntes zu sein. So hießen leichte, weiche, schwarzglänzende Substanzen, die auch z. B. auf Papier einen schwarzen Strich gaben. Sogar den weißen Talk stellte man mit ihnen als gleich zusammen, weil er ähnlich leicht ist, und andrerseits den schwarzen Braunstein wegen des mineralogischen Merkmales des Striches. Nun schieden Talk und Braunstein ja als eigenartige Verbindungen aus; aber auch dann noch war Molybdän keine bestimmte Bezeichnung. SCHEELE ließ (1778) Salpetersäure auf „Molybdän" einwirken und erhielt nur aus einer Art davon eine weiße Erde neben Schwefelsäure. Die vorher nicht nachweisbare Schwefelsäure mußte anwesendem Schwefel entstammen; die neu entstandene weiße „Erde" war eine Säure, ein acidium molyb-daene, die sich wieder als unvergleichlich und eigenartig heraus-stellte. Die andere Molybdän benannte Substanz verwandelt sich beim Verbrennen mit Salpetersäure fast ganz in fixe Luft: das war also Kohle in der Form des Graphits. Der Diamant wurde dann als die dritte Erscheinungsform von Kohlenstoff erkannt, als man durch den Brennspiegel daraus wieder nur fixe Luft gewann. — Ein aus dem Minerale Tungstein von SCHEELE als Verbindung, und von VAU-QUELIN rein erhaltenes Metall wurde zuerst Scheelit, dann Wolfram genannt.

Die Durchforschung der Mineralien brachte doch noch manche Überraschung. Während man früher nur auf die praktisch wichtigen Metalle gefahndet hatte, wollte man nun überhaupt wissen, was in den Steinen denn vorhanden sei. Für solche Analysen hatten sich allmählich Methoden verfestigt. Voran standen, aus der früheren Zeit übernommen und verfeinert, die Prüfungen durch Schmelzen und Erhitzen mit gewissen Zusätzen. Das Lötrohr half dabei. Dann kam der Aufschluß, das Aufbereiten des Minerals, um es in Lösungen überzuführen. An dieser Stelle konnten durch geeignete Wahl des Verfahrens große Erfolge erreicht werden. Das Verhalten der Lö-sungen war dann oft zuerst nur eine Probe auf die Richtigkeit des schon ganz erfaßten neuen Gedankens. Da war es nun eben Sache des chemischen Gefühls, der genauen Beobachtung einwandfrei an-gestellter Versuche, kleine Veränderungen an Farbe, Unlöslichkeit, kleinen Niederschlagsbildungen, ihr besonderes Aussehen richtig zu bewerten und in mannigfach veränderten Versuchen genauer zu erkennen. Nach einigem Schwanken ergab sich dann das Verfahren, das ein konstantes Produkt lieferte.

KLAPROTH sah (1789) bei der Aufarbeitung eines vorher dem Zink oder Eisen zugeschriebenen Erzes ein solches neuartiges Verhalten. Aus der mit Salpetersäure erhaltenen Lösung fällte Pottasche ein gelbes Pulver, das sich nach Zugabe von mehr Pottasche wieder auf-löste. Aus dem Filtrate, das nun keine bekannten Metalle und Erden enthalten konnte, schied Ätzkali eine gelbe Fällung aus. KLAPROTH nannte das Produkt nach dem neuen Planeten, den HERSCHEL ent-deckt hatte, Uran. Nach mehreren Jahren wurden dann auch noch zwei verschiedene Oxyde davon erhalten.

Ein Charakteristikum dieser Jahre ist auch die Untersuchung vieler von weither kommenden Erze und Mineralien. Aus Nordamerika, China, Sibirien stammende Substanzen fanden besonders großes Interesse. Bei solcher Ausdehnung des untersuchten Materials erhielten die KLAPROTH, SCHEELE, BERGMANN, VAUQUELIN und manche anderen Chemiker mit den nun vergrößerten Beobachtungsfeinheiten reiche

Ausbeute an neuen Metallen oder ihren Erden. Nur tabellenartig sei hier auf die wichtigsten verwiesen, wobei natürlich immer das Jahr der Isolierung nur einen neuen Ausgangspunkt für die weitere Untersuchung bildete:

Strontianerde: CRAWFORD, 1790, erkennt es an der roten Flammenfärbung; KLAPROTH 1793.

Beryllerde: VAUQUELIN,   KLAPROTH 1798.

Cer: KLAPROTH, 1803, findet die bräunlichgelbe und daher Ochroit genannte Erde in einem Mineral, gleichzeitig isolieren BERZELIUS und HISINGER das Metall, das sie nach dem neuentdeckten Planeten Ceres benennen.

Yttererde: GADOLIN 1794.

Titan: KLAPROTH 1794.

Zirkonerde: KLAPROTH 1789 im Zirkon, 1794 im Hyazinth.

Chrom: VAUQUELIN (KLAPROTH) 1797.

Vanadium: in Verbindung: DEL RIO 1801.

Tantal: als Erde; VON EKEBERG 1802, mit bezug auf die antike Sage so genannt, weil sie unfähig ist, „mitten in einem Überflusse von Säure etwas davon an sich zu reißen und sich damit zu sättigen[1])".

Tellur: KLAPROTH 1798.

Bei so viel neuen Entdeckungen fehlten natürlich auch die nur vermeintlichen und bald als Täuschung erwiesenen nicht. Andrerseits war auch an mehreren Stellen das hier als Metall oder reine Erde Aufgeführte ein Gemisch von mehreren noch unbekannten Stoffen. Besonders in der Gruppe des Cers und der Yttererde gab es später noch viel zu trennen, und man denke schließlich auch an die viel später getrennten neuen Metalle aus der Gruppe des Urans. Ein zeitlich näherliegendes Beispiel bieten die Platinmetalle. Aus dem rohen Platin wurden in den ersten Jahren des 19. Jahrhunderts noch drei neue Metalle abgeschieden: Osmium von FOURCROY und VAUQUELIN, an dem Geruche erkannt, der beim Auslaugen der Platinrückstände mit Kali auftrat, und von TENNANT weiter erforscht; Palladium, von WOLLASTON durch fein abgetöntes Ausfällen mit dem Eisenstabe isoliert; Rhodium, von WOLLASTON nach ähnlicher Reinigung, wie eben erwähnt, als dreifaches Salz mit Kochsalz abgeschieden.

Da mit diesen Angaben eigentlich schon weit über den zunächst abgegrenzten Zeitabschnitt hinausgegriffen wurde, so soll gleich noch die Entdeckung zweier Metalle aus dem Jahre 1817 besprochen werden. BERZELIUS beobachtete da in den Bleikammern seiner Schwefelsäurefabrik einen roten Schlamm. Nach dem Geruche bei der Lötrohrprobe hielt er es erst für Tellur, doch die Eigenschaften

---

[1]) Siehe Ann. de Chim. **43**, 276.

der beim Verbrennen erhaltenen Produkte erwiesen sich als ganz andere: so stellte er dem Tellur das Selen zur Seite.

Die Entdeckungsgeschichte des Kadmiums ist besonders interessant dadurch, daß fast gleichzeitig von verschiedenen Orten Hinweise auf die Existenz dieses neuen Metalles kamen. Ein pharmazeutisches Zinkpräparat gab Strohmeyer, und an anderem Orte Roloff, ungewöhnte Reaktionen, die dann bald die Anwesenheit des Kadmiums dartaten.

Gegenüber dieser Fülle von eigenartigen Stoffen versagte natürlich das frühere Verfahren, durch bezeichnende Adjektive vor dem Worte, das den gemeinsamen Grundstoff nannte, die Verschiedenheiten dem Gefühle näherzubringen. Jetzt war der klarste Ausdruck dafür die Angabe der präparativen Bereitung und der analytischen Eigenschaften. Wohl fand sich darunter die eine oder andere, besonders dadurch ausgezeichnete, daß man bei ihr am leichtesten die Abstufung der Versuchsbedingungen vornehmen konnte, die eine Isolierung ermöglichen. Aber auch in allen anderen Beziehungen unterscheiden sich diese eigenartigen Gebilde voneinander; nur daß man oft diese anderen Unterschiede weniger leicht feststellen und benutzen kann. Die charakteristischen Reaktionen, die zur Scheidung dienten, waren also nur die verhältnismäßig leichtest verwendbaren; es gab unzählige andere noch. Es kam darauf an, eben an jenen Stellen einzusetzen, um das Vorliegen eines neuen Elementes zu erkennen.

b) Luft und Feuer.

Die Untersuchung der Luft und der luftartigen Stoffe war deshalb so bedeutsam, weil die Luft ja bei den allermeisten chemischen Operationen mit anwesend war. Das gehörte zu den Selbstverständlichkeiten, die zu untersuchen immer erst eine fortgeschrittene Wissenschaft unternimmt; denn anfangs ist nur das Außerordentliche, Wunderbare interessant.

Die erste Luftart, deren chemische Natur genauer bekannt wurde, war jenes gas vinorum, das Helmont[1]) schon beobachtet hatte. Er benutzte Tierblasen zum Auffangen des Gases. Die Erfassung eines solchen flüchtigen Stoffes hing ja von den experimentellen Hilfsmitteln zu allererst ab. Darum verdient es Erwähnung, daß der Engländer Hales 1727 die Verdrängung von Wasser aus einem mit der Öffnung unter Wasser umgestülpten Kolben dafür benutzte — ein im wesentlichen noch heute gebrauchtes Verfahren. Ein solches Gas untersuchte man zunächst auf sein Verhalten bei der Verbrennung: ob es,

---

[1]) Vgl. S. 41 f.

wie gewöhnliche Luft, die Verbrennung ermöglichte, oder, wie der dabei verbleibende Gasrest, Flamme und Leben erstickte, oder schließlich wie die entzündliche Luft selbst mit Heftigkeit verbrannte. Das Gas, das bei der Gärung sich entwickelt, gehört zur zweiten Gruppe und gleicht darin demjenigen, das aus Soda und Pottasche durch Säuren frei wird, und in das sich Kohle beim Verbrennen verwandelt. Daß diese drei Arten trotz ihrer verschiedenen Ursprünge auch chemisch in anderer Beziehung gleich sind, zeigte erst JOSEPH BLACK (1728—1799).

Im Jahre 1754, als Sechsundzwanzigjähriger, veröffentlichte er eine Untersuchung über Kalk und Magnesia. Über diese Stoffe wurde damals in der Medizin viel diskutiert, und BLACK ging von medizinischen Interessen aus an die chemische Arbeit heran. Außer der genauen Unterscheidung zwischen den beiden „Erden" war das Hauptthema, das Verhältnis von „lebendigem" und „rohem" Kalk zu erkennen. Der Kalkstein gewinnt beim Erhitzen seine „Schärfe", die Fähigkeit, mit Wasser sich zu erhitzen und den ätzenden Geschmack. Die direkte Beobachtung zeigte bei der Bereitung dieses „lebendigen" Kalkes nur die Einwirkung des Feuers, und es schien auch ganz klar, daß die Feuermaterie dem Stoffe, mit dem sie sich vereinigte, eben diesen Geschmack erteilte; ja, beim Ablöschen mit Wasser kam ja das Feuer wieder zum Vorschein! Aber BLACK wog die verarbeitete Substanz am Anfang und am Ende des Versuches. Dem Gewichtsverluste entsprach die Menge Gas, die sich dabei entwickelte. Dieser Vorgang ist umkehrbar: Der erzeugte Kalk vereinigt sich wieder mit dem Gase, das die Hitze aus ihm verflüchtete. Schon beim Liegen an der Luft wird der Kalk „milder", weil nämlich auch in der Luft ein kleiner Anteil jenes Gases vorhanden ist. Fällt man die Lösung des Bittersalzes mit milden Alkalien (Soda, Pottasche), so erhält man aus dem Niederschlage beim Erhitzen eben dasselbe Gas wie aus dem rohen Kalk; auch die milden Alkalien enthalten dieselbe fixe Luft und geben sie an die Magnesia ab. Trotzdem 1756 die Beweiskette noch verlängert wurde, war diese Lehre BLACKS von der fixen Luft und ihrem Anteil am Kalke noch lange Zeit hindurch nicht anerkannt. „Die große Streitfrage: ob der Kalk und die alkalischen Salze von Natur ätzend sind und durch den Beitritt der festen Luft milder werden, oder ob sie von Natur mild sind und durch den Zutritt eines besonderen Stoffes ätzend werden? scheint noch nicht entschieden", schrieb man noch um 1780[1]). Es mußte auch als unzulässig erscheinen, daß in BLACKS Theorie auf den Wärmestoff so gar wenig Rücksicht genommen wurde; das Gas glaubten manche noch eher vernachlässigen zu dürfen.

---

[1]) CRELLS Auswahl aus den neuesten Entdeckungen", Bd. I, S. 71. 1786.

Black, „ein Denker von Gottes Gnaden"[1]), wandte sich nun der Untersuchung der Wärme zu, als er in Glasgow die Professur übernahm. In dieser Periode der Chemie, in deren Theorie die Wärme eine so große Stellung einnahm, waren seine Ergebnisse besonders wichtig. Ich möchte hier nur die mit der latenten Wärme zusammenhängende Beobachtung erwähnen, daß die Temperatur beim Schmelzen und Sieden eines reinen Wassers konstant bleibt. Mit 34 Jahren hatte Black sein produktives Schaffen beendet; er wirkte dann nur noch in seinen Vorlesungen für die neuen Ideen.

Durch die Nähe einer Brauerei kam Joseph Priestley (geboren 1733 bei Leeds, gestorben 1804 in Nordamerika) dazu, die fixe Luft zu untersuchen. Er, der Sprachlehrer und religiöse Philosoph, wußte wenig von den Arbeitsweisen der Chemiker und erfand sich darum eigene. Auch die inflammable air, die entzündbare Luft, die aus Metallen und Säuren entwickelt wurde, beschäftigte ihn, besonders nach den Versuchen seines Landsmannes Henry Cavendish (geboren 1731, gestorben 1810 in London). Cavendish, in seiner zurückgezogenen, ja absonderlichen Lebensweise und seiner Versenkung in wenige Einzelheiten eines speziellen Gebietes geradezu der lebendige Gegensatz zu dem alles versuchenden Volksprediger Priestley, bestimmte auch eingehend die Gewichtsverhältnisse bei der Bildung dieses Gases, und die Mischungsverhältnisse mit der Luft, bei denen es explodierte. Dieser so außerordentlich brennbare Stoff mußte auf dem Boden der Urstoff- und Prinzipienlehre als das Phlogiston und die Grundsubstanz aller brennbaren Gase gelten, wie man sie aus den schlagenden Wettern und vom Phosphor und Arsen kannte. Am leichtesten entstand es, wenn man Eisen, Zink und andere Metalle mit Salzsäure behandelte. Auch andere Säuren lieferten das Gas, nur Salpetersäure nicht. Statt dessen fand Priestley dabei rote Gase, die sich mit reiner Luft stärker verdichteten als mit der Luft eines Raumes, in dem viele Menschen geatmet haben. So war es also möglich, mit Hilfe dieses Salpetergases die „Güte" der Luft zu messen. Gegen manche mystische Vorstellung bewies später Cavendish, daß im allgemeinen die Luft fast immer den gleichen Anteil desjenigen Bestandteiles hat, der mit dem Salpetergase sich vereinigt. Doch da hatte man schon dieses „Prinzip" aus der Luft isoliert: Priestley erhitzte den Kalk, den das Quecksilber an der Luft bilden kann, mit einem besonders starken Brennglase. Bisher hatte man nur auf das dann wiedererhaltene Quecksilber geachtet; er fing nun das Gas auf, das sich entwickelt, und fand, daß es ganz besonders reine „Lebensluft" ist: Es atmet sich mit besonderer

---

[1]) So Mach in „Prinzipien der Wärmelehre", 3. Aufl., S. 181.

Wollust ein, so daß er es als Medizin verwendet sehen wollte. Auch deutete er darauf hin, daß wir in solcher reinen Luft „zu rasch zu Ende leben würden". „Ein Moralist wenigstens kann sagen, daß die Luft, welche die Natur uns zur Verfügung stellt, so gut ist, wie wir es verdienen[1])." Das war also, wie PRIESTLEY im Sommer 1774 aussprach, der die Verbrennung und Atmung ermöglichende Anteil der Luft, die dephlogistisierte Luft.

Schon ein Jahr vorher hatte KARL WILHELM SCHEELE sie isoliert, aber der Bericht darüber erschien erst später als „Chemische Abhandlung von der Luft und dem Feuer" (1777). SCHEELE, am 9. Dezember 1742 im damals schwedischen Stralsund geboren, erwarb sich chemische Kenntnisse durch eifriges, oft nächtelanges Studium während seiner Apothekerzeit. Noch ehe er recht zum Genuß eines wenigstens von drückendsten materiellen Sorgen freien Lebens kommen konnte, starb er am 21. Mai 1786.

Luft und Feuer sind ihm dadurch vereinigt, daß „eine in unsrer Atmosphäre vorhandene Luft als ein wahrer Bestandteil des Feuers" zu betrachten ist. „Gewiß, ich werde nicht so verwegen sein und dieses meinen Lesern zu glauben aufdrängen. Nein, es sind deutliche Versuche, welche für die Sache reden, Versuche, welche ich mehr als nur einmal angestellt . . .[2])" Versuche bewiesen ihm, daß Licht und Wärme, „obgleich beide so überaus zart und fein sind", wahre Stoffe, aber keine Elemente seien. Beim Erhitzen der rauchenden Salpetersäure oder des mit Schwefelsäure gemischten Braunsteins sammelte sich in der vorgelegten anfangs zusammengedrückten Lederblase eine Luft an, die äußerst intensive Verbrennungen unterhält. 1774 hatte SCHEELE gezeigt, daß Braunstein nur dann in Säure aufzulösen ist, wenn ihm „brennbare Materie", also Phlogiston, zugeführt wurde. Da nun bei dem beschriebenen Versuche nach der Gasentbindung der Braunstein in Säuren löslich geworden ist, so muß er dabei Phlogiston aufgenommen haben. Das konnte aber nur die Hitze liefern. Und so ergibt sich als Erklärung des Versuchsergebnisses: der Braunstein zerlegte die Hitze, vereinigte sich mit deren Phlogiston — weil er es stärker anzieht — und gab außerdem Feuerluft, die sich damit als der zweite Bestandteil der Hitze ausweist. Schematisch würde die Beweisführung SCHEELES etwa durch folgende Gleichungen gefaßt: Braunstein + (Hitze) = (Braunstein + Phlogiston) + Feuerluft, daher: Hitze = Phlogiston + Feuerluft. Diese Feuerluft ist es, die sich bei den in großer Zahl ausgeführten Verbrennungen in der Luft mit den Substanzen vereinigt und

---

[1]) Zitiert nach THORPE, „Essays in Historical Chemistry", S. 51.
[2]) Vgl. OSTWALDS Klassiker, Nr. 58.

ein Drittel der Atmosphäre ausmacht. (Der zahlenmäßige Irrtum ist beträchtlich: es sollte etwa ein Fünftel gefunden worden sein!)

Auch beim Kalzinieren der Metalle tritt Verbindung mit der Feuerluft ein, daher der gewonnene Überschuß an Schwere. Leider verfolgt Scheele die Versuche nicht in dieser Richtung; die quantitativen Verhältnisse schienen ihm dafür wohl nicht chemisch wichtig genug zu sein. Er wies nur darauf hin, daß vielleicht das Phlogiston in den Metallen die Feuerluft anzieht und so den Kalken die „Hitze" gibt, die man beim Behandeln der Kalke mit Wasser oder Säuren auftreten sieht. So bleibt es denn bei der bisherigen Theorie, insofern Metalle Verbindungen von eigentümlichen Erden mit Phlogiston darstellen. „Es ist merkwürdig, daß das Phlogiston, welches in gewisser Menge die Feuerluft so sehr zart ausdehnt, wie man an der Hitze und dem Lichte [diesen Verbindungen aus Feuerluft und Phlogiston] gewahr wird, mit mehr Phlogiston aber so grob wird, daß es sich in Gläsern aufbehalten läßt." Damit ist Kohle, vielleicht auch Schwefel gemeint. Verbrennt also Kohle in gewöhnlicher Luft oder Feuerluft, so entsteht aus der Vereinigung mit dem Phlogiston Hitze; die fixe Luft, die gleichzeitig entsteht, war vorher schon in der Kohle vorhanden, „welche ein aus Phlogiston und Luftsäure bestehender Schwefel ist".

So sehr also Scheele eigene Versuche benutzen wollte, um seine Ansichten zu begründen, die übernommenen und vorausgesetzten Vorstellungen von der stofflichen Natur des Lichtes und der Wärme führten ihn zu einer Anwendung des Erhaltungsgesetzes der Materie, die ohne völlige Berücksichtigung der Gewichtsverhältnisse falsch werden mußte. Zwar fand er bei den Versuchen, die Natur von Licht und Wärme selbst aufzuklären, noch manche wichtige Tatsachen: Er beobachtete die strahlende Wärme, er sah, daß Hornsilber (Chlorsilber, wie wir jetzt sagen) beim Belichten nicht an allen Stellen des Spektrums gleich stark geschwärzt wird. Aber dies alles reichte doch an die Grundannahme über die Stoffe Wärme und Licht gar nicht heran, nur ein Teil davon wurde dadurch bewiesen, und es war ein anderer Teil, den er zur Deutung der Verbrennung benutzte. Es ist leider eine sehr häufige Erscheinung, und gerade auch bei denjenigen Forschern, die dem experimentellen Beweise die erste Stelle einräumen, daß der Umfang des Bewiesenen nicht genau und kritisch erkannt wird. Den Wert des Experimentes für die theoretische Erklärung oder den Abstand zwischen beiden richtig zu messen, ist freilich erst dann möglich, wenn man auch alle impliziten, zum Teil unbewußten, zum anderen „selbstverständlichen" Aussagen der Theorie auseinandergelegt hat.

Nachdem Braunstein mit Schwefelsäure in der Hitze die Feuerluft
gegeben hatte, lag es nahe, andere Säuren in dieser Beziehung zu prüfen.
Da zeigte sich bei der Salzsäure eine Besonderheit: Sie geht in ein grün-
lich-gelbes Gas über, dessen erstickender Geruch und chemische Wirkungen ganz anders als die der Feuerluft sind; es löst sogar das Gold
im Wasser auf und bildet dann mit ihm dasjenige Salz, das sonst
erst nach Entfernung des Phlogistons aus dem Golde mit der Salzsäure entsteht. Jenes grünlich-gelbe Gas war eben schon durch das
Erhitzen mit dem Braunstein seines Phlogistons beraubt worden,
es war dephlogistisierte Salzsäure; das erklärte dann sehr gut
auch sein chemisches Verhalten.

Die Salzsäure selbst konnte Priestley durch einen genialen
Kunstgriff fassen: Er wandte statt Wasser Quecksilber als Sperr-
flüssigkeit an[1]) und erhielt so das Gas, das Cavendish vergebens aus
der erhitzten wässerigen Salzsäure zu isolieren versucht hatte. Nun
versuchte Priestley den „Geist" auch aus der Schwefelsäure auszutreiben; er fand aber nur eine vitriolic acid air, eine saure vitrio-
lische Luft, unsre heutige schweflige Säure. Auch Ammoniak, das
alte flüchtige Alkali, konnte er nach der neuen Methode fassen. Als
er durch sie die Funken einer elektrischen Entladung hindurchgehen
ließ, vergrößerte sich das Volum: die entzündbare Luft und der
Stickstoff, den Scheele schon isoliert hatte, entstanden dabei.
Der wird auch frei, wenn Salpetergas so behandelt wird.

Seit längerer Zeit wurde zum Glasätzen die Säure benutzt, die
aus dem Flußspat unter der Einwirkung der Schwefelsäure sich
entwickelt. Aus gläserner Retorte erhielt Scheele diese Säure als
ein Gas, das im Wasser eine Trübung und darauf die Abscheidung
eines gallertigen Produktes erzeugte. Dieses erwies sich bald als die
auch sonst bekannte Kieselerde. Die Streitfrage nach ihrem Ursprunge
konnte Wiegleb (um 1780) in einer uns sehr einfach scheinenden
Weise erledigen: Er wog die Retorte leer und mit dem Inhalte zu
Anfang und Ende des Versuches und wog auch die in der Vorlage erhaltene Erde: Ihr Gewicht entsprach demjenigen, das die Retorte
verloren hatte, und man sah auch an ihrer aufgerauhten Fläche, daß
sie angegriffen worden war. Was konnte damals durch einfaches Ab-
wägen erreicht werden! Das Erhaltungsgesetz für die Masse lieferte
dann so leicht die Lösung für die Aufgabe, Ursache und Wirkung zu
erkennen.

Allerdings kann man nicht sagen, daß es nur darauf angekommen
wäre, die Ausgangsmaterialien sich genauer anzusehen; dadurch

---

[1]) Max Speter teilt nach Feststellungen von S. M. Jörgensen mit, daß
die Priorität darin Cavendish zukommt. Schweiz. Apoth.-Ztg. **58**, 123 (1920);
Chem. Centralblatt 1921, II, 837.

entstand vielmehr in anderen Fällen leicht Unklarheit und Irrtum: Wenn man z. B. das Milderwerden des Kalkes beim Abbrennen eines Öles über ihm als den Beweis dafür ansah, daß ein „öliges Prinzip" die Schärfe des Kalkes milderte, da nahm man das Agens als ein Ganzes, wo doch nur ein Teil davon, ein daraus entstehendes Produkt, wie hier die Kohlensäure, wirkte. Es kam auch hier darauf an, experimentell zu erfassen, was vernachlässigt werden darf, was in die Erklärung nicht einzugehen braucht. Bei der Erzeugung der Flußsäure hatte man zuerst das Gefäß vernachlässigen zu können geglaubt; jetzt sah man, wie es mitwirkte. Als SCHEELE dann aus dem verzinnten Metallgefäße eine reine, Wasser nicht trübende Flußsäure erhielt, da war es auch vor der Prüfung schon klar, daß nun der Gefäßinhalt allein das Gas erzeugte.

Ein Gas, das schon manches Unheil angerichtet hatte, und das bei mangelhafter Verbrennung von Kohle entsteht[1]), das Kohlengas, untersuchte PRIESTLEY näher, und BERTHOLLET zeigte späterhin, daß dieses mit blauer Flamme verbrennende Gas auch aus Kohlensäure beim Erhitzen mit Kohle gebildet wird. BERTHOLLETs Meinung darüber gehört in einen anderen Zusammenhang.

Im ganzen hatte man also in den siebziger Jahren des 18. Jahrhunderts zahlreiche Gase als verschieden gekennzeichnet: durch die Art, wie sie sich gegenüber Verbrennungen verhalten, nach ihrer sauren oder alkalischen Reaktion, durch ihr Verhalten gegen die Feuerluft und gegen die elektrischen Entladungen. Allerdings galt die Bezeichnung Gas manchem noch für mehr als bloß ein Wort für einen Zustand der Stoffe, es galt dann nämlich als der Name eines Stoffes selbst. Die Unterscheidungen nach chemischem Verhalten und spezifischer Schwere gewannen nicht sogleich diejenige Bedeutung, daß sie wirklich ganz verschiedene Stoffe erkennen ließen.

c) Chemie der Pflanzen und Tiere.

Nach der alten Weise, die Stoffe durch ihren Ursprung zu kennzeichnen, unterschied man in der Chemie mineralische, vegetabilische, animalische Substanzen, entsprechend den drei „Reichen" der Natur. Der Name sollte aber nicht nur so etwas wie eine Katalognummer für den Stoff sein, sondern sein „Wesen" zusammenfassen. Dann wäre auch der vegetabilische Stoff noch etwas eigentlich Pflanzliches, und der animalische hätte noch von der Individualität des Tieres

---

[1]) Vgl. die in „Voigtländers Quellenbücher" Nr. 14 neu herausgegebene Schrift des Arztes FRIEDRICH HOFFMANN (1716), worin bewiesen wird, daß nicht der Teufel, sondern der giftige Kohlendunst Schuld am Tode einiger „Schatzgräber" war. HOFFMANN gehörte allerdings auch, wie STAHL, der als freigeistig verschrienen jungen Universität Halle an.

Merkmale an sich. Das war nun freilich wahr gewesen, als man Pflanzensäfte und Wurzeln oder Rinden und Blut, Galle und ähnliches wie unzerlegbare Einheiten hinnahm. Aber es wurde für wahr gehalten auch dann noch, als man diese Substanzen destillierte und extrahierte, mit anderen zusammenschmolz und sublimierte. Allerdings fand man gelegentlich auch aus Pflanzenteilen Produkte, die sonst und eigentlich als tierische zu bezeichnen gewesen wären: So verhielt es sich z. B. mit dem Niederschlage, den ROUELLE aus Pflanzensäften durch die Wirkung der Wärme oder des Alkohols sich bilden ließ. Auch war es beiden Gruppen gemeinsam, daß man, nach LEMERY (1675), die fünf Elemente in ihnen besonders leicht nachweisen kann: nämlich Wasser, das wäßrige oder phlegmatische Element; brennbares Öl als geistiges oder merkurialisches Prinzip mit dem ölig-schwefeligen vereinigt: da es ja flüchtig und verbrennlich ist; der lösliche Rückstand bedeutet das salzige und der unlösliche das erdige Element. Das zeigt die Art, wie man hier einfache Zerlegungsbestandteile isolierte. Man konnte ferner die Öle danach unterscheiden, ob sie mit Alkalien Säure geben oder nicht. Die weitere Trennung nach dem Geruch war ja keine eigentlich chemische; man zerlegte da nicht Gemische von Ölen, sondern fand sie in den botanisch unterschiedenen Pflanzen je für sich vor.

So benutzte man die Unterscheidungen der Botanik, Zoologie und Medizin zugleich auch in der Chemie. Aber was in jenen Wissenschaften unterschiedliche Einheiten darstellte, das blieb nicht auch in denjenigen Teilen verschieden, die durch chemische Operationen daraus hergestellt werden konnten. Diese Operationen selbst waren ja gegeben durch die bekannten mineralisch-chemischen. Ihre Anwendung bezweckte sehr oft, das „wirksame Prinzip" für sich zu fassen, aus einer Wurzel, einem Schlangengifte, einem menschlichen Harne. Auch hier galt Chemie als Scheidekunst. Nur wird man nicht erwarten, daß die Prüfung auf Wirksamkeit auch immer experimentell einwandfrei, ja überhaupt experimentell geschah. Einem ungeschriebenen und unausgesprochenen Erhaltungsgesetze folgend, schien dem Destillate aus Schlangen etwas vom „innersten Wesen" dieser Tiere anzuhaften. Das war dann einer der Fälle, wo das länger bekannte und wichtige Ausgangsmaterial stärker beachtet wurde als das daraus erhaltene Produkt; wir sahen, wie auch das entgegengesetzte Verfahren zu Irrtümern führen konnte. Mancher geistig regsame, aber fachlich nicht gebildete moderne Mensch wird in ähnlicher Weise ein Problem darin finden, wie die so nahrhafte und unschädliche Kartoffel doch den Branntwein enthält, den man daraus bereitet; diese Frage taucht in verschiedenen Formen und gegenüber manchen Stoffen auch in der Wissenschaft des 18. Jahrhunderts auf.

Alkohol und Äther.

Gerade der Alkohol war ja durch Entstehung und Flüchtigkeit sehr zeitig schon bekannt geworden, wenn er auch annähernd wasserfrei wohl erst gegen Ende dieser Zeit durch wiederholte Destillation und Behandlung mit geglühter Pottasche isoliert wurde. Als feines, flüchtiges und brennbares „Prinzip" dachte es sich STAHL während der Gärung so entstanden, daß die Reibung — deren Zeichen die aufsteigenden Blasen von fixer Luft waren — die gröberen vorher anwesenden Teilchen zerriß und verdünnte. Das „Ferment", das man als Bodensatz am Ende der Gärung erhielt, hatte eben die Aufgabe, diese Bewegung hervorzurufen — und so war alles vollständig erklärt.

Wollte man mehr von der Chemie des Alkohols wissen, so mußte man ihn mit anderen Chemikalien in Reaktion bringen. Nahm man dazu Vitriolöl, so konnte man nach einer schon 1552 veröffentlichten Angabe eines deutschen Arztes (VALERIUS CORDUS) eine ganz besonders flüchtige und entzündliche Flüssigkeit erhalten, die darum den Namen für die feinste Substanz: Äther erhielt, mit dem Zusatze des Namens derjenigen Substanz, die bei seiner Bildung mitwirkte: der Schwefelsäure. Daß Schwefeläther frei von Schwefelsäure ist, wurde noch in der zweiten Hälfte des 18. Jahrhunderts nicht allgemein geglaubt. Es bedurfte freilich des Umweges der Verbrennung, um durch den negativen Ausfall der Probe auf Schwefelsäure darzutun, daß sie auch nicht verborgen im Äther anwesend ist. SCHEELE hielt Äther für Alkohol minus Phlogiston, und LAVOISIER kehrte dies in seinem Systeme um in die Formel: Alkohol + Sauerstoff. FOURCROY und VAUQUELIN beobachteten die einzelnen Abschnitte der Reaktion genauer und meinten, die Schwefelsäure hat bei der Ätherbereitung nur Wasser aus dem Alkohole zu entfernen. Aber damit berühren wir schon eine Streitfrage, die im frühen 19. Jahrhundert eine große Rolle spielte. Zunächst war es wichtiger, daß dieser so feinen durchdringend riechenden Substanz große medizinische „Tugenden" nachgerühmt wurden. Eine Mischung mit Alkohol im Verhältnis 1 : 3 wurde als Hoffmanns Tropfen viel verwendet, wobei natürlich auch diesmal der eigentliche Erfinder nicht der im Namen genannte deutsche Arzt war[1]).

Nachdem einmal mit Schwefelsäure ein so großer Erfolg erzielt worden war, versuchte man natürlich auch die Einwirkung anderer Säuren auf den Alkohol. Das waren keine sehr leichten Experimente; wem sie gelangen, der hütete anfangs sein Geheimnis. Aber in der zweiten Hälfte des 18. Jahrhunderts erschienen zahlreiche Beschrei-

---

[1]) Vgl. KLAPROTH-WOLFF, Chemisches Wörterbuch 1810. Bd. IV, S. 643.

bungen der Säureäther, die nach ihrer gemeinsamen Entstehung aus Alkohol und Säure und nach ihrem scharfen Dufte für sehr ähnlich gehalten wurden, ohne daß man sehr Genaues darüber gewußt hätte. Aus WIEGLEBS Theorie (um 1780) sei ein Satz wiedergegeben, der so charakteristisch ist für die Annahme verschieden fein gearteter Teilchen in den Säuren und im Alkohol, und für die Anschauung, daß der Äther vorgebildet im Alkohol anwesend ist: „Diese künstlichen Öle entstehen nach der Wahrscheinlichkeit aus der Verbindung der angewendeten Säure mit den ätherisch-öligen Teilen des Weingeistes. Mit diesen verbindet sich ein gewisser Teil von den verschiedenen Säuren, offenbar der flüchtigste und feinste, dergestalt, daß er von dem Öle des Weingeistes aufgenommen und überkleidet wird, dadurch Schärfe und Mischbarkeit mit dem Wasser verlieret, und also aus diesem Grunde die Menge jenes Öles nach einem solchen Verhältnis scheinbärlich vermehret, nachdem die Säure mehr oder weniger geschickt ist, sich damit zu verbinden[1].“

Säuren.

Zugleich mit dem Alkohol entstand so regelmäßig auch Essigsäure, daß noch LAVOISIER (1789) ihn als wesentlich dazugehörig ansah. Die aus den Ameisen ausgepreßte Säure erkannte MARGGRAF (1749) als von der Essigsäure verschieden. Bis dahin war die alte Theorie, Essigsäure wäre überhaupt die Säure und auch die Mineralsäuren bestünden wesentlich aus ihr, eingeschränkt worden auf alle aus organisiertem Material erhaltenen sauren Stoffe. Die Chemiker, die unter den mineralischen Substanzen so fein zu trennen wußten, erkannten bald natürlich auch die Eigenart dieser neuen Säuren: Zur Oxalsäure (aus Sauerklee) gesellte SCHEELE die Säure der Zitrone, des Apfels, und BERGMANN die Schleimsäure (aus mit Salpetersäure erhitztem Milchzucker) und die Säure aus der Milch. Aber alle die eigenartigen Verhaltensweisen dieser Säuren nach Flüchtigkeit, Löslichkeit und Salzbildung schienen doch noch 1801 GIRTANNER nur die Äußerung von Modifikationen der alleinigen vegetabilischen Säure, der Essigsäure, zu sein.

Zucker, Farbstoffe.

Das süße Prinzip, das allein der Gärung fähig zu sein schien, isolierte MARGGRAF 1747 aus der Wurzel der Runkelrübe durch Auspressen und Reinigen mit Alkohol. Er erkannte auch die wirtschaftliche Bedeutung dieses Stoffes; aber erst FRANZ KARL ACHARD (1753 bis 1821) konnte die technische Ausbeutung durchsetzen, und auch

---

[1] CRELL, „Auswahl aus den neuesten Entdeckungen“ Bd. I, S. 199. 1786.

das nur mit Hilfe des durch die Kontinentalsperre geschaffenen Abschlusses von der Zufuhr des Kolonialzuckers. Ein anderer süßer Stoff entsteht, wie SCHEELE 1783 beobachtete, beim Verseifen von Ölen. Während man bis dahin sich nur um die dabei entstehende Säure bekümmert hatte, untersuchte er auch den anderen Anteil der Mischung und erhielt daraus das Ölsüß (Glyzerin).

Mit solchen Untersuchungen hatte man sich ziemlich weit von dem lebendigen Ausgangsmateriale entfernt und Stoffe isoliert, die nun rein chemischer Behandlung bedurften. Gegen Ende des 18. Jahrhunderts gab es schon eine stattliche Reihe von solchen Stoffen; zu den erwähnten kamen ja noch zahlreiche Abkochungen und Auszüge aus Pflanzenteilen, die medizinische oder färberische Verwendung fanden. Auch da hatte die Isolierkunst Fortschritte gemacht: Man nahm nicht einfach die Pflanze, und auch nicht ihren besonders wirksamen Teil, ja nicht einmal ihren Auszug ganz; aus dieser Lösung fällte man noch den eigentlichen „Farbestoff".

Dies wollte in den ersten Jahren des 18. Jahrhunderts auch der Farbenkünstler DIESBACH tun. Er setzte, wie üblich, zu seinem Extrakte aus Koschenille Alaun, Eisenvitriol und fixes Alkali. Aber da erhielt er einmal statt des erwarteten roten Niederschlags einen tiefblauen. Er hatte nämlich ein Kali genommen, das DIPPEL mit Knochen und Blut erhitzt hatte, um sein nach ihm benanntes Tieröl zu gewinnen. Diese Vorgeschichte des Kalis mußte die auffällige Reaktion beim Niederschlagen bedingen; und tatsächlich gelang es, den Niederschlag erneut zu erzeugen, wenn man Kali mit Blut erhitzte und dann zu Eisenvitriollösungen setzte. Viele theoretische Spekulationen wurden zur Erklärung dieses Vorganges aufgestellt. Aber statt, wie andere Zeitgenossen, mystischen Analogien nachzugehen, probierte MARGGRAF das chemische Verhalten des neuen blauen Farbstoffes, der Berlinerblau genannt wurde: Durch Kochen mit wenig Alkali entzog er ihm das „färbende Prinzip", und SCHEELE erhielt es als flüchtige schwache Säure bei der Destillation des Berlinerblaus mit Schwefelsäure. SCHEELES Theorie, daß es aus Kohle und Ammoniak zusammengesetzt sei, führte ihn zu dem Versuche, Kali mit Kohle und in Teilen zugefügtem Salmiak zu erhitzen: Wirklich entstand auch das Kalisalz der „preußischen Säure", eben jenes flüchtigen und färbenden Prinzipes aus dem Berlinerblau. Nachdem aber die Theorie ihn zu einem so glücklich verlaufenen Versuche geführt hatte, hielt er sie dadurch nun auch für ganz bewiesen. BERTHOLLET entdeckte bei der weiteren Untersuchung die Neigung dieser Säure, sich zwischen mehreren Basen zu verteilen, also Salze zu geben, die zwei Basen zugleich enthalten, z. B. Kali mit Eisen oder mit Barium.

d) Qualität und Quantität. II.

Je weniger man von den „Teilchen" der Materie wußte, um so leichter konnten durch reine Logik und bloße „Anschauung" Bestimmungsstücke an den Teilchen so konstruiert werden, daß sie das Verhalten der Stoffe zueinander mechanisch erklärten. Die Entwicklung solcher Konstruktionen, die in BOYLES und LEMERYS Ausführungen nur besonders wirksam zusammengefaßt wurden, setzte sich lange in beinahe alltäglichem Gebrauche weiter fort. Der universelle Naturforscher BUFFON brachte sie (1778) in die Form: Durch die verschiedene Gestalt der kleinsten Teilchen können sich ihre Schwerpunkte verschieden weit nähern; vom Abstande hängt aber, wie auch sonst, die Massenanziehung, hier Verwandtschaftsstärke genannt, ab. Alles Qualitative war dann wieder mechanisch erklärt und, wenigstens im Prinzip, zahlenmäßig ausgedrückt. Das waren, wie erwähnt, lange und öfter schon durchgeführte Versuche. Die „reinen" Chemiker betonten ihnen gegenüber das Eigenartige und also gar nicht weiter reduzierbare Qualitative an der Verwandtschaft. Nicht nur sie als Kraft wäre etwas anderes als die bloße mechanische Massenanziehung; auch ihre Wirkung wäre wesentlich nur von der qualitativen Eigenart der Stoffe bedingt. So meinte es BOERHAVE 1732, und BERGMANN, der geniale Analytiker, führte seit 1775 erneuert und vertieft wenigstens den zweiten Teil davon durch. Die Anziehung wird also nicht bloß durch die Massen, sondern vor allem durch ihre chemische Eigenart betätigt; die Attraktion ist eine elektive. Um so schematischer und mechanischer unterschied BERGMANN nun einfache, doppelte und multiple Attraktionen nach der Zahl der miteinander reagierenden Stoffe. Da die Wärme ja ebenfalls ein Stoff ist, so läßt sich verstehen, daß die Verwandtschaft von der Temperatur, diesem vermeintlichen Maße für die Menge dieses Stoffes, abhängt. Weitere spezielle Ausführungen sollten durch — bald widerlegte — Versuche gestützt sein.

Wichtiger als dies ist die Betonung der Qualität nach den Versuchen, sie auf bloße Zahlenbeziehungen zurückzuführen. Man hatte ja nun entschiedener und experimentell vollkommener die Eigenart der Stoffe erkannt; man sprach nur in den weniger durchforschten Gebieten oder bei schlechter Vertrautheit mit den neuen chemischen Erfahrungen von „Modifikationen" eines Urstoffes, aus dem die Stoffe eigentlich bestünden. Dann war es aber doch die natürliche Entwicklung, daß nun der selbständige Stoff, die eigentümliche Qualität, so stark hervorgehoben wurde, daß man darüber die physikalischen, quantitativen Beziehungen außer acht ließ. Der Franzose LAVOISIER betonte entscheidend die Gewichtsverhältnisse bei den chemischen

Umwandlungen; soll man es als charakteristisch ansehen dürfen, daß ein anderer Franzose, BERTHOLLET, ungefähr gleichzeitig auch die physikalische Abhängigkeit der Verwandtschaft entwickelte?

4. Überblick über die Entwicklung des Stoffbegriffes im Zeitalter der Phlogistontheorie.

Im letzten Drittel des 18. Jahrhunderts häufen sich die neuen Entdeckungen, erweitert sich das Reich der Chemie, gestalten sich ihre Begriffe um; die „Revolution in der Chemie" bereitet sich vor und bricht dann auch bald aus. Dennoch ist auch unter der „Herrschaft" der alten, phlogistischen Theorie der Fortschritt ganz außerordentlich stark. Wohl führt er dann an immer mehr Beispielen zu der Einsicht, daß zu den Eigenschaften der Stoffe ganz wesentlich das Gewicht mit gehört, ja, daß man ohne Berücksichtigung dieser Eigenschaft auch die anderen nicht klar erkennen kann. Man findet dann im Gesetze der Erhaltung der Masse — für den Versuch hier gleichbedeutend mit: Gewicht — eine Anleitung dafür, wie weit stoffliche Veränderungen berücksichtigt oder gesucht werden müssen, und die Erkenntnis der Gase bildet das Hilfsmittel dafür. Dann bleibt aber kein Platz mehr für ein Phlogiston. Und doch klangen vorher die Erklärungen mit seiner Zugrundelegung so notwendig und überzeugend!

Das hatte auch historische Gründe. Mit der Annahme eines Stoffes für eine einzige beobachtete Erscheinungsart setzte man die Denkweise fort, aus der die alten Elemente entstanden waren. Phlogiston ist das Verbrennliche: Diese Definition will eine Identität aussprechen, sie ist umkehrbar. Das ist ja nicht der Fall bei anderen Aussagen, die nur eine von den mancherlei Eigenschaften eines Stoffes betreffen. „Kupfer ist rot" heißt nicht, „das Rote ist Kupfer", mit der Ergänzung: Kupfer ist alles das, was rot ist, und alles Rote ist stets Kupfer. Solche Aussagen fanden wir früher wohl für Schwefel als das Farbgebende oder Quecksilber als das metallische Schwere oder auch Flüchtige. — Nun soll aber gleich eines vorausgenommen werden: Diese Erörterungen klingen vielleicht in manchem Ohre reichlich „spekulativ"; aber wenn ihnen davon wirklich etwas anhaftet, so deuten sie nur an, was historische Wirklichkeit war. Rein philosophische — nämlich von experimentell gesuchter Erfahrung reine — Spekulationen blieben ja nicht durch hohe Mauern in philosophischen Zirkeln gefangen, sondern erstreckten sich auf alles, und gerade das wissenschaftliche Denken. Die Frage hieß: Wie lösen wir diese Probleme im Zusammenhange mit unseren chemischen Erkenntnissen, und was bedeuten diese Allgemeinheiten auf unserem besonderen Gebiete? Daß man Stoffe nur als Komplexe von Eigenschaften einführen dürfe, das setzte erstens die Erkenntnis voraus, welche Teile als einfache Eigenschaften zu gelten haben, und war doch zweitens auch gerade eine philosophische Einsicht. Einen Stoff für die eine Eigenschaft, verbrennlich zu sein, einzuführen, das hieße dann freilich, ein Ganzes gleich einem seiner Teile setzen. Aber es ist ja charakteristisch nicht nur für frühere Zeiten, daß man einer besonders auffälligen Eigenschaft einen ganzen Stoff zuordnete. So kamen auch Wärme und Licht zu ihrem Range als Stoffe, den sie noch weit über die phlogistische Periode hinaus behielten. Nicht nur die alten Elemente, sondern auch die neuen wurden in ganz ähnlicher Weise an einem solchen ihrer Teile gefaßt und bekannt. Weil es für so wichtig gehalten wurde, wenn ein Stoff „verbrennlich" war, konnte man meinen, alles Verbrennliche wäre eines, und wenn es verschieden zu sein schien, hätte es doch wenigstens einen gemeinsamen Grundbestandteil. Man sollte sich da nicht entsetzen, daß sowohl Kohle als auch entzündbares Gas diesen Bestandteil verkörpern sollten: gerade wir haben doch recht auffallend verschiedene Erscheinungsformen eines und desselben Stoffes kennengelernt.

Doch man verfuhr nun systematischer als zuvor: Die neuen Stoffe, die an einer ausgezeichneten Eigenschaft leicht von anderen getrennt werden konnten, erwiesen bei näherem Zusehen ihre Eigenart auch im sonstigen Verhalten. Je besser man dieses nach seinen feineren Abstufungen experimentell beherrschen lernte, um so höher stieg ihr vorher ganz vernachlässigter Wert, bis sie schließlich mit gleichem Range neben jenen ersten Unterschieden standen. Dann suchte man auch in dem als Phlogiston Gleichen die Gleichheit der anderen Eigenschaften, und jetzt erst konnte, daß man das Gegenteil davon fand, auch vollwertiges Argument gegen die Annahme eines solchen Stoffes sein. Nun erst wurde die Verbrennlichkeit nur eine Teileigenschaft, eine solche also, die unterscheidbaren Stoffen zukam, ohne ihre Identität herbeizuführen.

Solcher Gemeinsamkeiten zwischen verschiedenen Stoffen waren ja mehrere erkannt, und man suchte sie zu verlängern, um diejenige Stoffvorstellung induktiv zu gewinnen, die deduktiv aus der Atomtheorie gefolgert wurde: die Vorstellung einer Urmaterie, von der alle qualitativ verschiedenen Stoffe nur Modifikationen wären. Die Entdeckung so vieler neuer Stoffe drängte diese Hypothese zwar für den Chemiker wenigstens zurück, aber doch nicht auf lange Zeit.

Wir berühren damit den Einfluß der Persönlichkeit auf die wissenschaftliche Erkenntnis. Wenn wir an manchen wichtigen Stellen fast gleichzeitig dasselbe von verschiedenen Forschern entdeckt finden, so mochte darin so etwas wie ein „Zug der Zeit" erscheinen. Wir können dies etwas weniger mystisch ausdrücken: So sehr die einzelne schöpferische Persönlichkeit im einzelnen unvergleichlich und weitgehend unerklärlich schaffend tätig war, so bot doch die Mitteilung der neuen Kenntnisse durch wissenschaftliche Gesellschaften und ihre periodischen Schriften einen Ausgleich, eine wirkliche Objektivierung des Gefundenen. Noch überwiegt in vielen wissenschaftlichen Abhandlungen der subjektive Anteil, die Verfasser erzählen gern ein Stück ihrer Lebensgeschichte mit darin. Das gehörte mit zu den objektiven Angaben, wie etwa die Schilderung einer Landschaft zur lyrischen Erzählung. Aber diese Mitteilung drang doch eben in weite Kreise der Gelehrtenwelt, und selbst die Briefe wurden so zum Teil gemeinsames Eigentum, sie waren durch eine Persönlichkeit hindurch an die ganze wissenschaftliche Welt gerichtet. So ist die Fortpflanzung der Erfahrungen von der Stätte ihrer Gewinnung aus nicht mystische Konstruktion, sondern im einzelnen belegbare Tatsache. Es gab so etwas wie einen allgemeinen Stand des Wissens — freilich mit Verzögerungen und Hindernissen hier und da. Und der verstärkte Weltverkehr wird auch in der Chemie merkbar bei der Erforschung von Substanzen aus fernsten Gegenden.

B. DIE VERBINDUNG DER QUALITÄTEN= LEHRE MIT DEN PHYSIKALISCHEN AN= SCHAUUNGSWEISEN.

> „Die wissenschaftliche Gestalt, welche die Chemie gegenwärtig hat, gründet sich auf die Erforschung hauptsächlich dreier Verhältnisse, nämlich der Verbrennung, der Mitwirkung der Elektrizität an den chemischen Erscheinungen und der Entdeckung der bestimmten Verhältnisse, nach denen sich die Grundstoffe vereinigen.“
>
> BERZELIUS,
> Lehrbuch der Chemie[5] I, 4 (1856).

I. Die Betonung der quantitativen Beziehungen.

1. Der Übergang.

Um das Jahr 1775 vollzieht sich der große Umschwung in der Chemie. Die Erkennung der „dephlogistisierten Luft“ als Sauerstoff bildet den Ausgangspunkt zu einer weitgehenden Neugestaltung des Systemes der Chemie. Damit beginnt für diese Wissenschaft die Neuzeit.

Der Übergang ist natürlich durch viele Kämpfe gekennzeichnet. Die Vertreter der neuen Anschauung mochten sich als Reformatoren, ja Revolutionäre fühlen, die dem alten, zum Untergange bestimmten Systeme ein völlig neues entgegensetzten. Wer die Geschichte der Chemie individualpsychologisch schreiben wollte, hätte dann wohl das Gefühl für den Eintritt einer gänzlich neuen Wissenschaft zu schildern, wie es etwa LAVOISIER belebte, und wie es seine engsten Nachfolger als die objektive Wahrheit verkündeten. Ganz anders ist das Bild, wenn man die sachlichen Zusammenhänge betont. Da ist vielmehr an diesem ganzen Einschnitte, so bedeutsam er auch ist, die Kontinuität der wissenschaftlichen Entwicklung fast noch stärker als an manchen weniger hervorragenden Stellen des Fortschrittes. Natürlich bleibt auch hier die Verwirklichung der Kontiniutät beschränkt durch das unerklärte Wirken des Genies, durch den „Zufall“ und die Plötzlichkeit des von ihm geschaffenen Neuen. Aber für die objektive Einstellung wuchs doch sein Werk erst in der Verbindung mit späteren Erkenntnissen zu seiner die große Trennung gegen das Vorherige rechtfertigenden Bedeutung; und in unserem speziellen Falle liegt der Grund und der Anfang des Neuen noch ganz im Alten beschlossen. Die entscheidenden Entdeckungen wurden alle von bleibenden Anhängern der Phlogistontheorie gemacht; auch ihre Erklärung war durch mehrere Forscher aus früherer Zeit vorbereitet. Allerdings läßt sich nicht genügend vollständig erkennen, wie weit diese Vorgänger auf den Mann wirkten, der die Umstellung vollzog; ja, es wäre durchaus möglich gewesen, daß er noch freier von ihrem Einflusse gewesen wäre, als es bei Lavoisier tatsächlich der Fall war. Aber auch wenn man unter diesen — wie gesagt, nicht ganz verwirklichten — Bedingungen dem Bringer des Neuen noch größere Genialität zuzuschreiben gehabt hätte, der Versuch, die Stetigkeit in solchem Geschehen aufzuweisen, hätte nicht als spekulativ gelten dürfen. Entscheidend dafür wäre auch nicht allein gewesen, daß ein solcher Versuch sich ja gerade auf die objektivsten Tatsachen stützte; wenigstens mußte dann noch hinzugenommen werden, daß in jedem Stoffe und jeder Arbeitsvorrichtung, die angewendet wurde, schon die ganze Vorgeschichte enthalten war, die zu seiner Auffindung geführt hatte. Dabei brauchte allerdings Vorgeschichte nicht streng die Geschichte bis zu dem betreffenden Zeitpunkte zu bedeuten; denn die Erkenntnis konnte in manchen Richtungen weit darüber hinaus gegangen sein, was man als realistisch notwendig für die richtige Deutung der einen oder anderen Sondererscheinung — sich ausdenken könnte.

Jedenfalls gehörte Antoine-Laurent Lavoisier[1]) (geboren 26. August 1743 in Paris) nicht zu den abseits von der wissenschaftlichen Gemeinschaft einsam Schaffenden. Seine hohe soziale Stellung brachte ihn in Zusammenhang mit den hervorragendsten Forschern seiner Zeit, und der rege persönliche Verkehr vermittelte ihm die unverzögerte Kenntnis der neuen Errungenschaften. Auch hatte er durch seinen Lehrer Rouelle in anregendster Weise das Wissen seiner Zeit überliefert bekommen. In einer seiner ersten Arbeiten hatte er sich um die Stadtbeleuchtung bemüht, und er wurde daraufhin als Dreiundzwanzigjähriger in die Akademie gewählt. So wirkte innen und außen zusammen: seine Richtung auf lebendige Zusammenhänge und die enge persönliche Verbindung mit den Trägern der Wissenschaft. Kurz darauf versuchte er ein altes Problem in für ihn charakteristischer Weise zu lösen: ob sich Wasser in Erde verwandele. Wir sahen, wie van Helmont an seine Lösung heranging: Mit Hilfe eines so hoch komplizierten Gebildes, wie die Pflanze, glaubte er zu erkennen, daß Wasser in Erde verwandelt wurde. Boyle destillierte Wasser lange Zeit hindurch und erhielt so eine ansehnliche Menge weißer Erde. Dagegen wandte Boerhave ein, die Erde käme

---

[1]) Siehe Hoefer, Histoire de la Chimie II, S. 489 ff. Kopp, Die Entwicklung der Chemie usw. S. 138 ff.; von jüngeren Werken etwa M. Speter, Lavoisier und seine Vorgänger (1910).

von dem in das Wasser gefallenen Staube. Aber MARGGRAF verschloß den Apparat, in welchem er das Wasser erhitzte, und fand doch Erdebildungen. LAVOISIER wiederholt denselben Versuch mit wenig verschiedener Anordnung; aber er wägt das Wasser und das Gefäß, in dem er es ein Vierteljahr lang kochte, am Anfang und Ende des Versuches. Da zeigte sich denn, daß ungefähr ebensoviel Erde im Wasser enthalten war, als das Glas an Gewicht verloren hatte. Damit hielt er es für klar bewiesen, daß die Erde aus dem Glase und nicht aus dem Wasser selbst stamme (1770).

Das war natürlich kein eigentlich chemischer Beweis; sein Grund war nicht die Übereinstimmung von Qualitäten, sondern die Erfüllung des Gesetzes von der Erhaltung der Massen. Charakteristisch genug begnügte sich auch SCHEELE nicht damit[1]). Erst als er — einige Jahre später — in der entstandenen Erde die Bestandteile des Glases nachgewiesen hatte, schloß er sich der Meinung LAVOISIERS an. Auch diesem Nachweise lag ja ein Erhaltungsgesetz zugrunde. Das Kali, das etwa im Wasser aufgezeigt wurde, ist weder in der Form seines dazu benutzten Salzes noch auch in der wirklich gelöst vorhandenen im Glase gewesen. Hier ging es in die farblose feste amorphe Masse ein, das Wasser enthielt es gelöst, und nun stellte man daraus eine weiße kristallisierte Substanz her, die charakteristisch eben für Kali ist. Es blieb als konstanter Teil in diesen verschiedenartigen Verbindungen erhalten. Daß man es wirklich daraus isolierte, war unter Zuhilfenahme jenes Erhaltungsgesetzes ebenso unnötig wie für den physikalischen Beweis eine Neubegründung seiner Art von Erhaltungsgesetz.

Die Entwicklung des Erhaltungsgesetzes für die Qualitäten oder diejenigen Komplexe davon, die man Stoffe nennt, geht ja aus den früheren Darlegungen hervor. Mit der Zerlegung in die Elemente sollten die Stoffe erzeugt werden, für die eben das Erhaltungsgesetz gilt; und wer unreine Materialien verwendete, der konnte auch jetzt noch diesem Gesetze anscheinend widersprechende Beobachtungen machen. Gehört zu den kennzeichnenden Eigenschaften auch das Gewicht eines Stoffes? Die Beantwortung dieser Frage hatte lange Zeit außerhalb der eigentlichen Chemie gestanden. In der Physik hielt sich die Vorstellung von einem Wärmstoffe bis weit ins 19. Jahrhundert hinein: auch da suchte man die Änderungen einer Eigenschaft auf die Änderung eines Stoffes als ihres Trägers zurückzuführen. Wollte man in der Chemie die Erhaltung der Masse erkennen, so mußte

---

[1]) Er hatte selbst auch auf die Gewichtsbeziehungen geachtet; vgl. Mitteilungen an I. G. Gahn aus dem Frühjahr 1770: „Carl Wilhelm Scheele nachgelassene Briefe und Aufzeichnungen. Hg. von A. E. Nordenskiöld, Stockholm (1892)", S. 41.

der betreffende Vorgang in einem völlig abgeschlossenen Systeme sich abspielen. Solange man nur einen Teil davon betrachtet, braucht ja keine Erhaltung vorzuliegen. Ihre Erkenntnis setzte darum eine weitgehende Entwicklung der experimentellen Technik voraus, sonst konnte sie leicht genug ganz falsche Schlüsse „begründen". Das Beispiel liegt nahe: die „negative" Schwere des Phlogiston. Aber gerade diese Veränderung beweist doch, daß ein Erhaltungsgesetz auch für die Massen als gültig vorausgesetzt wurde. Schließlich ist dieses ja auch alt genug: bis auf Anaxagoras kann man zurückgehen. Aber bei ihm ist es eine Ursache im Bereiche des ganzen Weltalls, und hier handelte es sich um die Bewahrheitung in einzelnen Vorgängen. Nur, und gerade dann, wenn man jeden Vorgang für sich isolierte, ließ sich im Teile erkennen, was vom Ganzen gilt.

LAVOISIER erhitzte Zinn in einer zugeschmolzenen Retorte (1774). Daß die dann zugleich auch Luft enthielt, war selbstverständlich. Deshalb kümmerte sich nur selten jemand überhaupt um ihre Anwesenheit. Nach der Kalkbildung wog das geschlossene Gefäß genau soviel wie vorher. Öffnete man aber die Retorte, so trat Luft ein, und nun zeigte sich deutlich und genau die Gewichtsvermehrung. Sie stimmt überein mit derjenigen, die das Zinn bei der Umwandlung erfahren hatte. Die ersten Teile dieses Ergebnisses waren bekannt, sowohl die Gewichtszunahme beim Verkalken als auch der Verbrauch eines Teiles der Luft dabei. Aber erst dadurch kam die große Erkenntnis, daß alle Vorgänge zu einem Prozesse zusammengeschlossen wurden, bei dem nun nur eine Größe variierte. Nun war es quantitativ bewiesen, daß die Zunahme aus der Luft stammen mußte: Das Erhaltungsgesetz verlangte es.

Bald nach der Ausführung dieses Versuches erfuhr LAVOISIER von der Entdeckung der „dephlogistisierten Luft" durch PRIESTLEY[1]. Wir wissen, wie SCHEELE etwa gleichzeitig dasselbe Gas, die „Feuer-Luft", gefunden hatte[2]. Im November 1774 berichtete LAVOISIER über „die Kalzination von Zinn"; PRIESTLEY erzählte ihm bei seiner Anwesenheit in Paris im Oktober dieses Jahres von seiner dephlogistisierten Luft, die er ungefähr drei Monate vorher isolierte. Um Ostern 1775 beschrieb LAVOISIER dann „die Natur des Prinzipes, welches sich mit den Metallen bei der Kalzination vereinigt". Dieses Prinzip war eben jener feinste und reinste Teil der Luft, der sie atembar macht und die Verbrennung unterhält. Er geht in die Metalle ein, wenn sie Kalk werden; er läßt sich auch daraus wieder darstellen: So sind „Kalke"

---

[1] Vgl. z. B. auch für einzelnes Weitere „Monographien aus der Geschichte der Chemie"; herausgegeben von GEORG W. A. KAHLBAUM, Heft II (Leipzig 1897); auch THORPE, „Essays in Historical Chemistry".

[2] Vgl. S. 70.

also Verbindungen. Wenn man aus ihnen mit Kohlenstoff die Metalle regeneriert, dann verbrennt dieser Zusatz zu fixer Luft: So ist also die fixe Luft eine Verbindung von Kohlenstoff mit jenem Prinzipe der gewöhnlichen Luft. Phosphor entzieht dieser Luft beim Verbrennen etwa ein Fünftel ihres Volums und geht unter Gewichtsvermehrung in Phosphorsäure über. Die übriggebliebenen vier Fünftel der Luft, die bisher als phlogistisiert bezeichnet waren, nennt Lavoisier „azote": weil darin kein Leben möglich ist.

Bergmann hatte in dem großen Jahre 1774 gezeigt, daß die fixe Luft im Wasser eine saure Auflösung gibt und wie eine Säure lösend wirkt. Lavoisier fügte bald hinzu, daß ja auch aus dem Schwefel und dem Phosphor durch Vereinigung mit Feuerluft Säuren gebildet werden. Das war an sich bekannt; aber auf dem Boden der Phlogistontheorie hatte man den Schwefel als Verbindung, und die Schwefelsäure als ihr Element angesehen, das mit Phlogiston Schwefel gibt. Jetzt mußte diese Erklärung gerade umgekehrt werden. Aber auch die Salpetersäure gewann ein anderes Gesicht. Erhitzt man sie mit Quecksilber, so entweicht das eigenartige Gas, das Priestley und Cavendish unter den Händen gehabt hatten, und das Quecksilber geht in den Kalk über, aus dem beim Weitererhitzen die Feuerluft ausgetrieben werden kann. In vier Säuren war danach die Anwesenheit dieses Gases festgestellt. Lavoisier zögerte nicht, die Ergebnisse zu verallgemeinern; er hatte nun Klarheit erreicht über „die Natur der Säuren": Die Feuerluft, die in ihnen allen anwesend ist, gibt ihnen diese hervorragendste Eigenschaft. „Ich werde von nun an die dephlogistisierte oder besonders atembare Luft . . . mit dem Namen säurendes Prinzip bezeichnen, oder wenn man dieselbe Bedeutung lieber mit einem griechischen Worte ausgedrückt haben will, als principe oxigène." Oxygen, Sauerstoff wurde daher der Name dieses Gases. Lavoisier wollte quantitativ bestimmen, in welchen Mengen es sich mit Metallen zu Kalken vereinigt und Säuren bildet. Die Wege, die er dazu benutzte, sind ganz ähnlich denjenigen, die früher Bergmann einschlug, um die relativen Phlogistonmengen in den Kalken zu messen.

2. Phlogiston und Sauerstoff.

Durch all diese Tatsachen war die Phlogistontheorie durchaus noch nicht widerlegt oder gar überwunden. Lavoisier nahm wie selbstverständlich an, sein Sauerstoff sei ein Element. Bei seiner Bildung wirkte aber entweder Wärme — beim Erhitzen mit Flammen — oder Licht — beim damals sehr beliebten Erhitzen mit dem Brennspiegel — mit. Wärme und Licht galten nun als Stoffe, und dann hätte es gegen das Erhaltungsgesetz verstoßen, wenn man sich um ihren Verbleib gar nicht kümmerte. Sauerstoff sollte also ein Bestandteil in jenen Stoffen sein, wie es SCHEELE annahm. Allerdings konnte diese Theorie nicht über den ganzen Vorgang der Verbrennung ausgedehnt werden, wenn man nicht negativ schwere Stoffe einführte. Aber unter Beschränkung auf das Qualitative leistete doch etwa die Annahme BERGMANNS eine vollständige Erklärung. Er meinte, Sauerstoff wäre aus fixer Luft und einem unbekannten Elemente mit großer Neigung zum Phlogiston zusammengesetzt. Diese Neigung betätigt sich bei der Verbrennung der Kohle, diesem fast reinen Phlogiston; bei der Verbindung wird einerseits die vorher gebundene fixe Luft aus dem Sauerstoffe frei, andererseits entstehen Licht und Wärme als mit dem unbekannten Elemente vereinigtes Phlogiston. Zur Widerlegung solcher Theorien genügten die quantitativen Messungen, allerdings nur, wenn man das wirklich Wägbare als das allein wirklich Stoffliche ansah.

Schwer war die Widerlegung, wenn man, wie es KIRWAN tat, Phlogiston mit dem entzündlichen Gase, der inflammable air von CAVENDISH, identisch setzte. Dieses Gas entwickelt sich ja, wenn Metalle in Säuren gelöst werden und dann aus der Lösung als Kalke herstellbar sind. Umgekehrt verwandeln sich auch die Kalke in die Metalle, wenn ihnen bei erhöhter Temperatur dieses Gas zugeführt wird. So wäre also doch das Metall zusammengesetzt aus seinem Kalk und dem entzündlichen Gase, d. h. Phlogiston! Diese beiden Argumente bildeten für LAVOISIER zunächst die größten Schwierigkeiten in seiner neuen Theorie; ihre Behebung ging von den Entdeckungen aus, die gerade von treuesten Anhängern des phlogistischen Systems gemacht wurden.

a) Die Elemente des Wassers.

Spätestens im April 1781 führte PRIESTLEY den grundlegenden Versuch aus, ohne ihn freilich als solchen ganz zu durchschauen. Entzündliche Gase wurden in gewöhnlicher Luft durch durchschlagende elektrische Funken zur Explosion gebracht. Sein Freund WARLTIRE machte ihn darauf aufmerksam, daß die Glaswände nach dem Versuche feucht beschlagen waren. Im Sommer dieses Jahres verwandte CAVENDISH auf diesen Versuch mehr Aufmerksamkeit. Er explodierte die entzündliche Luft (von der Einwirkung der Säuren auf Metalle) und die dephlogistisierte Luft auf dieselbe Weise wie PRIESTLEY: Er bemerkte das Wasser, und fand seine Menge gleich der des angewandten Gewichts der Gase. JAMES WATT, der große Physiker, deutete diese Ergebnisse in einem Briefe an PRIESTLEY (26. April 1783): Nur Wasser, Licht und Wärme verbleiben nach Ablauf der Reaktion, „sind wir also nicht berechtigt zu schließen, daß Wasser zusammengesetzt ist aus dephlogistisierter Luft und Phlogiston, die eines Teils ihrer latenten oder elementaren Wärme beraubt sind?"[1])

Lavoisier hatte nach seiner Theorie der Säuren erwartet, bei der Verbrennung des entzündlichen Gases, also seiner Vereinigung mit dem säurenden Prinzipe, eine Säure zu erhalten. Seine Bemühungen waren natürlich vergeblich. Da erhielt er die Nachricht von den Versuchen der Engländer Blagden, der Assistent Cavendishs, erzählte ihm auch persönlich davon. Am 24. Juni 1783 wiederholte er den Versuch, aber mit einem Verluste von zwei Drittel zwischen Gas und Wasser. Doch er glaubte schon, daß Cavendish mit der Gleichheit der Massen recht hätte. Am Tage darauf teilte er das Ergebnis der Wasserentstehung der Akademie mit, und bald hatte er sie als die Stütze des Sauerstoffsystems gedeutet: Man brauchte ja nur statt Phlogiston entzündliches Gas zu setzen und statt dephlogistisierter Luft Sauerstoff. Wasser ist das Produkt der Verbrennung des ersteren; Wasser bildet sich auch, wenn aus einem Metallkalke das Metall durch jenes Gas erzeugt wird. So ging es denn an dieser zweiten für das ganze System entscheidenden Stelle wie das erstemal: Die experimentelle chemische Entdeckung geschah durch Phlogistiker; aber Lavoisier erst deutete sie richtig. Seine große Tat war es gewesen, die Gewichtsbeziehungen so entscheidend zu betonen; nicht sowohl das Experiment als das wissenschaftliche Prinzip seiner Betrachtung sichert ihm den hervorragenden Platz in der Geschichte der Chemie. Er selbst war freilich damit nicht ganz zufrieden, und in seinen späteren Darstellungen[2]) versuchte er sich auch die wichtigen experimentellen Befunde als ganz sein eigen zuzusprechen. Für uns bleibt das Ergebnis, daß eine Anwendung eines allgemeinen, grundlegenden Prinzipes auch nur auf die schon vorhandenen Versuchsergebnisse so schöpferisch sein kann. Doch dazu gehört noch die wirkliche Durchführung an den einzelnen Erkenntnissen, eine Art organisatorischen Schaffens, das Lavoisier in hervorragendem Maße ausübte.

b) Durchsetzung des neuen Systems.

Vor der Betrachtung dieses organisatorischen Werkes soll noch kurz auf das Verhältnis zwischen Phlogiston und Sauerstoff hingewiesen werden. Wir können es uns ja meist nur mit einer gewissen Anstrengung verständlich machen, wie man nun noch an der Phlogistontheorie festhalten konnte; aber dann legen wir den heutigen Elementbegriff und

---

[1]) Vgl. Thorpe, „Essays in Historical Chemistry", S. 126. Ferner: Kopp, „Beiträge zur Geschichte der Chemie". Braunschweig 1875.

[2]) Um 1776 hatte er ein wenig bescheidener mit Bezug auf Priestley geschrieben: „J'espère que, si on me reproche d'avoir emprunté des preuves des ouvrages de ce célèbre physicien, on ne me contestera pas au moins la propriété des conséquences" (Oeuvres de Lavoisier, II, 130 [1862]).

unser Wissen von den quantitativen Zusammenhängen zugrunde. Es ist aber auch von allgemeiner Wichtigkeit zu sehen, welche Ansichten auch hervorragende Forscher dem Systeme entgegensetzten, das sich uns so bewährt hat. Cavendish machte früher und besser die hauptsächlichen Versuche, und blieb doch Phlogistiker. Kirwan allerdings ließ sich überzeugen: 1792 erklärte er: „Nach zehnjähriger Anstrengung lege ich die Waffen nieder und gebe das Phlogiston auf. Ich sehe jetzt klar, daß keine einzige bewährte Erfahrung die Hervorbringung von fixer Luft aus Wasserstoff und Sauerstoff bezeugt, und unter diesen Umständen ist es unmöglich, das phlogistische System länger aufrecht zu halten." Wenn Wasserstoff als das Phlogiston dem Sauerstoff den Bestandteil entzog, der mit ihm Feuer und Licht bildet, hätte ja die fixe Luft als der andere Teil des Sauerstoffes übrigbleiben müssen. Das war nun endgültig widerlegt. Aber Wasserstoff muß ja nicht identisch mit Phlogiston sein! Die Unbestimmtheit dieses Begriffes, als Stoff genommen, war wohl in der neuen Chemie unhaltbar. Aber mit ihm war doch eine einheitliche Zusammenfassung aller Verbrennungen ermöglicht, und der neue Sauerstoff gleicht fast durchweg einem negativen Phlogiston. Statt Schwefel—Phlogiston setzte man Schwefel + Sauerstoff für die Schwefelsäure. Experimentell ganz durchgeführt wurde diese Theorie aber zunächst nur an wenigen Beispielen, so daß diese selbst als ungerechtfertigt weit darüber hinausgehend bezeichnet werden konnte. So glaubte man, sicherer und enger an der Wirklichkeit zu sein, wenn man am Alten festhielt.

Immerhin erweiterte sich bald der Kreis der Vertreter des neuen Systemes. Das war vielleicht gerade dadurch erleichtert, daß es so weitgehend genau das Gegenteil der früheren Ansicht darstellte, und insofern also prinzipielle Übereinstimmungen des allgemeinen Gedankenganges zwischen beiden herrschten. Wie vorher das Phlogiston, so vereinigte jetzt der Sauerstoff alle Verbrennungen, indem er ihr „Prinzip" bildete. Vorher hatte man eine Ursäure erdacht, von der die verschiedenen bekannten Säuren nur „Modifikationen" wären: nun trat der Sauerstoff als das allgemein sauermachende, in allen Säuren Gleiche ein. Es zeigte sich allerdings wenige Jahre später, daß man damit weit über das Ziel hinausschoß. So geschieht es ja in ähnlichen Fällen immer. Nur darf man zweifeln, ob es immer aus einem Überschuß an umgestaltender Schaffenskraft geschieht; viel eher zeigt sich doch darin eine Erschöpfung, daß alle Erscheinungen eines ganzen Bereiches den wenigen gleichgesetzt werden, die man wirklich auf neue Weise untersuchte; und darin auch, daß man zu dem wirklichen Neuen viel vom Alten in der Weise übernahm, daß man es nun umkehrte.

Man wird nicht leicht über dieser Gleichheit nun den grundsätzlichen Unterschied verkennen, dessen allgemeinere Bedeutung vielleicht gar nicht gleich klar war. Wenn man in eine verbrennbare Substanz eine „Feuersubstanz" als ihren Bestandteil versetzte, so sollte damit die Entstehung der neuen, so auffälligen und darum so betonten Erscheinung als die bloße Auswicklung eines schon vorher vorhandenen ganzen Stoffes zurückgeführt werden. Eben um dieses Neue als ein Altes seines Wunderbaren — das es wie jede neue Entstehung an sich trägt — zu berauben, erfand man einen Stoff, der selbst allerdings hauptsächlich durch diesen Erklärungswert bewiesen war. Nannte man ihn Schwefel, so galt es als seine Eigenschaft, zu verbrennen. Daß dazu der Schwefel allein nicht ausreichte, daß noch ein anderer Stoff die Bedingung für den Eintritt der Verbrennung ist, ergab erst die Erweiterung des an einem Vorgange betrachteten Verlaufes. Auch das ist eine Trennung: im Experiment, indem man nicht nur Anfangs- und Endstadium, sondern die Zwischenzustände mit berücksichtigt; und im Gedanken, da an die Stelle der Identität Schwefel = Verbrennung die Auflösung in Wirkungen und Ursachen trat. Damit jene Eigenschaft des Schwefels wirksam wurde, mußte erst noch Luft anwesend sein. Ob sie nun zur Aufnahme des Phlogistons oder zur Abgabe des Sauerstoffes dienend gelten konnte, das hing davon ab, ob man die Gewichtsverhältnisse — wie die Phlogistik — oder die gebildete Wärme — wie das neue System — vernachlässigte[1]). Eine Zerlegung bedeutete es auch, wenn in der neuen Säuretheorie nicht bloß von immerhin nebensächlichen Modifikationen des Urprinzipes der Säure gesprochen wurde, sondern eben die verändernden Bestandteile gleichberechtigt neben dem säurenden Sauerstoff erscheinen. Von anderen Seiten her gab es genügende Erfahrungen, um durch solche Ausdehnung der berücksichtigten Eigenschaften nicht den systematischen Überblick zu verlieren.

Erst von 1783 ab spricht sich LAVOISIER deutlich gegen die Phlogistik aus. Vier Jahre später erschien die „Méthode de nomenclature chimique" (1787), die noch von dem Phlogistiker GUYTON DE MORVEAU mit angeregt, die neuen Anschauungen im ganzen System der Chemie darstellte.

3. Das neue System.

Vier wissenschaftlich wie gesellschaftlich hervorragende Gelehrte vereinigten sich zu dem Werke: MORVEAU, BERTHOLLET, FOURCROY

---

[1]) In einer Übersicht „De l'État Actuel de la Chimie", eine der letzten Abhandlungen von J. C. DELAMÉTHERIE (Journ. de Phys. et de Chim. **83**, 117; 1816) heißt es: „Le mot principe inflammable de Stahl a été remplacé par celui de calorique." — Vgl. auch die neue Würdigung der Phlogistik durch O. OHMANN, Arch. f. d. Gesch. d. Naturw. u. Technik **9**, 20ff. (1920).

und Lavoisier. Die alten Bezeichnungen der chemischen Stoffe hatten historische Berechtigung, sie waren zur Gewohnheit geworden, aber ihr Inhalt hatte sich doch gewaltig geändert. Nach dem Herkunftsorte oder dem Entdecker, nach allgemeinen, direkt sichtbaren und fühlbaren Merkmalen, und zu einem großen Teil noch nach mythologischen Vorstellungen, hatte man früher die Namen gegeben. Sie entsprachen zu ihrer Zeit ihrem Inhalte und dem, was einem wesentlich an den Stoffen galt. Das hatte sich aber geändert, und so wiesen die Namen gar nicht mehr wie früher auf das zu Bezeichnende hin. Die neue Chemie sah das Wesentliche in der Zusammensetzung, aus der die chemische Entstehung und die chemischen Reaktionen erklärt wurden. Mit den alten Worten war nur nach Umdeutung ein wirklicher Sinn zu verbinden. Lavoisier wies auf den Ausspruch des Abtes von Condillac hin, was die Verbesserung der Sprache für die Philosophie bedeutete. Auch von manchen Philosophen unserer Zeit wird die Notwendigkeit empfunden, die Begriffe auch sprachlich schärfer zu kennzeichnen. Zu einem solchen Unternehmen, das vielleicht „nur formell" erscheinen könnte, gehört doch immer eine vollständige Beherrschung des ganzen Wissens der Zeit und völlige sachliche Klarheit. Allerdings legte man sich gerade darum mit einer solchen Nomenklatur auf den gegenwärtigen Stand der Erkenntnis fest. Das veranlaßte sogar noch 1812 den damals wohl größten englischen Chemiker, Humphry Davy, den gewöhnlichen „trivialen Namen" den Vorzug vor einer systematischen Nomenklatur zu geben. Gewiß sind sonst Änderungen mit der fortschreitenden Entwicklung nötig. Aber die bleiben ja auch mit den alten Namen nicht aus. Es ist noch immer ein Vorteil gewesen, den, wenn auch noch unvollendeten Zustand einer Wissenschaft in möglichst umfassendes System zu bringen, wenn es im geeigneten Zeitpunkte der Entwicklung geschieht. Und den hatten die französischen Forscher richtig erkannt. Die Zukunft mag daran immerhin ändern: Das System selbst gibt in seinem festen Rahmen die Grundlage, ja die Anregung und Richtung dafür. Was aber das Verständnis der neuen Namen betrifft, so hatte Lavoisier doch vollständig recht: „Diejenigen, welche schon Kenntnisse haben, werden es immer verstehen; und diejenigen, welche noch keine Kenntnisse haben, werden es noch eher verstehen[1]."

Früher einmal hatten die Operationen das Einteilungsprinzip abgegeben; jetzt konnte man die Stoffe selbst und ihre Elemente dafür wählen. Nach der stofflichen Zusammensetzung wurden also drei große Gruppen gemacht: die einfachen, unzerlegbaren Elemente, die aus zwei und die aus drei Elementen zusammengesetzten Ver-

---

[1] In der Übersetzung von W. Ostwald, „Die chemische Literatur und die Organisation der Wissenschaft", Leipzig 1919, S. 41.

bindungen. Unter den Elementen erscheinen auch im neuen Systeme noch Licht und Wärme an der Spitze. Sauerstoff, Wasserstoff und Stickstoff bilden mit ihnen zusammen als die gasförmigen Elemente eine erste Klasse. Die Namen bezogen sich auf die wichtigsten chemischen Eigenschaften: Säuren oder Wasser zu bilden, Leben und Flammen zu ersticken. In der zweiten Klasse wurden diejenigen vereinigt, die, mit Sauerstoff verbunden, zu Säuren werden: Schwefel, Phosphor, Kohlenstoff und die noch unbekannten Elemente, welche der Salzsäure, Flußsäure und Borsäure zugrunde liegen. Die dritte Klasse bilden die Metalle. Dann kommen als vierte Klasse einige Erden und zum Schlusse die Alkalien, beide aber mit einem Vorbehalte: Sie waren zwar noch nicht zerlegt, aber man vermutete nach vielen Analogiegründen, daß sie sich später als zerlegbar erweisen würden. Besonders in diesen Gruppen kamen die neuesten Erfahrungen zum Ausdrucke. Zwischen den beiden fixen Alkalien — die also zum Unterschiede von Ammoniak nicht flüchtig sind — hatte man seit Marggrafs und besonders Bergmanns Forschungen sicher unterscheiden gelernt. Aus dem Schwerspate wurde kaum zehn Jahre vor dem Erscheinen der „Méthode" von Scheele und Gahn die eigentümliche Erde isoliert; der Name Baryt wies da besonders auf ihre Schwere hin.

Besonders in der zweiten Gruppe der binären Verbindungen kam die Sauerstofftheorie zur Geltung. Säuren und Oxyde waren ja nun Sauerstoffverbindungen. Zu dieser allgemeinen Gattungsbezeichnung erhielten sie die des Grundelementes: Schwefel, Kohlenstoff usw. oder Metall. Die Säuren des gleichen Metalles, die verschiedene Mengen Sauerstoff enthalten, werden durch Endsilben übereinstimmend gekennzeichnet: in der deutschen Übertragung durch die Endsilbe ig die weniger oxydierten, also die schweflige Säure zum Unterschiede von der sauerstoffreicheren Schwefelsäure, und ähnlich phosphorige und Phosphorsäure. Ohne Sauerstoff vereinigen sich Schwefel, Phosphor, Kohlenstoff mit Metallen zu den Sulfiden, Phosphiden, Karbiden.

Die dritte Gruppe der ternären Verbindungen enthält die Salze, die aus Basen und Säuren, also: Metall, Säuregrundstoff und Sauerstoff bestehen. Ihre Namen sollen die Base und die Säure angeben: als Bariumsulfat, Silbernitrat sind sie eindeutig chemisch bezeichnet.

So enthielten diese Namen den Hinweis auf die chemische Natur der Substanzen, und freilich gab es über diese noch an manchen Stellen Dunkelheit. Lavoisier selbst erlebte nicht mehr viel von den Aufhellungen. Als einer der Pächter der Steuern war er der Revolution schon lange verdächtig, und seine persönlichen Verdienste fielen demgegenüber nur für einen ruhiger urteilenden Betrachter ins Gewicht.

Persönliche Gehässigkeiten, auch seitens Fourcroys, waren mächtiger als die Proteste seiner Freunde und wissenschaftlicher Korporationen. Am 9. Mai 1794 wurde er mit 27 anderen Generalpächtern zusammen hingerichtet.

II. Die quantitative Analyse und die Stöchiometrie.

Die Grundlage des neuen Systems war nicht sowohl die Entdeckung des Sauerstoffes oder zum mindesten nicht sie allein; erst die Hinzunahme der Gewichtsbeziehungen bei chemischen Vorgängen führte zu den neuen Ergebnissen. Die Schwere als eine auch chemisch bedeutsame Eigenschaft einzuführen setzte voraus, daß man die Reaktion im größeren Umfange verfolgte und beherrschte. Und gerade weil es sich um eine so „alltägliche" Eigenschaft handelte, gab es hier Probleme und Aufgaben in unerschöpflicher Fülle.

1. Die Begründung der Stöchiometrie.

a) Neutralisationsgesetze.

Die nur qualitativen Betrachtungsweisen erforderten nicht mehr, als daß dieselben Eigenschaften immer an dieselbe qualitative Zusammensetzung gebunden waren; daß also nicht etwa ein aus Alkali und Salzsäure erhaltenes Salz die Unlöslichkeit des Chlorsilbers aufwiese; oder daß alle Schwefelsäure enthaltenden Salzlösungen mit Bariumsalzlösungen den schweren Niederschlag von schwefelsaurem Barium ergaben. Doch nun erhob sich die Frage: wieviel Barium braucht man, um die bestimmte Menge von Schwefelsäure zu binden?

Eine ähnliche Frage war schon im 17. Jahrhundert bei der Betrachtung der Neutralisationserscheinungen behandelt worden. Setzt man zu einer Säure Alkali hinzu, so kommt ein Punkt, wo die saure Reaktion eben verschwindet und noch keine alkalische Reaktion bemerkbar ist. Jenseits dieses Neutralisationspunktes herrscht entweder Säure oder Alkali vor. Bezeichnend ist der Ausdruck „Sättigung" dafür, der sich schon bei Homberg (ca. 1640) findet. Eine gewisse Menge Säure nimmt also nur eine gewisse Menge Basis an, wenn ein weder sauer noch alkalisch reagierendes Salz entsteht. In diesem Salze war danach stets ein bestimmtes Verhältnis zwischen den beiden Bestandteilen zu erwarten. Um dieses Verhältnis zu bestimmen, mußte man den einen Bestandteil entweder hinwegschaffen oder der Menge nach kennen. Das kann man leicht etwa für das kohlensaure Kali, die Pottasche, durchführen. Man wägt etwas davon ab, löst in Wasser auf und wägt die Lösung. Dazu fügt man aus einer ebenfalls gewogenen Säurelösung so viel hinzu, daß gerade Neutralität erreicht wird. Die Kohlensäure entweicht, und wenn man dann die alkalihaltige und die saure Lösung zurückwägt, so ist die Summe beider Gewichte eben um das Gewicht der fortgegangenen Kohlensäure kleiner als die der Gewichte der beiden Lösungen vor dem Zusammengießen. Da wir aber das kohlensaure Salz auch getrennt gewogen haben und jetzt wissen, wieviel Kohlensäure darin war, erhalten wir als Differenz dieser Gewichte die in der Pottasche vorhandene Kalimenge. Noch mehr: durch Eindampfen der neutralisierten Lösung gewinnt man ja das Salz, das sich bei der Neutralisation gebildet hat; und dessen Gewicht setzt sich zusammen aus dem Gewichte des Alkalis und des Säureanteils. Wir fanden aber schon vorher die Alkalimenge und daher finden wir jetzt auch das Gewicht der mit ihr zum Salze verbundenen Säure. Von dieser Basis aus können weitere Umsetzungen zur quantitativen Bestimmung anderer Salzzusammensetzungen führen.

In dieser Weise führte BERGMANN eine große Zahl von Analysen durch, in den Jahren 1775—1784. In dieser Zeit machte von Leipzig aus WENZEL, der merkwürdigerweise noch 1773 in einem Buche die Alchemie vertreten hatte, seine Analysen bekannt. Seine Ergebnisse, die zum Teil den heute anerkannten näherstehen, weichen doch von den früheren sehr stark ab. Das konnte natürlich keinen Zweifel darüber begründen, daß in jedem Chlornatrium oder Eisenvitriol dieselben prozentualen Anteile der Komponenten vorhanden seien. Vielmehr mußte man die Körper, die man auf ihre quantitative Zusammensetzung untersuchte, noch sorgfältiger von allen fremden Beimengungen isolieren als für die bloß qualitative Betrachtung. Da man sie aus wäßrigen Lösungen herstellte, bildete die Entfernung des so verbreiteten Stoffes Wasser eine wichtige Aufgabe. So ergaben sich verschiedenen Beobachtern zunächst verhältnismäßig stark verschiedene Resultate, bis man genaue Methoden für die Reindarstellung der Analysensubstanzen zu allgemeiner Anerkennung gebracht hatte. Die Grundlage dafür bildete eben die Voraussetzung, daß dasselbe Salz, wenn es nur wirklich auch nur dieses und ohne fremde Beimengung war, seine Bestandteile immer in denselben Verhältnissen aufwies.

b) Lavoisiers organische Analysen.

Besonders schwer war diese Reindarstellung noch für die aus dem Pflanzen- oder Tierreiche gewonnenen Körper, die zuerst wohl MACQUER 1778 gemeinsam als „organisierte" bezeichnet. Aber von den allgemein bekannten nahm man doch an, daß man sie rein isoliert hätte, und LAVOISIER versuchte (1784) ihre genaue quantitative Analyse. Bei der Verbrennung vieler organischen Körper bemerkte er Wasser und Kohlensäure als einzige Produkte. Die Zusammensetzung dieser beiden Verbindungen mußte zuerst quantitativ bestimmt werden. Zwar wichen die Zahlen, die LAVOISIER dabei in verschiedenen Versuchen erhielt, voneinander ab. Aber überzeugt von der konstanten Zusammensetzung der Verbindungen, nahm er die ihm wahrscheinlichsten Werte als Grundlage. Der Weingeist liefert bei der Verbrennung Kohlensäure und Wasser. Daß die Kohlensäure sich aus dem Kohlenstoff erst durch Oxydation bildete, war nicht fraglich. Das Wasser wog mehr als der angewandte Weingeist, es konnte also nicht schon vorher in ihm enthalten gewesen sein; einen teilweisen Wassergehalt nahm LAVOISIER dennoch an, wahrscheinlich gestützt auf weiter zurückliegende Untersuchungen RÉAUMURS über das spezifische Gewicht von Wasser-Weingeist-Mischungen. Indem er ihn in bestimmter Höhe voraussetzte, konnte er nun das folgende Analysenverfahren anwenden; es sei hier am einfacheren Beispiele einer nur Kohlenstoff und Wasserstoff enthaltenden Substanz beschrieben: Eine gewogene Menge wird in einer Kapsel unter eine Glocke gebracht, die mit Sauerstoff gefüllt und durch Quecksilber abgesperrt ist. Durch einen glühenden Eisenstab (evtl. mit Zunder) entzündet, verbrennt die Substanz zu gasförmiger Kohlensäure und flüssig ausgeschiedenem Wasser. Die Menge der verbrannten Substanz ergibt sich durch Rückwägung der nach der Verbrennung noch vorhandenen; das Kohlensäurevolum ist dasjenige, das beim Hineinbringen von Ätzkali unter die Glocke verschwindet. Mit Hilfe des spezifischen Gewichtes folgt daraus das Gewicht desselben. Der nun noch bleibende Gasrest ist der unverbrauchte Sauerstoff. Zur vollständigen Bestimmung hätte nun noch die des entstandenen Wassers gehört. Die konnte aber LAVOISIER zu seinem Bedauern bei dieser Methode nicht ausführen. Doch ließ sie sich indirekt gewinnen: Der verbrauchte Sauerstoff hat mit dem durch die Substanzmenge gegebenen Kohlenstoff und Wasserstoff Kohlensäure und Wasser gebildet. Demnach muß die Summe der bekannten Gewichte von verbrauchtem Sauerstoff und verbrannter Substanz die Summe der Gewichte von Kohlensäure und Wasser ergeben. Von diesen ist Kohlensäure bekannt, das Wassergewicht also errechenbar. Und da die grundlegenden Analysen den Gehalt dieser beiden an Kohlenstoff und Wasserstoff ergeben hatten, so konnte nun auch der Prozentgehalt der organischen Verbindungen an diesen beiden Stoffen bestimmt werden.

Die Erkenntnis, daß alle organischen Körper Kohlenstoff und Wasserstoff enthalten, gab nun dem Systematiker LAVOISIER die Möglichkeit einer neuen Definition: Nicht mehr nach dem Ursprunge aus Pflanzen oder Tieren, sondern nach der analytisch erkannten Zusammensetzung wurden jetzt die organischen von den anorganischen Stoffen getrennt.

Das Interesse für die quantitative Analyse der organischen Körper war indes noch wenig verbreitet. Im Vordergrunde standen in den Jahren um die Jahrhundertwende die Erkenntnisse, die durch quantitative Analyse der anorganischen Materialien gewonnen wurden. Sie waren bedeutsam genug.

c) Verbindungsverhältnisse.

Bergmann ging von der Vereinigung von Säuren und Alkali zu neutralem Salze aus. Jeremias Benjamin Richter untersuchte die Umsetzungen zwischen zwei neutralen Salzen, die sich gegenseitig zersetzen (1789—1802). Dabei bleibt die Neutralität erhalten. Wenn man zur Lösung von salpetersaurem Kalk gelöstes Kaliumsulfat fügt, so findet doppelte Umsetzung statt: Schwefelsaurer Kalk scheidet sich aus, und in der Lösung bleibt Kalinitrat. Frühere Untersuchungen Wenzels hatten nun zu dem Schlusse geführt, daß, wie oben erwähnt, in jedem dieser Salze ein ganz bestimmtes Verhältnis von Base und Säure zueinander bestehen muß. Diese Voraussetzung wurde schon für ein allgemeines Gesetz gehalten, obgleich seine speziellen Begründungen damals noch recht mangelhaft waren. Wenn also der salpetersaure Kalk sich in das Sulfat verwandelt, so fordert er für die Menge Salpetersäure, die er abgibt, eine ganz bestimmte andere Menge Schwefelsäure zur Salzbildung. Das gleiche gilt auch vom Kalisalze bei seiner Umsetzung: Es kann eine bestimmte Schwefelsäuremenge dabei abgeben, muß aber dafür ein nur durch die Kalimenge bestimmtes Gewicht Salpetersäure erhalten, um neutrales Salz zu bleiben. Daraus nun, daß bei dem gleichzeitigen Vollzug dieser beiden Reaktionen die Neutralität gewahrt bleibt, ergibt sich offenbar eine Beziehung zwischen den beiden Säuren, die mit den beiden Basen verbunden waren: Die angewendete Kalkmenge hatte beim Übergange in das Sulfat so viel von der früher gebundenen Salpetersäure dem Kali überlassen, daß dieses für seinen Verlust an Schwefelsäure ganz entschädigt wurde; so daß also weder von der frei gewordenen Salpetersäure noch von dem seiner Schwefelsäure beraubten Kali mehr vorhanden war, als ihre gegenseitige Neutralisation erforderte. Es waren 363 g Kalziumnitrat (nach seinem heutigen Namen) angewendet worden; in denen befanden sich 123 g Kalk und 240 g Salpetersäure. Zu 123 g Kalk gehören andrerseits im Sulfate 181,5 g Schwefelsäure. So viel wurde also bei der vollständigen Umsetzung in schwefelsauren Kalk gebunden; und da mit 181,5 g Schwefelsäure 220 g Kali verbunden sind, so muß auch diese Kalimenge mit 240 g Salpetersäure zum neutralen Salze zusammentreten. Das bestätigte die quantitative Untersuchung; und demnach gilt folgende Regel:

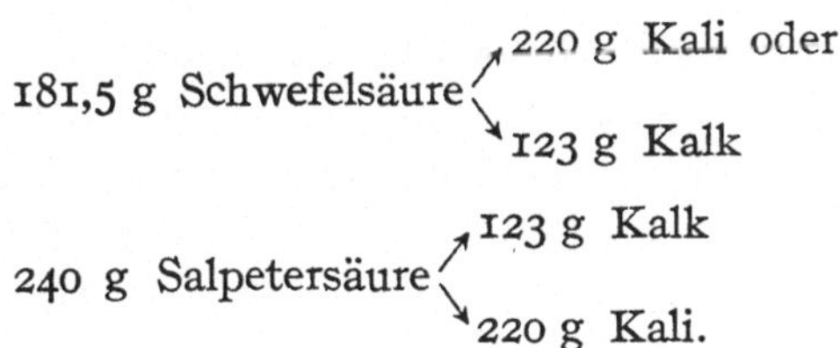

Hätte man statt 240 g irgendeine andere, A mal so große Gewichtsmenge Salpetersäure zu neutralisieren, so würde man natürlich genau A × 123 g Kalk oder A × 220 g Kali zur Neutralisation verbrauchen. Kalk und Kali neutralisieren also in demselben Verhältnis ihrer Gewichte irgendeine Schwefelsäuremenge, wie irgendeine Salpetersäuremenge. Das gilt nicht nur für Kalk und Kali; auch bei einer gegenseitigen Umsetzung anderer neutraler Salze bleibt ja die Neutralität gewahrt.

J. B. Richter suchte, von teilweise recht spekulativer Basis aus, mathematische Ausdrücke dieser Verhältnisse zu gewinnen[1]). Er stellte die Mengen verschiedener Basen fest, die eine gewisse Säuremenge neutralisierten. Wurde dann von einer anderen Säure so viel genommen, wie die eben festgestellte Menge von einer der Basen neutralisierte, so wurde die neue Säure auch von den beim ersten Versuche erhaltenen Mengen der anderen Basen gesättigt. Die Gewichtsmengen aller alkalischen Substanzen, welche 1000 g Schwefelsäure neutralisieren, vereinigte Richter zu einer Neutralitätsreihe. Wenn also festgestellt wurde, daß m g Salzsäure eine der darin aufgeführten Basenmengen sättigten, so waren m g Salzsäure auch für die Sättigung der anderen aufgeführten Mengen erforderlich. G. E. Fischer machte darauf aufmerksam, daß sich demnach eine kurze Zusammenfassung des Gesetzes in einer Tabelle ermöglichen ließe: Auf die eine Seite bringt man alle die Basenmengen, die zur Neutralisation von 1000 g Schwefelsäure gehören; auf die andere alle die Säuremengen, die dieselbe neutralisierende Wirkung wie 1000 g Schwefelsäure haben. Dann ist das in dieser Tabelle der Neutralisationsmengen angeführte Gewicht irgendeiner der Basen dasjenige, welches die für irgendeine der Säuren angegebene Menge neutralisiert.

Die Neutralität bleibt nicht nur bei doppelten Umsetzungen zwischen neutralen Salzen erhalten, sondern auch bei der Ausfällung eines Metalles aus der Lösung seiner Verbindung durch ein anderes Metall. Das geschieht ja, wenn man in eine Lösung schwefelsauren Kupfers Eisenmetall bringt. Auf diese Weise stellte Bergmann die relativen Mengen an Phlogiston fest, die aus dem Metalle bei der Auflösung in das sich abscheidende Metall übergehen.

---

[1]) Vgl. darüber Hermann Kopp, Die Entwicklung der Chemie in der neueren Zeit, S. 250 ff. (1873).

Im neuen Systeme hieße das natürlich anders. Wenn Metalle sich in Säuren auflösen, so wird dabei ja Wasserstoff entwickelt. Von allen dabei anwesenden Substanzen hatte man nur im Wasser Wasserstoff erkannt; so wirkte also das Metall unter dem Einflusse der „verschärfenden" Säure zersetzend auf das Wasser. Der zurückbleibende Sauerstoff vereinigt sich dann mit dem Metalle zum Oxyd. Bei der Umsetzung zwischen den Metallen ging der Sauerstoff also vom gelösten auf das zu lösende über. Diese Sauerstoffmenge war durch das in Lösung angewandte Metall ja festgelegt; von dem zweiten löste sich nun so viel auf, als dieser Sauerstoffmenge entsprach, und der Versuch ergab bei quantitativer Durchführung die verschiedenen Mengen der Metalle, die sich mit gleichen Mengen Sauerstoff zum Oxyd verbinden können. Aber das ist ja nur der eine Teil der Reaktion, zugleich wird doch das neue Metalloxyd auch durch die vorher schon anwesende Säure neutralisiert. Säure und Sauerstoff blieben unverändert, die verschiedenen Mengen Metall waren nach der Oxydation mit der gleichen Menge Sauerstoff gleichwertig gegenüber der gleichen Menge Säure. RICHTER drückte es — freilich noch ziemlich viel phlogistischer — dem Sinne nach etwa so aus, daß zu derselben Menge Säure, die von verschiedenen Oxyden gesättigt wurde, gleiche Mengen Sauerstoff in diesen Oxyden gehörten.

Darin lag nun schon eine Erweiterung des aus den Neutralisationen abgeleiteten Gesetzes: Die Oxydationen geschehen stets nach demselben Gewichtsverhältnisse zwischen Metall und Sauerstoff. Aber nicht RICHTER selbst vollendete dieses Werk. Er starb 1807, nur 45 Jahre alt, nachdem er für den Bergbau und die Porzellanfabrikation in Breslau und Berlin gearbeitet hatte.

JOSEPH LOUIS PROUST (geboren 1755 in Angers, gestorben 1826 in seiner Vaterstadt), wie LAVOISIER Schüler ROUELLES, dehnte die Untersuchung in Madrid auf andere binäre Metallverbindungen aus. Auch sie enthalten immer dieselben relativen Mengen ihrer Bestandteile, und nur in diesen bestimmten Verhältnissen geschehen überhaupt Verbindungen. Dieses Ergebnis prägte sich immer klarer aus, besonders im Streite mit BERTHOLLET. Dort soll es nun genauer betrachtet werden.

2. Die Berechnung der Affinitäten.

Mancher alte Chemiker hätte eine Berechnung der Affinitäten für ein ungefähr ebenso sinnloses Verfahren gehalten wie die Berechnung der menschlichen Leidenschaften nach quantitativen Beziehungen. Das galt für diejenigen, denen „Verwandtschaft" und „Liebe" noch den ursprünglichen Sinn behalten hatten. Das Eindringen der quantitativen Betrachtungsweise in die Chemie kennzeichnet sich auch in diesem Teile ihrer Theorie.

KARL FRIEDRICH WENZEL, der frühere Buchbindergesell und spätere sächsische Staatschemiker, veröffentlichte 1777 eine „Lehre von der chemischen Verwandtschaft der Körper". Das Maß suchte er in der Geschwindigkeit entsprechender Vorgänge unter übereinstimmenden Bedingungen zu gewinnen. KOPP hielt davon nicht viel[1]); aber Jahrzehnte später rühmte WILHELM OSTWALD den schon fast Vergessenen „als den ersten Entdecker des Massenwirkungsgesetzes"[2]).

Einflußreicher waren die französischen Affinitätsforscher. LAVOISIER hatte in seinen „Traité de Chimie" die Affinitätslehre nicht mit aufgenommen, u. a. aus folgendem Grunde: „Herr VON MORVEAU steht im Begriffe, den Artikel der Attraktion der Encyclopédie méthodique herauszugeben, und ich hatte mancherlei Beweggründe, warum ich es mir nicht zutraute, mich mit ihm in einen Wettstreit einzulassen"[3]). MORVEAU wollte (1786) jedem Salze eine Zahl zuordnen, die so etwas wie seinen Affinitätswert kennzeichnete. Zwei zusammengebrachte Salze reagierten nur dann chemisch miteinander, wenn die Summe ihrer Zahlen kleiner war als die Summe für diejenigen neuen Salze, die bei der Umsetzung entstünden. Die Zahlen selbst waren durch Ausprobieren gefunden. Aber sie stimmten nicht immer. Dieser Zählversuch scheiterte nicht nur deshalb, weil er keine richtigen Werte enthielt, sondern auch, weil er zu wenig von den spezielleren Bedingungen aufnahm, die chemische Reaktionen beeinflussen.

Viel besser war der Berechnungsversuch von CLAUDE LOUIS BERTHOLLET begründet. Nur wenig jünger als LAVOISIER (geboren 1748 in Savoyen), überlebte er die große Revolution, ging mit Napoleon nach Italien und Ägypten und starb 1822 in der Nähe von Paris in hohem Ansehen. Seine Neigung zu physikalischer Denkweise hatte ihn bald zum Anhänger des neuen Systems gemacht. Bei dem Versuche, die chemischen Verwandtschaften auf eine physikalische Grundlage zu stellen, ging er nur nicht so kurzsichtig ans Werk wie mancher seiner Vorgänger; er stellte nicht die Physik über die Chemie, aber er ordnete sie als gleichwertig nebeneinander.

Zunächst veränderte er den Begriff der chemischen Wirksamkeit dadurch, daß er die Affinität als nur einen ihrer Faktoren betrachtete. Erst durch die Multiplikation mit der anwesenden Masse ergibt sich aus der Affinität das Maß der chemischen Wirkung. Anziehung und Abstoßung bleiben die Grundvorstellungen; aber ihr quantitativer Wert ist weder allein durch die bloß physikalische,

---

[1]) KOPP, Geschichte der Chemie II, S. 316 (1844).
[2]) WILHELM OSTWALD, Lehrbuch der allgemeinen Chemie II[2].
[3]) Zitiert nach OSTWALD, „Die chemische Literatur usw.", S. 38.

von den Gewichten bedingte Anziehung, noch auch durch die chemische, auf Grund der Affinität, bestimmt; vielmehr ist das Produkt aus beiden die eigentliche „chemische" Masse. Damit auf sie die Anziehung überhaupt ausgeübt werden kann, müssen die Teilchen natürlich genügend nahe aneinander heranreichen können. Das ist ja fast selbstverständlich. Aber nun entwickelt BERTHOLLET daraus wichtige speziellere Grundsätze. Der Anziehung zwischen verschiedenartigen Teilchen steht die Kohäsion zwischen den gleichen Teilchen jeder einzelnen Substanz entgegen; die entgegengesetzte Tendenz, die sich in der Elastizität ausdrückt, sucht die Teilchen von dem Einwirkungsorte zu entfernen oder widerstrebt der Bindung in festen Stoffen. Darum läßt sich noch nicht auf die Affinitätsgrößen schließen, wenn das Bariumchlorid dem Natriumsulfat seine ganze Schwefelsäure entreißt: Das entstehende Bariumsulfat entfernt sich ja wegen seiner großen Kohäsion aus der Lösung; die Kohäsion tritt also neben die Affinität als eine neue Kraft. Wenn Salzsäure aus der Lösung von Pottasche die Kohlensäure verdrängt, so muß in ähnlicher Weise die Elastizität dieses Gases die Wirkung bedingen. Das Maß der Affinität haben wir nur bei der Reaktion zwischen Säuren und Basen einfacher: in den Gewichtsmengen, die zur Neutralisation dienen. Je mehr von einer Base zur Neutralisation einer bestimmten Säure gebraucht wird, um so geringer ist die Affinität zwischen beiden. In der erreichten Neutralität zeigt sich ja, daß die beiden sich „gesättigt" haben. „Man muß zuerst unterscheiden die Kraft einer Säure, die durch ihre Sättigungskapazität gemessen ist, von ihrer Energie, welche von ihrer Konzentration abhängt[1])."

Diese Gedanken, die zum Teil schon MORVEAU ausgesprochen hatte[2]), erfahren nun systematische Durchbildungen und zugleich auch wesentliche Zusätze. Wenn man Schwefelleber oder das reinere Natriumsulfid an der Luft liegen läßt, wird Sauerstoff angezogen und gegen seine ausdehnende Elastizität verdichtet, weil die Kraft des Natriums hier die stärkere ist. Aber je mehr Sauerstoff es aufnimmt, um so weniger von seiner Affinität bleibt noch übrig; so daß schließlich ein Gleichgewicht eintritt zwischen Affinität und Elastizität. In anderen Fällen tritt die Kohäsion in Konkurrenz. Wenn die Affinität keine sehr starken mechanischen Kräfte zu überwinden hat, dann können Vereinigungen in allen Verhältnissen bis zur Sättigungsgrenze geschehen: wie man es ja bei Auflösungen und Metallegierungen beobachtet. „Wenn sich ein Hindernis der kontinuierlichen Progression der Verbindung [die also wie die Lösung in allen verschiedenen Verhältnissen geschieht] entgegenstellt und eine

---

[1]) BERTHOLLET, „Essai de Statique Chimique" I, 72 (1803).
[2]) Vgl. W. OSTWALD, Lehrbuch der allgemeinen Chemie II, 2², S. 32.

Ansammlung von Kraft verlangt, dann nimmt die Verbindung im Momente, wo diese angesammelte Kraft überwunden wird, plötzlich die ganze Menge und alle Eigenschaften an, welche sie erworben hätte, wenn die Progression kontinuierlich gewesen wäre; so wie das Wasser beim Sieden die ganze Wärme aufnimmt, welche dem Dampfzustande entspricht[1].‟ Nur dann kommen also die festen Proportionen zustande, von denen PROUST spricht, und die er überall sehen will, wo chemische Verbindung geschieht. Nach BERTHOLLET entstehen sie nur dann, wenn große mechanische Kraftunterschiede zwischen dem Ausgangs- und Endprodukte liegen, wie etwa zwischen dem Knallgasgemische und dem kondensierten Wasser.

Die allgemeine Bedeutung dieser Ansichten wird meist verkannt. Man hebt zwar anerkennend den neuen Begriff der „chemischen Masse‟ hervor; man hat an seiner weiteren Ausbildung die Fruchtbarkeit des Gedankens erkannt, die „Kohäsionskräfte‟ als gleichwertig mit den Affinitätskräften einzusetzen; aber die Leugnung der konstanten Proportionen, die in Wirklichkeit, wie wir sahen, nur eine Einschränkung war, wird ihm als schwerer Fehler angerechnet. Die experimentellen Grundlagen dafür verdienen größere Aufmerksamkeit, die ihnen gleich auch zugewendet werden soll. Wenn ich erst das prinzipiell Wichtige darzulegen versuche, so meine ich damit natürlich nicht, daß dieses auch für BERTHOLLET der Ausgangspunkt und das Primäre gewesen sei; wie denn immer die Trennung in vorausgehende Ursache und dann erst folgende Wirkung in solchen Fällen ziemlich weitgehend nur Konstruktion ist. In seinem Hauptwerke, in dem „Essai de Statique Chimique‟ (1803), tritt allerdings der spekulative Charakter von Anfang an scharf genug zutage. Ein festes gedankliches System ist vorhanden, in das nun die einzelnen Tatsachen beinahe als bloßes Füllsel eingeordnet werden. Die Gedanken selbst sind klar und systematisch vollständig, aber das ist ein zweifelhafter Vorzug in einer experimentellen Wissenschaft; denn zwar herrscht nun Klarheit, aber alles wird erklärlich gemacht, sogar — das gar nicht Wahre mit. Das Prinzipielle, das ich vorausnehme, ist der Kontinuitätsgedanke. So tritt neben dem einen Grundpfeiler der Erkenntnis, dem Erhaltungsgedanken, auch dieser zweite mit hervor, fast gleichzeitig, aber mit weniger Erfolg. Der Unterschied zwischen physikalischer und chemischer Anziehung, zwischen Physik und Chemie überhaupt in dieser Hinsicht, wird nach BERTHOLLET abgelehnt. Es gibt keinen Sprung zwischen diesen Wissenschaften. Die mechanische Auflösung ist darum auch nicht prinzipiell verschieden von der eigentlich chemischen; die bewirkenden Kräfte

---

[1] „Essai‟ I. 373.

sind vielleicht verschieden, aber mit ineinander übergehenden Werten. Lösungen können ja nach allen Verhältnissen bis zur Grenze erfolgen. Es gibt aber auch keine Sprünge in den Verbindungsgewichtsverhältnissen. Wo es so erscheint, da liegt das kontinuierliche Anwachsen nur verborgen. Die Äußerung zwar erscheint sprunghaft, aber die dabei auftretenden Kraftgrößen sind allmählich zu diesen Grenzwerten angewachsen. Im üblichen Gange beachtet man freilich nur die Erscheinungen, bei denen die Affinität sehr stark ist; „ich hingegen habe sie zu verfolgen gesucht, von da an, wo sie einen merklichen Effekt erzeugt, bis zu ihrer größten Energie, indem ich auf die Ursachen achtete, die sie verändern können[1]."

So wurde das, was die Chemie bei ihren Reinigungen und Abgrenzungen der Systeme scharf getrennt hatte, wieder in eine kontinuierliche Reihe vereinigt. Ein Rückschritt war das nur an denjenigen Stellen, wo zu Recht bestehende Trennungen als falsch erwiesen wurden; aber dort war es zugleich, wo das Kontinuitätsprinzip auch gedanklich schon fast überschritten und in ein Prinzip der Identität verwandelt worden war. Dann wagt man gar keine Eingriffe mehr in das natürliche Geschehnis, und man nennt Zerstörung, was doch nur als Reinigung gelten darf. Hier mußte das Experiment die Grenzen ziehen lehren.

Proust hatte z. B. Eisen mit verschiedenen Mengen Schwefel erwärmt. Hier hätte Berthollet vielleicht einfach das Produkt so genommen, wie es vorlag und hätte dann allerdings wechselnde Proportionen feststellen können. Proust jedoch erhitzte es so lange, bis aller Schwefel, der überhaupt destillieren kann, übergetrieben ist, und dann bleibt jedesmal das gleiche Eisensulfid mit demselben Minimum an Schwefelgehalt zurück. Vom Blei gibt es eine Anzahl Oxyde mit ineinander übergehenden Farben; aber wenn man darauf „Wasser, das durch Salpetersäure geschärft ist", einwirken läßt, dann zerlegt man sie zugleich: Ein Teil löst sich, ein anderer scheidet sich ab, und jeder Teil, sowohl der aus der Lösung wieder — nach Eindampfen und Erhitzen — hergestellte, wie der ungelöste, enthalten immer die ihnen eigenen, also festen Gewichtsteile von Sauerstoff. So erhält man Oxyde mit 9, 12, 25% Sauerstoff. Nun ist es allerdings recht schwierig, sich vorzustellen, daß bei einer tatsächlichen Oxydation solche Sprünge stattfinden können. Wir nehmen sie nicht direkt wahr; aber beim Urteile darüber können wir doch nicht anders klar sehen, „als mit Hilfe der zahlreichen Analogien, welche uns das Feld der Verbindungen darbietet"[2]. Proust hat ehrliche Anerkennung für manchen genialen Gedanken bei seinem Gegner; aber obwohl auch

[1] „Essai" I, 541.
[2] Proust, Journ. de Phys. et de Chim. **59**, 328 (1804).

ihm das Gedankliche voransteht, drängt er doch auch auf experimentelle Sauberkeit. BERTHOLLET hatte behauptet, daß in die Niederschläge immer etwas von den im Wasser bleibenden Stoffen eingeht: Er hätte nur länger mit Wasser auswaschen sollen, um sich von der Konstanz des Ausgeschiedenen zu überzeugen. Denn die Schwankungen der Analysenergebnisse, etwa zwischen 25% und 26% Sauerstoff usw., müssen ja nur als beim Handhaben erzeugte Ungenauigkeiten angesehen werden.

Mit viel literarischem Geschick und in manchmal geradezu dramatischen Ausführungen widerlegt PROUST die Ansichten BERTHOLLETs, aber im wesentlichen doch von einem vorgefaßten andersartigen Standpunkte aus. BERTHOLLET hatte Mischungen, Lösungen, Verbindungen in eine Reihe gestellt; PROUST trennt die letzteren scharf von den anderen ab. Die Mineralien, die natürlich vorkommen, weisen freilich wechselnde Zusammensetzung auf; aber man darf sie nicht so als Ganzes nehmen. Sie sind Mischungen, und die Verbindungen, die man als ihre Bestandteile erhält, sind doch immer in derselben Weise nach fixen Proportionen gebildet. Von denselben Elementen kann es verschiedene Verbindungen geben, wo eines derselben im Minimum oder Maximum vorhanden ist; was dazwischen liegt, sind leicht trennbare Mischungen. Jedoch: wo liegt die Trennungslinie zwischen Mischung und Verbindung? Solange PROUST das nicht genau sagt, könne er ja jede Beobachtung erklären, indem er einmal von bloßer Vereinigung, das andere Mal von wirklicher Verbindung spricht! Auf diesen Vorwurf BERTHOLLETs kann PROUST nur zugeben, daß die Grenzen nicht genügend bekannt sind. „Aber wenn es unbestreitbar ist, daß man nach der weisen Vorschrift LAVOISIERS nichts über die Tatsachen hinaus zugeben darf, dann darf man nicht im voraus erklären, was sich unsern Sinnen noch gar nicht dargeboten hat. Ich habe geglaubt, etwas Nützliches für die Wissenschaft zu tun, als ich die Aufmerksamkeit der Chemiker auf diesen Punkt der Vereinigung hinlenkte, indem ich streng die intermediären Oxydationen ausschloß, die, so sehr sie auch möglich sein könnten, weder festgestellt, noch auch nur gut beobachtet worden sind[1]."

In der Tat ging BERTHOLLETS Theorie über den damaligen Stand und die zunächst gültigen Aufgaben der Chemie hinaus. Die experimentellen Mittel erlaubten nur die Unterscheidungen in weit getrennte Verbindungen, und auch das nur bei ihrer völligen Anspannung und in noch ungenügender Weise. Der dem experimentell Verwirklichten zu weit vorauseilende Gedanken hätte den Zusammenhang mit den Tatsachen verloren, die jenen doch allein auf bestimmte Aussagen

---

[1] Journ. de Phys. et de Chim. **63**, 439 (1806).

festlegen konnten. Die Unterscheidung von Gemisch und Verbindung, die Trennung in die wenigen Stoffe nach festen Proportionen waren die Verwirklichung des Stetigkeitsgedankens zu dieser Zeit. Erst mit feineren Methoden als dem Erhitzen auf 500° oder dem Kochen mit Salpetersäure konnte man die Grenzen der Sprünge enger legen, ohne ins Unbestimmte zu geraten, und denjenigen Verwirklichungsgrad erreichen, den Berthollet in kühnem Gedankenfluge schon hinter sich gelassen hatte.

Soll man den Wert einer Theorie für chemische Vorgänge danach bemessen, was sie in später Zukunft leistete? Man hat recht, die Übertreibungen zurückzuweisen, die etwa Demokrit das Hauptverdienst an der exakten Atomtheorie zuerkennen wollten. Aber eine Theorie, die nur für den augenblicklichen Zustand einer Wissenschaft oder eines ihrer Teile gelte und gar nicht darüber hinaus auf neues noch Unentdecktes wiese, wird man als Arbeitshypothese doch anders beurteilen müssen als eine weiterreichende und lange mit Erfolg benutzte. Als Vergleichsbasis könnte man das Maß an Arbeit nehmen, das eine solche Theorie ersparte. Das klingt zwar sehr exakt, nur geht es weit darüber hinaus, was heute verwirklicht ist und verwirklicht werden kann. Darum wird es sich doch aber stets bei Theorien in einer experimentellen Wissenschaft handeln: wie eng sie im Anschlusse an tatsächliche Erfahrungen durchgeführt werden — mögen sie auch nach ihrer psychologischen Entstehungsgeschichte andere Quellen haben. Es ist — wenigstens manchen Menschen — sehr viel leichter, mit einem im Anschlusse an wenige Erfahrungen angeregten Gedanken in einem Schwunge bis an sein logisches Ende zu fliegen; aber die wesentliche Aufgabe ist vielmehr, die einzelnen Tatsachen einzubeziehen und statt durch die dünne Luft des reinen Gedankens zu fahren, die dichte und oft erheblichen Widerstand leistende Materie unserer Erfahrungen zu durchdringen. Nach jedem dieser angedeuteten Kriterien darf Berthollets theoretische Leistung in vielen Teilen groß genannt werden.

Allerdings hatte Proust in allem Experimentellen damals recht behalten; mit feinem Gefühle hielt er die Grenzen zwischen Reinigung und Zerstörung inne. Dann boten tatsächliche Schwankungen der Gewichtsverhältnisse in den Verbindungen nur die Hinweise auf die „eigentliche" Konstanz derselben. Mancherlei Schwierigkeiten treten beim Durchdenken der springend wechselnden Verbindungsverhältnisse auf; aber da müssen wir eben den Mut haben, uns die Tatsachen etwas Neues statt des logisch Erwarteten lehren zu lassen. — Erst nach langer weiterer Entwicklung milderte sich die Spannung zwischen diesen beiden.

Während in diesem Streite zwischen BERTHOLLET und PROUST das Recht der weitgehenden Zerlegung und die Richtigkeit des Gesetzes von den fixen Proportionen bei Verbindungen mit Maximum oder Minimum eines Bestandteiles festgelegt wurde, war in England schon das System entstanden, das diesem Ergebnisse eine anschauliche, schon seit langem bewährte Grundlage schuf: die neue chemische Atomistik.

III. Die chemische Atomistik.

1. Daltons Atomgewichte.

Der Begriff der Materie hatte bei den Chemikern einen großen Wandel durchgemacht, dessen Stufen wir im vorhergehenden oft genug aufweisen konnten. Aus dem symbolischen Subjekte gewisser Eigenschaften war die Materie zu einer physikalisch bestimmbaren Masse geworden, sehr allmählich, unter Spannungen und Kämpfen. Darum können wir diesen frühen Zeitabschnitt seit dem Hervortreten quantitativer Bestimmungen in der Chemie als die erste Blütezeit der physikalischen Chemie bezeichnen. Der ganze Umfang der Berechtigung dafür wird sich noch weiterhin ergeben. Die Entwicklung der chemischen Atomistik zeigt sie an ihrem Teile. Viele Chemiker sahen wir — man denke an BOYLE, LEMERY — atomistische Vorstellungen benutzen. Ein eigentlich atomistisches chemisches System wurde aber nicht von dem Systematiker der chemischen Analyse BERGMANN, nicht von dem Entdecker des Gesetzes der konstanten Proportionen RICHTER, und nicht von dem, der es experimentell erst recht festigte, PROUST, aufgestellt, sondern von DALTON, der ganz von der Physik her dazu kam — soweit es sich wenigstens um eine naturwissenschaftliche Basis dafür handelte.

JOHN DALTON (geb. 6. September 1766, gest. 27. Juli 1844, Manchester) hatte sich mit dem Wasserdampfe in der Atmosphäre beschäftigt, und vor allem auch mit dem Probleme: warum denn die spezifisch verschieden schweren Bestandteile der Atmosphäre sich nicht nach dem Gesetze der Schwere trennten, sondern gemischt blieben? Bei seinen Spekulationen darüber ging er von NEWTONS Anschauungen aus, der eine Atomistik der Gase nach verschiedenen physikalischen Richtungen hin ausgebildet hatte. DALTON legte sie auch bei der Deutung seiner chemischen Versuchsergebnisse zugrunde. Wie dies geschah, ergibt sich z. B. aus einer im November 1802 vorgetragenen Abhandlung. Er berichtet über seine Versuche, „Salpetergas" (Stickoxydgas) mit Luft zu mischen. Zu 100 Raumteilen gewöhnlicher Luft werden über Wasser 36 Raumteile reines

Salpetergas gebracht. Nach dem Schütteln bleiben nur 79 bis 80 Teile Stickstoffgas. Dasselbe geschieht aber, wenn man mit 100 Teilen Luft 72 Teile Salpetergas schüttelt. Demnach tritt ein Teil Sauerstoff einmal an ein, das andere Mal an zwei Teile Salpetergas. DALTON gebraucht nun für die Deutung solcher Verhältnisse immer recht anschauliche Bilder. Auch für einfache Überlegungen über die Zusammensetzung der Luft malt er die Atome auf ein Stück Papier hin; und so ist es ihm wohl auch in dem Falle jenes Experimentes Bedürfnis, eine bildliche Konstruktion anzufertigen. Das wurde erleichtert durch die alte, ihm besonders nach NEWTON naheliegende Hypothese. Aus einem „Teil" wird ein „Atom". Und nicht das Volumverhältnis ist das wichtige, sondern das Verhältnis der Gewichte, die durch Multiplikation mit dem spezifischen Gewichte der Gase daraus zu errechnen sind. Dann ergibt sich, daß die Atome verschiedener Gase verschiedene Gewichte haben, daß die Atomgewichte verschiedener Stoffe verschieden sind. Wie nun die Angabe der sich vereinigenden „Teile" ja nur relativ ist und die Größe der Einheit „Teil" beliebig festgelegt werden muß, so muß auch das Gewicht des Atoms einer Substanz als Grundmaß gewählt werden. DALTON führt für Wasserstoff das Atomgewicht 1 an. Es ist ja das spezifisch leichteste Element, alle anderen Atomgewichte können daher nur als Zahlen, die größer als eins sind, erwartet werden.

In dieser Weise verfährt er nun auch und vor allem mit den Versuchsergebnissen anderer Chemiker. LAVOISIER hatte im Wasser 85% Sauerstoff und 15% Wasserstoff gefunden. Die einfachste Annahme ist dann die, daß sich ein Atom Wasserstoff mit einem Atome Sauerstoff vereinigt hat. Diese Annahme wird zunächst gar nicht ausdrücklich hervorgehoben, sondern für selbstverständlich angesehen. Dann folgt für Sauerstoff das Atomgewicht 5,66. Eine Analyse aus dem Jahre 1788 noch gab für Ammoniak rund 80% Stickstoff und 20% Wasserstoff an; 1 Atom Stickstoff wiegt also 4 mal soviel wie 1 Atom Wasserstoff — selbstverständlich unter der Voraussetzung, daß im Ammoniak je ein Atom der beiden Elemente vorhanden sei.

Aus letzten, unzerlegbaren Teilchen sind nicht nur die Gase, sondern auch alle anderen Zustandsformen zusammengesetzt. „Da sich die Metalle mit den Atomen der elastischen Flüssigkeiten [Gase] verbinden, zeigen sie, daß auch sie aus Atomen bestehen", heißt es in Aufzeichnungen zu Vorlesungen, die im Jahre 1810 gehalten wurden[1]. So muß es auch Atomgewichte fester und flüssiger Körper geben. Die Zusammensetzung der Kohlensäure hatte LAVOISIER

---

[1] Vgl. KAHLBAUM, „Monographien aus der Geschichte der Chemie", Heft II.

schließlich zu 72% Sauerstoff und 28% Kohlenstoff angenommen. Die Kohlensäure enthält aber nicht je ein Atom der beiden Elemente; denn es gibt eine sauerstoffärmere Verbindung des Kohlenstoffs, das Kohlenoxyd. In diesem ist auf 1 Atom Kohlenstoff 1 Sauerstoff vorhanden; in der Kohlensäure aber wird das nächst einfache Verhältnis zugrunde gelegt: 1 Kohlenstoff + 2 Sauerstoff. Kohlenstoff hat also das aus der Proportion: $72 : 28 = (2 \cdot 5{,}66) : x$ berechenbare Atomgewicht 4,4.

CHENEVIX hatte in der Schwefelsäure $61\frac{1}{2}$ Schwefel + $38\frac{1}{2}$ Sauerstoff gefunden. In DALTONS Notizbuch heißt es nun einfach: „Dann müßte $61\frac{1}{2}$ Schwefel + $19\frac{1}{4}$ Sauerstoff = schweflige Säure sein. Das macht kleine Teile Schwefel zu Sauerstoff etwa wie $3{,}2 : 1$.“

So kommt das Atomgewicht 17 für Schwefel heraus. Diese Atomgewichte sind die ersten, die DALTON im Jahre 1803 angibt. Er ändert sie sehr bald und öfter ab, je nach den Analysen, die er als maßgebend wählt, und dehnt sie rasch auf weitere Verbindungen aus. Anfang 1804 berechnet er Atomgewichte für mehrere Metalle.

Für die Zeichnung der Atome in der Luft hatten einfache Kreise genügt. Jetzt mußten diese Kreischen für verschiedene Atome deutlicher unterschieden werden: Er malt zuerst in den Kreis, der Wasserstoff, Stickstoff, Schwefel bedeuten soll, den Anfangsbuchstaben des Elementnamens:

  Ⓗ H = Hydrogen,   Ⓐ A = Azote,   Ⓢ S = Sulfur,
      Wasserstoff.   Stickstoff.   Schwefel.

Der Kreis für Sauerstoff bleibt leer, Kohlenstoff wird ganz schwarz gemalt. Die Buchstaben schrumpfen dann zu Punkten und Strichen zusammen, so daß

⊙ = Hydrogen,   Ⓐ → ⊘ = Azote,   Ⓢ → ⊕ = Schwefel wird und vielleicht kann man in Ⓨ auch den Ursprung aus dem P des Phosphors deuten. Dann ist Wasser = ⊙◯,   Kohlenoxyd ●◯.

Welche experimentelle Genauigkeit diesen bildlichen Darstellungen zugrunde lag, ergibt sich aus einer unter dem 10. September 1803 angeführten Analyse:

„CAVENDISHS Versuch. Ich nahm 17 Gran Luft, $\frac{1}{3}$ stickstoff- und $\frac{2}{3}$ sauerstoffhaltig ... und elektrisierte sie fast ununterbrochen 4 bis 5 Stunden hindurch. Sie wurde nach und nach auf 4 Gran Teile reduziert, von denen $2\frac{1}{3}$ Sauerstoff waren. Es wurde mit Wasser, welches keinen Sauerstoff enthielt, aber zu $\frac{4}{5}$ mit Stickstoff gesättigt war, abgesperrt.

Berechnung:

	Stickstoff	Sauerstoff
17 Gran	$5^2/_3$	$11^1/_3$
Rückstand 4 Gran	$1^2/_3$	$2^1/_3$
Es verschwanden	4	9
Relative Gewichte	24	63
1 Stickstoff zu 2 Sauerstoff ⎫ Individuelle Teilchen ⎭	4	$11,3$
d. h.	24	$67,8.''$

Die atomistische Betrachtung hätte also erfordert, daß auf 4 Teile Stickstoff 11,3 Teile Sauerstoff verbraucht worden wären. Tatsächlich gefunden wurde nach Volumteilen 4 : 9. Aus dem Verhältnis der spezifischen Gewichte von Stickstoff : Sauerstoff = 6 : 7 (also verschieden von dem Verhältnis der Atomgewichte) folgt dann 24 : 63, was offenbar als genügende Annäherung an den theoretischen Wert 24 : 67,8 zu gelten hat.

Die chemisch wichtigen Grundsätze in DALTONS Systeme waren also: Jede Art reiner Stoffe besteht aus — kugelförmig angenommenen — Teilchen, welche alle gleiche, aber für die betreffende Art allein charakteristische Größe haben. Zur Bildung chemischer Verbindungen vereinigen sich die Atome der Elemente miteinander, und zwar nach den einfachst möglichen Verhältnissen. Mochte also die Grundhypothese, die von Atomen als letzten Teilchen überhaupt, auch spekulativ scheinen: die chemische Anwendung suchte weitere Spekulationen auszuschließen. Die Grundhypothese liefert gewissermaßen nur die Namen und die Bilder, die ein nur in speziellen Modellen denkender Geist braucht. Die Hülle von Wärmestoff, die DALTON um die Atome herumgelegt denkt, soll ihm dasselbe für die Physik leisten.

Dieses System war im Jahre 1803 im wesentlichen fertig ausgebildet und, soweit es chemisch ist, man könnte fast sagen: allein auf die von anderen Forschern entdeckten Ergebnisse gegründet. DALTONS eigene Versuche erstreckten sich zuerst auf die Verbindung des Sauerstoffs mit Stickoxyden. Erst an der weiteren Betrachtung der Salpetersäurebildung durch Oxydation suchte er auch die experimentelle Bestätigung beizubringen. Das gelang ihm nun auch bei der Analyse zweier aus Kohlenstoff und Wasserstoff bestehenden Gase: des ölbildenden und des Sumpfgases[2]). Auf die gleiche Menge

---

[1]) Nach KAHLBAUM, „Monographien aus der Geschichte der Chemie", Heft II, S. 37.

[2]) Als weiteres Charakteristikum für DALTONS Art zu denken sei eine Umsetzungsreaktion aufgeführt, die zur Bildung des Sumpfgases führen soll. Kohlenstoff zersetzt Wasser, bildet mit seinem Sauerstoff Kohlensäure, mit seinem Wasserstoff das betreffende Gas nach dem Bilde:

„So ⟨⟩ oder so ⟨⟩ } das gibt { ⟨⟩ " (vgl. KAHLBAUM, a. a. O. S. 59).

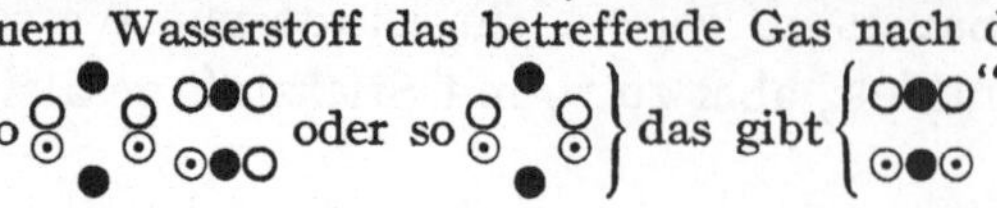

Kohlenstoff berechnet, entfällt in diesem doppelt so viel Wasserstoff wie in jenem. Aber daß ihm das keine Überraschung, sondern vielmehr eine Bestätigung einer Auffassung war, deren er sich schon oft bediente, dafür mag noch ein auch in anderen Beziehungen wichtiges Zitat beigebracht werden:

Im August 1804 trägt er in sein Laboratoriumbuch ein:

„1. Schwefeliges Wasserstoffgas kann nicht aus Schwefel und Wasser bestehen, weil, wenn es mit Sauerstoff verbrannt wird, der Schwefel sich niederschlägt und der Sauerstoff verbraucht wird.

2. Das Gas wird also aus 1 Wasserstoff + 1 Schwefel oder 2 Wasserstoff + 1 Schwefel bestehen. Es kann hergestellt werden aus Schwefel und Wasserstoff, indem man Wasserstoff über geschmolzenen Schwefel streichen läßt.

3. Es erscheint wahrscheinlich, daß das ‚Öl‘, welches BERTHOLLET ‚gewasserstofften Schwefel‘ nennt, aus 1 Schwefel und 1 Wasserstoff besteht, analog dem ölmachenden Gas aus Kohlenstoff und Wasserstoff.“

Darauf folgen wieder einige Formbilder: „⊙⊕⊙ schwefelhaltiges Wasserstoffgas, ⊕⊙ gewasserstoffter Schwefel.“

Seine Ansichten über die verhältnismäßige Zahl der Elementatome im Schwefelwasserstoffgase wechseln noch mehrfach. Klar und ganz undiskutiert ist immer auf dieser atomistischen Basis, daß die Verbindungen eines Elementes mit einem zweiten Elemente zu mehreren verschiedenen Stoffen so erfolgen, daß die Mengen dieses zweiten Elementes ganzzahlige Vielfache voneinander sind: Das ist der Inhalt des Gesetzes der multiplen Proportionen. Doch selbst bei Gültigkeit dieses, durch die Atomtheorie so einfach zu deutenden Gesetzes können die Atomgewichte nicht ohne jedes Prinzip der größten Einfachheit bestimmt werden. So wurde auch für die Metalloxyde die Voraussetzung gemacht, daß das erste Oxyd aus 1 Atom Metall und 1 Atom Sauerstoff, das zweite Oxyd aus 1 Metall + 2 Sauerstoff bestünden. Man hätte auch im ersten Oxyd 2 Metall + 1 Sauerstoff, im zweiten 1 Metall + 1 Sauerstoff annehmen können und wäre dann zu einem halb so großen Atomgewichte des Metalls gekommen. Dieses Wort Atomgewicht sagt also eigentlich zu viel; es war geeignet, über die Willkür bei seiner tatsächlichen Bestimmung zu täuschen. Deshalb lehnten dann auch manche Forscher diesen Ausdruck ab; sie fanden es richtiger, die notwendige Relativität der erhaltenen Zahlen auch im Namen sich ständig vor Augen zu halten. Deshalb sprach DAVY nur von Proportionen, WOLLASTON von Äquivalenten, wo DALTON Atomgewichte schrieb.

So probierte DALTON an den Experimenten anderer (auch RICHTERS) und dann an den verhältnismäßig wenigen in diese Richtung fallenden eigenen, welche spezielle atomistische Struktur nun den einzelnen Verbindungen am besten beigelegt werden könne. Je nach den einzelnen Analysen und den Zusammenhängen derselben für verschiedene Stoffe gibt er z. B. dem Schwefel zuerst 17, dann 14,4 (noch 1803), 1806 22, und später in demselben Jahre 12 als Atomgewicht. Unangetastet blieb bei alledem die atomistische Anschauung als Grundlage.

2. Das Volum-Verbindungsgesetz.

Noch ehe die DALTONsche Atomtheorie, zuerst durch TH. THOMSON 1807 und im Jahre darauf durch DALTON selbst in Buchform veröffentlicht wurde, war durch GAY-LUSSAC eine andere Seite der Gesetzmäßigkeit bei Verbindungen betont worden: GAY-LUSSAC stellte mit ALEXANDER VON HUMBOLDT zusammen im Jahre 1805 noch einmal genau die Volumverhältnisse bei der Wasserbildung fest. Während man bis dahin auf 1 Volum Sauerstoff entweder mehr oder weniger als 2 Volumen Wasserstoff angegeben hatte, glaubten die beiden Forscher das Verhältnis genau gleich 1:2 zu finden. Es ist einer der sogenannten Zufälle, an denen jede Wissenschaftsgeschichte, und Geschichte überhaupt, so reich ist, daß erst jetzt auf die Einfachheit dieses Verhältnisses hingewiesen wurde. Die Beobachtungen, aus denen man die Konstanz der Verbindungsverhältnisse und das Gesetz der multiplen Proportionen gefolgert hatte, waren zum Teil noch weiter von einer Übereinstimmung mit den Erfordernissen dieser Gesetze entfernt, als etwa das für die Wasserbildung gefundene Verhältnis 1,00 : 1,95 von der Erfüllung des Gesetzes entfernt war, das nun GAY-LUSSAC aussprach: Die Verbindungen zwischen Gasen erfolgen nach einfachen ganzzahligen Volumverhältnissen. Er bestätigte es auch für die Vereinigung von Salzsäuregas mit Ammoniakgas zum Salmiak. Ammoniak selbst wird durch elektrische Funken so zerlegt, daß aus 2 Volumteilen der Verbindung 1 Volumteil Stickstoff und 3 Volumen Wasserstoff entstehen. Aus 1 Volum Stickgas (Stickoxyd) bilden sich mit 2 Volumen Sauerstoff 2 Volumen ihrer Verbindung. Also auch die Verbindungen selbst stehen in einfachem Volumverhältnis zu den Elementen, aus denen sie sich zusammensetzen.

DALTON wandte sich im ersten Bande seines „New System of Chemical Philosophy", der 1808 erschien, sofort gegen diese „vermeintliche" Gesetzmäßigkeit. Die Verbindung derselben mit der atomistischen Anschauung führte zu dem Ergebnisse, daß in gleichen Volumen gleichviel Atome enthalten sind. Das habe er selbst früher angenommen, schreibt DALTON, aber er sei wieder davon abgekommen. Denn bei der Bildung von Stickoxydgas entstehen aus

1 Volum Stickstoff und 1 Volum Sauerstoff 2 Volumen der Verbindung; dann mußten also in demselben Volum des Endproduktes nur halb so viel Atome vorhanden sein, als in dem Volumen der Ausgangsstoffe. Dalton lehnt also das — zunächst ohne Verbindung mit der Atomtheorie ausgesprochene — Volumgesetz ab, weil seine atomistische Deutung zu Widersprüchen führe. Die Atomtheorie war ihm eben das Maß aller Dinge.

Dabei stand auch noch 1808 die Ermittelung der einzelnen Atomgewichtsverhältnisse auf sehr schwankendem experimentellen Grunde. Vielleicht daraus erklärt es sich, daß Dalton in seinem Buche die Atomgewichte nur auf ganze Zahlen abgerundet anführt, während seine ersten Tabellen noch Dezimalstellen enthielten. Fast ist man versucht zu glauben, daß mit der Atomistik Epikurs auch etwas von seiner Art mit übernommen wurde, sich mit dem Nachweise der Möglichkeit unter Verzicht auf die genaue Bestätigung im einzelnen zu begnügen.

Nach der neuen Wasseranalyse Gay-Lussacs und Alexander von Humboldts korrigierte Dalton den früher angenommenen Wert des Sauerstoffs, er nahm aber nicht 6,93, wie jene Analyse erfordert hätte, sondern abgerundet 7 dafür an. Da nun die meisten Gewichte der anderen Atome aus ihren sauerstoffhaltigen Verbindungen berechnet werden, so ändern sich deren Werte auch.

Eine solche Abrundung bedeutet aber doch etwas wesentlich anderes als diejenige, die zum Gesetze über die Volumverhältnisse bei Verbindungen geführt hatte; denn hier fand man nicht nur Schwankungen nach beiden Seiten um die einfachen Zahlenwerte, so daß diese die Mittel daraus darstellen; sondern außerdem kam noch hinzu, daß für verschiedenartige Vorgänge, und sowohl für die Volumen der Elemente wie die der entstandenen Verbindungen, das Gesetz einheitlich war. Sein Umfang konnte, wenn es galt, deshalb zur Korrektur einzelner experimenteller Ergebnisse führen. Wenn man dann „Einfachheit der Natur" zur Begründung anführte, die das Bestehen eines einfachen Gesetzes wahrscheinlich mache, ja fordere, so sagte man nur von einer selbständig und persönlich gedachten Natur aus, was uns Menschen als Regel beim Forschen leiten muß.

Die große praktische Bedeutung — für die Bestimmung der Atomgewichte — und der theoretische Sinn des Volumverbindungsgesetzes wird ein wenig später hervortreten. Gay-Lussacs Name, wie der Alexander von Humboldts, hat nicht nur dadurch guten Klang in der Wissenschaft erlangt. Joseph Louis Gay-Lussac (geboren am 6. Dezember 1778, gestorben 9. Mai 1850) arbeitete mit seinem neun Jahre älteren deutschen Freunde seit dessen Rückkehr nach Paris (1804) über die Eigenschaften der Gase, von BERTHOLLET eifrig unterstützt. Das Gesetz über die Temperaturausdehnung der Gase und die theoretisch noch wichtigeren „Überströmungsversuche“ eines Gases in ein Vakuum entstanden in dieser Zeit. Später vereinigte er sich mit THÉNARD (1777—1857) zu chemischen Untersuchungen, über die sogleich zu berichten sein wird. Er gehört mit zu denjenigen, die im frühen 19. Jahrhundert die Chemie als eine „französische Wissenschaft“ erscheinen lassen.

IV. Elektrochemische Entdeckungen und Theorien.

1. Galvanismus und Voltaismus.

Zu der Zeit, als mit der Neubegründung der Atomtheorie das Band zwischen Physik und Chemie eine weitere Verstärkung erfuhr, hatte sich von ganz anderer Seite her der Einfluß einer neuen physikalischen Disziplin, der Elektrizitätslehre, auf die Chemie geltend zu machen begonnen. Über die merkwürdigen Erscheinungen beim Durchgange der in der Reibungselektrisiermaschine erzeugten Funken durch Luft hatte schon 1775 PRIESTLEY Beobachtungen angestellt, die durch seinen tiefgründigen Landsmann CAVENDISH wiederholt und besser erkannt wurden. Zwei holländische Chemiker zerlegten das Wasser durch elektrische Funken in Wasserstoff und Sauerstoff im Jahre 1789.

Aber hier handelte es sich doch nicht eigentlich um spezifisch elektrische Wirkungen. VAN MARUM, der 1785 Metalle durch Funken „verbrannte“, fragte sich ganz sachgemäß, ob die Elektrizität denn Wärme enthalte, weil sie wie die Wärme wirkt. Die Beziehungen zwischen Elektrizität und chemischer Wirkung gewannen erst seit der Entdeckung GALVANIS ein besonderes Gesicht.

GALVANI (1737—1798) hatte bekanntlich Zuckungen am Froschmuskel beobachtet, wenn er ihn zwischen zwei sich berührende Metalle brachte. Er berichtete über seine Befunde in der Schrift: „Aloysi Galvani de Viribus Electricitatis in Motu Musculari Commentarius (Bologna 1791)“[1]. Er hielt darin „die Hypothese und Mutmaßung weder unschicklich, noch der Wahrheit unähnlich . . ., die eine Muskelfiber einer kleinen Leidener Flasche . . . vergleicht, den Nerven für den Konduktor der Flasche nimmt und folglich den ganzen Muskel für eine Menge Leidener Flaschen ansieht“. Das zeigt die Eigenart, mit der hier die Physiologie bei der Erklärung einer neuen Tatsache auftritt: Nicht das Gefühl oder der Lebensvorgang ist das, worauf

---

[1] Vgl. hierfür und für manches Folgende: WILHELM OSTWALD, „Elektrochemie, ihre Geschichte und Lehre“. Leipzig 1896.

die wissenschaftliche Erklärung zurückgeführt wird, sondern auf die physikalischen Vorgänge bei der Leidener Flasche wird das Neue bezogen. So hatte man ja auch für die elektrischen Schläge, die manche Fische beim Berühren erteilen, im Vergleich mit elektrischen Batterien eine speziellere und bessere Erklärung gegeben und nicht die Berufung auf eine philosophische Lebenskraft genügen lassen[1]). Und doch diente zuerst noch die Zunge als Reagens auf die neue Wirkungsart. Eine schon 1760 beschriebene Beobachtung wurde von ALESSANDRO VOLTA genauer und systematisch untersucht: der metallische Geschmack, den man auf der Zunge erzeugt, wenn man sie mit zwei verschiedenen miteinander verbundenen Metallen berührt, und den ein Metall für sich allein nicht gibt.

Die Berührung mit der Physiologie, besonders des Menschen, dauerte aber noch weiter an, obwohl die für die Zukunft bedeutsamere Forschung sich der objektiven Messung mit Goldblattelektroskopen (1768 konstruiert) und anderen Apparaten bediente. Die Wirkung auf den menschlichen Körper erregte das Interesse weiter Kreise und führte zur Behauptung von Heilerfolgen durch elektrische Stromdurchgänge, mit denen sich auch BERZELIUS im Anfange seiner Laufbahn beschäftigte.

Auch als VOLTA (1800) die Entdeckung eines Apparates zur Stromerzeugung beschrieb, der dann als VOLTAsche Säule bekannt wurde, da führte er zuerst die physiologischen Wirkungen an, die damit zu erzielen wären und die denjenigen der vom Zitterrochen ausgeteilten Schläge glichen. Die Konstruktion der Säule geschieht nach seinen Worten folgendermaßen: „Ich lege also horizontal auf den Tisch oder irgendeine andere Unterlage eine der metallischen Platten, z. B. eine von Silber, und auf diese passe ich eine zweite von Zink, hierauf lege ich eine der feuchten Platten, darauf eine zweite Silberplatte, worauf unmittelbar eine von Zink folgt, auf die ich wieder eine feuchte Platte lege." Diese feuchte Platte war ein mit Salzwasser oder Lauge getränktes Stück Pappe.

Hatte GALVANI den Muskel als Erzeuger der Elektrizität angesehen, so galt für VOLTA, der den Muskel durch die feuchte Platte ersetzte, nur die Berührung der Metalle als die Quelle des Stromes. Dazu kam er durch die sehr wichtige Beobachtung, daß die Stärke des am

---

[1]) Außerdem blieben natürlich die philosophischen Spekulationen darüber in gewissen Kreisen lebhaft; man vergleiche auch den Ausspruch LICHTENBERGS, des geistreichen Göttinger Professors, der den ersten Blitzableiter auf seinem Hause hatte: „Andere haben in der Elektrizität eine so allgemein wirkende Ursache gesehen, daß sie vorläufig schon im Besitz jeder Entdeckung sind, die man künftig von der Seite machen wird." (Zitiert nach SIEGMUND GÜNTHER, „Geschichte der anorganischen Naturwissenschaften im 19. Jahrhundert". Berlin 1902. S. 36.)

Elektrometer angezeigten Ausschlags von der Kombination der Metalle abhängt. Er ordnete die Metalle danach in eine Reihe in der Art, daß die Verbindung ihres ersten Gliedes mit einem folgenden um so stärkere Spannung ergab, je weiter es vom ersten Gliede entfernt ist. Dagegen ist die Spannung gleich, ob man nun Wasser oder Salzlösung zwischen den beiden Metallen hat. Der Kontakt der Metalle also ist die Quelle des Stromes.

Diese Kontakttheorie wurde schon zur Zeit ihrer Aufstellung, im Jahre 1802, durch eine chemische Theorie lebhaft bestritten. I. W. Ritter (geboren 1776 in Schlesien, Privatgelehrter, gestorben 1810 in München, zwischendurch in Jena Physiker) betonte 1799 die Übereinstimmung der von Volta gefundenen Spannungsreihe der Metalle mit der Reihe ihrer Verwandtschaft zum Sauerstoff. Das war demnach eine rein chemische Parallele, und nicht nur sie deutete auf chemische Vorgänge bei der Säule. In der Anordnung von Volta waren sie vielleicht zunächst schwerer zu erkennen. Wenn man aber die beiden Metalle statt durch die feuchte Pappe durch eine wässerige Lösung trennte, dann erkannte man die Entbindung von Wasserstoff- und Sauerstoffgas, die Oxydation und Auflösung des Zinks. Es erinnert recht an die Denkart der noch nicht so lange vergangenen Zeit der Phlogistontheorie, wenn man hört, daß die Gase bei dem Stromdurchgang aus der galvanischen Materie gebildet werden sollten. Das Gewicht der Gase ist aber auch gleich dem der verbrauchten Wassermenge, wie der Berliner Professor Simon 1802 bewies. Den Vertretern der Kontakttheorie, die zumeist aus dem Lager der Physik her kamen, galten solche Versuche noch lange nicht als Widerlegung ihrer Anschauung. Allmählich wurde die Auseinandersetzung darüber lebhafter, von beiden Seiten suchte man beweisende Experimente beizubringen. Wir werden sie in einem späteren Abschnitte noch näher darlegen.

2. „Hydroelektrische" Vorgänge.

Beim Stromdurchgang entsteht auch Säure und Alkali an den in der Flüssigkeit befindlichen Metallen, auch aus solchen Flüssigkeiten, die man für reines Wasser hielt. Die so mühsam gewonnene Überzeugung, Wasser sei nicht in Erde oder Alkali verwandelbar, schien wieder in Frage gestellt zu sein. Ernsthafte Bemühungen waren nötig, um zu beweisen, daß die fremden Stoffe in dem angeblich reinen Wasser die Quelle der beobachteten Stoffe waren. In dieser Angelegenheit ergriff auch Berzelius das Wort.

Jöns Jakob Berzelius (geboren 20. August 1779 in Väfversunda in Schweden) war 23 Jahre alt, als er mit einer zunächst wenig beachteten „Abhandlung über den Galvanismus" hervortrat. Nach einer ziemlich harten Jugend, in die aber die Freude an Natur und Dichtung einige Sonne brachte, verließ er mit einem schlechten Schulzeugnis und der aufmunternden Anerkennung seiner naturwissenschaftlichen Nebenbeschäftigungen das Linköpinger Gymnasium. Auf der Universität in Upsala studierte er Medizin und führte allein chemische Versuche aus. Noch vor der Ablegung des Examens war er in Medevi als Armenarzt tätig. Dort untersuchte er die Quellwasser nach der Methode Bergmanns und fand salzsauren Kalk und salzsaure Magnesia darin. Diese Angabe wäre nebensächlich, wenn sich nicht aus diesen Versuchen seine bald darauffolgenden entwickelt hätten. Er baute eine Voltasche Säule auf und versuchte zunächst, als Arzt, Heilungen durch elektrische Ströme, allerdings mit ehrlich anerkanntem geringen Erfolge.

Als er dann nach Stockholm zu dem Bergwerksbesitzer Hisinger übersiedelte, wurden „hydroelektrische" Versuche gemeinschaftlich angestellt und 1803 veröffentlicht. Aus zahlreichen Versuchen an Lösungen von Salzen der Alkalien und Erdalkalien wurde der Schluß gezogen: „Zu dem negativen Pol ziehen sich alle brennbaren Körper, alle Alkalien und Erden. Nach dem positiven Pol gehen der Sauerstoff, die Säuren und die oxydierten Körper." So war denn schließlich das Auftreten von Säure und Alkali beim Stromdurchgang als eine große Gesetzmäßigkeit erkannt. Sind Metallsalze im Wasser aufgelöst, so wird das Metall aus denselben ausgeschieden, und der Sauerstoff, mit dem das Metall im Salze (nach der damaligen Theorie) vereinigt ist, erscheint am positiven Pole. Doch nicht nur diese rein chemische Seite des Problemes wurde, und wie wir sehen, qualitativ, festgestellt. „Die absoluten Größen der Zerlegung verhalten sich wie die Mengen der Elektrizität. Und die Elektrizität steht im Verhältnis mit der Größe der Berührung der Metalle in der Säule mit ihrem feuchten Leiter."

In dieser Arbeit, der nur noch eine elektrochemische von Berzelius folgte, klingen so ziemlich alle Probleme an, die seitdem noch an Bedeutung gewannen: Außer der Art der Zerlegung, der Verschiedenheit derselben bei Alkali- und bei Metallsalzen, dem Mengenverhältnisse zwischen Elektrizität und chemischer Ausscheidung kommt auch die Bedeutung der Verwandtschaft zur Sprache. Freilich verging noch viel Zeit bis zur Lösung dieser Probleme. Daß eine solche noch ausstand, erkannte Berzelius: „Wir wagen kein Raisonnement über das Wie dieser Zerlegungen."

Auch eine im Jahre 1807 veröffentlichte experimentelle Untersuchung von Davy legte zuerst ausführlich dar, daß chemisch reines Wasser wirklich nichts Alkalisches oder Erdiges bei der Elektrolyse gibt, sondern nur Wasserstoff und Sauerstoff. Erst durch diese Abhandlung wurde die frühere von BERZELIUS und HISINGER bekannt. Sie brachte aber außerdem eine außerordentlich bedeutsame neue Entdeckung, die der Alkalimetalle. HUMPHRY DAVY war fast ein Altersgenosse von BERZELIUS (geboren 1778, 17. Dezember) und wie dieser im Kampfe mit manchen widrigen Verhältnissen, zu denen noch eine schlechte Gesundheit kam, von der Medizin zur Chemie übergegangen. Als kaum Dreiundzwanzigjähriger wirkte er schon als Professor an der Royal Institution in London. Er starb, schon lange durch Krankheit im Schaffen gehindert, am 29. Mai 1829 auf einer Reise in Genf.

DAVY wollte nicht nur Salze, sondern auch die Alkalien der Stromwirkung unterwerfen. In wässeriger Lösung der Alkalien wurde aber nur das Wasser und nicht das Alkali zersetzt. Unter Ausschluß von Wasser sollten nun die Schmelzen der Alkalien untersucht werden: da entstand am negativen Pole eine Feuererscheinung, die so lange dauerte wie der Stromdurchgang. Schließlich wählte er den Weg, um bei niedriger Temperatur arbeiten zu können, daß er mit Wasser nur befeuchtetes Ätzkali und Ätznatron elektrolysierte: Jetzt erhielt er am negativen Pole geschmolzene metallische Kügelchen. Im Zusammenhange seiner Untersuchungen war es DAVY von vornherein klar, daß er damit die Metalle hergestellt hatte, die in den Alkalien als Sauerstoffverbindungen vorliegen; dieser Sauerstoff schied sich bei der Darstellung am positiven Pole ab. Er nannte die Metalle Potassium und Sodium, wofür die deutschen Ausdrücke Kalium und Natrium (zuerst Natronium) gewählt wurden.

3. Neue Elemente.

a) Sind die Alkalimetalle Elemente?

Als BERZELIUS in Gemeinschaft mit PONTIN diese Versuche wiederholen wollte, fehlte ihm die große VOLTAsche Säule, die dazu nötig gewesen wäre. Er erreichte aber mit seinen bescheidenen Mitteln durch einen Kunstgriff sein Ziel: Er nahm Quecksilber als negativen Pol und erhielt so zwar nicht das Alkalimetall selbst sofort, wohl aber sein Amalgam.

So hatte sich die Voraussetzung LAVOISIERs erfüllt, daß die Ätzalkalien sich als zusammengesetzt erweisen würden. Aber auch die Erden hatte LAVOISIER als Verbindungen angesehen. BERZELIUS und PONTIN gelang es denn auch, mit Hilfe des Quecksilbers aus Kalk und Baryt eigenartige Metalle in Amalgamform zu gewinnen. DAVY isolierte nach dieser Methode die Metalle selbst nach dem Abdestillieren des Quecksilbers.

Aber waren es nun wirklich die elementaren Metalle, die man so gewann? Kalium und Natrium reagieren stürmisch mit Wasser unter Entwicklung von Wasserstoff und Bildung von Ätzkalilauge. Dieser Zusammenhang zwischen Wasserstoffentwicklung und Verwandlung des Alkaliums in Ätzalkali verlangte gewiß eine Erklärung. Wenn man dazu die beiden gleichzeitig beobachteten, voneinander abhängigen Vorgänge in das Verhältnis von Ursache und Wirkung setzte, so ergab sich offenbar folgende Anschauung: Die Alkalimetalle verlieren Wasserstoff, wenn sie in Ätzalkalien übergehen; umgekehrt also muß das Ätzalkali mit Wasserstoff verbunden werden, damit es das Metall gibt. Das Metall ist also nicht Element, sondern Verbindung aus Ätzalkali und Wasserstoff. Allerdings war eine solche Kausalerklärung offenbar nur unter der Voraussetzung richtig, daß die beiden beobachteten Erscheinungen auch wirklich die einzigen wären und Veränderungen eben nur zwischen Alkalimetall, Ätzalkali und Wasserstoff vor sich gingen. Vom Wasser, das ja dabei auch mit anwesend war, sah man also in diesem Falle ab; man vernachlässigte diesen so gewöhnlichen Stoff in ähnlicher Weise, wie man vorher die Anwesenheit der Luft nicht beachtete oder bei der „Erzeugung" von Erde aus Wasser den Einfluß des Gefäßes. Schließlich könnte man in solcher Denkweise ein wichtiges wissenschaftliches Prinzip finden: von all den miteinander zusammenhängenden Veränderungen nur die zu berücksichtigen, deren Betrag gleiche Größe oder doch wenigstens gleiche Dimension aufweist. In Wirklichkeit hat man ein solches Prinzip sich erst allmählich bewußt gemacht und zunächst eben nur die gleich leicht zugänglichen Erscheinungen für die gleichdimensionierten genommen. Man hätte sich nun freilich einen „direkten" Weg zur Entscheidung denken können: die gewichtsanalytische Verfolgung des Vorganges. Aber die wäre offenbar so umständlich gewesen, daß ihr gegenüber die viel direkter an den Augenschein angelehnte Erklärung bevorzugt wurde. Sie fand denn auch eifrige Vertreter; Gay-Lussac und Thénard meinten auch, sie durch Analogien mit dem Ammonium besonders kräftig zu stützen.

Berzelius und Pontin und gleichzeitig unabhängig Seebeck in Jena hatten (1808) bei der Elektrolyse von Ammonsalzen am negativen, wieder aus Quecksilber bestehenden Pole ein neues Metallamalgam entdeckt: also war ein Metall aus dem Ammonsalze erzeugt worden! Berzelius schloß daraus, das flüchtige Alkali Ammoniak müsse seinem chemischen Aufbaue nach den nichtflüchtigen ähnlich sein; und als er am anodischen Quecksilber die Bildung von Quecksilberoxyd beobachtete, hielt er für bewiesen, daß Ammoniak das Oxyd des metallähnlichen Ammoniums ist, wie das Ätzkali das Oxyd des Kaliums. GAY-LUSSAC und THÉNARD zeigten aber, daß das Ammonium durch Wasserstoffverlust in Ammoniak übergeht. Für sie folgte nun aus der Analogie zu den anderen Alkalien erneut der Beweis, daß auch bei diesen der Übergang in den metallischen, durch die Endsilbe „um" gekennzeichneten Zustand unter Aufnahme von Wasserstoff geschehe. Der Gegensatz der beiden Anschauungen läßt sich also durch die Gleichungen beschreiben: Ammonium = Ammoniak + Wasserstoff, Kalium = Ätzkali + Wasserstoff: GAY-LUSSAC und THÉNARD; Ammonium = Ammoniak — Sauerstoff, Kalium = Ätzkali — Sauerstoff: BERZELIUS, DAVY.

Beide Male lagen gute Beobachtungen zugrunde; aber sie sollten nun auch für die Erscheinungen im Nachbargebiete maßgebend sein. Wenn Ammoniak unter Wasserstoffaufnahme Ammonium bildet, so bedeutet das ja noch nicht ohne weiteres den Beweis für einen gleichen Vorgang zwischen Ätzkali und Alkalimetall. Man muß, um das Festhalten an solchen Analogieschlüssen zu verstehen, nur auch bedenken, daß die tatsächliche Beobachtung auf derselben Grundlage geschah; die Entfernung zwischen Beobachtung und Erklärung war allerdings in beiden Fällen verschieden; eine Entfernung blieb aber doch. DAVY hielt der erwähnten Auffassung ein wichtiges Argument entgegen, und zwar ein rein chemisches, nicht bloß auf Analogie gegründetes. Kalium oder Natrium entwickelt mit Ammoniakgas Wasserstoff. Wenn der aus dem Alkalimetall käme, so müßte das grüne feste Reaktionsprodukt ja eine Verbindung zwischen Ätzalkali und Ammoniak sein. Schon die Existenz einer solchen Verbindung stand mit allem, was über die Affinitäten der Bestandteile zueinander bekannt war, in grellem Widerspruch; dazu kam noch, daß zu ihrer Bildung auch noch die vermeintliche Alkali-Wasserstoff-Verbindung zersetzt werden müßte. Aber andererseits konnte gegen den Teil der DAVY-BERZELIUSschen Auffassung, der sich auf die Analogie der flüchtigen und nichtflüchtigen Alkalien stützte, ein nicht minder schwerwiegender Einwand entscheiden: Das Ammoniakgas sahen sie ja als ein den Ätzalkalien entsprechendes Oxyd an, während die Analyse des Gases nur Stickstoff und Wasserstoff ergab. Aber man darf nicht vergessen, auf welche Voraussetzung dieser so direkt scheinende analytische Beweis sich gründete. Die Analyse selbst konnte BERZELIUS freilich nicht anzweifeln, wohl aber die elementare Natur der beiden dabei erhaltenen Gase. Daß Wasserstoff ein Element sei, hielt er noch für wahrscheinlich; aber der Stickstoff sollte nicht ein Element, sondern die Sauerstoffverbindung eines noch unbekannten Elements sein. So stark hielten die beiden Parteien an dem Gedanken der Analogie fest, daß die Franzosen die Alkalimetalle und der Schwede das Stickstoffgas

frühere Theorie gegen sich; und indem man vergaß, daß auch diese durch Verallgemeinerung einiger einzelner Beobachtungen gewonnen war — wir sahen, wie wenige ursprünglich bei LAVOISIER dazu dienten —, wollte man nun die neuen Tatsachen als zu kleine Teile des vollendet gedachten Ganzen ansehen, als daß sie die Theorie selbst hätten widerlegen können. BERTHOLLET schrieb 1803 im „Essai": „Es hieße die Grenzen der Analogie zu weit setzen, wenn man daraus, daß der Sauerstoff einer großen Zahl von Substanzen die Säureeigenschaft verleiht, schließen wollte, daß jene Azidität von ihm herrührt, auch die der Murium-, Fluß- und Borsäure[1])." Aber BERZELIUS, der Systematiker, dachte anders darüber. Die Sauerstofffreiheit des „oxydierten Salzsäuregases" hielt er erst um 1823 für ganz bewiesen, als von anscheinend recht weither neue Ergebnisse dies folgern ließen.

FARADAY hatte durch Einwirkung von Chlor auf Kohlenwasserstoffverbindungen süßlich schmeckende Flüssigkeiten hergestellt, die nach der Muriumtheorie Oxalsäure hätten enthalten sollen; das ließ sich experimentell eindeutig widerlegen. Das zweite entscheidende Moment bietet zugleich ein merkwürdiges Beispiel für die Art, wie zu dieser Zeit Analogien verwertet werden konnten: Eisenchlorid ist rot; BERZELIUS hatte daraus geschlossen, das rote Eisenoxyd sei darin das Farbgebende. Als aber das rote Doppelsalz des Eisenzyanids mit Zyankali bekannt wurde, da zeigte sich, daß die rote Farbe auch ohne die Anwesenheit von Sauerstoff — der ja in diesem Zyanide nicht anzunehmen war — bestehen könnte.

Diese Auseinandersetzungen über die elementare Natur von einzelnen Stoffen[2]) und die Notwendigkeit des Sauerstoffs zur Säurebildung sind für Methodik und Logik der Chemie ganz außerordentlich aufschlußreich. Sie zeigen zugleich, wie dürftig die übliche Angabe ist: Element sei, was bisher noch nicht zerlegt werden konnte. Solche bloß negativen Beweise können nur dann gelten, wenn sie durch genügend nahe gelegene Versuche mit positivem Ausgange ergänzt werden; ja, in dem Falle des Chlors und der Alkalimetalle handelte es sich sogar oft nur darum, daß man dem bei Anhängern wie Gegnern der neuen Theorie gleichen Versuchsergebnisse die richtige Deutung zuteil werden ließ. Die richtige Deutung war aber diejenige, die an in manchen Einzelheiten verschiedenartigen Experimenten die gleichen Bestandteile auswählen und zu einem Ganzen vereinigen konnte. Nicht der Gebrauch der Analogie war selbst fehlerhaft oder irrefüh-

---

[1]) „Essai" II, S. 8.

[2]) Man findet darüber in den betr. Bänden der Zeitschriften aus dem Anfange des 19. Jahrhunderts noch viel — verschiedenwertiges — Material; auch der Briefwechsel von BERZELIUS, z. B. mit H. DAVY, ist dafür recht interessant; vgl. „Jac. Berzelius Bref", herausgegeben von H. G. SÖDERBAUM, Upsala 1912 bis 1916; z. B. Bd. II, S. 8 ff.

rend; wesentlich war nur, daß man die geeigneten Ansatzstellen dafür wählte und nicht zu große Abstände damit zu überbrücken versuchte.

Als den eigentlichen Grund solcher Analogieschlüsse hatte BERZELIUS, der sie so zahlreich benutzte, sehr richtig den systematischen Zusammenhang zwischen den Einzeltatsachen der Wissenschaft festgehalten. Wenn jedes Teilgebietchen als ein ganz eigenes und streng in seine Grenzen eingeschlossenes, abgeschlossenes dastände, da gäbe es freilich keine Brücken von einem zum andern, und es gäbe gar keine wissenschaftliche Theorie. Alle die logischen Beziehungen, die zum Wesen der Theorie gehören, mußten ja ihre experimentelle Verwirklichung gefunden haben und so ein Netz von Verbindungen zwischen den einzelnen Erkenntnissen schaffen. Darum erschütterte eine Änderung an einer kleinen Stelle das ganze Gebäude. Freilich, jüngere Forscher fürchteten darum nicht gleich den Einsturz; sie erwarteten mit Recht, an Stelle der alten neue Beziehungen zu finden, und erst recht dann, wenn sie jedem einzelnen Gebietsteile seinen ganzen Eigenwert nicht verminderten.

V. Atomgewichts-Bestimmungen.

1. Die ersten Bestimmungen durch Berzelius.

Analogien mußten auch die Hauptrolle spielen bei der Aufsuchung der Atomgewichte der Elemente und Verbindungen.

Freilich schien der Begriff des Atomes — eben begrifflich genommen — eine durchaus absolute Aussage machen zu wollen. Aber seine Deutung aus den experimentellen Bestimmungen war doch zunächst ganz auf Wahrscheinlichkeitsbetrachtungen, ja fast auf das Gefühl des Chemikers angewiesen. Für DALTON blieb auf seiner physikalischen Ausgangsbasis das Atom ein unentbehrliches Hilfsmittel der Vorstellung und dadurch vollständig erwiesen. Wenige Chemiker taten es dem englischen Chemiker und Publizisten THOMAS THOMSON gleich, der sich mit Begeisterung dafür einsetzte. DAVY lehnte sogar die Bezeichnung Atomgewichte ab. Was man durch die quantitative Analyse findet, sind die Verhältnisse der verbundenen Gewichte, die Proportionen. Dann hätte man konsequent die Proportion eben für jede Verbindung einzeln und immer aufs neue, so wie es bei RICHTER, PROUST u. a. geschehen war, in Prozenten anzugeben gehabt. Der Atomtheorie verdankte man doch aber mindestens den Gedanken, alle Proportionen auf irgendein Einheitselement zurückzuführen und damit gerade die bisherige Relativität auf einen geringeren Grad zu bringen. So behielt die Atomtheorie auch für den, der sie ihres spekulativen Anteiles wegen ablehnte,

einen starken systematischen oder organisatorischen Wert, wenig
genug freilich im Vergleiche zu demjenigen, den sie bei voller Aus-
bildungsmöglichkeit hätte gewinnen können. Bei dem gegebenen
Stande der Chemie war der Unterschied, praktisch genommen, nicht
groß; er bestand im wesentlichen darin, daß der Inhalt der gefundenen Zahlen anders gedeutet wurde; die Methode ihrer Auffindung
blieb — auch abgesehen natürlich vom rein Technischen der Analyse
— recht ähnlich. DAVY schwankte z. B., ob er dem Sauerstoff die
Proportion 7,5 oder doppelt so groß geben sollte. Die erste Zahl
hätte nur das Gewichtsverhältnis zum Wasserstoff im Wasser, nach
damaligem Versuchsergebnisse, ausgedrückt; die Zahl 15 dagegen
hätte enthalten, daß 1 Volum Sauerstoff sich mit 2 Volum Wasserstoff verbindet, daß im Wasser also 2 Proportionen Wasserstoff mit
1 Sauerstoff verbunden sind. Die Atomtheorie ging darüber nun in
der Erklärung hinaus, indem sie in Verbindung mit dem GAY-LUSSAC-
schen Volumgesetze ein Volum als einem Atom entsprechend deutete.
Diese Verbindung mit dem Volumgesetze war jedoch schon eine Erweiterung der ursprünglichen DALTONSCHEN Annahmen.

Wie DAVY glaubten auch WOLLASTON und später GAY-LUSSAC
nicht an die Möglichkeit, wirkliche Atomgewichte zu bestimmen.
Die Aufgabe reduzierte sich also darauf, ein möglichst einfaches
System der Verbindungsgewichtsverhältnisse aufzufinden. Das
Prinzip der Einfachheit wandte, wie wir sehen, ja auch DALTON wei-
testgehend an. Aber es war etwas anderes, wenn man, wie etwa
THOMSON, sagte: in den verschiedenen Oxyden eines Metalles ist
immer ein Atom Metall vorhanden und je nachdem mit mehreren
Atomen Sauerstoff verbunden, danach müßten die Atomgewichte
gewählt werden; oder wenn man festsetzte, man wolle die Verbindungsverhältnisse nach irgendeinem, nur recht einfachen, Plane
angeben.

Ganz unabhängig von atomistischer Theorie hatte BERZELIUS
schon seit 1807 begonnen, die Gewichtsverhältnisse zu bestimmen.
BERZELIUS war inzwischen Professor an der Chirurgischen Schule
in Stockholm geworden. Für seine „Vorlesungen über Tierchemie"
(1806) fand er, „daß weder richtige Daten noch Ansichten den schon
vorhandenen Arbeiten über Tierchemie entlehnt werden können"[1].
Er stellte also selbst solche Untersuchungen über Galle, Knochen,
Häute, Fleisch an, und als er sie 1808 zusammenfaßte, da zeigte sich
die chemische Grundlage bei seinen Schülern als ungenügend, so daß
er auch ein Lehrbuch über die Grundlagen der Chemie verfassen
mußte, das ebenfalls 1808 erschien. „Als ich dieses ausarbeitete,

---

[1] Autobiographie (KAHLBAUMS Monographien Heft VII, S. 45 f.). Vgl.
auch Heft III: „Berzelius' Werden und Wachsen."

wurde meine Aufmerksamkeit durch die RICHTERschen Untersuchungen über die gegenseitige Zerlegung der neutralen Salze unter Beibehaltung der vollen Neutralität in hohem Maße gefesselt." Von der Richtigkeit dieser Ansichten, ebenso wie von ihrer hohen Bedeutung überzeugt, beschloß er, „durch richtige Analysen, die Berechtigung meiner Überzeugungen praktisch darzulegen".

Er hatte schon ein reiches Material gesammelt, als er in seiner schwedischen Abgeschlossenheit genauer mit der Atomtheorie vertraut wurde. Ihm, dem Systematiker, mußte diese Theorie ganz außerordentlich willkommen sein: Mit ihrer Hilfe konnte ein einheitliches System der nunmehr sichergestellten Verbindungsgewichte vielleicht gewonnen werden. Das Volumgesetz wurde dazu die Grundlage, nicht nur soweit es in einzelnen Fällen realisiert war, sondern auch in der Ausdehnung auf nicht gasförmige Stoffe. Dann mußte also zunächst Wasser als aus 2 Atomen Wasserstoff und 1 Atom Sauerstoff bestehend angesehen werden. Aber darüber hinaus konnte für die Kohlenstoffoxyde z. B. eine andere Art der Zusammensetzungsbestimmung angewendet werden, als die nach dem Prinzip der möglichst einfachen Atomverhältnisse. Aus 1 Volum A und 1 Volum B entstehen nämlich meist 2 Volum Verbindung, und aus 1 Volum A und 2 Volum B 2 Volum Verbindung. Nun vereinigt sich 1 Volum Sauerstoff mit 2 Volum Kohlenoxyd zu Kohlensäure, von der 2 Volum entstehen. Da das Kohlenoxyd also 2 Volumen entspricht, enthält es, Kohlenstoff gasförmig gedacht, je 1 Volum Kohlenstoff und Sauerstoff, und demnach folgt für die Kohlensäure das Verhältnis von 1 Kohlenstoff auf 2 Sauerstoff. Das gilt, wie man sieht, unter der Voraussetzung, daß 1 Volum Sauerstoff als Einheit gesetzt wird. Deshalb wählt BERZELIUS auch als die Beziehungsbasis der Atomgewichte nicht den Wasserstoff, sondern den Sauerstoff, dessen Atomgewicht mit 100 zugrunde gelegt wird.

In welches Verhältnis sollten aber die beiden Oxyde des Eisens zueinander gesetzt werden? Hier lag nun eine willkürliche, freilich spekulativ durch BERZELIUS unterstützte, Annahme vor: Es soll immer 1 Atom des Metalles in die Verbindung eingehen. Damit war das Atomgewicht des Eisens festgelegt. Die Analysen ergaben

77,22% Eisen, 22,78% Sauerstoff im Oxydul,
69,34% Eisen, 30,66% Sauerstoff im Oxyd.

Auf die gleiche Eisenmenge berechnet, ist in den beiden Oxyden das Verhältnis der Sauerstoffmengen 2 : 3[1]). Das ist natürlich ein rein experimenteller Befund, unabhängig von jeder Hypothese. Wenn nun aber dazu kam, daß in beiden Oxyden sich 1 Atom Eisen mit Sauer-

---

[1]) Im Oxyd kämen ja auf 77,22 Eisen 34,14 Sauerstoff; $34,14 \cdot {}^2/_3 = 22,76$.

stoff verbindet, so konnte nur noch im niedrigen Oxyd auf 1 Eisen 2 Sauerstoff, im hohen auf 1 Eisen 3 Sauerstoff gerechnet werden; wenn man nicht, was sinnlos Komplikation bedeutet hätte, 1 Eisen mit 4 und mit 6 Sauerstoff verbunden angenommen hätte. Da also auf 22,78 Sauerstoff 77,22 Eisen im niedrigeren Oxyd kamen und darin 2 Atome Sauerstoff vorhanden waren, so ergab sich, als mit 200 Sauerstoff verbunden, das Atomgewicht des Eisens 678,43 (= 111 für $o = 16$).

Die anderen Metalle, von denen zwei Oxyde bekannt sind, wurden von BERZELIUS nun ebenfalls so aufgefaßt, daß ihre Konstitution dieser der Eisenoxyde entspricht. Das nahm er in gleicher Weise für Kupfer wie für Natrium und Kalium an. Von den letzteren waren 1810 durch GAY-LUSSAC und THÉNARD Superoxyde gefunden worden, die beim direkten Verbrennen der Alkalimetalle entstehen. Ihr Sauerstoffgehalt war nun allerdings schwer zu bestimmen; er schien BERZELIUS wieder im Verhältnis 3 : 2 zu demjenigen im Alkalioxyde zu sein, und zu dieser Annahme leitete ihn wohl auch die Voraussetzung einer Analogie zu den Oxydstufen anderer Metalle.

Vom Blei untersuchte BERZELIUS alle drei Oxydationsstufen: das „gelbe Bleioxyd", das „rote" und das „braune" Bleioxyd. In ihnen findet er auf die gleiche Menge Blei das Verhältnis des Sauerstoffs wie $1 : 1^1/_2 : 2$; da aber kein halbes Atom vorkommen kann, muß geschrieben werden: 2 : 3 : 4. Diese Zahlen bedeuten aber erst dann Atome Sauerstoff, wenn die Voraussetzung beibehalten wird, daß immer 1 Atom des Metalles sich mit Sauerstoff verbindet; denn sonst könnte man, statt diese Verhältniszahlen durch Verdoppelung zu Atomzahlen zu machen, das einfache Verhältnis zugrunde legen und dann natürlich im mittelsten Oxyde 2 Atome Blei mit 3 Atomen Sauerstoff sich verbinden lassen. Der Grundsatz, daß nur immer 1 Atom Metall in die Verbindung eingehe, stand BERZELIUS also höher als der Grundsatz, die kleinsten Verhältniszahlen anzuwenden.

Aus dem Gewichtsverhältnisse, in welchem Schwefel an Stelle des Sauerstoffes sich mit manchen Metallen vereinigt, berechnete er die Atomgewichte des Schwefels; wozu noch die Annahme gehörte, daß die sich vertretenden Mengen auch gleichen Volumen im Gaszustande entsprechen würden. Die Gewichtszunahme, die dann z. B. das Schwefeleisen bei der Umwandlung in das schwefelsaure Eisen erfährt, läßt die Konstitution der Schwefelsäure erkennen: sie enthält 3 Atome Sauerstoff auf 1 Atom Schwefel.

Diese wenigen Angaben gewähren vielleicht doch schon ein Gefühl dafür, welches Werk BERZELIUS mit seinen Atomgewichtsbestimmungen vollbrachte. Wenn oben einfach die Analysen der Eisenoxyde angegeben wurden, so muß man bedenken, daß sie nur auf langem

Umwege geschehen konnten. Das zur Verfügung stehende Eisen war kohlenstoffhaltig, sein Gehalt an wirklich reinem Eisen war also erst noch zu bestimmen. Dazu wurde das Eisen in Salzsäure gelöst, das sich entwickelnde Gas, in welchem der Kohlenstoff als Wasserstoffverbindung enthalten war, wurde verbrannt, die entstandene Kohlensäure in Kalkwasser geleitet und das ausgefällte Karbonat gewogen. Dabei hatte sich nun das Eisen aufgelöst; seine Menge folgte aus der Differenz des gewogenen unreinen Eisens und des aus dem Karbonate berechneten Kohlenstoffs. Aus der Lösung wurde das Eisen mit Ammoniak gefällt und nach dem Glühen als Oxyd gewogen. Zu diesen Schwierigkeiten, die in der Natur der Dinge lagen, kamen noch solche der äußeren Verhältnisse. Als er 1807/08 begann, gab es in Schweden einen einzigen Platintiegel, und der war noch unbrauchbar für ihn, weil er für seine Wage zu schwer war. Die Salzsäure mußte er sich selbst aus Kochsalz und Schwefelsäure fabrizieren, da sie aus keiner Fabrik genügend rein zu erhalten war. Mit großer Mühe konnte er sich noch 1823 einen einzigen Porzellantiegel verschaffen. Unter solchen Erschwernissen und mit den einfachsten Hilfsmitteln mußte Berzelius so die scharfsinnig selbst erdachten Methoden durchführen. Dann erhielt er für die natürlich sauberst isolierten Verbindungen die prozentuale Zusammensetzung. Ihre Umwandlung in die Atomgewichte war erst die letzte Phase des ganzen langen Werkes.

Im Jahre 1814 veröffentlichte Berzelius seine ersten Atomgewichtstabellen über 42 Elemente. Zu dieser Zeit galten ihm ja Natrium, Chlor, Fluor als zusammengesetzte Stoffe, deren hypothetische Grundelemente er also in jener Tabelle anführte. In demselben Jahre beschrieb Berzelius auch ein neues System chemischer Zeichen. In einer kurz vorher (1811) erschienenen Abhandlung hatte er das Namensystem Lavoisiers erweitert, z. B. die verschiedenen Oxydationsstufen auch in der Endung des Namens angedeutet (die Endsilbe -ul für das niedrigere Oxyd) und die Nomenklatur geschaffen, die im wesentlichen noch heute gilt. Jetzt, 1814, suchte er die Beschreibung der chemischen Verbindungen und Elemente noch durch ein Zeichensystem zu vereinfachen. Als chemisches Zeichen für jedes Element gilt in Weiterführung vieler andrer Ansätze und Versuche der Anfangsbuchstabe des lateinischen Namens: der Buchstabe, statt einer Figur, um die Schreibung zu erleichtern; des lateinischen Namens, um das System international gleich zu gestalten. Der Hauptvorteil wird dabei für die Schreibung von Verbindungen erreicht: dann erhält jedes dieser Zeichen die Bedeutung von einem Volum des Elementes, und die Anzahl von Volumen eines Elementes, die in die zu kennzeichnende Verbindung eingehen, wird

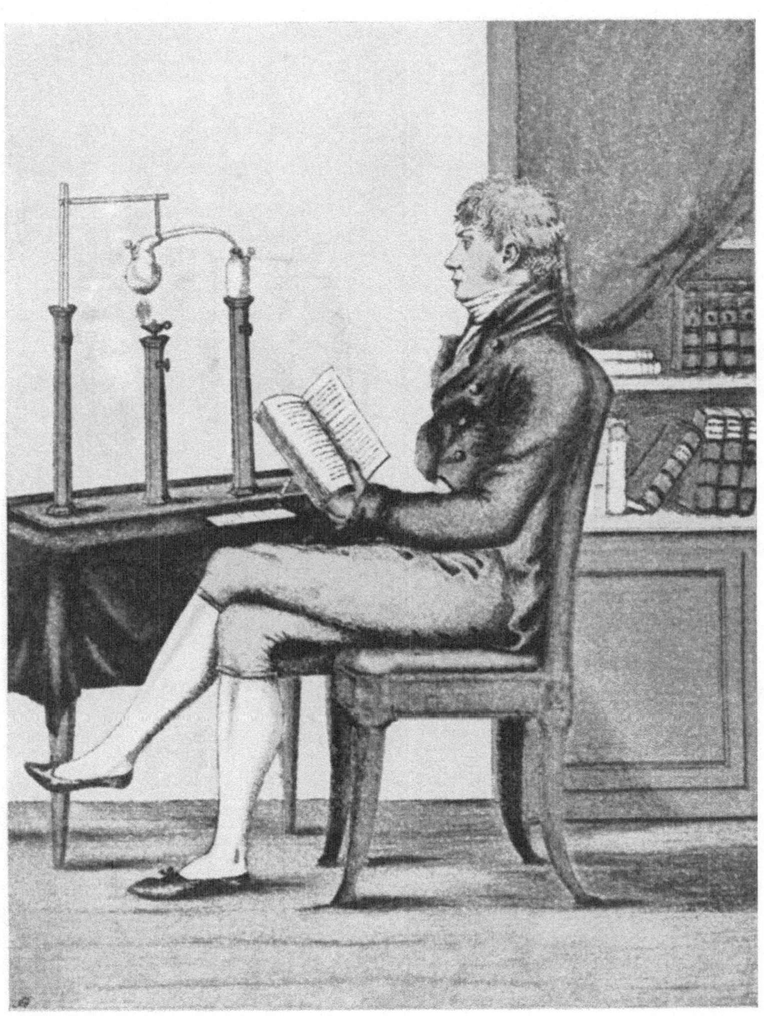

durch die hochgestellte kleine Zahl angegeben. Aus dem Volumen wird durch Umrechnung mit dem spezifischen Gewichte das Atomgewicht. So ist H^2O die „chemische Formel" des Wassers, FeO^2 die des Oxydul, FeO^3 die des Oxydes von Eisen (= Ferrum). Die Oxyde des Bleies schreibt man also: PbO^2, PbO^3, PbO^4; und wenn ich daneben die anderen als möglich angeführten Formeln schreibe: PbO, Pb_2O_3, PbO_2, so zeigt sich deutlich die große Klarheit dieser Schreibweisen gegenüber den sonstigen Wortbeschreibungen.

Da diese Formeln dieselben Verbindungen bezeichnen, die BERZELIUS anders schrieb, so muß in diesen das Atomgewicht des Bleies jenen gegenüber halbiert sein. Welche Gründe zu dieser Schreibweise führten, wird auf den nächsten Seiten ausgeführt werden. Das Prinzip der „Einfachheit", mit dem DALTON begonnen hatte, herrschte auch weiterhin bei solchen Ansätzen vor; aber sein Inhalt wandelte sich. Für DALTON galt es nur über ein kleines Tatsachenmaterial hinweg, das, außer auf nur wenige Verbindungen, auch noch allein auf die Gewichtsmengen, die sie zusammensetzten, beschränkt war. BERZELIUS nahm für eine größere Anzahl von Verbindungen auch noch die Volumverhältnisse in die Betrachtung auf. „Einfach" war nunmehr dasjenige, was auch ihnen gerecht wurde. Wenn man aber den Umfang der einbezogenen Tatsachen erweiterte, dann erschienen diese früheren Festsetzungen gar nicht mehr als die Erfüllung ihres Grundprinzipes.

Dieser Vorgang interessiert auch noch in größeren Zusammenhängen. Es ist bekannt, wie durch AVENARIUS für allgemeinere, durch MACH für naturwissenschaftliche Erkenntnisse das Prinzip der Einfachheit durchgeführt wurde und danach unsere Erkenntnisbildung als eine Art Minimumaufgabe erscheint: Wahr, gut, beständig ist das, was mit dem geringsten Arbeitsaufwande geleistet wird. Man vergaß vielleicht im Kampfe um diese Erkenntnis die mit Notwendigkeit zugehörige andere Seite zu betonen: daß diese Minimumaufgabe nur im Zusammenhange mit einem Streben nach größtem Umfange des Wissens besteht. Erst dadurch wird ihre Lösung auch im konkreten Falle bestimmt. Wollte man bloß „Einfachheit", so könnte man das sehr rasch haben: indem man sich um recht wenig Vorgänge kümmerte. Aber jener Begriff darf eben nicht so absolut genommen werden, wenn er auf die wissenschaftliche Erkenntnis zutreffen soll: da wird er begrenzt, relativiert, und darum bei fortschreitender Entwicklung tätig verändert durch den Stand, den die Lösung der anderen, der Maximumaufgabe erreicht hat.

In diesem Sinne waren die Formeln, die BERZELIUS durch so inhaltsreiche kurze Zeichen schrieb, gewiß von wunderbarer Einfachheit. Aber die war noch durch zuviel willkürliche Festsetzungen erzielt worden, sie war zu sehr noch bloß mathematische Einfachheit. Das ist freilich ein „unhistorischer" Vorwurf: zu ihrer Zeit umfaßten diese Formeln so etwa das ganze vorhandene zugehörige Wissen. Wenn sie dennoch zuviel Hilfe von nichtexperimentellen Annahmen brauchten, so heißt das nur, daß dieser Zweig der Chemie den Stand der übrigen überholt hatte. Nun war zweierlei möglich: entweder behielten die Gegner der Theorie recht, statt der Atomgewichte nur Verhältnis- oder Mischungsgewichte (wie GMELIN schrieb) zu setzen, weil ja doch die Atomgewichtsbestimmungen immer mit Willkür überladen bleiben würden; oder Hilfe kam von anderer Seite her, durch die Auffindung von Beziehungen, die eine natürliche Grundlage für die Atomgewichtsbestimmungen vorbereiteten. Die Hilfe kam bald genug, und sogar von zwei Seiten.

2. Spezifische Wärme und die Regel von Petit und Dulong.

Die Wärmetheorie, die in der ganzen phlogistischen Zeit eine so hervorragende Stellung eingenommen hatte, beschäftigte natürlich auch in der neuen Zeit viele Forscher. Wärme, als Stoff aufgefaßt, gehörte ja mit zur Chemie. Man hatte allerdings an diesem auch sonst als Stoff eigenartigen Wesen die beiden Zerlegungsfaktoren gewonnen: die Temperatur und die Kapazität. Mit dieser, auch spezifische Wärme genannt, maß man das Aufnahmevermögen eines Stoffes für jenen anderen, sein Verbindungsvermögen mit der Wärme. Die Analogien mit den Verbindungsgesetzen zwischen anderen Stoffen konnten dann zu der Hypothese führen, daß auch die Verbindung mit Wärme von Atom zu Atom und darum abhängig vom Atomgewichte geschehe. In diese Richtung gingen Vermutungen DALTONS bei seiner Theorie der Wärmehüllen um die Atome. Die Versuche RUMFORDS (1798) und HUMPHRY DAVYS (1799 und später), die gegen eine Stofftheorie für die Wärme sprachen, wirkten nur sehr langsam und im Zusammenhange mit späteren physikalischen Fortschritten. An manchen Stellen schien die Entwicklung dahin zu zielen, den Sauerstoff, die alte „Feuerluft", als den wesentlichen Träger der Wärme einzusetzen; zum mindesten zeigte sich oft genug, daß der Sauerstoff als umgekehrter Phlogistonbegriff viel von der Aufgabe seines Gegensatzes zu übernehmen hatte. Bei LAVOISIER und BERTHOLLET war Sauerstoff der ganz besonders wärmehaltige Stoff; und die bei seiner Kondensation zu festen Oxyden verlorene Wärme ist ganz und identisch die Reaktionswärme. Es wäre vielleicht ein dankbares Thema einer Spezialuntersuchung, das geschichtliche Verhältnis zwischen Sauerstoff und Wärmestoff genauer zu verfolgen.

Unabhängig von der Entscheidung solcher hypothetischen Vorstellungen dehnte man die Messungen der spezifischen Wärmen aus
und verfeinerte die Methoden dafür. Da fand man auch, daß nicht
der Sauerstoff die größte Kapazität für die Wärme besitzt, sondern
daß bei gleichen Volumen verschiedener Stoffe die Kapazitäten um so
größer sind, je kleiner die spezifischen Gewichte (GAY-LUSSAC 1806)[1]).
Aber die spezifischen Wärmen der Gase, die außerdem noch einwandfreier und ausgedehnterer Bestimmungen bedurften, hatten zunächst
noch kaum Bedeutung für die Chemie. Das war anders für die festen
Körper und zuerst für die Elemente. PETIT und DULONG fanden 1819
mit verbesserten Apparaten und bei ihren auf 13 Elemente aus-
gedehnten Messungen, daß die Produkte der spezifischen Wärmen
mit den relativen Atomgewichten Werte abgaben, die sie als genügend
nahezu gleich ansahen. „Die Atome aller einfachen Körper
haben genau die gleiche Kapazität für die Wärme", schlossen
sie. Vergleicht man die Ausdehnung dieses Schlusses mit seinen
experimentellen Grundlagen, so erhält man hier wieder einmal den
Beweis, daß der geniale Forscher nicht zu sehr Realist sein darf
oder zum mindesten nicht in der Art, daß er die gefundenen Messungsergebnisse als die unerschütterliche Wahrheit hinnimmt. Von 13 metallischen Elementen wurde sofort auf alle „einfachen Körper" geschlossen, und die Abweichungen der Produkte aus spezifischer
Wärme und Atomgewicht voneinander den Unsicherheiten des Experimentes zugeschrieben. Man darf auch nicht glauben, daß in
dieser zweiten Behauptung sich eine exakte Kritik des angewandten Verfahrens offenbart; hier ist sie gefühlsmäßig gewonnen,
und zwar von dem nach wenigen Versuchen schon vorausgenommenen
Gesamtergebnisse, von dem allgemeinen Gesetze als sicherer Grundlage aus.

Wie sich die zusammengesetzten Körper verhalten, versprachen
die beiden Forscher später zu untersuchen, wenn erst die Bestimmung
der Atomgewichte weniger willkürlich wäre und durch die neuen
Bestimmungen mehr als nur neue Willkür zur alten hinzugefügt würde.
Zunächst können die neuen Regeln dazu dienen, wenigstens zwischen
ganzzahligen Vielfachen der Atomgewichte zu entscheiden, nachdem
die Verhältniszahlen in den Verbindungen durch chemische Analysen
gefunden worden waren. Das hätte für manche der von BERZELIUS
angenommenen Werte die Halbierung im Gefolge haben müssen.
Aber obgleich BERZELIUS diese Gesetzmäßigkeit als recht bedeutsam
erkannte, hielt er sie doch nicht für stark genug begründet, um sie

---

[1]) Vgl. die im Anhang zu MACH, „Prinzipien der Wärmelehre", 3. Aufl.,
abgedruckten Mitteilungen. S. 474.

allein als das wirkliche Maß gelten zu lassen. Erst als noch andersartige Gründe in demselben Sinne sprachen, erschienen auch die Forderungen dieses Gesetzes als berechtigt.

3. Isomorphismus.

Zu den äußeren Kennzeichen, nach denen die älteren Chemiker die ihnen bekannten Körper unterschieden, gehörte nicht die Kristallform der Mineralien. Dazu hätten zuerst ihre Unterschiede wohl größer oder das Unterscheidungsvermögen feiner sein müssen; jedenfalls war das, was man beachtete, an den als gleich bekannten Stoffen zu unspezifisch. Man hätte auch in manchen Fällen aus den scheinbaren Verschiedenheiten die zugrunde liegende gleiche Form erst isolieren müssen; so daß man später die Ansicht lange Zeit für richtig hielt, die CONRAD GESSNER 1564 ausgesprochen hatte: die Kristalle einer Substanz könnten nach Größe der Flächen und der Winkel ganz beliebig verschieden sein. Erst gegen das Ende des 18. Jahrhunderts fand man auch in diesen scheinbar regellos schwankenden Erscheinungen eine feste Regel[1]. Freilich schrieb der große BUFFON (1707—1788) noch 1783, die kristallographischen Kennzeichen seien ganz wertlos, weil ganz uncharakteristisch. Aber GAHN hatte schon vorher gefunden, daß Kalkspatkristalle beim Spalten eine rhomboedrische Grundform erkennen lassen; auch wenn sie vorher nicht deutlich hervorgetreten wäre, hätte man sie durch eine solche Methode also isoliert. Zehn Jahre vor jener Veröffentlichung BUFFONS hatte BERGMANN die Untersuchung GAHNS weitergeführt, und in demselben Jahre 1783 zeigte ROMÉ DE L'ISLE (1736—1790) in seiner „Cristallographie", daß bei aller Verschiedenheit der Seitenflächen doch ein Konstantes an den verschiedenen Kristallen gleicher Art zu finden wäre: die Winkel der hauptsächlichen Flächen miteinander. Immerhin war auch das mehr die Vorausahnung als der Beweis eines Gesetzes. Aber es war doch ein Schritt über die Vorgänger hinaus, auch über LINNÉ (1707—1778), und ROMÉS Meßinstrument, das Goniometer, gab eine exakte Beobachtungsgrundlage.

RENÉ JUSTE HAUY (1743—1822) suchte Kristallographie und Chemie zu verbinden. Auf die Ergebnisse der chemischen Untersuchungen KLAPROTHS gestützt, wollte er die Einteilung der Mineralien nach derjenigen der Chemie einrichten; denn, meinte er, wie könnte er besser und nach wesentlicheren Gesichtspunkten trennen und doch wieder vereinigen als die Chemie? Zu den stofflichen

---

[1]) GUGLIELMINI, der ein Jahrhundert früher schon eine wissenschaftliche Kristallographie versuchte, blieb ziemlich unbekannt (siehe v. MEYER, „Geschichte der Chemie"⁴, S. 496).

Eigentümlichkeiten, nach denen hier getrennt wird, sollte also als gleichberechtigt und ebenso charakteristisch auch die Kristallform gehören. Dann sind die chemischen Einteilungen auch mineralogisch gültig, und chemisch Verschiedenes ist auch mineralogisch verschieden. Zu diesem, gewissermaßen induktiven Teile gehörte dann wie immer auch ein deduktiver, um die Anschauungsweise zur Theorie zu machen: Wie die chemische Eigenschaft charakteristisch für die Form ist, sollte nun die Form auch charakteristisches chemisches Merkmal sein können. Das erste stützte sich auf die Fälle der gefundenen wirklichen Übereinstimmungen; das zweite verlangte die Übereinstimmung nun auch in allen überhaupt möglichen Fällen.

Nun hatten aber die beiden hervorragendsten Analytiker der Zeit, KLAPROTH und VAUQELIN, bewiesen, daß die beiden in verschiedenen Systemen kristallisierenden Mineralien Kalkspat und Aragonit aus denselben Elementen in denselben quantitativen Verhältnissen verbunden bestehen: beide sind Kalziumkarbonat. Dennoch vermutet HAUY lieber die Anwesenheit eines noch unbekannten Stoffes in einem der beiden Mineralien, als daß er von seiner Grundannahme gewichen wäre. Unter erkenntnistheoretischen Gesichtspunkten wird man an diesem Verhalten zwei Momente besonders herausheben: Das ist einmal die Starrheit, mit der ein solcher über die gegenwärtigen Erfahrungen hinausgehender Grundsatz festgehalten wird und werden kann, weil die Beweiskraft eines Experimentes doch von seiner Bewertung abhängt. Dazu kommt ferner die prinzipielle Bedeutung des Grundsatzes selbst; er behauptet ja, wenn man ihn verallgemeinert, die Eigenart eines Stoffes — und jedes Stoffes — müsse sich auch in allen seinen Eigenschaften zeigen, so daß dann jede einzelne dieser Eigenschaften zu der vollständigen Trennung unter den Stoffen dienen könne. Noch allgemeiner gefaßt bedeutet dies die Verabsolutierung der Trennungen: so daß dazwischen keinerlei Gemeinschaft in einer Gleichheit von Teilen mehr bestünde. Aber man sollte es vielmehr als die Aufgabe des Experimentes betrachten, festzustellen, ob Ähnlichkeiten bestehen, und in welcher Weise sie das Getrennte wieder zusammenführen.

HAUY war Atomistiker; er dachte sich auch die Teilchen in den Kristallen in bestimmter Weise gelagert. Mit der neuen Entwicklung der Atomistik ist auch diese Theorie als die der Raumgitter bedeutsam weitergebildet worden. Wieweit ein Zusammenhang zwischen dieser Theorie und jener Auffassung des Elementbegriffes besteht, ließ sich allerdings mehr nachfühlen als auch nur bestimmt aussprechen. Vorläufig, bis dieses anders wird, mag die Vermutung mit „Als-Ob"-Charakter und vielleicht heuristischem Werte erwähnt werden dürfen.

BERTHOLLETS Einwendungen gegen HAUYS System richteten sich auch natürlich gegen die darin vorausgesetzte Konstanz der Verbindungsgewichtsverhältnisse. Er wies auf die verschiedenen Salze hin, die miteinander gemischt kristallisieren können; in solchen Kristallen gab es nach NEP. FUCHS „vikariierende Bestandteile“. HAUY wollte das damit erklären, daß Substanzen mit großer Kristallisationskraft ihre Form den Beimengungen aufprägen können. Für BERZELIUS wogen jene Einwände überhaupt nicht schwer, da er doch in seinen fein gereinigten Verbindungen nur konstante und feste Verhältnisse antraf. Sein damals siebzigjähriger Freund GAHN führte ihn in die Lötrohranalyse ein, und gemeinsam suchten sie allerlei Mineralien im Gebirge zur Untersuchung. Seit 1814 betonte BERZELIUS, ein System der kristallisierten Stoffe, nach der elektrochemischen Reihe geordnet, könne zugleich das System der Mineralogie sein[1]. Andere Mineralogen wollten zunächst von einer solchen Verbindung zwischen Chemie und Mineralogie nichts wissen; da diese es mit der geometrischen Gestalt zu tun hat, so müsse darin ihr Einteilungsprinzip liegen. C. S. WEISS und F. E. NEUMANN lieferten die systematischen Untersuchungen dafür in den ersten Jahrzehnten des neuen Jahrhunderts.

Aber vor dieser Trennung von Chemie und Mineralogie entwickelte EILHARD MITSCHERLICH[2] im Jahre 1819 eine für beide fruchtbare Erkenntnis aus einer Beziehung zwischen der Kristallform und der chemischen Zusammensetzung[3]. Arsen- und Phosphorsäure gaben mit verschiedenartigen Basen Salzreihen, die ganz übereinstimmend kristallisierten. In diesen beiden Salzreihen sind also die Elemente Phosphor und Arsen, soweit die Kristallform betrachtet wird, gleichwertig vertretbar; sie sind gleich in bezug auf die Gestalt dieser Verbindungen, in denen sie in gleicher Zahl vorhanden sind. MITSCHERLICH nannte solche Elemente isomorph.

Diese nur auf die Beobachtung der beiden Salzreihen begründeten Schlüsse erwiesen sich auch bei weiteren Forschungen als zutreffend. So sind die Karbonate von Kalzium, Barium, Zink, Mangan, Eisen im wesentlichen von gleicher Kristallform. Wenn die metallischen Elemente in diesen Karbonaten isomorph waren, mußten sie auch in anderen untereinander gleichgebauten Salzen vertretbar sein, z. B. in den Sulfaten. Hier schien zuerst die Theorie nicht zu stimmen; aber es war nur wieder einmal das Wasser, das nicht genügend berücksichtigt war, diesmal das Kristallwasser.

---

[1] „Versuch, durch die Anwendung der elektrochemischen Theorie und der Lehre von den bestimmten chemischen Proportionen zur Aufstellung eines rein wissenschaftlichen mineralogischen Systems zu gelangen.“

[2] Siehe S. 160.

[3] OSTWALDS Klassiker Nr. 94.

Bald zeigte jedoch Mitscherlich selbst, daß bei seiner, wie bei so manchen anderen Theorien, eine gewisse Ungenauigkeit Pate gestanden hatte. Gerade darin wird sich immer das Geniale eines schöpferischen Forschers offenbaren, daß er die Hauptzüge herauszuheben und als Gesetz zu formulieren versteht. 1821, also zwei Jahre nach der ersten Veröffentlichung über die Isomorphie, führte Mitscherlich aus, daß die Übereinstimmung der Kristallformen in den hierhergehörigen Fällen doch nicht in dem behaupteten Ausmaße eintritt. Aber was ohne die erste geniale Konzeption als verwirrende Regellosigkeit zu betrachten gewesen wäre, das wurde jetzt kleine Abweichung von der idealen Form genannt. Außer dieser Korrektur brachte die neue Abhandlung aber auch noch eine wesentliche Erweiterung: Die gleiche Anzahl in derselben Weise miteinander verbundener Atome bringt dieselbe Kristallform hervor; diese ist, wenn auch unabhängig von der chemischen Natur der Atome, doch durch einen weiteren Faktor bestimmt: durch die relative Stellung der Atome. In dieser Form umfaßte das Isomorphiegesetz auch die Dimorphien, diejenigen Fälle, in denen dasselbe chemische Individuum in zwei verschiedenen Kristallformen auftritt. Die in diese Richtung fallende Entdeckung der chemischen Identität von Aragonit und Kalkspat wurde nun auf andere Karbonate ausgedehnt und 1823 dann auch auf ein Element, den Schwefel.

4. Neue Gesetzmäßigkeiten für die Atomgewichte.

a) Die Änderung der ersten Atomgewichte.

Die Darlegungen Mitscherlichs fanden bei Berzelius Beifall auch deshalb, weil sie sich mit seinen Atomgewichten vereinigen ließen. Dennoch hielt er im Jahre 1826 eine bedeutende Änderung derselben für nötig. Der Grundsatz, in den Oxyden immer ein Atom des Metalles zu schreiben, hatte für die beiden Oxyde des Chroms die Formeln gefordert: CrO_6 und CrO_3. Nun führte die neue Art von Analogie zu einer Änderung, die von da aus sehr viel weiter griff. Die Salze des höheren Oxydes von Chrom sind nämlich isomorph mit denen der Schwefelsäure. Da dieser die Formel SO_3 zukommt und Isomorphie gleichen Atombau voraussetzt, so muß statt CrO_6 geschrieben werden: CrO_3. In dieser Formel bedeutet dann Cr natürlich nur noch die Hälfte des früheren Gewichtes. Indem nunmehr sein anderes Oxyd als Cr_2O_3 angesehen wurde, forderte die Isomorphie desselben mit dem Aluminium und Eisen, daß auch deren Oxyde in Al_2O_3, Fe_2O_3 umgeschrieben wurden. Daraus wieder folgte für das Oxydul des Eisens FeO als Formel, und für alle ähnlichen Oxyde ebenfalls die allgemeine Konstitution: R + O. So wurde auch statt des früheren NaO_2 jetzt NaO für das Natriumoxyd geschrieben.

Alle diese weitergreifenden Änderungen geschahen unter dem Einflusse des Isomorphiegesetzes. So stellte sich auch heraus, daß die neuen Atomgewichte zugleich der Regel von DULONG und PETIT folgten. Die Formel SO_3 für die Schwefelsäure hatte erfordert, daß in den schwefelsauren Salzen auf 1 Atom Base 2 Atome Säure kamen. Die neuen, halbierten Atomgewichte der Metalle lieferten dagegen in der Regel die Zusammensetzung: 1 Atom Base + 1 Atom Säure für die Salze.

Nur anmerkungsweise sei noch einer von BERZELIUS vorübergehend angewandten eigentümlichen Schreibweise gedacht: Um die Übersichtlichkeit zu fördern, schrieb er für $PbCl_2$: PbꞢ; mit dem Durchstreichen in ein Drittel der Höhe sollte ein „Doppelatom" bezeichnet werden, und er glaubte so die Ähnlichkeit mit dem PbO besser hervorzuheben. Demnach galt auch für H_2O die Schreibweise: ꞢO. Sie sollte auch die Anschauung ausdrücken, daß das ungetrennte Doppelatom des H sich mit dem O vereinigt.

b) Gasvolum und Atomgewicht.

Als ersten und sichersten Ausgangspunkt nahm BERZELIUS bei den Atomgewichtsbestimmungen die Regel: Die Atomgewichte verhalten sich wie die spezifischen Gewichte der Elemente im Gaszustande. So für sich ausgesprochen, klingt der Satz wie eine willkürliche und etwas dunkle Festsetzung. Wie einfach er aus den direkten experimentellen Beobachtungen und dem atomistischen Denken hervorgeht, erkennt man bei der Erinnerung an seine Anfänge bei DALTON. Da hatte zuerst als Atomgewicht des Stickstoffes 4 gegolten, weil im Ammoniak 4 mal soviel Stickstoff als — die Einheit bildender — Wasserstoff gefunden wurde. Nach dem Ergebnis anderer Analysen wurde dieser Wert korrigiert, er stieg bis auf 5; aber trotz aller solcher Schwankungen blieb man überzeugt, daß „das eigentliche" Atomgewicht konstant war; nur seine experimentelle Erkennung veränderte sich. So gab die Atomtheorie, als Spekulation von ehrwürdigem Alter und als Mittel zur Veranschaulichung durch seine Einfachheit gerechtfertigt, einen festen Grund für die Behauptung der konstanten Proportionen. Für Verbindungen derselben Elemente zu verschiedenartigen Stoffen folgte dann, erst auf dem Papier und dann auch im Apparate, der Nachweis der multiplen Verbindungsgewichtsverhältnisse. Dazu wurden die Raumteile beobachtet, nach denen z. B. ölbildendes Gas und Sumpfgas zusammengesetzt sind; und es ist klar, daß das doppelte Volum desselben Gases unter gleichen äußeren Bedingungen

das doppelte Gewicht hat. Bald darauf wurden die einfachen Volumverhältnisse zwischen den gasförmigen Bestandteilen selbst bei Verbindungen gefunden. 2 Volum Wasserstoff verbinden sich mit 1 Volum
Sauerstoff, aber 3 Volum Wasserstoff mit 1 Volum Stickstoff. Diese
Volumbeziehung war wichtig genug, um auch in den Atomgewichten
Ausdruck zu verlangen. Die Einheit bildete dann nicht nur das Ge-
wicht, sondern auch das Volum des Wasserstoffes. Dadurch erweiterte man den Bereich der in den Atomgewichten zusammengefaßten Beziehungen. Setzte man N = 5, so genügte das für sein
Verhältnis zum Wasserstoff in der einen Verbindung: Ammoniak.
Verdreifacht man diese Zahl, so verstößt man scheinbar gegen das
Prinzip der größten Einfachheit, aber doch nur für diese eine Verbindung, und auch da nur, wenn man sich auf den Ausdruck der
Gewichtsverhältnisse beschränken will. Das wäre nicht nur Willkür,
sondern ließe auch das große Tatsachengebiet der Volumverbindungs-
verhältnisse außer allem Zusammenhange; und das ist eben gegen
das Prinzip der Einfachheit. Für die Metalle und die anderen nicht-
gasförmigen Stoffe war die Bestimmung zuerst nur auf Grund von
scharfsinnigen Konstruktionen möglich. Ihnen gab dann das Isomorphiegesetz eine erneute experimentelle Stütze, wonach die eine
Änderung beim Chrom über fast alle Metalloxyde ausgedehnt werden
mußte. Auch danach blieb aber ein Atom immer noch gleich einem
Volumteile. In Formeln wie H_2O oder Fe_2O_3 bedeuteten die aus-
geschriebenen Zahlen (ebenso wie die nur nicht ausdrücklich mitgeteilte Zahl 1) zugleich die relativen Raumteile, die die gasförmig
gedachten Elemente vor der vollständigen Vereinigung zur Verbindung einnahmen. Allerdings galt dann ein „Atom" Verbindung, d. h.
ein durch die Summe der elementaren Atomgewichte dargestelltes
Verbindungsgewicht, nicht auch als 1 Volum Verbindung. Ein H_2O
stellt ja z. B. 2 Volumen dar, gebildet aus 2 Volumen Wasserstoff
und 1 Volum Sauerstoff. BERZELIUS trennte einfach zwischen den
Volumen der Elemente und denen der Verbindungen und wandte seine
Aufmerksamkeit tatsächlich jenen zu. Und doch hätte ihm eine schon
im Jahre 1811 veröffentlichte Theorie die Zusammenfassung beider
Arten von Volumen auf der Grundlage einer etwas erweiterten Volum-
theorie ermöglicht, wenn sie nach Verdienst rechtzeitig und nicht erst
viele Jahre später die Aufmerksamkeit der Chemiker gefunden hätte[1]).

Die Erweiterung geschah durch AMEDEO AVOGADRO (1776—1856,
Turin) und knüpfte an das Volumgesetz an, das GAY-LUSSAC gegen
den Widerspruch DALTONS verteidigte[2]). AVOGADRO zog den Schluß

---

[1]) Vgl. KAHLBAUM, Monographien Heft VII; ferner C. Graebe, Journ. f.
prakt. Chem. **87**. 145.
[2]) Vgl. S. 110f.

aus dem Volumgesetze, den seine Verbindung mit der Atomtheorie nahelegte. Er begründete ihn auch gar nicht anders als damit, daß doch die Verbindungen zwischen Atom und Atom geschehen, und demnach, da sie zugleich zwischen gleichen Volumen vor sich gehen, in gleichen Raumteilen die gleiche Anzahl von Atomen vorhanden sei. Er gebrauchte dabei den Ausdruck „Molécule" für Atom. Dann liefert also das Verhältnis der Gewichte gleicher Gasvolume (bei gleicher Temperatur und gleichem Druck), d. h. das Verhältnis der Dichten, auch das Verhältnis der Massen der Molekeln. Sauerstoffgas hat eine etwa 15 mal größere Dichte als gasförmiger Wasserstoff: folglich wird die Masse der Sauerstoffmolekel 15 mal größer sein als die der Wasserstoffmolekel. Aber gerade das Volumverhältnis bei der Wasserbildung hatte ja DALTON den Anlaß gegeben, das Volumgesetz GAY-LUSSACS zu verwerfen. 2 Volum Wasserstoff verbinden sich mit 1 Volum Sauerstoff zu 2 Volumen des gasförmigen Wassers. Auf Grund seiner Hypothese folgerte nun AVOGADRO daraus, daß „die entstehende Molekel sich in zwei (oder mehrere) Teile oder integrierende Molekeln teilt". Und in einer Anmerkung fügte er hinzu: „so wird z. B. die integrierende Molekel des Wassers aus einer gleichen Molekel Sauerstoff und einer Molekel oder was dasselbe ist, zwei halben Molekeln Wasserstoff bestehen"[1]).

Dem lag also eine neue und gar nicht ausdrücklich eingeführte Voraussetzung zugrunde: die Unterscheidung zwischen teilbarer Molekel und integrierender Molekel. Dadurch war dann der freilich unmögliche Gedanke so geteilter Atome vermieden, indem man eine nächsthöhere Einheit, die Molekel, einführte.

Jetzt galt es noch, die Teilbarkeit der Molekel selbst zahlenmäßig festzustellen. AVOGADRO hebt zwar hervor, daß zumeist nur eine Teilung in zwei Hälften stattfindet, aber zugleich auch, daß eine weitergehende Zerlegung wohl nicht unmöglich und sogar wahrscheinlich wäre. Für den wirklichen Eintritt der Teilung sprechen noch besonders diejenigen Verbindungen, die ohne Volumänderung geschehen, wie etwa die Bildung des Salpetergases (NO): Wollte man da annehmen, daß keine Teilung der Molekel eintritt, so würde man den Vorgang der Verbindung gar nicht verstehen, die Molekeln behielten ihre frühere Entfernung alle bei. Mit der neuen Hypothese dagegen bildet jedes der beiden reagierenden Molekeln zwei Teile, und jede halbe Molekel der einen Art vereinigt sich mit einer halben Molekel der anderen, so daß dann auch ein Volum der Verbindung zwei Molekeln enthält.

Man sieht, es ist ein spekulativ begründetes System, das AVOGADRO hier aufbaut und das er dann noch auf die Verhältnisse bei der Neu-

---

[1]) Siehe OSTWALDS Klassiker Nr. 8, S. 6.

tralisation ausdehnt[1]). Auch AMPÈRE, der in einem 1814 veröffentlichten Briefe ähnliche Gedanken zum Ausdruck brachte und durch geometrische Veranschaulichungen für die Atome noch viel weiter führte, ging von Hypothesen aus. Aber nicht darin darf man wohl den Grund suchen, daß diese beiden Abhandlungen so wenig Eindruck machten. Vielmehr ist zu einem Teile AVOGADRO selbst insofern daran schuld — soweit man von Schuld sprechen dürfte —, als er die Grundlagen seines Systemes nicht klar genug heraushob, vor allem den Unterschied zwischen dem, was er Molekel nennt und den Atomen, von denen man seit DALTON in der Chemie sprach. So gab er denn auch nach seiner Wiederentdeckung Anlaß zu zahlreichen Mißverständnissen.

Die gewaltige Bedeutung, die späterhin die Avogadroregel gewann, darf man ihr eben nicht auch schon bei ihrer ersten Aufstellung zuweisen. Damals war sie ein Hilfsmittel zur Bestimmung von Atomgewichten, und AVOGADRO wendete sie auch so an. Daß die Vorteile dieses Hilfsmittels nicht schärfer ausgenutzt wurden, lag zum großen Teile mit daran, daß BERZELIUS die Annahme der Teilbarkeit der kleinsten Gaspartikel ablehnte. Immerhin nahmen wenigstens einige französische Chemiker diese Theorie zum Ausgangspunkte neuer Untersuchungen. J. B. DUMAS stützte sich auf AMPÈRES Arbeit und suchte (1826) weitere experimentelle Grundlagen für solche Anschauungen zu schaffen. Bisher hatte man sich ja zumeist damit begnügt, die bei gewöhnlicher Temperatur gasigen Substanzen nach ihren Volumverbindungsverhältnissen zu untersuchen. Durch die Dampfdichtebestimmung am Jod kam DUMAS zu einem mit BERZELIUS übereinstimmenden Resultate. Anders dagegen war es bei Quecksilber, Phosphor und Schwefel. Ein Volum Quecksilberdampf wog nämlich, wenn ein gleiches Volum Sauerstoff = 16 gesetzt wurde, 101 Teile, also halb soviel, als nach BERZELIUS das Atomgewicht des Quecksilbers war; beim Phosphor dagegen würde aus dem spezifischen Gewichte des Dampfes sein Atomgewicht doppelt und das des Schwefels dreimal so groß sein müssen, als BERZELIUS meinte. Hätte nun DUMAS konsequent auch weiterhin berücksichtigt, wovon er ja ausgegangen war: daß die physikalisch kleinsten Teile der Gase noch aus mehreren der chemisch kleinsten bestehen können, so würde er nicht nur für den Schwefel angenommen haben, daß sein Atomgewicht ein Drittel seiner gemessenen Dampfdichte sei. Statt dessen sprach er die Dampfdichte der anderen Elemente direkt als ihr Atomgewicht an. Und dagegen konnte nun BERZELIUS mit Recht auf die größere Wichtigkeit der chemischen Analogien hinweisen,

---

[1]) Er hatte schon vorher, 1809, „Idées sur l'Acidité et l'Alcalinité" veröffentlicht.

auch darauf, daß die DUMASschen Zahlen nicht in die DULONG-PETIT-Regel passen. So ergab sich für BERZELIUS nur die Schlußfolgerung, daß höchstens für die permanenten, d. h. auch bei gewöhnlicher Temperatur gasigen, Elemente die Volumverhältnisse auch Atomgewichtsverhältnisse darstellen.

Man kann hier die Frage aufwerfen, ob nicht eine kleine zeitliche Verschiebung zwischen den neuen Erkenntnissen die Atomgewichtsbestimmung wesentlich anders gestaltet hätte. Wären DUMAS' Untersuchungen der Auffindung der Regel von DULONG und PETIT vorausgegangen, so hätte man doch auch für höhere Temperaturen die Gasdichte als Grundlage behalten und außer Quecksilber und Phosphor auch andere Elemente mit entsprechenden Atomgewichten gekennzeichnet. So läge denn hier einer der „Zufälle" in der Geschichte vor. Aber das bedarf doch einer wesentlichen Einschränkung. Es kam ja alles darauf an, welches der physikalischen Gesetze man bevorzugte, da sie nun einmal nicht übereinstimmende Schlußfolgerungen zuließen. Die größere Einfachheit der DULONG-PETIT-Regel und ihre Beziehung zum Isomorphiegesetze gaben ihr einen gewissen Vorrang vor den Dampfdichtebestimmungen bei hohen Temperaturen. Vielleicht mochte man auch unbestimmt fühlen, daß durch die hohe Temperatur ein zu starker Eingriff, eine zu weite Entfernung von den gewöhnlichen Beobachtungen erreicht würde; wobei allerdings gesagt werden muß, daß die Regel über die spezifischen Wärmen nicht durchaus stimmt, und, wie man heute weiß, von den Ausnahmefällen eben bei „ungewöhnlichen" Temperaturen erst wieder erfüllt ist.

Immerhin zeigte sich zunächst gerade durch die Befunde von DUMAS, daß eine einheitliche Basis für die Bestimmung von Atomgewichten fehlte. Unbestreitbar und oft nur in den Dezimalstellen noch zu verbessern war das, was BERZELIUS über die Gewichtsverhältnisse gefunden hatte; aber die Ableitung von Atomgewichten daraus nahmen z. B. DUMAS und GAY-LUSSAC in anderer Weise vor. Da mochte es freilich als das Gegebene erscheinen, sich zu bescheiden und nicht von Atomgewichten, sondern nur von Verbindungs- oder Mischungsgewichten zu reden, wie es LEOPOLD GMELIN in Heidelberg tat. Dann erhielt man aber statt eines zusammenhängenden, über die Chemie sich erstreckenden Systems eine Sammlung von einzelnen, isolierten Daten; von Verhältniszahlen, für die erst der — natürlich immer zahlenmäßig nur sehr einfache — Faktor durch allgemeine Beziehungen hätte gefunden werden müssen, durch welchen aus den Verhältniszahlen absolutere Atomgewichte geworden wären. Hat, wenn Wasserstoff 1 gesetzt wird, Sauerstoff das Atomgewicht 8 oder 16, Kohlenstoff 6 oder 12, Aluminium 9 oder 27? Diese Fragen wurden zuerst verschieden beantwortet, und dann von manchen für überhaupt keiner Antwort fähig angesehen. Die Atomtheorie, die vor damals 23 Jahrhunderten philosophisch in gewissem Umfange fertig gewesen war, und die nach wiederholtem, erneutem Aufleben vor etwa ebenso vielen Jahren durch DALTON der Chemie zugrunde gelegt wurde, mußte jetzt somit als chemisch unbegründbar zurückgestellt werden, gerade als man sie experimentell durchführen wollte.

Aber dann muß man doch fragen: Was hatte die Atomtheorie vorher denn bedeutet? Wie hatte man mit weniger sicheren experimentellen Grundlagen glauben können, daß sie als richtig ganz angenommen werden dürfte? Und sie blieb ja doch auch jetzt noch bestehen, nicht nur in der zeitgenössischen Philosophie und Physik, sondern auch in der Chemie so weit, als damit Teilchen überhaupt gemeint waren. Dasjenige an ihr, was über das exakt Bewiesene hinausging, bezeichnet man als spekulativ; und das war derjenige Teil, der in exakte Betrachtungen gar nicht einging, der dafür einen gleichgültigen Überschuß darstellte. Die Entwicklung bestand darin, auch von diesem Überschusse, wenn auch nicht alles, so doch einen gewissen Teil wissenschaftlich zu erkennen. Dafür fand man jetzt die Schranke. Da ging es nun mit den Atomen, wie vorher einmal mit dem Schwefel als Element der Metalle: Solange man sich nur um den einen Teil der Eigenschaften dieses Elementes kümmerte: seine Verbrennlichkeit, da fand man sie auch an den Metallen wieder und hielt die Theorie für bewiesen. Aber Schwefel ist nicht identisch mit „Verbrennlichkeit", und was er darüber hinaus noch ist, das weisen die Metalle nicht auf. Darum war jene Theorie als falsch bewiesen. So gelang es nun nicht, den ganzen Komplex der mit dem Worte Atom zusammengefaßten Eigenschaften aufzuzeigen. Aber hier war der fehlende Teil doch nicht wesentlich genug, um die ganze Theorie zu widerlegen; dazu gab es zu vielerlei andere Bestimmungsstücke und Anwendungsgebiete dafür.

c) Wasserstoff als der Urstoff.

Durch alles Einzelne hindurch haben die vorangehenden Entwicklungen wohl deutlich gezeigt, daß die Atomgewichtsbestimmungen außer der experimentellen Geschicklichkeit doch auch die gedankliche Zusammenfassung von verschiedenerlei Erkenntnissen zur Voraussetzung hatten. Wenn man am Ende resigniert gestehen mußte, daß nicht genügend oder geeignet Material vorlag, um einem jeden Elemente sein Atomgewicht, auch nur in relativer, dimensionsloser Zahl eindeutig zuzuordnen: der Gedanke, daß es später einmal möglich sein müsse, blieb doch lebendig. Dann würde auch ein einheitliches System der Chemie Wahrheit werden.

Im Jahre 1815 trat dieser Gedanke der Einheit in einer besonders weitreichenden und gerade darum recht wirksamen Hypothese hervor. Das experimentelle Material war zunächst ziemlich unscheinbar: mit eingestandenermaßen sehr mangelhaften eigenen Versuchen berief sich WILLIAM PROUT, ein englischer Arzt-Chemiker, darauf, daß die Zahlen für die relativen Atomgewichte doch noch schwankten, und sehr viele von ihnen nahezu oder doch mit Wahrscheinlichkeit, ganze Zahlen darstellten[1]). Doch nicht nur das: setzte man Wasserstoff = 1, so haben fast alle Elemente sogar durch 4 teilbare Atomgewichtszahlen. Jedenfalls sind sie alle einfache Vielfache des Wasserstoffatoms, so daß man schließen möchte, die algebraische Regel drücke ein stoffliches Gesetz aus: daß nämlich Wasserstoff der Urstoff aller Elemente wäre. PROUTS Landsmann THOMSON, den wir als Verbreiter der DALTONschen Ansichten kennenlernten, nahm sich auch der neuen Hypothese mit Eifer an. In seinen Atomgewichtstabellen erscheinen nur noch ganze Zahlen, allerdings auch ungerade, und er suchte und fand Stützen für diese Urstofflehre. BERZELIUS dagegen ließ sich durch sein Streben nach systematischer Vereinheitlichung nicht abhalten, die mangelhafte Begründung kritisch zu beleuchten, die hier für eine vorgefaßte Meinung beigebracht wurde.

Aber mochten auch PROUT und sein Anhänger nicht die genügenden Beweise geliefert haben, der Gedanke schien vorher wie nachher manchem Chemiker doch in letzter Linie der richtige und sein Beweis das Ziel aller Forschungen zu sein. Eine große Reihe von Atomgewichtsbestimmungen, die lange Zeit für die genauesten und auch jetzt noch in manchen Stücken als grundlegend dienen können, war angeregt durch diesen Gedanken: Das sind die Messungen von STAS, von denen noch die Rede sein wird. Freilich brachten sie, obwohl es im Beginne anders scheinen konnte, schließlich doch die Widerlegung der Hypothese PROUTS; und vielleicht würde man diese anfangs so wenig begründeten Spekulationen kaum so ausführlich zu erwähnen brauchen, hätten sie nicht, wie in ähnlicher Weise die alte Atomtheorie, in der jüngsten Zeit eine neue Auferstehung und allerdings auch eine so außerordentliche Vertiefung erfahren. Uns sind sie aber auch für ihre Zeit bedeutsam als ein Zeichen, wie die alten und damals neueren Urstofftheorien für die Säuren und die Luftarten und die Riechstoffe hier für die Elemente alle zum Durchbruch kamen. Dort war durch chemische qualitative Untersuchungen allmählich scharf getrennt worden, was vorher durch den gleichen Grundstoff eine Einheit hätte bilden sollen; hier, wo zunächst der chemische Nachweis des Urstoffes — so wenig übrigens wie in den anderen Urstofftheorien

---

[1]) Vgl. E. FÄRBER, „William Prouts Hypothese", Chemiker-Zeitg. 1921,

bei ihrer Aufstellung — gar nicht verlangt war, richtete sich die Widerlegung gegen das Merkmal der Stoffeinheit: die Atomgewichtszahl.

5. Die Entwicklung der Elektrochemie bis gegen die Mitte des Jahrhunderts.

Während der Untersuchungen über die quantitativen Verhältnisse bei den Verbindungen war doch auch die Frage immer wach geblieben, wodurch denn überhaupt die Elemente in den Verbindungen zusammengehalten und zu ihrer Bildung gedrängt werden. Auch wenn man die relativen Gewichte der Atome noch einwandfreier, als es geschah, hätte erkennen können, wäre doch das Problem der Affinität noch offen geblieben. Nun waren ja Versuche zu seiner Lösung schon geschehen. Die Wissenschaft der Mechanik hatte ihren Einfluß auf die chemische Forschung nicht nur in der Weise ausgeübt, daß sie die Gewichtsverhältnisse der chemischen Verbindungen in ihren Kreis zog; vielmehr glaubte man ein ganz mechanisches System auch für die Affinität aufstellen zu können: Wir sahen vor allem französische Chemiker dabei am Werke. Darauf war die Elektrizitätsforschung in den Vordergrund getreten durch Entdeckungen, die zugleich der Chemie und der Physik angehören. Einem DAVY, BERZELIUS hatten elektrochemische Untersuchungen für die Chemie grundlegend Neues geliefert. Da waren zunächst die Darstellungen der bisher unbekannten Alkalimetalle. Außerdem ließen sich die Salze durch einen elektrischen Strom in zwei Teile trennen, die, nachdem man positiv und negativ in der Elektrizitätslehre unterschieden hatte, in derselben Weise als positiv und negativ einander gegenüberstanden. Das unsterbliche Bild vom Lieben und Hassen der Elemente, zuerst für ganz andere Vorgänge gebraucht, übertrug sich doch auch auf die neuen chemischen Erkenntnisse. Und für diese alte Zweiteilung bot sich nun ein objektiveres, weniger direkt vom menschlichen Gefühle genommenes System: das elektrische System. Schwächer wirkte noch eine andere Analogie mit. Beim Ausgleich elektrischer Ladungen entsteht Feuer, wie beim Eintritt mancher chemischer Vereinigungen; darum könnte es auch hier auf elektrischem Wege entstehen. Die sich suchenden und festhaltenden Gegensätze waren als positive und negative Pole in der Elektrizitätslehre bezeichnet worden. Nachdem man auf dieser Grundlage die elektrochemischen Zersetzungen fördernd erklärt hatte, konnte man nun umgekehrt auch die Vereinigungen chemischer Elemente darauf zurückführen.

Wieder war es der Systematiker BERZELIUS, der dies, zunächst nur versuchsweise, tat. Seine schon lange wohl gehegten Gedanken darüber fügte er zuerst im „Lehrbuche" im Jahre 1818 zu einem Gebäude des elektrochemischen Dualismus zusammen. Für die Salze war ja ganz klar, daß als positiv der zum negativen Pole tretende Teil, die Metallbase, zu gelten hatte, und als negativ der Säureanteil im Salze. Aber sowohl der eine wie der andere Teil ist ja wieder zusammengesetzt, beide enthalten Sauerstoff, jener mit dem Metalle, dieser mit dem „Metalloide" vereinigt. Ein Salz ist also zuerst aus zwei entgegengesetzt elektrischen Bestandteilen zusammengesetzt; innerhalb dieser Bestandteile geht die Zweiteilung noch einmal vor sich. Dabei stellt Sauerstoff immer das elektronegative Element dar. Wenn er sich mit einem anderen Elemente vereinigt, so kann doch meist kein vollständiger Ausgleich der Elektrizitäten geschehen; es bleibt von der einen oder anderen Art derselben noch ein Rest übrig, der sich nun noch weiter betätigen, d. h. zusammengesetztere Verbindungen veranlassen kann. Bezüglich der Quantität der ausgeglichenen und der übrigbleibenden polaren Kräfte ist alles recht unbestimmt; aber, und das ist wieder typisch, gerade dadurch gewinnt die Hypothese außerordentlich an Anwendungsfähigkeit: Die Bildung der Doppelsalze, der Verbindungen höherer Ordnung zwischen für sich schon zusammengesetzten Stoffen, wird in das System eingefügt, aber doch nur allgemein beschrieben.

Dieser vorläufige Versuch wurde in den folgenden Jahren immer weiter ausgestaltet; schließlich wurde es für BERZELIUS selbst zu einem Dogma, alle chemischen Wirkungen auf die elektrische Polarität zurückzuführen. Wie stets in solchen Fällen, enthielt die Theorie mehr bestimmte Aussagen, als die eigentlich vom Experimente geforderten. Die Atome sollten, wie Magnete, Pole haben. Hier kamen eben die Erfahrungen eines anderen Gebietes hinzu; wie sie es gewesen waren, die überhaupt für die chemischen Vorgänge andersartige als Erklärung zu setzen ermöglichen konnten, so lieferten sie nun auch das Material für eine weitere Ausgestaltung. Was in jenem anderen Gebiete feste und anerkannte Beschreibung war, das galt in diesem nun, unverändert übernommen, als erklärende Theorie.

Inzwischen wogte der Kampf um die Erklärung der galvanischen Erscheinungen auf Grund des bloßen Kontaktes oder der chemischen Vorgänge immer noch hin und her; mit guten und schlechten Argumenten suchte man den Gegner zu überzeugen und fand dabei eine große Zahl neuer Tatsachen über die galvanischen Ketten auf, die nur keine Entscheidung über die Theorien zu bringen vermochten. DE LA RIVE begründete seine chemische Auffassung 1828 mit folgenden Versuchen: Man kann die elektrische Ladung bei demselben Metallpaare umkehren, wenn man es statt in verdünnte, in konzentrierte Salpetersäure tauchen läßt. Also ist nicht der Metallkontakt, sondern der chemische Vorgang für die elektrischen Vorgänge Bedingung. Aber MARIANINI (Venedig) erwiderte darauf, daß die Oberflächenbeschaffenheit der Metalle sich ändert und die Umkehr der Auflösung veranlaßt. Zu der Kontakttheorie hielten manche großen Forscher: auch OHM (1787—1854), der Entdecker des Gesetzes über die Abhängigkeit von Spannung, Stromstärke und Widerstand, und FECHNER, der vielseitige und tiefgründige Professor der Leipziger Universität (1801—1887).

In dem Nachfolger DAVYS an der Royal Institution in London erstand der chemischen Theorie ein neuer und gewaltiger Förderer. MICHAEL FARADAY (geboren 22. September 1791, gestorben 25. August 1867 in London), der Sohn eines armen Schmiedes, kam als Buchbinderlehrling, von der Liebe zu den Wissenschaften getrieben, zu DAVY zuerst in einer Art Dienerstelle, bald als Assistent. Es zeigte sich bald, daß FARADAY „DAVYS wertvollste Entdeckung" war. Durch seine originell erfundenen und geschickt durchgeführten Experimente und Auffassungen gewann er im Jahre 1827 die Stellung seines früheren Lehrers. Von physikalischen Gesichtspunkten aus trat er an die elektrochemischen Untersuchungen heran und suchte sie messend zu verfolgen. DAVY hatte ja die elektrischen Wirkungen zu chemischen Umsetzungen verwandt; er hatte auch umgekehrt gezeigt, daß bei chemischen Vorgängen elektrische Ströme entwickelt werden: z. B. bei der Neutralisation. Wenn man die Säure in einen Metallöffel gibt, ein Stück Ätzkali an der Zange hineintaucht, wobei Löffel und Zange mit den beiden Galvanometerpolen verbunden sind, so erhält man einen Ausschlag am Instrumente.

FARADAY stellte sich das Problem, ob die Zersetzungen, die immer beim Stromdurchgange durch die Lösungen eintreten, nicht eine ganz wesentliche Bedeutung für das Zustandekommen des Stromes selbst haben, so daß die Leitung des Stromes durch die Lösung „nicht nur eine Folge der Möglichkeit der Zersetzung ist, sondern selbst in dem Akte der Zersetzung besteht?" So war wieder der wesentliche Gedanke gefühlsmäßig auf Grund der experimentellen Anschauung, aber weit darüber hinausgehend gefaßt. Er führt nun zunächst zu langen Reihen gründlicher Versuche und schließlich zu einer quantitativen Erfassung ihrer Ergebnisse in der am 9. Januar 1834 der Royal Society vorgelegten Abhandlung[1]. Sie beginnt mit dem Vorschlag einer Anzahl von kurzen Bezeichnungen für die elektrochemischen Anordnungen, die fast alle noch heute im selben oder ähnlichen Sinn gebraucht werden. Manche Auffassungen sind anders geworden, die Bezeichnung kann bleiben, wie FARADAY es auch selbst voraussagte. Anode nennt er die Fläche, an der der Strom in die Flüssigkeit

<hr>

[1] Vgl. WILHELM OSTWALD, „Elektrochemie" S. 504 ff. (1896).

eintritt, Kathode dann die entgegengesetzte. Die dazwischen befindliche Flüssigkeit, der Elektrolyt, wird beim Stromdurchgange elektrolysiert, indem die Ionen sich bewegen: die Anionen zur Anode, die Kationen zur Kathode.

Die Vertreter der chemischen Richtung hatten für die galvanischen Erscheinungen bisher das Gesetz gehabt, daß chemische Wirkung zur Stromerzeugung notwendig sei. FARADAY fand dafür die quantitative Beziehung, indem er die Zahl der Umdrehungen an der Reibungselektrisiermaschine als unabhängiges Vergleichsmaß benutzt: „Die chemische Zersetzungswirkung eines Stromes ist konstant für eine konstante Menge von Elektrizität." Nun kann man umgekehrt den elektrischen Strom nach seiner Wirkung messen: Man schaltet als Volta-Elektrometer einen Wasserzersetzungsapparat ein, an welchem man die entwickelte Knallgasmenge bestimmt. Dieselbe Elektrizitätsmenge, die 1 g Wasserstoff auszuscheiden vermag, entwickelt auch 8 g Sauerstoff, 36 g Chlor, 104 g Blei. Diese Zahlen stehen aber im Verhältnis der Äquivalentgewichte dieser Stoffe[1]). Wie verschieden man auch die Anordnungen treffen mag, immer behalten die von gleichen Elektrizitätsmengen ausgeschiedenen Elemente diese Beziehung zueinander. „Die elektrochemischen Äquivalente sind immer übereinstimmend, d. h. die nämliche Zahl, welche das Äquivalent der Substanz A vorstellt, wenn diese von der Substanz B getrennt wird, stellt auch dasselbe vor, wenn A von C getrennt wird." Die Zahlen der Äquivalente selbst stimmten überein mit denjenigen Zahlen, die nach WOLLASTON und GMELIN für die Atomgewichte angenommen wurden. Sie waren also für einige Elemente nur einfache Bruchteile der Atomgewichte, wie sie BERZELIUS auffaßte.

So gewann man eine neue Methode zur Bestimmung von Atomgewichten im Sinne von Äquivalentgewichten. Als Maß der Elektrizitätsmenge konnte man prinzipiell ebenso gut wie die Wasserzersetzung irgendeine andere Zerlegung benutzen; oder, blieb man nur bei den chemischen Maßen der Elektrizität, so entsprachen einem ausgeschiedenen Gramme Wasserstoff immer 8 g Sauerstoff, 36 g Chlor, 104 g Blei. FARADAY bestimmte diese Werte für fast alle bekannten Basen und Säuren. Diese elektrochemischen Äquivalente werden immer übereinstimmend gefunden; aber sie sind nicht immer die Atomgewichte. Wieder verlangten hier die Volumverhältnisse für Sauerstoff oder Blei einfache ganzzahlige Vielfache der Äquivalentzahlen; für FARADAY drängten aber die elektrochemischen Ergebnisse alle anderen in den Hintergrund.

---

[1]) D. h. also derjenigen Gewichte, die bei der chemischen Verbindung einem Gramm Wasserstoff entsprechen würden.

Nicht nur darin stimmte BERZELIUS nicht mit ihm überein. BERZELIUS hatte sich damals von eigener experimenteller Arbeit zurückgezogen, aber er genoß nicht nur die Ehrungen, die ihm in reichem und verdientem Maße zuteil wurden. In seinem recht bescheidenen Laboratorium leitete er die Arbeiten vieler jüngerer Gelehrten. Seit 1821 faßte er die Hauptergebnisse der neuen chemischen Forschungen in „Jahresberichten" kritisch zusammen. Dabei zeigte sich freilich — und wird später noch zu erwähnen sein —, daß eine solche Betrachtung der chemischen Arbeit von außen her zwar gewiß manch wertvolle Anregung bieten konnte; aber zugleich doch auch, daß sie dem Fortschritte nicht immer ganz gerecht zu werden vermochte. Benutzte BERZELIUS zu stark das schon Bekannte als die feste Grundlage seiner Kritik? Er war konservativ in seinen Anschauungen geworden, weil er, bei weniger genauem Zusehen, die Gegenwart für realer und beständiger ansah als der mitten darin stehende, Neues schaffende und immer auf dem ihm best bekannten Gebiete ein wenig revolutionäre Forscher selbst.

Zur Ablehnung der FARADAYSchen Grundsätze wurde er vielleicht durch dessen Äußerung gebracht: „Die chemische Kraft eines elektrischen Stromes ist direkt proportional der absoluten Menge von durchgegangener Elektrizität[1]." Hier und an ähnlichen Stellen könnte es so scheinen, als ob FARADAY die verschiedene Festigkeit der chemischen Bindungen gar nicht berücksichtigt oder sogar geleugnet hätte. Doch schon in seinen ersten Abhandlungen hatte FARADAY einen Unterschied gemacht zwischen der Quantität und der Intensität des elektrischen Stromes. Man kann die Quantität des elektrischen Stromes verändern, wenn man die Elektroden des galvanischen Apparates vergrößert oder verkleinert; sie ist proportional der Menge der chemisch umgesetzten Substanzen. Die Intensität dagegen ist bestimmt durch die Art des chemischen Vorganges, sie ist „proportional den zu ihrer Erzeugung beitragenden Verwandtschaften". Da nun die Art der chemischen Reaktion auch durch das Material der Elektroden bedingt ist, so hat sie wesentlichen Einfluß auf die Höhe der Intensität, der Spannung, wie wir heute sagen.

BERZELIUS fand sehr fein manche Schwächen und Fehler in FARADAYS Darlegungen heraus; und vielleicht machte auch das ihn mißtrauischer gegen das wertvolle Neue, das sie brachten.

FARADAY ging zu weit, wenn er aus der von ihm aufgefundenen Proportionalität zwischen elektrischer und chemischer Wirkung auf die Gleichheit der beiden schloß. Ihm fehlte ja noch ein unabhängiges Maß der chemischen Kräfte. Aber das von ihm fest begründete Gesetz

---

[1] Dieses wie die entsprechenden früheren Zitate nach der Übersetzung von WILHELM OSTWALD, „Elektrochemie".

ist auch für sich bedeutsam genug: Alle Äquivalentgewichte transportieren gleiche Elektrizitätsmengen bei ihrer elektrolytischen Ausscheidung. Nur das Verhältnis zwischen Äquivalent- und Atomgewicht war noch strittig; aber das war noch ein Problem der ganzen Zeit, und seine Lösung erfolgte erst nach Jahrzehnten.

Da BERZELIUS die Resultate FARADAYS als Irrtümer betrachtete, so wird man sich nicht wundern, ihn die Kontakttheorie in seinen Jahresberichten verteidigen zu sehen. Aber bald trat ein neuer Forscher für die chemische Theorie ein: C. F. SCHÖNBEIN (geboren 1799 in Schwaben, gestorben 1868 in Basel). Er war 39 Jahre alt, als er seine entscheidende Arbeit darüber veröffentlichte. An dieser Verzögerung war zum Teil auch sein Lebenslauf schuld: Er hatte zwar schon als Knabe in chemischen Fabriken gearbeitet, aber dann gewann die Liebe zu den Sprachen und zum Lehrerberuf die Überhand, besonders da sie sich bei der Tätigkeit an der Fröbelschen Schule mit der Liebe zur Natur verbinden konnte. Als er dann als 29jähriger nach Basel berufen wurde, da waren zunächst die politischen Wirren wissenschaftlicher Arbeit ungünstig. SCHÖNBEIN konnte in seiner Abneigung gegen quantitative Arbeiten und gegen komplizierte Hilfsmittel als ein auch für damalige Zeit unmoderner Chemiker erscheinen. Seine originellen Arbeiten, das reiche experimentelle Material, das er auffand, die Entdeckung der Schießbaumwolle und des Ozons lassen ihn fast als einen zweiten SCHEELE erscheinen und sichern ihm einen erst in jüngerer Zeit anerkannten Platz in der Geschichte der Chemie[1]).

Es wäre merkwürdig gewesen, wenn er sich auf die Seite der Physiker gestellt hätte. Über die neuerlichen Beweise für die gegenseitige Bedingtheit von elektrischer und chemischer Wirkung hinaus legte er eine Auffassung dar, die den Kontaktisten gab, was ihnen gehörte: Noch ehe die eigentliche chemische Veränderung wahrnehmbar wird, tritt in einer galvanischen Zelle ein eigener Spannungszustand ein. Die „chemischen Ziehkräfte" beginnen das elektrische Gleichgewicht zu stören. Die „Tendenz" zur chemischen Aktion allein genügt aber nicht zur Stromerzeugung; dazu muß der chemische Umsatz, den sie „erstrebt", erst wirklich eintreten.

Noch einmal faßte FARADAY 1839 alle Gründe für und wider zusammen, und unter seinen allgemeinen Argumenten für die chemische Theorie findet sich ein besonders bemerkenswertes: „Die Kontakttheorie nimmt an, daß eine Kraft, die mächtige Widerstände zu überwinden imstande ist ... aus nichts entspringen kann. Dies würde in der Tat eine Schöpfung von Kraft sein." Wäre die Kontakt-

---

[1]) Vgl. KAHLBAUMS „Monographien", Heft IV u. VI.

theorie richtig, so müßte auch das Perpetuum mobile konstruierbar sein. Noch wichtiger wird dieses Gefühl für eine Erhaltung der Energie dadurch, daß auch Schönbein es in ähnlicher Weise hegte. Doch auch nachdem J. R. Mayer 1842 das Gesetz der Erhaltung der „Kraft" formuliert hatte, glaubte ein zäher Verteidiger der Kontakttheorie seine Anschauung aufrecht halten zu können, da es sich um ein primum movens, nicht um die Fortpflanzung einer Bewegung durch ein verwickeltes System von Maschinen handele!

Damit sind die Auseinandersetzungen über die Theorie der galvanischen Erscheinungen noch nicht abgeschlossen. Aber bei ihrer Verfolgung sind wir schon bis in die vierziger Jahre gelangt, eine Zeit, in der ein anderer Zweig der Chemie in reicher Blüte stand, ja manche gute Frucht getragen hatte: die organische Chemie.

VI. Die Atomgruppen im Moleküle der organischen Verbindungen.

1. Arbeitsmethoden.

Die „reine" organische Chemie erregt bei manchem ihr ferner Stehenden oft ein, nicht einmal sehr leises, Grauen. So sehr man die Erfolge ihrer praktischen Anwendung bewundert, so findet man doch schwer einen Zugang zu den speziellen Erörterungen ihrer Grundlagen, wo Buchstaben und Striche statt wohlduftender und schönfarbiger Stoffe stehen. Der Anblick auch der reinen organischen Chemie wird ein ganz anderer, wenn man die Betrachtung bei ihren Anfängen einsetzen läßt. Man erfährt dann, daß jene Formeln erst in langer Arbeit ihren Sinn erhielten, und der Weg dahin bietet manchen Ausblick auf allgemein wichtige Probleme. Wenn dann doch stellenweise das Interesse erlahmt, so kann man sich mit einem ganz großen Vorbilde trösten. Auch Liebig schien einmal die Entwicklung der organischen reinen Chemie zu weit vom Leben wegzuführen, und er fand in der wissenschaftlichen Behandlung von Boden und Nahrung wieder die richtige Grundlage. Aber auch die andere Richtung entfernte sich nur scheinbar und vorläufig von ihr. Wohl überwogen zunächst die recht lebensfremden Untersuchungen, aber ihre Tragweite vergrößerte sich allmählich. Das Ziel blieb doch, mit den aus organischen natürlichen Materialien isolierten Stoffen nicht nur reine Sondergebilde zu erzeugen, sondern schließlich jene komplizierten Dinge wieder durch die Zusammensetzung zu erreichen.

Die „mineralische" Chemie fand in den natürlichen Gesteinen ihr Ausgangsmaterial, das sie nun durch Zerlegung in konstante Teile nach ihrer Eigenart erkannte. Diese Teile, die Elemente, können in verschiedenartigen Gesteinen wiederkehren; dann war es eben die Art ihrer Vereinigung, nach Zahl und Verhältnis, woraus die Eigenart erklärlich wurde. Hier nun boten Pflanzen und Tiere das Untersuchungsmaterial. Anfangs hatte man sie entweder ganz unverändert benutzt oder gleich vollständig verbrannt und mit der Asche experimentiert. Dazwischen schoben sich sanftere Behandlungsweisen: Extraktion mit Wasser und Alkohol oder auch nur mechanische Trennung von Flüssigem und Festem, ferner die Verflüchtigung bei höheren und allmählich abgestuften Temperaturen. Daß die gänzliche Verbrennung eben eine Zerstörung bedeutet, war ja klar; aber was nun eigentlich „sanft" hieß, mußte erst experimentell festgestellt werden.

Der Zucker, den MARGGRAF isoliert hatte[1]), ließ sich unverändert umkristallisieren. Das war also gewiß kein zerstörender Eingriff. Als SCHEELE den Zucker mit Salpetersäure erwärmte, entstand eine Säure. Sie zeigt dasselbe Verhalten wie diejenige, die man aus dem Sauerkleesalze mit Schwefelsäure darstellen kann. Diese Oxalsäure erwies ihre Eigentümlichkeit auch dadurch, daß sie mit Kalk ein schwerlösliches Salz gibt, was weder die aus den Ameisen erhaltene Ameisensäure, noch die Essigsäure, noch auch schließlich die aus dem Weinstein erhaltene Weinsäure tut. In diese Oxalsäure verwandelt sich also der Zucker bei der Behandlung mit Salpetersäure. Auf diese Weise entsteht sie aber auch aus einem anderen Stoffe: aus dem Ölsüß SCHEELES nämlich. Wer etwa die Behandlung mit Salpetersäure als Reinigungsmethode für diese Stoffe benutzt hätte, wäre also beide Male zu demselben Produkte gelangt, wo doch weniger gewaltsame Eingriffe recht verschiedene Stoffe ergaben.

Auch die Geschichte des Harns kann hier als Beispiel dienen: Die einen hielten diese Bezeichnung für so scharf auch chemisch kennzeichnend, wie etwa die Bezeichnung Kupfer oder Sauerstoff. Andere erhitzten ihn stark und erhielten das flüchtige Urinsalz, oder, noch schärfer angefaßt, wie BRAND im späten 17. Jahrhundert den Phosphor. Auf die erste Weise erhielt man einen Gesamteindruck; aber da stellte sich bei der Betrachtung der verschiedenen Arten des Harns das Bedürfnis heraus, die Verschiedenheiten nun auch stofflich zu erfassen. Dazu mußte man Teile daraus herstellen. Der zweite Weg lieferte solche Teile, aber in zu wenig charakteristischer Form. Genaueren Aufschluß erhielt man aber, wenn man, wie es der jüngere ROUELLE 1773 tat, die durch vorsichtiges Eindampfen abgeschiedenen Stoffe nach ihrer Löslichkeit trennte. So ließ sich u. a. in weißen

---

[1]) Vgl. S. 76.

Kristallen eine bisher unbekannte Substanz „„Harnstoff", gewinnen Die zuerst von SCHEELE aus geronnener Milch dargestellte Milchsäure erwies sich ebenfalls nur bei „sanfter" Behandlung als eigenartig: in ihrer Salzbildung, in ihrer Flüchtigkeit.

Man versteht danach wohl eine Angabe von BERZELIUS: Als er organische Stoffe quantitativ analysieren wollte, da erwies sich die Reinigung als schwieriger denn irgendeine andere der zur Analyse nötigen Operationen und machte mehr Mühe als alle übrigen zusammengenommen. Auch dann noch blieb manche Streitfrage darüber, ob nicht ein wirklich zugehöriger Teil eines Stoffes durch zu schroffe Maßnahmen entfernt worden war und umgekehrt, ob nicht anhaftende „fremde" Bestandteile zu Unrecht beibehalten wurden. Vor allem das Wasser war ein in dieser Beziehung sehr schwer zu behandelnder Bestandteil.

Verhältnismäßig leicht war die Trennung in einige große Gruppen: Zuckerarten, Pflanzensäuren, Farbstoffe, fette Öle, flüchtige Öle, Wachs, Gummi, Holz, Gärungsprodukte u. a. m. unter den vegetabilischen; Lymphe, Milch, Galle, Harn, Blut etwa unter den animalischen[1]). Da handelte es sich um Stoffe, die man in verschiedenen organischen Teilen und nach einer der von dem Anorganischen her bekannten Methoden unterscheiden konnte. Aber dazwischen gab es nun „Spezies von denselben Genera"[2]); und das konnte nach allen vorangegangenen Erfahrungen in der Chemie nicht lange bloß heißen, daß sich um einige konstante Grundstoffe nun „Modifikationen" derselben gruppierten. Immerhin ist es auch hier so, daß man einen Stoff mit einiger Unbestimmtheit — die als Mangel erst allmählich stärker hervortrat — idealisierend einsetzte, um in ihm all das Ähnliche zu vereinigen und eine Ordnung zu schaffen. Als exakten Ausdruck der Ähnlichkeit besaß man zunächst nur die Elementaranalyse, die den quantitativen Anteil der einzelnen Elemente ergab.

In einer dieser Gruppen gewann man besonders frühzeitig und auf recht bemerkenswerte Art genauere Trennungen: Die Fette, die nach ihrem Ursprung und Geschmack immer noch am leichtesten zu unterscheiden waren, ließen sich durch die sonst üblichen Methoden der Destillation und Kristallisation kaum erfolgreich behandeln. Da benutzte nun CHEVREUL — der im Alter von fast 103 Jahren 1889 in Paris starb — die lange schon praktisch ausgeführte Verseifung. Das Ölsüß ist dabei unveränderliches Produkt, aber der andere Teil, die Seife, ist je nach dem Ausgangskörper verschieden. Sie ist das Salz von organischen Säuren, und auch nur sehr wenigen, die CHEV-

---

[1]) Diese Gruppen stellt z. B. A. F. FOURCROY in seinem großen Werke auf: „Système des connaissances chimiques" (1801).

[2]) BERZELIUS in seinem „Lehrbuch" (1818).

REUL in den Jahren 1811—1826 als Stearinsäure, Ölsäure, Buttersäure, Capron- und Caprinsäure und Margarinsäure kennzeichnete.

Eine neue Gruppe entdeckte man in den ersten Jahren des neuen Jahrhunderts: Bei der Suche nach dem wirksamen „Prinzip" in giftigen Pflanzen und Pflanzenteilen traf man auf einen Stoff, der durch Natrium- oder Kaliumhydroxyd aus manchen Lösungen ausgefällt wird, und der Säuren zu neutralisieren vermag. So verhält sich das Morphin, wie SERTÜRNER (1783—1841, Einbeck, Hameln)[1]) nach mehreren Versuchen (1805) 1817 feststellte. Jetzt folgten nun die Entdeckungen solcher alkalischen giftigen Stoffe, „Alkaloide", rasch aufeinander: PELLETIER und CAVENTOU besonders durchforschten die Giftpflanzen danach. Um z. B. beim Alkaloide der Strychnosarten sicher zu sein, daß die alkalische Reaktion nicht dem zur Abscheidung hinzugebrachten und beigemischten Ätzkali zu verdanken war, fällten sie statt dessen mit Magnesia: Aber auch dann nahm Alkohol wieder den, als Base salzbildenden, organischen Stoff auf[2]). In dieser Gruppe war die Unterscheidung der von verschiedenen Pflanzen herkommenden Stoffe nach physiologischer Wirkung und Salzbildung verhältnismäßig weitgehend möglich. Weniger scharf war sie für andere Gebiete und die dort als ähnlich zusammengefaßten Stoffe.

Während man in den mineralischen Substanzen auf diese Art schon über 40 verschiedenartige Grundbestandteile gefunden hatte, die auch den stärksten Eingriffen gegenüber verschieden blieben, erhielt man nur C, O, H, N = Kohlenstoff, Sauerstoff, Wasserstoff und Stickstoff aus den vegetabilischen und animalischen Stoffen und nur gelegentlich noch sehr wenige andere Elemente. Das hatte LAVOISIER bei seinen Verbrennungen im freien Sauerstoff gefunden; aber nur wenige organische Stoffe ließen sich auf diese Weise vollständig verbrennen. Dann mischte man sie mit gewissen, Sauerstoff in der Hitze abgebenden Substanzen, mit Kaliumchlorat (GAY-LUSSAC und THÉNARD, 1811) und Kupferoxyd (BERZELIUS, GAY-LUSSAC, 1815).

Im Prinzip war das Verfahren freilich das alte: Kohlenstoff und Wasserstoff wurden aus ihren Verbrennungsprodukten: Kohlendioxyd und Wasser, bestimmt, analog auch die anderen etwa vorhandenen leicht verbrennbaren Elemente, wie Schwefel, Phosphor. Stickstoff dagegen mußte elementar aus den Verbindungen dargestellt werden. Ihr Sauerstoff konnte nur indirekt aus der Differenz zwischen Ge-

---

[1]) Rein hergestellt wurde das Morphin zuerst wohl von DEROSNE, aber SERTÜRNER charakterisierte es chemisch genauer. Vgl. L. ROSENTHALER, Schweiz. Apoth.-Ztg. **58**, 409 (1920).

[2]) Ann. de Chim. et de Phys. **10**, 142—176 (1819).

fundenem und Gewogenem bestimmt werden. Für die Berechnung der dann erhaltenen Analysenzahlen konnte man entweder die Volumina oder direkter die Atomgewichte benutzen.

Die bestimmten Volumverhältnisse und die bestimmten Gewichtsproportionen galten jedenfalls auch für die organischen Verbindungen. Diese Erkenntnis konnte aus den Analysenzahlen mit Hilfe der anorganischen Vorarbeiten leicht abgelesen werden. Aber das sagte noch nichts über die Größe des Moleküls. Die Frage danach stand etwa auf derselben Stufe der Bedeutung wie bei den Elementen das Problem, welche Vielfache der relativen Gewichtszahlen man als Atomgewichte anzusehen hätte, ob für Aluminium also 9, 18 oder 27 richtig wäre. Die Überlegungen, die zur Lösung führten, waren im Grunde dieselben wie in der anorganischen Chemie. Das Prinzip der größten Einfachheit kam hier in dem Satze zur Geltung, wie das „Atomgewicht“ einer Säure zu bestimmen war: Es vereinigt sich mit 1 Atom der anorganischen Basis 1 Atom der organischen Säure. So bilden z. B. 100 Teile Essigsäure mit soviel von einer Basis, als 15,55 Teile Sauerstoff enthalten, das essigsaure Salz. Die Analyse der Essigsäure ergibt: 47,16% C, 5,85% H, und als Differenz gegen 100 den O zu 46,99%[1]. Dieser O-Gehalt muß nach der Voraussetzung ein einfaches Vielfaches des in der neutralisierten Basenmenge vorhandenen sein — und ist es tatsächlich auch: $3 \times 15,55 = 46,65$. Dieser Faktor 3 gibt dann zugleich an, wieviel Atome O im Moleküle der Essigsäure vorhanden wären. Mit Anwendung der Berzeliusschen Zeichen wäre dann eine Formel für Essigsäure zu schreiben: $6 H + 4 C + 3 O$. Später mußte die Formel allerdings nach besseren Verbrennungsergebnissen geändert werden.

2. Alkohol und Äther.

Auf Grund solcher Analysen erhielten z. B. die Zuckerstoffe später den Namen Kohlenhydrate, weil in ihnen H und O in demselben Verhältnis wie im Wasser vorhanden und mit C verbunden sind. Der Name sollte aber wohl noch mehr enthalten: Man konnte sich die Verteilung der Atome im Zuckermoleküle danach so denken, daß wirklich H_2O der eine und C der andere Bestandteil wäre. Es war natürlich, daß man nach solchen näheren Bestandteilen suchte. Zwischen den hoch zusammengesetzten Verbindungen und den Elementen, in die sie zuletzt zerlegt wurden, klaffte eine zu weite Lücke. Die quantitative Analyse ließ bestenfalls eine Formel, wie die für die Essigsäure angeführte, ableiten; eine Formel aus der man ablesen konnte, welche und wieviel Atome im Molekül der Verbindung vorhanden sind. Diese Atome, mußte man annehmen, waren aber in bestimmter Weise mit-

---

[1] Vgl. Berzelius, Lehrbuch I, 563 (1825).

einander verbunden. Wenn man C_2H_6O (oder $C_4H_{12}O_2$) als Formel des Alkoholes schrieb, so vereinigte man einfach alle gleichartigen Atome, man zählte sie rein algebraisch zusammen, während sie in der Natur anders verbunden sein müssen. Das erkannte man an den Umwandlungen: Beim Erhitzen des Alkohols mit Schwefelsäure entstand nicht nur der sog. Schwefeläther, sondern in einer späteren Phase der Reaktion das Gas C_2H_4, welches „ölbildendes Gas" genannt wurde, weil es mit Chlor sich zu einer Art öliger Flüssigkeit vereinigt. Mit Salzsäure bildet es einen schon lange bekannten Salzäther. Die Formel des Äthers ist $C_4H_{10}O$. Sie konnte nicht nur formal so gedeutet werden, daß sie durch Verlust von einem Molekül Wasser aus dem Alkohole hervorgeht; auch chemisch hielt diese Betrachtung Stich, besonders nachdem man den Äther außer mit Schwefelsäure auch durch Einwirkung der Phosphorsäure auf Alkohol darstellen gelernt hatte und so beiden Säuren dieselbe Aufgabe dabei zukam: eben dem Alkohole Wasser zu entziehen.

Schließlich kann man aus Alkohol auch Essigsäure erzeugen: Döbereiner[1]) hatte die merkwürdige Eigenschaft des fein verteilten Platins beobachtet, Wasserstoffgas an der Luft zur Entzündung zu bringen[2]). Das Platin selbst geht anscheinend unverändert aus der Reaktion hervor, es wirkt nur als Überträger des Sauerstoffes auf den Wasserstoff, als ein Beschleuniger, als ein „Katalysator" der Oxydation. Diese Wirkung fand Döbereiner dann 1822 auch gegenüber dem Alkoholdampfe, der durch das Platin in feiner Verteilung mit dem Sauerstoff der Luft zu Essigsäure oxydiert wird.

Da hatte man nun eine bestimmte Umwandlungsreihe, die doch darauf schließen ließ, daß in allen ihren Gliedern ein Teil der Atomgruppierungen gleich wäre. Vom ölbildenden Gase aus ließen sich, wenigstens auf dem Papier, leicht Alkohol, Schwefeläther, Essigsäure und ihre Verbindung mit dem Alkohol zum Essigäther darstellen:

$$
\begin{array}{ll}
C_2H_4 & \text{ölbildendes Gas.} \\
C_2H_4 + HCl & \text{salzsaurer Äther.} \\
2\,C_2H_4 + H_2O & \text{Äther.} \\
2\,C_2H_4 + 2\,H_2O & \text{Alkohol.} \\
2\,C_2H_4 + H_2O + C_4H_6O_3 & \text{Essigäther.}
\end{array}
$$

Dumas und Boullay, die diese Tabellen zum ersten Male (1827) aufstellten[3]), nannten C_2H_4 Ätherin und danach diese Theorie die Ätherintheorie. Sie hatte den gesunden Trieb jeder Theorie, über ihren etwas bescheidenen Ursprung weit hinauszuwachsen. Erst dadurch konnte sie sich — gut oder schlecht — bewähren.

---

[1]) Über diesen ungewöhnlichen Mann siehe etwa: Julius Schiff, Briefwechsel zwischen Goethe und Doebereiner" (1914).

[2]) Gilberts Ann. **72**, 193 (1822).

[3]) Ann. de Chim. (2) **36**, 294 (1827).

Sie bedeutet ja nicht irgendeine beliebige Zerlegung, sondern die verschiedenen Gruppen sollten durch das Experiment nach den im Moleküle tatsächlich vorhandenen Anordnungen erkannt werden. Außerdem waren die beiden französischen Chemiker erst nach sorgfältiger Reinigung ihrer Präparate und im Anschluß an die Dampfdichtebestimmungen GAY-LUSSACS zu ihren Schlüssen gelangt.

So entsprach denn diesen schematischen Formeln die dem direkten Erleben ferne Art ihrer Gewinnung. Sie wurden auch, für das Gefühl manches Zeitgenossen wie zugleich wohl manches nicht fachmännischen heutigen Lesers, den vom Leben aus nächstliegenden Problemen gar nicht gerecht. Einem LEMERY lag bei einer wissenschaftlichen chemischen Abhandlung von der Essigsäure doch im wesentlichen etwa daran, ihren sauren Geschmack eingehend zu erklären. Davon war in dieser neuen Theorie überhaupt nichts zu finden. Essigsäure und Alkohol sind gar nicht mehr zunächst Stoffe des praktischen Gebrauchs, und nicht um ihre Einwirkung auf unsern Geschmackssinn und unsre Stimmung, sondern um ihre Beziehung zu andern möglichst rein isolierten Stoffen handelt es sich. Nennt man das Wort Essigsäure, so drängt sich fast vor all die aus der täglichen Erfahrung entspringenden Assoziationen das Formelbild $C_4H_6O_3$ ($C_2H_4O_2$ nach den späteren Befunden) als das eigentlich Kennzeichnende. Und es war dementsprechend auch der chemisch präparierte Stoff, nicht Wein oder „Spiritus", sondern Alkohol, nicht Tafelessig, sondern acidum aceticum, worauf sich hier alles bezog.

Von diesen nur im Rahmen der Wissenschaft sehr realen Gebilden waren allerdings neue und dafür bedeutsame Erkenntnisse gewonnen. Die Formeln, die dem Ausdruck zu geben hatten, waren gerade durch ihre Abstraktheit geeignet, noch viel mehr als bloß dasjenige auszusagen, was zu ihrer Aufstellung gedient hatte. Das war das, was davon als einer Theorie erwartet werden mußte. Aber zugleich lag darin doch auch die Möglichkeit für eine Entwicklung von ihr hinweg. Die Tatsachen selbst, welche die Beziehungen zwischen den in der Tabelle vereinigten Stoffen ausmachten, blieben bestehen, wenn ihre Erkenntnis auch in der und jener Hinsicht verfeinert werden konnte. Die Theorie enthielt mehr als bloß sie, sie war nicht in ihrem ganzen allmählich zu entwickelnden Umfange identisch mit ihnen. Wenn das auch anfangs wohl so geschienen hatte, erwies es sich doch bald anders.

3. Lebenskraft und Isomerie.

Mit der Ätherintheorie war die ganze Frage nach der Anordnung der Atome im Molekül der organischen Verbindungen experimentell von einer Ecke her aufgerollt. Sie erhielt besonderes Gewicht noch dadurch, daß man Substanzen kennenlernte, die bei vollständig gleicher chemischer Bruttoformel sich sehr verschieden benahmen. Von mehreren Seiten kamen in den zwanziger Jahren Erfahrungen darüber zusammen:

Das Gas, das die englischen Fabriken für Beleuchtung in Bomben komprimiert lieferten, verschlechterte sich beim Lagern. Wie Faraday fand, schied sich aus ihnen eine Flüssigkeit aus, die in zwei verschieden siedende Stoffe zerlegbar ist. Der eine davon hatte dieselbe prozentuale Zusammensetzung wie der Ausgangskörper, das ölbildende Gas, und seiner geringeren Flüchtigkeit entsprach das doppelt so hohe spezifische Gewicht. Das bedeutete also, daß sein Molekül doppelt so viel Atome enthielt als jenes Gas.

Noch anders war das Verhältnis zwischen zwei organischen Säuren, der Cyansäure und der Knallsäure. Friedrich Wöhler hatte aus Heidelberg im Jahre 1822 eine Arbeit veröffentlicht: „Über die eigentümliche Säure, welche entsteht, wenn Cyan (Blaustoff) von Alkalien aufgenommen wird"[1]. Wie Chlor oder Jod, gab auch Cyan mit Alkalien das Salz einer sauerstoffhaltigen Säure, hier Cyansäure genannt. Bald darauf bestimmte er ihre Zusammensetzung aus 1 Atom Cyan und 1 Atom Sauerstoff. Justus Liebig veröffentlichte fast um dieselbe Zeit mit Gay-Lussac zusammen aus Paris die Analyse der schon seit einiger Zeit bekannten knallenden Metallsalze[2]. Auch in ihnen enthält die Säure gleiche Atome Cyan und Sauerstoff. Nach vorangehenden Zweifeln wurden diese Ergebnisse bestätigt. In ganz verschiedener Weise waren also Stoffe gebildet worden, die trotz wesentlich verschiedener Eigenschaften dieselbe Zusammensetzung aufwiesen. Die Dampfvolumina konnten hier nicht verglichen werden, dieser Anhalt über die Molekülgröße fehlte hier demnach. Sie verschieden anzunehmen, war experimentell nicht direkt begründet.

Auch Zucker und Pflanzengummi standen in solchem Verhältnisse zueinander: Gleichheit der elementaren Zusammensetzung bei Verschiedenheit des Verhaltens.

Ähnliches hatte man ja schon bei mineralischen Verbindungen gefunden. Die chemisch gleichen Bestandteile des Kalziumkarbonates traten in zwei verschiedenen, systematisch weit getrennten Kristallformen auf. „Dieselben chemischen Prinzipien können, durch verschiedene geometrische Stellungen, Moleküle bilden, die sich gar nicht ähneln", hatte Delamétherie darüber schon 1806 geäußert[3].

---

[1] Gilberts Ann. **71**, 95—102.

[2] Ann. de Chim. **25**, 285—311 (1824).

[3] Vgl. Journ. de Phys. de Chim. **63**, 73 (1806). E. O. v. Lippmann verweist auf eine noch früher veröffentlichte gleichartige Ansicht A. v. Humboldts (Chemiker-Zeitg. 1909, S. 1).

Da man nun die organischen Verbindungen nach dem Muster der anorganischen zu verstehen sich vornahm, hätte man jetzt schon eine Erklärung für jene organischen Verbindungen gewinnen können. Aber Berzelius, der sonst dieses Programm aufgestellt hatte, suchte doch zunächst nach einer direkten Deutung. Diese organischen Substanzen entstammen ja den Lebewesen. In ihnen ist ein Etwas vorhanden, das sie von den anorganischen Stoffen entscheidend trennt: die „Lebenskraft". Die ist nun zwar eigentlich nur für eben das ganze lebendige Wesen charakteristisch, aber vielleicht ging doch auch in alle Teile etwas davon über. Mit einer solchen Annahme konnten dann wohl auch andere Absonderlichkeiten dieser Verbindungen erklärt werden: z. B. daß entgegen den sonst geltenden Gesetzen hier nicht die relative Sauerstoffmenge dem Grade der Acidität entsprach. Die Oxalsäure enthält ja relativ weniger Sauerstoff als die Kohlensäure und ist doch viel stärker als diese. Auch in jenen bei gleicher Zusammensetzung verschiedenen Stoffen kam gewissermaßen noch die Lebenskraft hinzu, eben als das Unterscheidende.

Ein Jahr nach der Darlegung dieser Gedanken durch Berzelius berichtete Wöhler (1828), daß er „Harnstoff machen kann, ohne dazu Nieren oder überhaupt ein Tier, sei es Mensch oder Hund, nötig zu haben". Freilich benutzte er dazu nicht eigentlich rein anorganische Verbindungen. Das cyansaure Ammoniak, das beim Erwärmen sich in Harnstoff verwandelt, ist ja selbst noch entfernt organischen Ursprunges; nur war diese Entfernung eben recht groß. Zugleich stehen Harnstoff und sein Ausgangskörper wieder in demselben Verhältnisse zueinander wie die Zucker und die beiden erwähnten Säuren. Edv. Hjelt hebt hervor, daß schon 1824 Wöhler eine andere vegetabilische Substanz aus dem Cyan dargestellt hatte[1]). Es gab nun also Brücken zwischen dem, was durch die Lebenskraft gänzlich getrennt sein sollte. Auch war nicht nur, wie sonst, durch zerstörende Zerkleinerung des Moleküls ein neuer organischer Stoff erhalten worden, sondern unter Beibehaltung, ja Vermehrung seiner Größe.

Dennoch wartete Berzelius, damals die hervorragendste Autorität in der Chemie, noch mit der Anerkennung der Tragweite dieser Befunde, bis er selbst (1830) ein Beispiel dafür in Traubensäure und Weinsäure untersucht hatte. Dann aber gab er ihnen die ganze systematische Bedeutung, die er voraussah: Die Schaffung eines neuen Wortes, Isomerie, war der Ausdruck dafür, daß hier ein eigenartiges und zugleich ein allgemein mögliches Verhalten bestand. Isomer sind also alle Körper, die, „bei gleicher chemischer Zusammensetzung und gleichem Atomgewicht (wir würden heute sagen Molekular-

---

[1]) Hjelt, Geschichte der organischen Chemie. Leipzig 1918. S. 38.

gewicht) verschiedene Eigenschaften haben". Ist aber zugleich das Molekulargewicht verschieden, so liegt Poly-merie vor[1]).

Auch nun waren diese Begriffe manchem Mißverständnisse ausgesetzt. In einem Auszuge für Apotheker aus der Abhandlung von Berzelius über die Isomerie werden als weitere Beispiele erwähnt: Wasserdampf und Knallgas, Ammoniak und ein Gemisch von 1 Volum Stickstoff mit 3 Volum Wasserstoff. Liebig schrieb dazu: „... welche Begriffe werden dem Leser des Repertoriums von diesen wichtigen Klassen von Verbindungen hier beigebracht; sie müssen danach glauben, daß Druckerschwärze und Papier isomerisch mit Buchners Inbegriff der Pharmazie ist"[2]).

Hier seien ein paar Worte über den Lebenslauf des Mannes eingeschaltet, der so scharf kritisierte und dessen Arbeiten schon einige Male erwähnt wurden.

Justus Liebig wurde am 12. Mai 1803 als Sohn eines Drogenhändlers in Darmstadt geboren. Schon frühzeitig sah er den Handwerkern und fahrenden Chemikern ihre Kunstgriffe ab und entwickelte ein ganz spezielles Gedächtnis für Erscheinungen[3]). Vom Gymnasium kam er als schlechter Schüler bald in eine Apotheke und erlangte endlich 1820 die Erlaubnis zu studieren. Er sah sich in technischen Anlagen interessiert um und hörte zudem bei Schelling in Erlangen Naturphilosophie. Obwohl er selbst später diese Beschäftigung als gänzlich wertlos beklagte, darf man doch wohl die schon früh gelegentlich und im späteren Alter sehr stark hervortretenden philosophischen Neigungen Liebigs nicht ganz übersehen wollen. Mindestens hatte er bei Schelling die Basis gewonnen, um nun für einen ganz anderen naturphilosophischen Geist einzutreten. Nach einer mit seinem Lehrer Kastner ausgeführten Arbeit über Knallsilber reiste er Herbst 1822 mit einem Staatsstipendium nach Paris. Durch seine Knallsäurearbeit und den guten Genius Alexander von Humboldts fand er Aufnahme bei Gay-Lussac. In Gießen (Mai 1824) gehört die führende chemische Stellung bald ihm, dem einundzwanzigjährigen, außerordentlichen Professor. Bald darauf heiratet er. Er pflegte mit geradezu tollem Eifer in eine Arbeit zu springen und damit Tag und Nacht beschäftigt zu sein, bis er fertig war. Kein Wunder, daß er dazwischen Depressionen erlitt. „Es ist nicht der Mühe wert zu leben; man arbeitet, bis man krank ist und macht sich wieder gesund, um zu arbeiten, und so geht es fort" (1839). Die experimentellen Arbeiten werden noch zu erwähnen sein. Außer-

---

[1]) Berzelius, Jahresberichte **11**, 44 (1832); **12**, 63 (1833).
[2]) Liebigs Ann. d. Chemie **1** (1832).
[3]) Vgl. seine autobiographischen Notizen in Ber. d. Dtsch. Chem. Ges. **23**, 3, 817—828 (1890).

dem als leitender Herausgeber der „Annalen der Pharmazie", seit 1840 „der Chemie und Pharmazie" und als Reformator des chemischen Unterrichtes tätig, gewann er allmählich eine Stellung wie diejenige von BERZELIUS in der Chemie. Eine Berufung nach Wien lehnte er 1840 schließlich ab: „So habe ich mich denn entschlossen abzulehnen, denn sie haben keine Konstitution!" Nachdem er 1836—1839 in Gießen das Laboratorium gänzlich neu eingerichtet hatte, übernahm er 1852 sein neues Institut und die Professur in München. Dort setzte er vor allem die agrikulturchemischen Untersuchungen fort, die er um 1837 schon begonnen hatte. Wie so viele wissenschaftliche Chemiker hatte auch er mit Versuchen zur praktischen, technischen Ausnutzung seiner Entdeckungen mehr Ärger als direkten Erfolg[1]). Da bewundert und beneidet er seinen alten Freund FRIEDRICH WÖHLER um sein rein chemisches Schaffen. Wie er hier von der reinen Wissenschaft zur lebendigen Anwendung gelangt war, so ging er auch in seinem literarischen Schaffen über sein engeres Fachgebiet hinaus, z. B. in den „Chemischen Briefen", erschienen 1857 in der Augsburgischen Allgemeinen Zeitung. Er hielt allgemeinverständliche Abendvorlesungen, 1866 redete er über den „Ursprung der Ideen in der Naturwissenschaft". Brotbereitung, um in „das einzige unter allen Gewerben, welches seit Jahrtausenden von dem Fortschritt nicht berührt worden ist", wissenschaftlichen Geist zu bringen, und Säuglingsnahrung beschäftigen ihn jetzt. Während des siebziger Krieges mit Frankreich trat er persönlich für manchen von seinen alten Freunden ein. Am 3. April 1873 klagte er WÖHLER über das vegetative Leben im Alter; am 18. April verschied er[2]).

Mit dem drei Jahre älteren WÖHLER (geboren 31. Juli 1800 in Eschersheim bei Frankfurt a. M.) verband ihn eine aus gemeinsamer fachlicher Arbeit entstandene innige Freundschaft. WÖHLER hatte seine chemische Lehrzeit in dem anderen damaligen Zentrum dieser Wissenschaft, in Stockholm bei BERZELIUS durchgemacht. Seit 1836 war er dann in Göttingen bis an sein Lebensende, am 23. September 1882, tätig.

4. Radikale und Typen.

LIEBIG hatte 1831 die Methode der organischen Elementaranalyse wesentlich verbessert. Das neue Hilfsmittel bewährte sich dann bei der gemeinsam mit WÖHLER durchgeführten Untersuchung über die Benzoesäure[3]). Diese aus manchen Balsamen

---

[1]) Andersartige Erfahrungen wären auch erst aus der jüngsten Vergangenheit zu berichten.

[2]) Vgl. JAKOB VOLHARDS Biographie „Justus v. Liebig". Leipzig 1909.

[3]) Liebigs Ann. d. Chem. 3, 284 (1832).

und Tierharnen bekannte Säure bildet sich auch aus dem ätherischen Bittermandelöl, und zwar durch bloße Aufnahme von Sauerstoff. Aber darum ist nicht das Bittermandelöl als solches ein näherer Bestandteil der Benzoesäure. Durch Chlor oder Brom erhält man nämlich aus dem Öle Verbindungen, in denen Wasserstoff durch Halogen ersetzt ist, und zwar, da die Atomgewichte der Bestandteile damals halb so groß wie jetzt angenommen wurden, zwei Atome des Wasserstoffs durch zwei des Chlors oder Broms. $C_{14}H_{12}O_2$ wurde als Formel des Bittermandelöls gefunden; von den 12 Wasserstoffatomen nehmen darin also zwei eine Sonderstellung ein. Sie sind reaktionsfähiger, beweglicher als die zehn anderen. Der Rest $C_{14}H_{10}O_2$ dagegen bleibt bei diesen Umwandlungen — und noch manchen anderen dazu — erhalten wie ein Element, ein zusammengesetzter Grundstoff. Er erhielt den Namen Benzoyl, und zwar die Endung -yl mit Rücksicht auf die alte $\H{v} \lambda \eta =$ Urstoff.

„.... das Radikal der Benzoesäure ist das erste mit Gewißheit dargelegte Beispiel eines ternären Körpers, welcher die Eigenschaft eines einfachen besitzt", schrieb Berzelius darüber[1]). Man konnte die Atome im Molekül der Benzoesäure aber noch in anderer Weise in Gruppen trennen, wenn man die Erfahrungen von Mitscherlich dazu benutzte.

Eilhard Mitscherlich (geboren 7. Januar 1794, gestorben 28. August 1863, Berlin), der Nachfolger Klaproths in Berlin, ist schon als der Entdecker der Isomorphie erwähnt worden. Als er 1834 die Benzoesäure mit Kalk erhitzte, erhielt er außer kohlensaurem Kalk den flüssigen Kohlenwasserstoff $C_{12}H_{12}$ (mit den neuen Atomgewichten: C_6H_6), der identisch war mit einem von Faraday gefundenen „Doppelt-Kohlenwasserstoff"[2]). Mitscherlich wollte danach dieses von Liebig Benzol genannte Produkt als das eigentliche Radikal auch in der Benzoesäure angesehen wissen. Aber Liebig meinte, er sei durch eine zu brutale Reaktion entstanden. Zerstören könne man freilich das Benzoyl, aber dann käme man ebensowenig auf ein Radikal, wie bei der trockenen Destillation des Holzes auf ein Radikal dieser Substanz. — Das war nicht die letzte Diskussion über die Bewertung von Zerlegungsmethoden.

Ganz anders lautete der Einwand, den Berzelius in diesen Jahren gegen die Benzoyltheorie entwickelte. Er führte nicht spezielle Versuche, sondern eine allgemeine Auffassungsweise ins Feld. Nach dem dualistischen Systeme müsse dem Sauerstoff eine Sonderstellung gewahrt bleiben. Er könne nicht gleichberechtigt mit C und H das Radikal $C_{14}H_{10}O_2$ (C_7H_5O) bilden; dieses sei vielmehr noch einmal

---

[1]) Liebigs Ann. d. Chem. 3, 249 (1832).
[2]) Vgl. S. 156.

dualistisch zusammengesetzt aus $C_{14}H_{10}$ und dem Sauerstoffe. Schließlich gab er selbst eine Lösung der Streitfrage (1834), die freilich wie ein Verzicht auf die „endgültige" Feststellung aussehen konnte, in Wahrheit aber doch nur die Zurückführung der Theorien aus dem Reiche der Spekulation auf ihre Begründung in den Tatsachen darstellte: Der Streit betreffe ja nicht das zusammenhängende Atom, d. h. das Molekül als ein Ganzes, sondern nur die Produkte gewisser Einwirkungen, und es hängt dann eben von den eingehaltenen Umständen ab, in was für Teile der Zerfall stattfindet. „Man muß wissen, in welche Teile zerlegt werden kann, aber es ist nicht richtig zu sagen, er sei aus diesen Teilen zusammengesetzt." Eine solche relativistische Einsicht gewinnt man jedoch leichter vom Standpunkte des referierenden Beobachters als von dem des schaffenden Forschers. Liebig verstand den Begriff Radikale ganz anders. Ihm galten sie als reale, isolierbare Gebilde, die in den organischen Verbindungen die Rolle einfacher Körper spielten; ja er verglich sie mit den Elementen der anorganischen Stoffe. Wie man den Kalk als das Oxyd des Kalziums noch vor seiner wirklichen Darstellung auffaßt, so seien einige organische Verbindungen als Oxyde von noch nicht isolierten Radikalen anzusehen (1837)[1].

Aber deshalb mußte nun doch in den einzelnen Fällen untersucht werden, was die experimentell gefundenen Umwandlungen für die näheren Verhältnisse der Atome im Molekül zueinander bedeuteten. Im Vordergrunde stand da der Alkohol.

Die Verbrennung des Alkohols zu Kohlensäure und Wasser gab natürlich über solche Fragen keine Auskunft. Die andere bekannte Oxydationsstufe, die Essigsäure, konnte erst dann mehr darüber sagen, als man die Konstitution der organischen Sauerstoffsäuren genauer erkannt hatte. Aber es gab noch eine Vorstufe auch zur Essigsäure. Man hatte zur Zeit der Entdeckung verschiedener „Säureäther" (um 1780) den Alkohol auch mit Braunstein und Salzsäure erhitzt. Döbereiner nahm dafür Schwefelsäure und stellte damit einen „schweren" und einen „leichten" Sauerstoffäther dar (1822). Zehn Jahre später gab ihm die Oxydation mit der besonders reaktiven Form des Platins, dem Platinschwarz, einen etwas anderen „leichten Sauerstoffäther". Ihn erkannte Liebig — nach der Reinigung — als einen Alkohol dehydrogenatus, $C_4H_8O_2$, abgekürzt: Aldehyd genannt (1835). Außerdem entstand bei der Reaktion auch Acetal, ein Stoff von höherer Zusammensetzung. Die Bildung dieses Aldehyds wurde nun für Liebig ein wesentliches Argument gegen die Ätherintheorie der Franzosen.

$C_4H_8 + H_4O_2$ (für $C = 6$) war ja die Formel für den Alkohol nach dieser Theorie[2]; bei der Oxydation zum Aldehyd mußte dann der schon

---

[1] Liebigs Ann. d. Chem. **25**, 1 (1837).
[2] Vgl. S. 154.

als Wasser vorhandene Wasserstoff noch einmal zu Wasser oxydiert werden, was natürlich absurd ist. Auch ließ sich, wie Berzelius ebenfalls betonte, aus den Schwefelsäureverbindungen des Äthers das nach solchen Formeln vorhandene Wasser nicht ohne weitergehende Zerstörung entfernen. Man konnte demnach auch nicht zugeben, daß 2 Atome Wasser ein konstitutiver Bestandteil im Alkohole wären.

Im Jahre 1833 entdeckte Zeise einen Körper, der an Stelle von Sauerstoff Schwefel mit den übrigen Atomen des Alkohols vereinigt enthielt. In dieser Verbindung, $C_4H_{12}S_2$, sind zwei Wasserstoffatome (also eines nach der neueren Formel) durch Schwermetalle, besonders Quecksilber, vertretbar; daher der Name Mercaptan. Danach wäre das Radikal darin $C_4H_{10}S_2$. Liebig setzte seine Formel für Mercaptan: $C_4H_{10}S + H_2S$ neben die des Alkohols: $C_4H_{10}O + H_2O$.

Berzelius hatte (1833) den Alkohol als das Oxyd von C_4H_{12} betrachtet und den Äther als ein Oyxdul des Radikals C_8H_{20} (in neueren Formeln: C_2H_6 und C_4H_{10}). Den Äther faßte nun auch Liebig als ein Oxyd auf; aber sein vom Alkohol recht verschiedenes Verhalten gegen Chlorphosphor z. B. mußte in der Formel des Alkohols einen anderen Ausdruck finden; sie mußte die Ähnlichkeit zwischen Alkohol und Wasser, die sich nicht nur bei dieser Reaktion zeigte, enthalten. Darum galt ihm der Alkohol als das Hydrat des Äthers.

Eine ähnliche Frage betreffs der Rolle des Wassers gab es bei den Ammoniakverbindungen. Nachdem man NH_4 als die Formel des Ammoniums erkannt hatte, sah man im NH_4O die oxydartige Verbindung des Ammoniaks mit Wasser. Wir müssen diese Formeln nur mit den damals angenommenen halb so großen Atomgewichten, also N_2H_8 und N_2H_8O schreiben. Als Radikal des Ammoniaks, N_2H_6, ließ sich dann Amid, N_2H_4, betrachten; und wenn man ihm für das ölbildende Gas (C_4H_8) das Radikal $C_4H_6 =$ Acetyl zur Seite stellte, ergab sich folgendes Schema, das Liebig 1839[1]) konstruierte:

$AcH_2 =$ ölbildendes Gas.	$AdH_2 =$ Ammoniak.
$AcH_4 =$ Äthyl.	$AdH_4 =$ Ammonium.
$AcH_4O =$ Äther.	$AdH_4O =$ Ammoniumoxyd.
$AcH_4Cl_2 =$ Äthylchlorür.	$AdH_4Cl_2 =$ Ammoniumchlorür.
$AcH_4O + 1$ At. Säure $=$ Äthyloxydsalze.	$AdH_4O + 1$ At. Säure $=$ Ammoniumoxydsalze.
$AcH_4O + H_2O =$ Alkohol.	$AdH_4O + H_2O =$ im schwefelsauren Ammoniak vorhandene Verbindung
$AcH_4S + H_2S =$ Mercaptan.	$AdH_4S + H_2S =$ Schwefelwasserstoffschwefelammonium.
$Ac, 2\,PtCl_2 + Cl_2K =$ Zeises Platinverbindung mit Chlorkalium.	$AdPtCl_2 + AdH_4O =$ Gross Platinbase.

Dann war also Aldehyd vom Alkohol abzuleiten als $AcO + H_2O$.

---

[1]) Liebigs Ann. d. Chem. **30**, 138 (1839).

Dadurch also, daß man den für unveränderlich gehaltenen Molekülteil — der darum auch die Bezeichnung Ac als einheitlicher Komplex erhielt — kleiner wählte als bisher, konnten viel mehr Verbindungen in die eine Reihe gebracht werden. Man erinnere sich dazu jener relativierenden Bemerkung von Berzelius: Was man als Radikal zu betrachten hätte, trat bei verschiedenen Reaktionen verschieden hervor; aber indem Liebig nun möglichst alle bekannten Verbindungen einreihte, konnte er glauben, jetzt ein wahres und absolutes Radikal gefunden zu haben. Dann blieb aber bei kleineren Teilen der jetzigen Reihe noch mehr als bloß das eigentliche, jetzt gewonnene Radikal unverändert — und das war dasjenige gewesen, was man früher dafür angenommen hatte.

Aber auch in dem so reduzierten Radikale erwiesen sich noch seine Atome als getrennt reaktionsfähig; das zeigten Untersuchungen von Dumas und Laurent.

Bei der Einwirkung des Chlors auf einen wasserstoffhaltigen organischen Körper können Produkte entstehen, in denen für jedes H-Atom, das sie gegenüber dem Ausgangskörper weniger haben, ein Chloratom anwesend ist. So war es bei einigen Kohlenwasserstoffen um 1834 gefunden worden und später bei der Essigsäure, aus der, wie Dumas 1839 berichtete, Chloressigsäure erhalten werden kann. Darin ist aller Wasserstoff der Essigsäure durch Chlor ersetzt, meinte er, und trotzdem herrscht noch eine gewisse Ähnlichkeit in den Eigenschaften der beiden. Laurent hatte rasch auf eine Art Gleichwertigkeit der einander ersetzenden Elemente geschlossen, Dumas folgte ihm nach einigem Zögern (1839)[1].

Aldehyd und Chloraldehyd standen in ähnlichem Verhältnisse zueinander. Man dürfe „aus dieser Tatsache, daß aller Wasserstoff dieser Körper zu gleichen Volumen durch Chlor ersetzt wird, ohne daß ihr Grundcharakter geändert wird, wohl schließen, daß es in der organischen Chemie gewisse Typen gibt, welche bestehen bleiben, selbst wenn man an die Stelle des Wasserstoffes, den sie enthalten, ein gleiches Volum von Chlor, Brom oder Jod bringt"[2].

Nicht mehr Radikale blieben also beständig, d. h. Atomgruppen als solche; vielmehr waren in ihnen die Atome austauschbar, und nur so etwas wie ein leeres Schema blieb bestehen, als die Vorschrift, nach der auch die neuen, ganz andersartigen Atome sich zum Kohlenstoff finden mußten. Diese Typen waren abstrakter als die Radikale, aber sie waren dafür auch allgemeiner und ließen mehr Erfahrungen vereinigen.

---

[1] Vgl. die Darstellung bei Graebe, Geschichte der organischen Chemie, Berlin 1920, S. 76ff.

[2] Cpt. rend. 8, 609ff.; Liebigs Ann. d. Chem. 32, 101 (1839).

Die Einführung von Halogen in organische Körper war nicht an sich neu. Einen „Jodkohlenwasserstoff" hatte SERULLAS zuerst (1822) beschrieben; es ist das später so genannte Jodoform. LIEBIG gewann bei der Einwirkung von Chlor auf Alkohol das entsprechende Chloroform (Ende 1831). Aber das waren Reaktionen, bei denen nicht einfach unter Beibehaltung des Molekülbaues Halogen für Wasserstoff eintrat. Und bei jenem anderen Versuche, dem Ersatze von Wasserstoff durch Chlor im Bittermandelöl (vgl. S. 160), sollten ja eben dieser Ersetzbarkeit wegen die beiden Wasserstoffatome außerhalb des engeren Verbandes zum Radikale eine Sonderstellung einnehmen. Das Radikal selbst wurde nicht angegriffen, wie es in den von DUMAS untersuchten Fällen geschah. Darum gewannen auch sie erst so allgemeine Bedeutung in einer Substitutionstheorie.

Daß die Rolle des positiven Wasserstoffs durch das elektronegative Chlor sollte übernommen werden können, stand natürlich im Gegensatze zu BERZELIUS' dualistischem System. Aber BERZELIUS verlor doch allmählich die engere Fühlung und den Einfluß auf die neue Entwicklung. Auch kann derjenige, der nicht selbst experimentell tätig ist, spezielle Auffassungen gar nicht immer ganz verstehen. So ging es BERZELIUS gegenüber der Behauptung, daß die Chloressigsäure der Essigsäure noch ähnlich sein sollte, trotzdem sie z. B. im Schmelzpunkte sehr verschieden sind. Und LIEBIG schrieb: „Ist es in der Tat recht, anstatt die organische Natur zu studieren und ihre Metamorphosen kennenzulernen, daß wir Substitutionen durch Chlor hervorzubringen suchen?"

LIEBIG mochte hier speziell an die mit WÖHLER gemeinsam (1838) ausgeführte Untersuchung der Harnsäure denken[1]). Die vorsichtige Oxydation dieses physiologisch so wichtigen Stoffes hatte auf recht schwierig zu überschauenden Wegen das Allantoin ergeben, bei anderer Arbeitsweise das Alloxan. Auch diese lassen sich noch weiter oxydieren, so daß man schließlich Harnstoff und Oxalsäure erhält. Über die elementare Zusammensetzung dieser Produkte lieferte natürlich die vollständige Verbrennung Aufschluß, deren Methodik gerade von LIEBIG so weit ausgestaltet wurde, daß sie bis in unsere Tage fast unverändert blieb. Größer noch war der Fortschritt in der Feinheit der Stufen, die beim Abbau erzielt wurden.

Aber das Vorbild der Untersuchungen, die sich direkt den physiologisch wichtigen organischen Substanzen zuwendeten, wurde eben, und besonders in Frankreich, nicht weiter verfolgt. So kam es, daß auch SCHÖNBEIN, FARADAY und andere Forscher in den vierziger Jahren ähnliche Stellung gegenüber der organischen Chemie einnahmen: sie entfernte sich ihnen zu weit vom Leben, dessen Erfor-

---

[1]) Liebigs Anm. d. Chem. **26,** 241 (1838).

schung doch die eigentliche Aufgabe sei. Dazu kommt als Positives die Neigung der französischen Chemiker, auch solche Aufgaben als „Rechenexempel"[1]) zu behandeln, oder, mit geringerem Anscheine von ablehnender Kritik gesagt: die Bevorzugung der Mechanik vor der, sagen wir: Organik. Manche Erinnerungen an frühere französische Forscher und an den besonders in Frankreich gepflegten philosophischen Materialismus werden wach, wenn man etwa bei DUMAS liest: „Ich erblicke in den organisierten Wesen nur sehr langsam wirkende Apparate... Die lebenden Wesen realisieren, hinsichtlich der Verbindungen des Kohlenstoffes mit den Elementen der Luft und des Wassers, dasjenige, was die großen Erdrevolutionen in bezug auf die Verbindungen der Kieselsäure mit den sich ihr darbietenden Basen hervorgebracht haben. In beiden Fällen zeigen sich dieselben verwickelten Verhältnisse[2]).'' Da darf es wohl als charakteristisch angesehen werden, wenn DUMAS meint: „Herr BERZELIUS schreibt also der Natur der Elemente die Rolle zu, welche ich ihrer Lagerung zuteile: dies ist der Hauptpunkt unserer respektiven Ansichten.'' Auch wurde von LIEBIG die Substitutionstheorie als ein Produkt der „französischen Schule" empfunden und im großen ganzen abgelehnt.

Die Abkehr von den als „natürlich" gefühlten Zusammenhängen zu abstrahierenden Vergleichen zwischen Teilen der Untersuchungsgegenstände ist freilich immer stärker das wissenschaftliche Verfahren auch der organischen Chemie geworden. Dabei ist das Leben wenigstens des einen der beiden Hauptvertreter dieser französischen Schule gar nicht bloß der Wissenschaft gewidmet gewesen. AUGUSTE LAURENT zwar (1807—1853) trat kaum aus diesem Umkreise heraus; aber JEAN BAPTISTE DUMAS, fast genau gleichaltrig mit LIEBIGS Freunde WÖHLER (1800—1884), nahm in der zweiten Hälfte seines Lebens leitend Anteil an der Politik Frankreichs.

Das Wesen dieser DUMAS- und LAURENTschen Typentheorie bestand also darin, daß in einem Verbande von Atomen einzelne derselben durch solche von anderen Elementen unter Erhaltung des allgemeinen Charakters der Verbindung ersetzt werden können. REGNAULT erweiterte diese Anschauung noch; er setzte z. B. als zusammengehörig:

$$C_2H_2H_6 \quad \text{Sumpfgas,}$$
$$C_2H_2O_3 \quad \text{Ameisensäure,}$$
$$C_2H_2Cl_6 \quad \text{Chloroform.}$$

In dem Namen mechanische Typen drückte er es selbst aus, daß die Betrachtung der chemischen Eigenschaften zurücktrat und die

---

[1]) Nach dem Ausdrucke von KOLBE (Leipzig).
[2]) Zit. nach HJELT, S. 39f.

Substitutionsmechanik im Vordergrunde stand. Das mochte wieder manchem gegen die Natur der Chemie zu sein scheinen; aber es war konsequent vom Boden der Atomtheorie aus, auf den man sich doch nun einmal gestellt hatte. Man kann zugleich dieser Schreibweise entnehmen, daß dabei weniger auf das bei den Umwandlungen bleibende Radikal als gerade auf den sich ändernden Teil geachtet wurde.

Zu der Reihe des Sumpfgastypes gehörte nun auch ein Alkohol, der zwar schon lange dargestellt, aber erst im Jahre 1834 wirklich rein erhalten wurde.

Er stand in derselben Beziehung zur Ameisensäure wie der Weingeist zur Essigsäure. Aus dem Walratfette erhielt man einen andern Körper, der viel kohlenstoffreicher war, aber ebenfalls das charakteristische Verhalten der beiden schon bekannten Alkohole zeigte. Einen vierten Stoff, der bei vielen Abweichungen in physikalischen Daten sich durch gewisse chemische Reaktionen als Alkohol erwies, konnte Dumas durch fraktionierte Destillation aus dem Fuselöl (von der Vergärung der Kartoffel) isolieren. Von der Stärke, aus der er also entstand, und nach den Anschauungen über die Zusammensetzung der Alkohole, gab man ihm den Namen Amylenhydrat (heute seit 1878 Amylalkohol). J. Schiel machte nun im Jahre 1842 darauf aufmerksam[1]), daß die Radikale dieser Alkohole übersichtlich in eine Reihe gebracht werden können: Wenn (mit den halben Atomgewichten) $C_2H_4 + H_2$ das des Methylalkohols, des Holzgeistes ist, so ist $(C_2H_4)_2 \cdot H_2$ das Äthyl genannte Radikal des Weingeistes, $(C_2H_4)_5H_2$ Amyl und $(C_2H_4)_{16}H_2$ Cetyl. Danach lag es nahe, auch die Säuren in eine solche Reihe zu bringen, in der der Zusammensetzungsunterschied C_2H_4 betrug, und Gerhardt dehnte das auf alle organischen Verbindungen aus[2]): Die um C_2H_4 verschiedenen Verbindungen bilden homologe Reihen; die zum Typus des Methyls gehörigen Glieder Sumpfgas, Methylalkohol, Ameisensäure sind unter sich heterolog. Freilich waren die Reihen noch unvollständig; aber gerade diese Anordnung gab den Anlaß, die fehlenden homologen und heterologen Glieder zu suchen. Um diese Zeit begann Hermann Kopp Untersuchungen der Veränderung physikalischer Eigenschaften in den homologen Reihen und fand, daß auch sie sich zu Regeln zusammenfassen ließen: Der Zunahme des Moleküls um ein C_2H_4 entsprach z. B. eine bestimmte Erhöhung des Siedepunktes.

Den neuen Erfahrungen, besonders über die Substitution, entsprechend, enthielt nun das Formelbild den Ausdruck für die Beweg-

---

[1]) Liebigs Ann. d. Chem. **43**, 107.

[2]) Vgl. Gerhardt, „Précis de chimie organique", 1844, besonders den II. Bd. 1845.

lichkeit der mit dem Kohlenstoff verbundenen Atome. Die Radikale verloren dabei ihre weitere Bedeutung. Wenn sie nur aussagen sollten, daß bei dieser oder jener speziellen Reaktion ein gewisser Teil des Moleküls als solcher erhalten bleibt, so war das natürlich eine gute Beschreibung des Gefundenen; aber dazu allein war die Radikaltheorie nicht aufgestellt worden, sie sollte darüber hinaus ja die stets verbunden bleibenden Molekülteile angeben. Das galt, solange man wenige Erfahrungen zu berücksichtigen hatte; aber eben darum galt es nicht so absolut, wie es gemeint war. Hätten die verschiedenen Theorien über den verschiedenen Zusammenhalt der Atome im organischen Moleküle nur die wirklich beigebrachten neuen oder bekannten Reaktionen beschreiben wollen, dann wäre Streit höchstens noch über die experimentelle Richtigkeit möglich gewesen. In Wirklichkeit aber versuchte jeder mit seiner Theorie die gesamten Erscheinungen zu umfassen, und dagegen mußten andere die davon verschiedenen Gesichtspunkte hervorheben, die in den neu einbezogenen Gebieten leiten sollten. So war immer ein Teil des theoretisch Behaupteten richtig. Und wie die Schöpfer der Theorie nun daraus schlossen, daß dasselbe auch für die ganze Behauptung gelte, so dehnten die Gegner nun das daran nicht Zutreffende auf die ganze Theorie aus.

Zuletzt war es doch immer BERZELIUS, der trotz mancher Voreingenommenheit durch sein dualistisches System die Abgrenzungen zwischen den Theorien erkannte und betonte. Dabei modifizierte er den speziellen Ausdruck seiner Grundannahme öfter, zuletzt noch zu der Theorie der Paarlinge im Anschlusse an GERHARDT (1839). Danach sammelten sich die Atome zu zwei Gruppen, die nun miteinander gepaart das Molekül bildeten. In der sogenannten wasserfreien Essigsäure hätte man dann $C_2H_6 + C_2O_3$ $(C = 6)$; die Substitution bezog sich darin nur auf den ersten Paarling, so daß die Chloressigsäure durch $C_2Cl_6 + C_2O_3$ dargestellt wird. Das war schließlich, wie HJELT sagt, der „Begriff des chemischen Typus, wenn auch in binärer Form"[1].

Schließlich nahm der Streit einen vorläufigen Ausgang, der nicht nur äußerlich demjenigen glich, den die Diskussion über die Atomgewichte gegen die Mitte des 19. Jahrhunderts gefunden hatte. KARL GERHARDT (geboren 21. August 1816, Straßburg, gestorben 19. August 1856), ein Schüler LIEBIGS, der dann in Paris lebte, betonte (1848) den Verzicht auf absolute Erkenntnis der Atomanordnung. In dem jetzt vorgeschlagenen unitarischen Systeme sollte die Formel nur Ausdruck der speziellen vorliegenden Umwandlung des organischen Stoffes sein. Was man mit weniger Erfahrungen für schon

---

[1] HJELT, Geschichte der organischen Chemie, S. 128.

gelöst gehalten hatte, das erwies sich nun auf Grund vergrößerter Kenntnisse — als unlösbar. Wenigstens mußte man noch mehr abwarten, um Teile des neuen Problems entscheiden zu können.

5. Einige spezielle Entdeckungen.

In diesen Darlegungen ist etwas zu einseitig die Theorie der organischen Verbindungen betrachtet worden. Organische Chemie heißt aber noch etwas ganz anderes als bloß Theorie über die Atomverbindungen; und wenn auch natürlich in den erwähnten Tatsachen, welche die Ausgangsstellen der Theorie bildeten, das experimentell Durchgeführte enthalten ist, so muß doch noch ein Blick auf diese Durchführung selbst die Entwicklung der experimentellen Verfahren herausheben. Freilich kann man schwer einen genauen Ausdruck für diese Entwicklung finden. Eine verhältnismäßig einfache Operation konnte bei der Anwendung auf ein neues Material ganz wesentliche Fortschritte bringen, und die Feinheit bei einer anderen konnte vielleicht nur darin bestehen, daß eine niedrige Temperatur sorgfältig eingehalten wurde.

Die Untersuchung der Harnsäure durch LIEBIG und WÖHLER (1838—1841) kann an einem wichtigen Beispiele die Abstufung der Feinheit chemischer Eingriffe zeigen. Eine Anzahl chemisch recht ähnlicher Stoffe wurde dabei unterschieden, und sie vermittelten den Weg zwischen der Harnsäure und dem daraus gewonnenen Harnstoff.

In anderer Art zeigen Ähnliches die Arbeiten über Kakodylverbindungen, die ROBERT WILHELM BUNSEN (geboren 31. März 1811, Göttingen, gestorben 16. August 1899, Heidelberg) in den Jahren 1837—1843 veröffentlichte. Da wurden außerordentlich übelriechende und giftige Substanzen, die zum Teil nur bei Luftabschluß beständig waren, in einer ganzen Reihe von Umwandlungen bekannt. Aus trüben Ölgemischen und dunkeln schäumenden Massen isolierte fortgesetzte Destillation und Vereinigung mit anderen Stoffen die reinen Verbindungen des Arsens mit organischen Resten.

Zahlreiche Stoffe schied man aus dem schwarzen, schmierigen Steinkohlenteere ab. Man erhielt die Kohlenwasserstoffe Benzol, Toluol, Cumol, Cymol mit ihren nahe beieinander liegenden Siedepunkten im Anfange der vierziger Jahre, früher noch das kohlenstoffreichere Naphthalin. Ein als Base reagierendes Öl wurde von RUNGE 1834 daraus dargestellt; es erwies sich bald als identisch mit dem von UNVERDORBEN (1826) aus dem Indigo erhaltenen Produkte, das FRITSCHE Anilin nannte, und mit der Verbindung, die ZININ (1842) aus dem Nitrobenzole MITSCHERLICHS (1834 erhalten) gewann. Saure Destillationsprodukte ergaben LAURENT (1841) die Karbolsäure, von GERHARDT ihrer Alkoholeigenschaften wegen Phenol genannt. Wie Bittermandelöl und Benzoesäure verhielten sich auch Zimtöl und Zimtsäure zueinander (DUMAS und PELIGOT 1834), und PIRIA fand ähnliche Verhältnisse zwischen Substanzen aus Salixarten. In den Pflanzen waren sie, ähnlich gebunden wie das Bittermandelöl, als Glykoside vorhanden. Die später Chinon genannte, eigentümlich riechende gelbe Verbindung erhielt WOSKRESENSKY 1838.

Darstellung und Erkennung dieser, aus der Fülle der neu aufgefundenen herausgegriffenen Stoffe gingen natürlich von alten Methoden aus und fügten ihnen jeweils etwas Neues hinzu. Man brachte sie mit anderen Stoffen zusammen, und die Untersuchung ihres Verhaltens lieferte dann nicht nur über die neuen Körper Aufschluß, sondern ließ auch die anderen Komponenten in neuem Lichte sehen. Gerade durch diese Fülle mannigfacher Reaktionen gewann allmählich die Erkenntnis Raum, die LIEBIG 1838 in die Worte faßte: „Wir sind übereingekommen, chemische Eigenschaften eines Körpers, die Erscheinungen, das Verhalten zu benennen, was er zeigt, wenn man ihn mit anderen Materialien zusammenbringt; das Verhalten organischer Körper hat uns nun dahin geführt, daß wir mit positiver Gewißheit behaupten können, daß diese chemischen Eigenschaften wechseln, je nach den Materien, die auf den Körper einwirken. Diese Eigenschaften sind demnach nichts Absolutes, sie gehören dem Körper nicht an[1]." Die Einsicht in die Relativität des Begriffes „Radikal" entsprach dieser Erweiterung des Gesichtskreises. Freilich blieb es zunächst nur Programm, die Umwandlungen eines Stoffes nicht als allein ihm und stets auch für sich zukommende Eigenschaften, sondern eben als das Produkt aus allen dabei anwesenden und mitwirkenden Stoffen aufzufassen.

Man ließ sich vorerst von anderen, größeren Gesichtspunkten leiten. Die Lebenskraft zwar fand in der Chemie bald keinen Platz mehr; nun setzten um so eifriger statt dessen die Versuche ein, das organische Molekül nach dem Vorbilde des anorganischen zu verstehen. Diesen Gesichtspunkt hatte z. B. auch BUNSEN in seiner erwähnten Arbeit vorangestellt; sie behandelte „den Fall einer Übereinstimmung in den Gesetzen der organischen und unorganischen Verbindungen ..., der vielleicht nicht ohne Einfluß auf die Ansichten in einer Wissenschaft sein dürfte, die ihre Vorstellungen fast nur mit den Begriffen der Analogie bekämpfen und behaupten kann"[2]. Durch solche Analogien erhielt der Einzelfall besonderes Interesse.

---

[1] LIEBIG, Über die Konstitution der organischen Säuren. Liebigs Ann. d. Chem. **26**, 160ff. (1838).
[2] OSTWALDS Klassiker Nr. 27, S. 27.

Natürlich mußte seine Durchführung sich speziell in ein winzig scheinendes Abschnittchen aus dem Ganzen versenken; aber selbst dabei war es doch nicht gänzlich isoliert gegen das übrige. Ja, es ist eine Erscheinung besonders der Frühzeit der Entwicklung, daß dann ein Einzelnes als der Typus alles überhaupt Vorkommenden gesetzt wird. Später lehrte die ausgedehntere Berücksichtigung der Eigentümlichkeiten eines Stoffes, daß die Ähnlichkeiten sich nur auf kleinere Teile beschränken: klein und Beschränkung allerdings erst im Rahmen des neu Erkannten. Dennoch grenzte man nicht jedes ganz absolut für sich ab; das wäre ja sinnlos, sowohl gedanklich wie auch als Deutung des Experimentellen. Aber die Analogien erstrecken sich nunmehr auf die kleineren gleichen Teile; und durch sie hängen nun die sonst als Ganzes völlig voneinander getrennten Stoffe doch miteinander zusammen. Das ist dann das Ergebnis der experimentell verfeinerten Zerlegungs- und Erkennungsmethoden.

6. Zur Konstitution der Säuren und der Salze.

Ein Kapitel aus den eben behandelten Forschungen trat in besonders nahe Beziehungen zu den Ergebnissen auf anorganisch-chemischem Gebiete: die Begründung der Ansichten über Säuren und Salze. Zwei wichtige Erkenntnisse konnten dafür aus früherer Zeit übernommen werden: Die eine war die seit Rouelle (vgl. S. 60) geklärte Beziehung zwischen den verschiedenen Arten von Verbindungen von Säure mit Basis; nämlich zu Salzen mit Überschuß vom einen oder anderen gegenüber dem eigentlichen „Mittelsalz". Die andere war von Davy (1815) zusammengefaßt und begründet worden: Chlor- und Jodkali sind frei von Sauerstoff; in ihnen ist also nicht, wie man sonst annahm, die Base als Oxyd eines Metalles vorhanden, sondern als dieses Metall selbst. Der Wasserstoff der sauerstofffreien Halogensäuren wird also in diesen Salzen durch das Metall vertreten.

In diese Theorie gingen damals all die Unsicherheiten ein, die über die Natur der Halogenwasserstoffsäuren bestanden. Aber auch die Angaben von Rouelle genügten nicht mehr, besonders seitdem man bei den Phosphorsäuren Schwierigkeiten mit dem Begriffe des „Mittelsalzes" oder neutralen Salzes hatte. Hier brachte Thomas Graham (geboren 21. Dezember 1805, Glasgow, gestorben 16. November 1869, London) Klarheit durch eine Untersuchung „Über die Arsenate, Phosphate und Modifikationen der Phosphorsäure" (1833)[1]. Die „gewöhnliche" Phosphorsäure vereinigt sich mit Silber zu einem Phosphate, in welchem 3 Atome der Basis auf 1 Atom der Säure vor-

---

[1] Philosophical Transactions **2**, 253 (1833).

handen sein müssen; sonst müßte man Bruchteile von Atomen einführen. Aber es gibt davon Salze, die nur 2 und auch nur 1 Atom
Basis enthalten. Erhitzt man die ersteren, so entsteht pyrophosphor-
saures Salz unter Verlust von Wasser. Doch das war nicht bloß lose an-
haftendes Wasser, sondern ein konstitutiv gebundenes; man erkennt
dies auch daran, daß die neue Säure kein Eiweiß fällt, eigenartige
Salze gibt. In diesen Salzen sind danach 2 Atome Basis vorhanden.
Die dritte „Modifikation", die Metaphosphorsäure, unterschied sich
wieder nicht nur durch den Verlust eines „Atomes" Wasser von der
vorhergehenden, sondern auch in den dadurch deutlich geänderten
Eigenschaften. In den freien Säuren ist damit Wasser als eine Art
von „Radikal" erwiesen und zugleich seine um ein Atom steigende
Menge von der Meta- bis zur gewöhnlichen Orthophosphorsäure.

„Welches Salz der Phosphorsäure ist das neutrale? Wir wissen
es nicht", schreibt LIEBIG in der großen Arbeit aus dem Jahre 1838,
in der er nun die organischen Säuren behandelt[1]). Das Salz der
Phosphorsäure mit 3 Atomen Basis reagiert nämlich basisch, und ist
es doch nicht nach der Definition des basischen Salzes, die einen Überschuß von Basis über die Verhältnisse des Salzes hinaus fordert.
Zitronensäure, Gerbsäure und andere geben nun ebenfalls solche
Salzreihen wie die Orthophosphorsäure, mit drei, aber auch weniger
Atomen der Basis, und diese gehen ähnlich in wasserärmere
Säuren von eigentümlichem Verhalten über. Statt dann also in den
Salzen mit 3 Atomen Basis die Verbindung von 2 Atomen der Basis
mit 1 Atom des Salzes, und damit die Säure selbst als einbasisch
anzunehmen, muß man sie als dreibasisch erkennen. So war durch die
Untersuchung der Salze eine Art Molekulargewichtsbestimmung
gewonnen, die Größe des Moleküls („Atoms", wie es damals in der
zeitgenössischen Literatur noch immer heißt) konnte so bestimmt
werden.

Doch daraus ergaben sich nun für LIEBIG noch viel allgemeiner
bedeutsame Folgerungen. Dem Chlorkali entspricht das Cyankali,
und auch in dessen Schwefelverbindung ist das Kali an das geschwefelte
Cyan gebunden und nicht als Kaliumschwefelverbindung anwesend.
Dieser Schwefel kann durch Sauerstoff ersetzt werden: dann ist auch
im cyansauren Salze das Kali als K und nicht als KO vorhanden. So
wird die Wasserstoffsäurentheorie von DAVY ausgedehnt auf alle Säuren
und neu begründet. Die freie Säure ist eine Wasserstoffverbindung, „so daß, wenn man die übrigen Elemente der Säuren zusammengenommen, das Radikal derselben nennen will, die Zusammensetzung des Radikals nicht den entferntesten Einfluß auf diese Fähigkeit besitzt", nämlich mit Basen Salze zu bilden.

[1]) Liebigs Ann. d. Chem. **26**, 113 (1838).

Vor damals etwa einem halben Jahrhundert hatte man den Sauerstoff als den eigentlich sauer machenden, für die Säuren charakteristischen Bestandteil angesehen; jetzt war der Wasserstoff als das „Prinzip" der Säuren gefunden. Man hatte bis dahin nur im Salze zwei Bestandteile, und zwar beides Oxyde in den Sauerstoffsäuren, getrennt; jetzt zerlegte man die Säure selbst in zwei Teile: das „Radikal" und den Wasserstoff. BERTHOLLET beschreibt (z. B. im „Essai" 1803) übereinstimmend mit der allgemeinen Annahme die Entwicklung von Wasserstoff aus Metall und wässeriger Säurelösung so, daß das Gas unter dem Einfluß der Säure aus dem Wasser erzeugt würde; mit dem übrigbleibenden Sauerstoff bildet das Metall dann das Oxyd, das sich mit der oxydischen Säure zum Salze vereinigt. Die neue Theorie erklärte den Vorgang als einen viel einfacheren. Das Metall ersetzt und vertreibt den Wasserstoff, der in der Säure selbst vorhanden ist. LIEBIG hebt die Schwierigkeit hervor, sich schwefelsaures Kali als K und SO_4 statt $KO + SO_3$ zu denken, wenn man dabei an die Eigenschaften des metallischen Kaliums dachte; wir werden dies ähnlich später für die Ionentheorie finden.

Die später erklärte Beziehung zwischen Metall und Ion ist auch in dieser Zeit in Teilen erkannt worden. DANIELL, bekannt durch das nach ihm benannte Element zur Erzeugung von elektrischem Strom aus chemischer Energie, kam 1839 bei seinen elektrochemischen Untersuchungen zu dem Schlusse: Als Ionen (im Sinne FARADAYS) kann man in einer Lösung z. B. des Kupfersulfats, nicht $(S + 3\,O)$ und $(Cu + O)$ annehmen; die Gesetze der elektrolytischen Ausscheidung führen vielmehr zur Annahme, daß $(S + 4\,O) + Cu$ die Bestandteile des Salzes sind.

So war von der Untersuchung der Phosphorsäure her und mit Rücksicht auf die Halogenwasserstoffverbindungen eine einheitliche Theorie der Säuren aufgestellt worden. In den Sauerstoffsäuren war Wasser als zum Molekül gehörig erkannt, zugleich auch seine Zerlegung und die Sonderexistenz seines Wasserstoffes erwiesen worden.

Als man so die Konstitution der Salze einheitlich gefaßt hatte, lagen auch schon manche neue Erfahrungen über die Verbindungsfähigkeit anorganischer Salze vor. GRAHAM hatte von einigen Metallchloriden Verbindungen mit Alkohol hergestellt, feste kristallisierte Substanzen, in denen der Alkohol wie sonst das Kristallwasser gebunden war. Er untersuchte nun (1836 und 1837) auch die Rolle des Wassers in gewissen Salzen. Man hatte da z. B. beim Kupfersulfat die fünf Moleküle Wasser alle als gleich „nebensächlich", bloß addierte, angesehen. Aber sie sitzen ungleich fest: vier können leicht durch Erwärmen auf 100° entfernt werden, das fünfte aber bleibt bis 240° darin; und erst mit diesem letzten Moleküle Wasser verliert das Salz seine blaue Farbe und wird weiß. Dieses eine Molekül ist mit demselben Erfolge gegen ein Molekül eines anderen Salzes, z. B. Kaliumsulfat, vertauschbar. Andere Schwermetallsulfate verhalten sich ähnlich.

Nun ging die Entwicklung etwa entgegengesetzt wie anfangs in der Radikaltheorie der organischen Verbindungen: Hier zerlegte man die vorher als einheitlich betrachteten Moleküle in Atomgruppen, bei jenen Salzen erkannte man die Zusammengehörigkeit der vorher für getrennt existierend gehaltenen Moleküle. In anderen Salzen übernahm Ammoniak die Rolle, die dort das Wasser hatte, z. B. in der Verbindung des Platinchlorürs $PtCl_2$, $2 NH_3$, die zuerst Gustav Magnus im Jahre 1828 im Laboratorium von Berzelius darstellte. Später kamen ähnliche Verbindungen zwischen Nickelsalz und Ammoniak (H. Rose 1836) und Kobaltsalz und Ammoniak (z. B. C. Rammelsberg 1845) hinzu. Das waren zunächst nur Kuriositäten; aber schon die nächsten Jahre brachten viele neue zu derselben Art gehörige Entdeckungen, Reisets Platinammoniaksalze wurden (1840) Ausgangsort der Paarlingstheorie (S. 167), und schließlich erwuchs daraus gegen Ende des Jahrhunderts eine neue umfassende Theorie.

Dasselbe gilt für einige Beobachtungen über physikalische Eigenschaften der Salzlösungen. Charles Blagden (1748—1820) prüfte die Gefrierpunkte einiger Lösungen von Kochsalz, Salpeter und anderen Salzen und fand eine Abhängigkeit des Gefrierpunktes von der Konzentration: „Wir können daher annehmen, daß das Salz den Gefrierpunkt nach dem einfachen umgekehrten Verhältnis, in dem es zu dem Wasser der Lösungen steht, erniedrigt" (1788)[1]. Das Schlußwort dieser Abhandlung ist in mehr als einer Beziehung bemerkenswert: „Vermutlich wird der Gegenstand dieser Abhandlung manchem unbedeutend und unwichtig erscheinen. Führte sie zu keiner weiteren Erkenntnis, so wäre diese Ansicht berechtigt. Indes muß eine Zusammenstellung derartiger Tatsachen, wie sie zumal von Herrn Cavendish in seiner ausgezeichneten Abhandlung über den Gefrierpunkt der Säuren entwickelt worden sind, den Grund zu einer allgemeinen Theorie der Kohäsionsgesetze legen, die endlich zur Kenntnis des Gefüges führen wird, auf dem die Eigenarten der Körper beruhen; gleichwie eingehendere Beobachtungen der Bewegungen der gewaltigen Massen im Weltall den Weg zu Keplers und Newtons erhabenen Entdeckungen gebahnt haben[2]." Bis zur Erreichung eines solchen Zieles war noch viel ähnliche Kleinarbeit nötig. Th.

---

[1] Ostwalds Klassiker Nr. 56, S. 21.
[2] l. c. S. 47.

GRAHAM[1]) und H. G. MAGNUS[2]) trugen mit dazu bei, indem sie das Verhältnis siedender Salzlösungen zu Wasserdämpfen untersuchten. Über die Herabsetzung des Gefrierpunktes und die Erhöhung des Siedepunktes durch gelöste Salze waren also immerhin schon einige, nicht sehr weitreichende, Regeln gefunden.

VII. Die Bindungsart der Atome.

1. Atom und Molekül.

Das Prinzip der größten Einfachheit, das für sich schon so bis zur Selbstverständlichkeit einleuchtend erscheint, erhält bestimmteren Sinn doch erst dann, wenn man den Umfang all des einfach Zusammenzufassenden betrachtet. So war es bei den Atomgewichtsbestimmungen mineralischer Substanzen gewesen: Nach der genügenden Ausbildung der technischen und chemischen Verfahren dazu bot es keine prinzipiellen Schwierigkeiten mehr, die Gewichtsverhältnisse der Elemente in einer Verbindung festzustellen. Doch das war immer nur der eine Teil der Lösung; denn nun begnügte man sich ja nicht mit diesen nur für jede analysierte Verbindung gültigen Ergebnissen. In jedem Stoffe für sich die Verbindungsverhältnisse in größter Einfachheit anzugeben, das war eine leichte algebraische Aufgabe. Nur standen dann eben sehr viele solcher Angaben getrennt nebeneinander. Nicht so war die „Einfachheit" gemeint. Der Wert, der danach ein Minimum werden sollte, kann schematisch als aus zwei Faktoren bestehend angesetzt werden; das geschilderte Verfahren hätte den einen davon zwar tatsächlich auf seinen kleinsten Wert gebracht, aber dafür wuchs der andere Faktor, nämlich die Zahl der getrennt existierenden Systeme, ganz außerordentlich stark. Die Lösung lag aber dort, wo das Produkt der beiden klein gewesen wäre.

Statt so mit einem algebraischen Schema kann das Problem, und treffender, in seiner wirklichen chemischen Bedeutung gekennzeichnet werden. Analyse heißt doch nicht wirkliche Zerlegung bis in die Elemente und Wägung derselben; das wirkliche Verfahren bestand und besteht ja vielmehr darin, die Elemente eines Stoffes in neuen Verbindungen darzustellen und in diesen Verbindungen zu bestimmen. So schließt das Verfahren selbst schon aus, daß man jeden Stoff ganz isoliert betrachtet; ja, das wäre überhaupt gar keine Betrachtung mehr vom Standpunkte der Chemie. Man mußte also schon zu jeder einzelnen Analyse mehrere Stoffe zusammenfassend untersuchen und

---

[1]) Vgl. THORPE, „Essays", S. 169.
[2]) Poggendorfs Ann. **38** (1836); **41** (1844); **93** (1854); **112** (1861).

für sie gemeinsam den einfachen Ausdruck der Verbindungsverhältnisse finden. Doch die nun erweiterten Systeme der verschiedenen
Stoffe liegen nicht mehr beziehungslos nebeneinander, sondern haben
gemeinsame Teile, mit denen sie ineinander greifen. Dennoch schaffen
sie nicht einen lückenlosen Zusammenhang für alle bekannten Verbindungen. Daraus eben erwuchs die Schwierigkeit, wirkliche Atomgewichte auch nur in dem verkleinerten Bedeutungsumfange zu
erhalten, der nicht auf die einzelnen wahren letzten Zerlegungsteilchen, sondern nur auf ihre verhältnismäßigen Gewichte ging. Statt
des Gewichtes eines einzelnen Atomes brauchte man dann nur das
von gleichviel Atomen zu kennen, wobei die Zahl selbst für dieses
„gleichviel" unbestimmt blieb. Hätte man ein Zeichen dafür gehabt,
wann man von verschiedenen Stoffen gleichviel Atome vor sich hat,
dann wäre die Aufgabe der Atomgewichtsbestimmung leichter gewesen.

Nun kannte man dafür sogar zwei Regeln: die von AVOGADRO
und die von PETIT und DULONG. Nach jener sollten gleiche Gas-
volumina (natürlich unter gleichen Bedingungen von Druck und
Temperatur) gleichviele letzte mechanische Zerlegungsteilchen enthalten; und nach der zweiten hätten gleichviel Atome die gleiche
Wärmekapazität. Doch man konnte diese Regeln ja nicht als Axiome
benutzen; man mußte sie erst bewiesen haben und sie dazu nicht
auf Spekulationen, sondern auf andere Tatsachen gründen. Das
konnte aber nicht direkt geschehen, besonders für das in der
organischen Chemie so wichtige Element Kohlenstoff: Es ist nicht
gasförmig zu erhalten, und die Atomwärme hat gerade hier einen
Ausnahmewert.

Der Aufgabe, die Atomgewichte zu bestimmen, entsprach natürlich diejenige, die Molekülgrößen — immer in dem eingeschränkten
Sinne relativer Werte — festzustellen. In den organischen Verbindungen mit ihrer geringen Zahl von Elementen trat diese Seite der
Aufgabe besonders stark hervor. Auch hier bedeutete sie chemisch:
alle bekannten Stoffe in quantitative Beziehung zueinander zu bringen.
Mit der anorganischen Chemie stellten vor allem die Metallsalze der
organischen Säuren die Verbindung her. Nachdem dann festgestellt
war, mit wieviel Teilen der anorganischen Basis ein (zusammengesetztes) Atom der Säuren sich vereinigt, konnte die Größe dieses
letzteren auch gemessen werden. LIEBIG, der diesen Weg benutzte,
ließ sich dabei auch von der Regel leiten: Wenn eine organische Säure
mit zweierlei Basen zugleich ein einheitliches Salz bildet, so ist sie
mehrbasisch. Das kam natürlich darauf hinaus, ein Gemisch zweier
Salze aus einer Säure und zwei Basen zu trennen von der beide Basen
enthaltenden Verbindung. Die anderweitigen Reaktionen der

Säure hätten dann auch über das „Atom" anderer organischer Stoffe Aussagen ermöglicht — wenn nur auch für die Basen selbst das Atomgewicht einwandfrei bekannt gewesen wäre.

REGNAULT (1841), als Physiker, benutzte die Atomwärme als Grundlage für die Wahl der Dimension des Atomgewichtes, nämlich zur Entscheidung, ob der einfache oder vielfache Wert genommen werden sollte. Als Chemiker sah er jedoch, daß eine solche Eigenschaft nicht genügte, um über den Stoff als Komplex von Eigenschaften Bestimmtes auszusagen, und so zog er denn die anderen Regelmäßigkeiten, vor allem die Isomorphie, als Hilfsmittel hinzu. Das führte zu einer Halbierung des bisherigen Atomgewichtes für Silber und zog dieselbe Änderung auch für die Alkalimetalle nach sich. Dann wäre, für $H = 1$: $O = 16$, $C = 12$. Aber LEOPOLD GMELIN (1788 bis 1853), der als Professor in Heidelberg und durch sein großes „Handbuch der Chemie" großen Einfluß besaß, hielt es für „einfacher", mit $H = 1$: $O = 8$, $C = 6$ einzusetzen. Von seiner Basis aus hatte er recht, denn im Wasser z. B. ist ja das Gewichtsverhältnis Wasserstoff : Sauerstoff $= 1 : 8$. Dann bekamen auch Elemente wie Magnesium nur halb so große Atomgewichte, als sie BERZELIUS und REGNAULT für richtig hielten; statt $MgCl_2$ war die Formel des Magnesiumchlorids danach $MgCl$. KARL GERHARDT nahm 1851 den Grundgedanken wieder auf, von dem aus AVOGADRO in den Gasen der Elemente, wie Wasserstoff, Sauerstoff usw., die Existenz zweier miteinander verbundener Atome erkannt hatte. Hier muß man also trennen zwischen Atomen und ihrem Verbande zum Molekül. Leider führte er diesen Gedanken aber nicht ganz konsequent durch und ließ sich nicht durch das Experiment, sondern einen willkürlichen Grundsatz leiten, als er dem Quecksilberdampfe die Formel Hg_2 in Analogie zum H_2 gab.

So entstand allmählich ein Durcheinander von Formeln, das durch die erwähnten „Doppelatome", die BERZELIUS mit einem Querstrich gekennzeichnet hatte, noch vermehrt wurde. Erst STANISLAO CANNIZZARO (geboren 13. Juli 1826, Palermo, gestorben 10. Mai 1910, Rom) machte dem ein Ende. Die Betrachtung des geschichtlichen Ganges zeigte ihm, daß die AVOGADROsche Regel eine einheitliche Grundlage der Atomgewichtsfestsetzung ermöglichte. Ein Volum Wasserstoff vereinigt sich mit einem Volum Chlor zu 2 Volumen Chlorwasserstoffgas: weil nämlich die Gase jener Elemente 2 Atome im Molekül enthalten, und auch das Molekül des Salzsäuregases aus zwei, aber nun verschiedenen Atomen besteht. Beim Quecksilber dagegen vereinigt sich je ein Volum des Metalldampfes und des Chlors zu einem Volum des gasigen Sublimats: so daß sich das Molekül des Quecksilbers als unteilbar erweist und demnach aus nur einem Atome besteht:

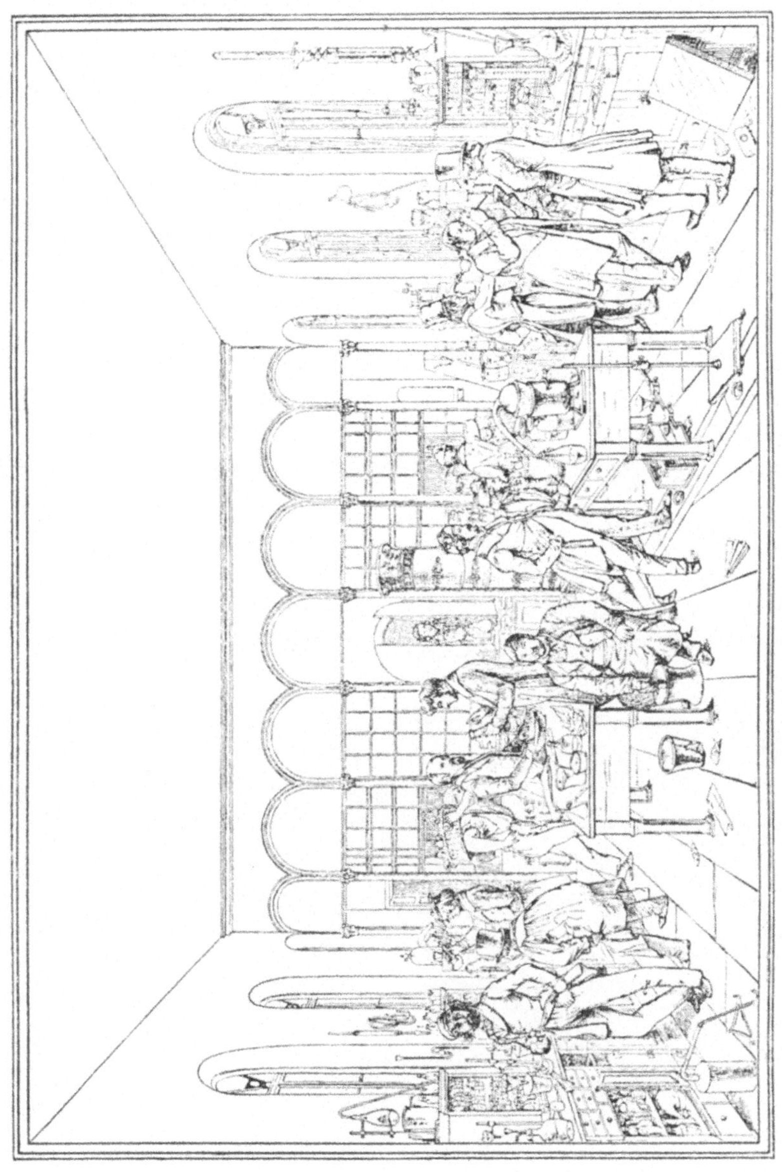

Innere Ansicht des Analytischen Laboratoriums zu Gießen.

$$H_2 + Cl_2 = 2\,HCl \qquad\qquad Hg + Cl_2 = HgCl_2{}^1)$$
$$\text{1 Mol.}\quad\text{1 Mol.}\quad\text{2 Mol.}\qquad\qquad\text{1 Mol.}\quad\text{1 Mol.}\quad\text{1 Mol.}$$

Wie das Quecksilber verhalten sich wahrscheinlich auch die noch nicht als Dampf hergestellten Metalle Zink, Blei, Kalzium. „Die metallischen Radikale, deren Molekeln als Ganzes in Verbindungen eintreten, sind zweiatomig, diejenigen, deren Atome halbe Molekeln darstellen, sind einatomig."

Diesen Darlegungen (1858) waren die Arbeiten von Sainte-Claire Deville (1857) über die Zersetzung der Körper unter dem Einflusse der Wärme vorausgegangen. Sie zeigten, daß die Dampfdichten bei hohen Temperaturen anders ausfallen als bei tieferen, und die Vergrößerung des Volumens ließ erkennen, daß die Verbindungen „dissoziieren", indem sich ihre Molekel in zwei und mehr Teile trennt. Die weiteren Untersuchungen über solche Dissoziationen bei hohen Temperaturen gehören in einen anderen Zusammenhang (vgl. S. 226).

Ehe der Einfluß Cannizzaros auf die organische Chemie geschildert wird, müssen wir zunächst deren weitere Entwicklung in der Zwischenzeit betrachten.

2. Die neuen Typen.

a) Organische Basen.

Bei den organischen Säuren hatte man durch die Anlehnung an Erfahrungen im anorganischen Gebiete einen Teil der wichtigen Aufgabe lösen können, die Molekülgröße zu bestimmen. Ähnlich ging es nun auch, und aus demselben Grunde, mit den organischen Basen.

Seitdem man in den Alkaloiden die Anwesenheit des Stickstoffs genauer untersucht hatte, glaubte man [z. B. Robiquet seit 1825][2]) in ihm die Ursache der Basizität gefunden zu haben. Wenn dann auch Dumas und Pelletier als Ergebnis systematischer Arbeit eine solche Erklärung ablehnten, kam doch Liebig (1831) auf Grund seiner Analysen zu dem Schlusse: „1. die Fähigkeit der vegetabilischen Basen, die Säuren zu neutralisieren, steht im Verhältnis zu dem Stickstoffgehalt der Basen, so daß 2. die verschiedenen Mengen verschiedener Basen, welche eine gleiche Menge irgendeiner Säure neutralisieren, ohne Ausnahme eine gleiche Menge Stickstoff enthalten..."
Berzelius wollte deshalb die Alkaloide als mit Ammoniak gepaarte

---

[1]) Vgl. Cannizzaros Abhandlung (1858) in Ostwalds Klassiker Nr. 30, S. 36; das folgende Zitat: S. 30.
[2]) Vgl. Volhard, „Justus von Liebig" I, S. 242 ff.

Verbindungen betrachtet wissen, ja auch Harnstoff enthielte als Paarling das Ammoniak. Das erinnerte beinahe an die Denkweise in den alten Elemententheorien, wenigstens insofern, als das mit einem bekannten einfachen Stoffe gemeinsame Verhalten auf die Anwesenheit eben dieses Stoffes zurückgeführt wird. Aber die Ähnlichkeit ist dennoch nur eine teilweise, und so sind denn auch Beweise dafür möglich, daß nicht das ganze Ammoniak, NH_3, sondern nur ein Teil davon, nämlich das Amid, NH_2, in Alkaloiden anwesend ist. Sie sind nicht Paarlinge mit Ammoniak, sondern Substitutionsprodukte desselben.

Liebig hatte die Möglichkeit erwähnt, daß andere organische Reste den Wasserstoff des NH_3 ersetzen könnten; sein Schüler A. W. Hofmann fand in den vierziger Jahren auf diesem Grunde, daß das Anilin ein solches Derivat des Ammoniaks ist: $C_6H_5 - NH_2$. Bald entdeckte man auch andere ähnliche Verbindungen. Bei einer Reaktion, die anders verlief, als die Analogien es voraussehen ließen, hielt Adolph Wurtz (1849) ein entweichendes alkalisches Gas für Ammoniak, „bis sich eines schönen Tages das bei der Einwirkung von Alkali auf den Cyansäureäthyläther entwickelte alkalische Gas an einer Flamme entzündete und lichterloh brannte. Die Entdeckung des Äthylamins war gemacht[1]).“ Es war, als Gedanke, nur eine logische Verlängerung dieser Ergebnisse, wenn man vermutete, daß auch mehr als ein H-Atom des Ammoniaks sich durch organische Reste würde ersetzen lassen; Hofmann verwirklichte den Gedanken durch das Experiment. So gab es also Reihen von Verbindungen, die sich vom Typus des Ammoniaks herleiteten:

$$\left.\begin{array}{c}H\\H\\H\end{array}\right\}N \qquad \left.\begin{array}{c}H\\H\\X\end{array}\right\}N \qquad \left.\begin{array}{c}H\\X\\Y\end{array}\right\}N \qquad \left.\begin{array}{c}X\\Y\\Z\end{array}\right\}N.$$

Ammoniak   Amid-basen   Imid-basen   Nitril-basen

Ja, auch zum Ammonium fand Hofmann die zugehörigen organischen Substitutionsprodukte: $NH_4 =$ Ammonium; $N(C_2H_5)_4 =$ Tetra-äthylammonium. Zwei isomere Basen C_7H_9N erwiesen sich dann als

$$\left.\begin{array}{c}C_7H_7\\H\\H\end{array}\right\}N \quad \text{bzw.} \quad \left.\begin{array}{c}C_6H_5\\CH_3\\H\end{array}\right\}N.$$

Durch diese Betrachtung beherrschte man also tatsächlich alle bekannten Verhältnisse auf diesem Gebiete, und die späteren wiesen in dieselbe Richtung. So ergänzten sich an dieser Stelle die Arbeiten der beiden ehemaligen fast gleichaltrigen Schüler Liebigs: Seinem Freunde Wurtz (geboren 26. November 1817, Straßburg, gestorben

---

[1]) A. W. Hofmann, „Zur Erinnerung an vorangegangene Freunde“ III, S. 342. Vgl. Cpt. rend. **28**, 233 (1849).

12. Mai 1884, Paris) widmete HOFMANN eine eingehende Lebensbeschreibung, in der er seine großen literarischen Fähigkeiten wie in so vielen Reden und Schriften bekundete. Er selbst (geboren 8. April 1818, Gießen, gestorben 5. Mai 1892, Berlin) ist außer durch manche spezielle Untersuchungen und durch eine hervorragende Lehrtätigkeit auch als Mitbegründer der wissenschaftlichen Erforschung der organischen Farbstoffe berühmt. Die „Deutsche Chemische Gesellschaft", die seiner Initiative ihre Entstehung (1868) verdankte, benannte nach ihm ihr „Hofmannhaus".

Eine weitere Gruppe von basischen Kohlenstoffverbindungen isolierte man aus dem Steinkohlenteer und dem DIPPELschen Öle. Ein erst für einheitlich gehaltenes Öl von der Zusammensetzung C_6H_7N ließ sich zerlegen in C_5H_5N, das Pyridin, und C_7H_9N, isomer mit den vorerwähnten Körpern dieser Formel und Lutidin genannt. Um das Jahr 1855 wurden noch einige solcher im Verhältnis der Homologie stehenden Basen gefunden.

b) Alkohole.

Die Typentheorie war nun durch den Rückgang auf einen anorganischen „Typus" bedeutend erweitert worden. Auch das alte Problem, das Verhältnis zwischen Alkohol und Äther, fand durch eine Ausdehnung dieser Typen seine Lösung. Ob der Alkohol den Äther schon enthält und die Schwefelsäure ihn nun aus dieser seiner Verbindung mit Wasser frei macht, oder ob der Äther durch eine neue Verbindung statt solcher Zersetzung entsteht, das suchte A. W. WILLIAMSON (1824—1904, London) auf folgendem Wege zu entscheiden: Er vereinigte die Kaliumverbindung des Alkohols mit Jodäthyl oder Jodmethyl, Jodamyl und fand (1851 f.), daß dabei gemischte Äther nach dem Schema entstehen:

$$\left.\begin{matrix}C_2H_5 \\ K\end{matrix}\right\}O,\ J\,CH_3\ \rightarrow\ \left.\begin{matrix}C_2H_5 \\ CH_3\end{matrix}\right\}O,\ KJ.$$

Alkohol, $\left.\begin{matrix}C_2H_5 \\ H\end{matrix}\right\}O$ konnte dann als ein durch Äthyl substituiertes Wasser $\left.\begin{matrix}H \\ H\end{matrix}\right\}O$ aufgefaßt werden, und der Äther entspricht dann dem zweifach substituierten Wasser. „Die hier angewandte Methode, die rationelle Konstitution der Körper durch Vergleichung mit Wasser festzustellen, scheint mir großer Ausdehnung fähig zu sein; und ich stehe nicht an zu sagen, daß ihre Einführung durch Vereinfachung unserer Ansichten und Feststellung eines gemeinsamen Vergleichspunktes zur Beurteilung chemischer Verbindungen nützen wird[1]." Das bewahrheitete

---

[1] Liebigs Ann. d. Chemie **81**, 87 (1852).

sich bei Untersuchungen Gerhardts (1851 f.), der durch eine prinzipiell ähnliche Reaktion, wie Williamson, nämlich ebenfalls unter Benutzung der großen Verwandtschaft zwischen Kali und Halogen, wasserfreie Säuren herstellte, z. B. von der Essigsäure: $\left.\begin{array}{l}C_2H_3O\\C_2H_3O\end{array}\right\}O$. Über diese Ergebnisse war Liebig so entzückt, daß er seinen alten wissenschaftlichen Gegner beglückwünschte. Gerhardt führte nun noch für Kohlenwasserstoffe wie „Äthyl" den Wasserstoff $\begin{array}{l}H\\H\end{array}$ als Typus ein und unterschied eine „positive" und eine „negative" Seite bei den Derivaten von diesen Typen:

Wasserstoff $\begin{array}{l}H\\H\end{array}$ positive Seite: Äthyl $\left.\begin{array}{l}C_2H_5\\C_2H_5\end{array}\right\}$ negative Seite: Aldehyd $\left.\begin{array}{l}C_2H_3O\\H\end{array}\right\}$

Dieses als unitarisch verkündete System benutzte also doch die elektrochemisch gewonnenen dualistischen Begriffe; aber der wesentliche und die Benennung rechtfertigende Unterschied bestand darin, daß der Dualismus nicht im Moleküle selbst angenommen wurde. Wenn dann $\left.\begin{array}{l}C_2H_3O\\H\end{array}\right\}O$ als Formel der Essigsäure geschrieben wurde, so kam darin zugleich mit den Beziehungen zu anderen Reaktionen auch die Sonderstellung des „sauren" Wasserstoffatoms zur Geltung. Die mehrbasischen Säuren (Odling, 1854) erforderten dafür die Anwendung „mehrfacher" Typen:

$$\left.\begin{array}{l}H_3\\H_3\end{array}\right\}O_3 \qquad \left.\begin{array}{l}PO_3{}'''\\H_3\end{array}\right\}O_3 \qquad \left.\begin{array}{l}C_6H_5O_4{}'''\\H_3\end{array}\right\}O_3 \qquad \left.\begin{array}{l}C_3H_5{}'''\\H_3\end{array}\right\}O_3.$$

3 faches Wasser Phosphorsäure Zitronensäure Glyzerin („Ölsüß")

Das Glyzerin gehörte in diese Reihe, da es, nach Untersuchungen Berthelots (1854), mit drei Äquivalenten organischer Säuren Verbindungen eingeht, wie sonst der gewöhnliche Alkohol mit einem Äquivalente; die Ester, die so aus dem Glyzerin gebildet werden, stehen den Fetten nahe. „Indem ich mich auf diese Tatsachen stützte, schien es mir, als müßten zwischen dem Glyzerin und den gewöhnlichen Alkoholen besondere Alkohole existieren, welche sich zu ihrer vollständigen Ätherifizierung mit zwei Äquivalenten einer einbasischen Säure verbinden müßten." So schrieb Wurtz im Anfang des Jahres 1859[1]. „Der Versuch hat diese Spekulationen bestätigt, die vorher weder direkt noch indirekt ausgesprochen waren." Die neuen Körper nannte er Glykole oder zweiatomige Alkohole: „Glykole, um die doppelte Analogie auszudrücken, welche sie einerseits mit dem Glyzerin, andererseits mit dem Alkohol verbindet; zweiatomige Alkohole, um die grundlegendste ihrer Eigenschaften an-

---

[1] Ostwalds Klassiker Nr. 170, S. 4f. Vgl. Cpt. rend. **48**, 101; **49**, 813.

zudeuten, nämlich eine doppelt so große Sättigungskapazität wie diejenige des gewöhnlichen Alkohols." Einen „Äther" (nach heutiger Bezeichnung: Ester) des Glykols erhielt er nach folgender Umsetzung:

$$\left.\begin{array}{l} C^2H^3Ag\,O^2 \\ C^2H^3Ag\,O^2 \end{array}\right\} + C^2H^4Br^2 = \left\{\begin{array}{l} C^2H^3 \\ C^2H^3 \end{array}\; C^2H^4 \begin{array}{l} O^2 \\ O^2 \end{array}\right\} + 2\,Ag\,Br.$$

$$\text{Silberacetat} \qquad \text{Äthylen-} \qquad \text{Diacetat}$$
$$\qquad\qquad\qquad \text{bromür} \qquad \text{des Glykols}$$

Mit dieser Erneuerung der Typentheorie war die organische Chemie in das Fahrwasser des Schematisierens geraten. Die Erfolge dabei bestätigten zunächst die Richtigkeit des Weges. WURTZ konnte ja durch ganz einfache schematische Betrachtungen die Existenz von Körperklassen voraussagen, auch die experimentellen Mittel dafür bestimmen. Der Versuch schien dann fast nur noch das schon vorher Erkannte mit einem Beispiele zu belegen. Aber daß er es wirklich auch tat, zeigte doch, daß nicht ein „leerer" Schematismus vorlag. Er war eben die geschickte Zusammenfassung eines großen Teils aller vorangegangenen Erfahrungen. Insofern war es gewiß falsch zu meinen, daß in diesen Formeln nichts mehr von der eigentlichen, der organischen Chemie lebte; man hatte vielmehr nur in einem kleinen Gebietsteile sich demjenigen Ziele genähert, das schon so oft verkündet worden war: die Qualitäten mit einem Schema von Formeln und Zahlen auszudrücken. Danach mußte es als eine große Errungenschaft bezeichnet werden, daß die Chemie wirklich in einem ihrer Teile zum „Rechenexempel" geworden war. Man sah sich nicht mehr in demselben Umfange wie früher bei neuen Versuchen unerwarteten, neuen Stoffen gegenüber, sondern man wußte nach mancherlei Analogien schon ziemlich viel von ihren Verhaltensweisen im voraus.

Es wäre auch unmöglich gewesen, sich anders in der gewaltigen Fülle der organischen Stoffe und ihren neuen Reaktionen zurechtzufinden. Durch Substitutionen gelangte man zu Verbindungen, die sich nur mit einiger Gewalt in einen einzigen Typus einordnen ließen. Wenn das zum Wasserstofftypus gehörige Benzol C_6H_6 mit Schwefelsäure die Sulfobenzolsäure bildet, dann kann man diese zwar als

$$\left.\begin{array}{l} C_6H_5SO_2 \\ H \end{array}\right\}O$$

schreiben; aber man faßt dabei eine zu große Gruppe als den einfachen Substituenten des Wasserstoffes im Wasser zusammen. Eine Trennung ist dann hier möglich, wenn man zwei verschiedene Typen zusammenschreibt:

$$\left.\begin{array}{l} H \\ H \\ H \\ H \end{array}\right\}O \qquad\qquad \left.\begin{array}{l} C_6H_5 \\ SO_2 \\ H \end{array}\right\}O.$$

c) Physikalisch-chemische Molekülzerlegungen.

Die „typische" Anschauungsweise hatte von der Radikaltheorie manches übernommen und durch die Verbindung mit der Substitutionstheorie umgedeutet: Die Radikale waren jetzt diejenigen Atomkomplexe, die den Wasserstoff der anorganischen Typen ersetzten. Aber die experimentellen Erfahrungen, die zu dieser neuen Auffassung geführt hatten, zeigten doch zugleich, daß man die Radikale nicht als Analoga der Elemente betrachten konnte: auch die Radikale waren ja veränderlich. Darum mußte der Blick wieder auf die Atome gerichtet werden, die eine Zeitlang „im Nebel der Radikale ... verhüllt" (Kekulé) lagen. Die Entwicklung der experimentellen Forschung zeigte sich darin: Von der Erfassung organischer Produkte als Einheiten war sie ausgegangen; damals genügten ihre Gebrauchsnamen zum Ausdrucke aller aufgefundenen Verschiedenheiten und die Gesamtformeln zur Kennzeichnung ihrer verschiedenen Bruttozusammensetzungen. Durch chemische Umwandlungen ließen sich dann Beziehungen zwischen solchen namentlich verschiedenen Stoffen erweisen, in denen also ein Teil, und nur ein Teil der das Molekül bildenden Atome, verändert war. Nun bildete die unverändert gebliebene Gruppe von Atomen die neue isolierte Einheit, das Radikal. Wenn man deren „wirkliche" Existenz betonte, so geschah das nicht auf experimenteller Grundlage; die Isolierbarkeit der Radikale war ja nur „noch" nicht verwirklichte Forderung; vielmehr drückte sich in dieser Auffassung und in dieser Forderung der Gedanke aus, daß man als Radikal immer nur noch das auch in der Natur isoliert Bestehende getrennt hatte. Als man aber durch Einwirkung von Chlor und Brom erhaltene recht „unnatürliche" Verbindungen untersuchte, mußte man für die Betrachtung ihrer Bildung und Umwandlung, ihres ganzen Charakters doch auf die Bestandteile auch der bisherigen Einheiten, auf die Atome der Radikale zurückgehen.

Diese Entwicklung begleitete die Aufnahme der physikalischen Eigenschaften in einem eigenen Tempo. Wo sie eben noch dahinter zurückzubleiben schien, eilte sie bald in einzelnen Gebieten der rein chemischen Forschung voran. Dort stützten jene sich darauf, hier half sie neue Entscheidungen treffen. Freilich bot sie auch da, wo sie unter dem Gesichtspunkte der atomistischen Erforschung der Stoffe hinter dem chemischen Stande zurückzubleiben schien, für sich unter ihrem eigenen Gesichtswinkel betrachtet, wichtige neue Erkenntnisse: Hess stellte noch 1840 eine Gesetzmäßigkeit für die Wärmemengen fest, die bei chemischen Umwandlungen auftraten. Sie sind dieselben, welche Zwischenstufen auch immer zwischen zwei ineinander umgewandelten Stoffen liegen mögen. Hier also war zwar nur über die Reaktion als Ganzes, aber darüber eben doch etwas ganz Neues ausgesagt. HERMANN KOPP (geboren 1817, Hanau, gestorben 1892, Heidelberg), der bedeutende Historiker der Chemie, hatte in den homologen Reihen mit dem Fortschritte um ein Glied eine bestimmte Siedepunktserhöhung gefunden. Das diente nun dazu, um in einem strittigen Falle das Vorliegen solcher direkten Homologie festzustellen. KOPP fand auch eine Regelmäßigkeit in dem auf dasselbe Gewicht bezogenen Volumen von flüssigen organischen Verbindungen. Diese „spezifischen" Volumen setzten sich nämlich additiv zusammen aus denjenigen der Atome. Das war an einer ganzen Reihe von Verbindungen abgeleitet worden. Aber nun zeigte sich, daß die beiden genau gleich zusammengesetzten Stoffe Propionaldehyd und Allylalkohol, denen beiden die Formeln C_3H_5OH zukam, verschiedene spezifische Volumen besaßen. Das entsprach der chemischen Verschiedenheit, die auch in der Einreihung des einen unter die Aldehyde, des anderen unter die Alkohole ihren Ausdruck fanden. Der Sauerstoff wies also, seiner verschiedenen chemischen Rolle entsprechend, verschiedene Volumen auf, was KOPP durch die „typischen" Formeln folgendermaßen schrieb:

$$\left.\begin{matrix} H \\ H \end{matrix}\right\} \qquad \left.\begin{matrix} C_3H_5O \\ H \end{matrix}\right\} \qquad \left.\begin{matrix} C_3H_5 \\ H \end{matrix}\right\}O \qquad \left.\begin{matrix} H \\ H \end{matrix}\right\}O.$$

$$\text{Propionaldehyd} \qquad \text{Allylalkohol}$$

Hier war also auch die physikalisch-chemische Forschung zum Zurückgehen bis auf die Atome genötigt, soweit sie nicht bloß Zahl, sondern eigentümlichen Charakter in der Verbindung besitzen. Wenn man die Dichte einer Flüssigkeit aus den Werten für die Atome zusammensetzen wollte, erhielt man nicht zutreffende Zahlen in denjenigen Fällen, in denen zugleich auch eine chemische Verschiedenheit vorlag. Im betrachteten Falle war ja nur der Sauerstoff mit chemisch verschiedenen Funktionen in den beiden Verbindungen anwesend; seine relative „Atomdichte" änderte sich also mit der Änderung seiner Reaktionsweise.

Solche chemische Verschiedenheit ist nicht immer für jede beliebige physikalische Eigenschaft ebenso merklich. Während vorher konstitutive Einflüsse auch physikalisch bemerkt worden waren, gab es andere Fälle, in denen reine Addition stattfand.

Zu den rein additiven, also nur von der Zahl und nicht von einem besonderen Bindungscharakter abhängigen, Eigenschaften gehörte nach den Untersuchungen NEUMANNS (1833) die Atomwärme. Wenn man die spezifische Wärme einer Verbindung auf ihr Molekulargewicht als Einheit bezieht, so erhält man einen Wert, der fast gleich der Summe der Atomwärmen ist, wie auch immer dieselben Atome konstitutiv verschieden sein mögen.

3. Die Wertigkeit der Atome; Anfänge der Valenzlehre.

Wenn man als „Paarlinge" zwei Teile des organischen Moleküls nebeneinandersetzte, so blieb doch unklar oder wenigstens unausgesprochen, was denn die Paarlinge für Beziehungen zueinander hätten. Für Berzelius hatte gerade die Unabhängigkeit der beiden Paarlinge eines Moleküls eine gewisse Rolle gespielt; für andere war es eigentlich nicht mehr als eine Radikaltheorie, bei der nur auch dem zweiten Bestandteile mehr Beachtung zugewendet wurde. Ja, fast wurde daraus eine Umkehrung wie bei Hermann Kolbe (geboren 1818 bei Göttingen, seit 1865 in Leipzig, gestorben 1884). Er hatte 1840 zur Erkennung der Paarlinge die elektrolytische Zersetzung benutzen wollen; das valeriansaure Kali zerlegte sich dabei in erster Linie in Valyl, einen Kohlenwasserstoff, und in CO_2. Aus den Salzen andrer Säuren erhielt er in entsprechender Weise Kohlenwasserstoff und Kohlensäure, so daß diese letztere sich als einer der Bestandteile der organischen Säuren erwies. Mit ihr ist ein Kohlenwasserstoff-Radikal gepaart; C = 6 gesetzt, kam deshalb als Formel der Essigsäure (1857) die folgende zustande: $HO \cdot (C_2H_3)^{\frown}C_2,O_3$. Der Kohlenwasserstoffpaarling läßt seinen Wasserstoff gegen andere Elemente vertauschen, und doch bleibt der Charakter der Verbindung als Säure erhalten: ein Beweis für „die untergeordnete Rolle der Paarlinge im Vergleich mit demjenigen Körper, womit sie gepaart sind und ihren verhältnismäßig geringen Einfluß auf die chemische Natur der Verbindungen der gepaarten Radikale"[1].

Die Paarlinge mit anorganischem Bestandteile gewannen auch hier wieder Bedeutung als Ausgangspunkt einer neuen Entwicklung. Bunsens Kakodyl erkannte Kolbe als Verbindung von Arsen mit Methyl. Sein Freund E. Frankland (1825—1899, Manchester und London) gewann vergleichbare Paarlinge mit Zink und anderen Metallen als Basis. Und hier konnte nun entschieden werden, was der Begriff „Paarling" unter dem Gesichtspunkte der Verbindungsfähigkeit eigentlich hieß. Vom Arsen kennt man ja zwei Oxyde; wenn es in der organischen Verbindung als für sich bestehender Paarling zugegen war, mußte es auch darin ebensoviel Sauerstoff aufnehmen können. Aber dem war, nach Franklands Befunden (1852)[2], nicht so: Nur noch viel weniger Sauerstoff konnte gebunden werden.

---

[1] Liebigs Ann. d. Chem. **101**, 257 (1857). C. Graebe äußert sich über diese Theorien: „Wie sehr am Anfang der sechziger Jahre das Vertrautsein mit Kolbes Ansichten das Verständnis der Strukturtheorie erleichterte, lernte der Verfasser dieses Buches aus eigener Erfahrung schätzen." („Geschichte der organischen Chemie", S. 189.)

[2] Liebigs Ann. d. Chem. **85**, 329 (1853).

Organische Radikale traten also, wie sonst in rein anorganischen Verbindungen der Sauerstoff, an das Arsen — und entsprechend an Antimon, Wismut, Blei — heran. Jene Radikale mußten also ebenso wie die einzelnen anorganischen Atome gezählt werden, und auf diese Zahl kommt es bei den Verbindungen der Metalle an.

Mit dem alten Ausdrucke Sättigungskapazität, der auch von Berzelius und Liebig speziell für die Säuren gebraucht worden war, ergab sich als Zusammenfassung dieser Untersuchung: Auch die Metalle haben einen bestimmten Wert für diese Kapazität, und die organischen Reste können sie ganz oder zum Teil ausfüllen. Wenn man, mit den Atomgewichten $O = 8$ und $C = 6$, AsO_3 und AsO_5 für die beiden Oxyde schrieb, ergab sich also folgendes Schema:

$$As \begin{cases} O \\ O \\ O \end{cases} \qquad As \begin{cases} C_2H_3 \\ C_2H_3 \\ O \end{cases} \quad \text{Kakodyloxyd}$$

$$As \begin{cases} O \\ O \\ O \\ O \\ O \end{cases} \qquad As \begin{cases} C_2H_3 \\ C_2H_3 \\ O \\ O \\ O \end{cases} \quad \text{Kakodylsäure.}$$

Nun konnte (1855) Kolbe auch seinen Begriff des „Paarlings" genauer fassen: In den organischen Säuren sind Sauerstoffäquivalente der Kohlensäure durch organische Radikale vertreten.

Hier war also wieder, wie in der Substitutions- und der darauf aufgebauten Typentheorie, die Zahl der Atome ausschlaggebend, und es erwies sich als außerordentlich fruchtbar, nun einmal ihren Gesamtwert, den Ausdruck der Sättigungskapazität zu betonen. So abstrahierte man zunächst von der chemischen Verschiedenheit der Substituenten und ihrem Einfluß auf die Natur des Körpers, und man entwickelte die Konsequenzen der einseitigen „arithmetischen" Auffassung. An einfacheren Verbindungen führte Kekulé (1857) sie weiter durch. Nach langen, vergeblichen Bemühungen, die Radikale selbst zu isolieren, mußte man zugeben, daß sie erst durch hinzutretende „Äquivalente" für sich existenzfähig werden. — In den Kohlenwasserstoffen wird ein H-Atom ersetzt durch ein Atom Chlor, Brom, Kali; 2 H-Atome durch 1 Atom Sauerstoff, Schwefel; 3 durch Stickstoff, Phosphor. Indem nun wieder implizite dem Wasserstoff seine Funktion als Einheitsmaß zugeteilt wird, erscheinen also andere Atome als verschieden „basische" oder verschieden „atomige". C selbst ist nach seiner einfachsten Wasserstoffverbindung vieratomig. Im Chloroform $CHCl_3$ sind drei einatomige Wasserstoffe ersetzt durch drei einatomige Chloratome. In der Kohlensäure sättigen die beiden zweiatomigen Sauerstoffatome die Vierzahl der Kapazität. Auch andere C-Atome können dabei eintreten. „Mit anderen Worten: eine

Gruppe von 2 Atomen Kohlenstoff wird sechsatomig sein, sie wird mit 6 Atomen eines einatomigen Elementes eine Verbindung bilden oder überhaupt mit so viel Atomen, daß die Summe der chemischen Einheiten dieser = 6 ist[1])."

Schieben sich noch mehr Kohlenstoffatome ein, so behalten sie nur zwei „Atomigkeiten" übrig, da die anderen beiden ja zur Bindung an die übrigen endständigen Kohlenstoffe gebraucht werden, und allgemein sind Verbindungen aus n Kohlenstoffatomen $2n + 2$-atomig.

Etwa gleichzeitig erfand der junge schottische Chemiker Couper dafür einen einfachen graphischen Ausdruck. Als Formel der Essigsäure schrieb er z. B., mit O = 8:

$$\begin{matrix} C{-}O{-}OH \\ |\quad \diagdown O_2 \\ C{-}H_3 \end{matrix}$$

Von einem scheinbar entlegenen Winkel des chemischen Forschungsgebietes, den metallorganischen Verbindungen, ging so eine Anschauung aus, die bald zu einem wesentlichen Hilfsmittel aller Untersuchungen heranwuchs und demgemäß auch eine umfassende Theorie veranlaßte. Aber entlegen sind die metallorganischen Verbindungen eben nur scheinbar; ihre Erforschung benutzte doch sehr viel von dem ganzen bisherigen Lehrgerüste. In diesem Sinn hätte die Entwicklung auch von der Betrachtung irgendwelcher anderer Verbindungen ausgehen können. Darin sehen manche merkwürdigerweise wieder ein Beispiel für die „Zufälligkeit", nämlich Gesetzlosigkeit, der historischen Entwicklungen. In der Tat wurde Kekulé ja auch durch andere Erscheinungen zum Aussprechen seiner Gedanken veranlaßt; Gedanken übrigens, die durchaus nicht völlig Neues, sondern nur einen Schritt weiter in einer schon lange eingeschlagenen Richtung bedeuteten. Die Verhältnisse liegen bei solchen weitreichenden Entdeckungen, die ihr Ausgangsgebiet so unvergleichlich zu überragen scheinen, ganz ähnlich wie bei der Auffindung eines neuen Stoffes: Auch dabei diente oft nur ein ganz kleiner Teil von den Verhaltensweisen des Stoffes als Handhabe, um den ganzen Stoff zu erfassen. Dasselbe Verfahren wurde hier nun für ein größeres Gebiet prinzipiell ganz ähnlich angewendet.

Nicht dieser Ausgangsort der neuen Theorie war also verwunderlich. Eher muß man sich fragen, warum solche Gedanken nicht schon lange so klar ausgesprochen wurden. Zu dem Gesetze der konstanten und multiplen Proportionen fügte Frankland, rein logisch betrachtet,

---

[1]) Kekulé, „Über die Konstitution und die Metamorphose der chemischen Verbindungen und über die chemische Natur des Kohlenstoffes", Liebigs Ann. d. Chemie **106**, 154 (1858); siehe Ostwalds Klassiker Nr. 145, S. 23.

doch nur das Wort Sättigungskapazität beschreibend hinzu. Fast muß man glauben, daß eine zu große Scheu vor rein gedanklichen Folgerungen die Entwicklung aufgehalten hatte. Mit dieser Theorie wäre es dann so gegangen wie mit der Avogadroschen Regel und wie mit manchen anderen Anschauungen auch, die in den nächsten Jahren sich kämpfend durchsetzten.

Auch darin, daß die Atomgewichte ja noch durchaus nicht einheitlich festgesetzt waren, kann man nicht den Grund für das späte Erscheinen der Wertigkeitslehre ersehen. Gerade Frankland schreibt in der sie begründenden Abhandlung PO_3 neben PH_3, AsO_3 neben $AsCl_3$. Couper nahm, wie wir sahen, $O = 8$ an; und Kolbe, der später für sich beanspruchte, schon seit 1857 von Wertigkeit gesprochen und sie angewendet zu haben, schrieb $C_4H_6O_2$ statt C_2H_6O für Alkohol, weil er für C und O 6 bzw. 8 als Atomgewichte annahm. Erst seitdem Cannizzaro wieder auf die Avogadrosche Regel als Grundlage der Atomgewichtsbestimmungen hinwies, begann eine einheitliche Auffassung dafür sich durchzusetzen, und doch war sie auch 1860 noch nicht ganz anerkannt.

Und andererseits hatte man ja doch auch lange vor dieser Reform schon eigentlich recht viele Erfahrungen gewonnen, die zu dem Gedanken der Wertigkeitslehre hätten führen müssen. Faradays elektrochemische Äquivalente, Grahams und Liebigs mehrbasische Säuren bezeichnen nur Hauptpunkte dieser Entwicklungen.

Die neue Lehre kam also reichlich spät, wenn man das Gedankliche an ihr betrachtet. Dennoch muß gesagt werden, daß sie mit anderen Teilen das experimentell Erreichte überrragte; sie gewann ihre ganze Bedeutung doch erst im Laufe ihrer weiteren Entwicklungen. Zur Zeit ihrer Entstehung war sie etwa eine ideelle Elementaranalyse, die man noch gar nicht einmal völlig gebrauchte. Sie ließ die am weitesten „auflösenden rationellen Formeln" (mit Kekulés Ausdrucke) erkennen; aber weniger aufgelöste waren zunächst noch aufschlußreicher. Alexander Butlerow (1828—1886, Petersburg) schrieb im Jahre 1861 den inhaltsreichen Satz, daß die „chemische Natur eines zusammengesetzten Körpers durch die Natur und die Quantität seiner elementaren Bestandteile und durch seine chemische Struktur bedingt ist"[1]. Aber die Strukturformeln, die er nun gibt, sind doch derart, daß sie auch ohne die Wertigkeitstheorie hätten gefunden werden können, es sind in Radikale auflösende Formeln. Als Kekulé 1858 aussprach: „Ich halte es für nötig und, bei dem jetzigen Stand der chemischen Kenntnisse, für viele Fälle für möglich, bei der Erklärung der Eigenschaften der chemischen Verbindungen

---

[1] Zeitschr. f. Chemie **4**, 549 ff. (1861).

zurückzugehen bis auf die Elemente selbst, die die Verbindungen zusammensetzen", da war dies eben doch zunächst noch reformatorisches Zukunftsprogramm.

Zur Nomenklatur sei noch bemerkt, daß ERLENMEYER 1860 die Ausdrücke „einwertig", „zweiwertig" usw. für „atomig" einführte und 1868 H. WICHELHAUS die Bezeichnung „Valenz" benutzte.

4. Lückenbindung, Isomerien.

Mit der Ausführung von Substitutionen hatte auch die experimentelle Erforschung der organischen Verbindungen die einzelnen oder manche einzelnen Atome in vorausberechenbarer Weise zu erfassen gelernt. Das war ein Weg zur Darstellung vieler neuer Verbindungen, von denen zwei ganz besonderes Interesse verdienen: Aus der Bernsteinsäure $C_4H_6O_4$ konnte man zwei H-Atome ent-

$$\begin{matrix} H \\ CO \end{matrix} \Big\} O$$
$$CH_2$$
$$CH_2$$
$$\begin{matrix} CO \\ H \end{matrix} \Big\} O$$

Bernsteinsäure.

fernen und zwei Säuren von der gleichen Zusammensetzung $C_4H_4O_4$ darstellen. Die eine davon war im isländischen Moos (Fumaria) gefunden und danach Fumarsäure genannt worden; die andere erhielt wegen ihrer Beziehung zur Äpfelsäure die Bezeichnung Maleinsäure. „An der Stelle des Moleküls, wo die beiden Wasserstoffatome fehlen [nämlich mit der Bernsteinsäure verglichen], sind zwei Verwandtschaftseinheiten des Kohlenstoffes nicht gesättigt; es ist an der Stelle gewissermaßen eine Lücke. Daraus erklärt sich die ausnehmende Leichtigkeit, mit welcher solche gewissermaßen lückenhafte Verbindungen sich durch Addition mit Wasserstoff oder mit Brom vereinigen[1])." So deutete KEKULÉ 1863 die Abweichung in der Zusammensetzung dieser beiden Säuren von derjenigen, die durch die Vierwertigkeit des C gefordert wurde. Die für solche Verbindungen geschriebenen Formeln mochten nur leicht die Vorstellung erwecken, daß die doppelt gebundenen Atome besonders fest zusammengeschlossen sein müssen, während doch gerade an dieser Stelle eine „Lücke" vorhanden war. Hätte man dann nicht an dieser Stelle lieber unbesetzte, also freie Valenzen zeichnen sollen? Dann hätte man aber

---

[1]) Zeitschr. f. Chemie **6**, 9 (1863).

auch Verbindungen mit freien Valenzen erwarten müssen, vor allem das Methylen $CH_2 =$ selbst. Seine Isolierung gelang nicht, und immer, wo seine Entstehung zu erwarten gewesen wäre, trat statt dessen eine Verbindung mit zwei derartigen ungesättigten C-Atomen auf. Danach konnten es ERLENMEYER (1866) und BUTLEROW (1870) als bewiesen erachten, daß freie Valenzen am C nicht vorkommen. Dies wurde nun noch besonders anschaulich bestätigt durch die Untersuchung des Atomvolumens. Das ist nämlich für ungesättigte Verbindungen tatsächlich größer, als es die Berechnung mit den von KOPP gefundenen Zahlen ergeben würde (BUFF, 1865).

Damit war aber die Isomerie zwischen Fumar- und Maleinsäure noch nicht erklärt. KEKULÉ wollte sie durch die Formeln $\begin{smallmatrix} C \\ CH_2 \end{smallmatrix}$ und $\begin{smallmatrix} CH_2 \\ C \end{smallmatrix}$ ausdrücken, also damit, daß die beiden H-Atome jedesmal verschiedenen C-Atomen entnommen worden wären. Als aber BUTLEROW auf die Gleichwertigkeit und die gleiche Bedeutung der beiden C-Atome hinwies, mußte die Erklärung wieder Problem bleiben. Bis dahin waren KOLBE auf Grund seiner typischen Formeln die Voraussagen mehreren Isomeriefälle geglückt. Für die Strukturchemiker mußte es erst bewiesen werden, daß nicht auch die Verschiedenheit der vier Äquivalente des C zur Quelle von Isomerien werden konnte. $CH_3 - CH_3$ und $C_2H_5 - H$ ($CH_3 - CH_2 - H$) wurden lange als isomere Verbindungen geführt. Das rührte zwar noch aus der viel „älteren Zeit“ vor etwa 15 Jahren her, als das erstere für das verdoppelte freie Radikal Methyl, und das zweite als die Wasserstoffverbindung des Radikals Äthyl, ihren verschiedenen Darstellungsweisen nach, angesehen wurden. Als dann 1864 SCHORLEMMER die völlige Identität der beiden „Isomeren“ nachwies, fiel ein wichtiger Anhalt dafür, die C-Wertigkeiten als verschieden zu erklären.

Die Zahl der von der Theorie geforderten Isomerien war auch so genügend groß, ja, wie BUTLEROW meinte, „wirklich größer, als man eigentlich wünschen möchte“. Für C_4H_{10} z. B. läßt sich die Reihe der Isomeren — auf dem Papier — gewinnen, indem man es von den niedrigen Homologen aus entstanden denkt: CH_4 gibt ein $CH_3 - CH_3$, wie eben bewiesen war. Auch daraus entsteht theoretisch nur ein Propan $CH_3 - CH_2 - CH_3$. Von der Formel C_4H_{10} sind dagegen zwei verschiedene Strukturen möglich, je nachdem, ob ein H am Ende oder in der Mitte durch CH_3 ersetzt wird: $CH_3 - CH_2 - CH_2 - CH_3$ und $CH_3 - CH\overset{\diagup CH_3}{\diagdown CH_3}$. So wächst dann die Zahl der isomeren Kohlenwasserstoffe und wird für ihre Substitutionsprodukte noch größer. Die wirkliche Gewinnung dieser Isomeren war zum Teil erst noch die Aufgabe weiterer Forschung.

Eine Reihe anderer Isomerien war bekannt, aber in dieser Zeit noch nicht deutbar. So hatte man zwei Milchsäuren gefunden, die bei völlig gleicher „Struktur" im jetzigen Sinne vor allem optisch verschieden waren. Die eine war aus der sauren Milch erhalten worden, die andere von Liebig aus dem Fleische. Trotzdem in seinem Laboratorium schon 1847 gewisse Unterschiede zwischen den beiden gefunden worden waren, erkannte man doch erst später, daß hier eine Art von Isomerie vorliegt.

Ein von Biot (1816) und später Soleil entwickeltes neues physikalisches Hilfsmittel führte bei den Weinsäuren weiter. Man hatte die Eigenschaft des Quarzes und einiger anderer kristallinischer Stoffe gefunden, die Schwingungsebene des polarisierten Lichtes zu drehen. Das tut auch die eine, darum „optisch aktiv" genannte Weinsäure, nicht aber die mit ihr isomere Traubensäure[1]). Dem jungen Pasteur gelang es 1848[2]), diese physikalische Verschiedenheit mit einer mineralogischen in Parallele zu setzen. Aus der Traubensäure erhielt er ihre Na—NH_4-Salze in zwei Kristallformen, von denen die eine das Spiegelbild der anderen war. Hemiedrische Flächen, die dort rechts lagen, waren hier links zu finden. Der Flächenanlage entsprach auch die optische Drehung. So war nicht nur die Inaktivität der Traubensäure aus der Aufhebung der beiden entgegengesetzt gleichen Drehungen erklärt, sondern auch das dritte Isomere, die Links-Weinsäure dargestellt. Für den Zusammenhang zwischen optischen und mineralogischen Eigenschaften suchte Pasteur nun einen gemeinsamen Grund in der Gruppierung der Atome. In dieser mußte das Spiegelbildverhältnis begründet sein, nicht in dem Lagerungsverhältnis zwischen den Molekülen; denn die Zerstörung derselben beim Auflösen der Substanz läßt ja die optische Aktivität bestehen. Für die Atome hatte man hier eine Lagerung anzunehmen, die in den beiden optischen Gegenformen sich verhielten wie rechte und linke Hand. So wiesen diese mit den bisherigen ebenen Strukturformeln nicht erklärbaren Isomerien auf die Betrachtung der räumlichen Lagerungsverhältnisse hin. Kekulé sprach (1867) davon, daß man vollkommene Modelle so erhält, wenn man die „vier Verwandtschaftseinheiten des Kohlenstoffes ... in der Richtung hexaedrischer Achsen so von der Atomkugel auslaufen läßt, daß sie in Tetraedern endigen". Aber weder er noch ein andrer Forscher führte jetzt das Bild genauer durch.

Außer diesen optischen Isomeren gab es noch eine ganze Reihe von anderen bei einigen mit dem Benzol in Zusammenhang stehenden Verbindungen. Ihre Deutung brachte Kekulé im Jahre 1865 durch seine Benzoltheorie.

---

[1]) Mitscherlich, Cpt. rend. **19**, 719 (1844).
[2]) Cpt. rend. **26**, 535 (1848).

5. Benzoltheorie.

a) Neue Stoffe.

Der Name „organische Chemie", eine Zusammenfassung der früher als vegetabilisch und animalisch getrennten Gebiete, sollte anfangs diesen Teil ebenso scharf von der mineralischen Chemie trennen, wie eben Organismen und Mineralien getrennt waren. Mindestens wies er auf den Ursprung der darunter vereinigten Stoffe hin. Aber nun hatte sich die Untersuchung von diesem Ausgangsorte sehr weit entfernt; es handelte sich gar nicht mehr so sehr um die chemischen Bestandteile von Lebewesen, als um das Verhalten der daraus isolierten Körper untereinander. So bereitete sich eine neue Auffassung vor, die den Inhalt des nun selbständig gewordenen Gebietes unabhängig von seinem Ursprunge bezeichnete: KEKULÉ schrieb 1859 in seinem Lehrbuche der organischen Chemie: „Wir definieren die organische Chemie als die Chemie der Kohlenstoffverbindungen. Wir sehen dabei keinen Gegensatz zwischen organischen und anorganischen Verbindungen." Gerade bei der weiteren Ausdehnung beider Gebiete, des anorganischen und organischen, erkannte man die Relativität dieser Trennung, und wenn man nun noch weitere Unterscheidungen einführte, so galten auch die nicht absolut, sondern als praktische Zusammenfassungen.

In diesem Sinne trennte man auch innerhalb der organischen Chemie die aromatischen Verbindungen ab. Die Grenze war anfangs recht unscharf. Die Herkunft aus Balsamen und Harzen, der eigenartige Geruch, die chemischen Beziehungen zum Benzol, kennzeichneten sie doch nicht so genau, daß nicht KEKULÉ 1865 das Chinon „nicht eigentlich der Gruppe der aromatischen Substanzen zugezählt" wissen wollte. Um diese Zeit kannte man aber schon recht viele dahin gehörige Verbindungen. Durch Substitution, Synthese, Zerlegung waren mancherlei Stoffe mit dem Benzol in Zusammenhang gebracht worden. Die Salizylsäure von PIRIA (1805 bis 1865, Turin) geht beim Erhitzen unter Kohlensäureverlust in Phenol über und kann andrerseits nach KOLBE (1860) aus Phenol, Kohlensäure und Natrium in Form der Salze synthetisiert werden. Phenol gibt mit Salpetersäure ein Produkt, das durch Destillation im Wasserdampfstrom in ein flüchtiges und ein nicht flüchtiges Isomeres getrennt werden kann. Solche Isomere fand man nun in großer Zahl: z. B. bei den nitrierten Benzolsäuren, zwischen Hydrochinon (dem Reduktionsprodukte des Chinons) und dem Brenzkatechin (das seinen Namen von seiner Darstellung aus dem Katechinharze bezog), wozu später noch das Resorcin als drittes Isomeres kam. Auch entstand durch Reduktion einer Nitrobenzoesäure ein mit Anthranilsäure isomerer Stoff, der schließlich eine mit Salizylsäure isomere Oxybenzoesäure lieferte. Bei diesen vielen Gruppen von Isomeren vermutete man wohl manchmal das Vorliegen von Isomerie zwischen zwei Stoffen, das sich genauerer Untersuchung als nicht vorhanden herausstellte, wie es zwischen Benzol und Styrol, einem Kohlenwasserstoff aus Storax der Fall war.

Durch Umwandlungsreihen wurde eine Anzahl von Substanzen vereinigt. Man gelangte vom Kohlenwasserstoff zu Säuren, nicht durch grobe Oxydation allein, sondern mit mehreren wohldefinierten Stoffen als Zwischenstufen. Dann wußte man zugleich auch, an welchem Teile des Moleküls die Veränderungen sich vollzogen hatten. Die dabei benutzten Reaktionen konnte man mit kleinen Veränderungen auf viele einander ähnliche Verbindungen anwenden und danach in bestimmter Weise das eine oder andere Atom entfernen, ersetzen, in ein anderes Molekül an ungefähr bekannter Stelle einführen. In fein differenzierten Einwirkungen gewann man so eine große Fülle neuer Verbindungen. Als ein späterhin bedeutsam gewordenes, Beispiel dafür können die Untersuchungen von Peter Griess (1860) über Diazoverbindungen dienen. Daß aus Anilin bei der Reaktion mit salpetriger Säure Phenol entsteht, war bekannt (Piria); dadurch, daß er diesen Vorgang bei tieferer Temperatur und unter Ausschluß von Wasser durchführte, gewann Griess als Zwischenstufe eine Verbindung, die noch den Stickstoff des Anilins enthielt, verbunden statt mit Wasserstoff mit dem Stickstoff aus der salpetrigen Säure. Entsprechend ihrer Entstehung erwiesen sich diese Verbindungen als außerordentlich reaktiv.

Zu der rein theoretischen Bedeutung gesellten sich bald auch Ausblicke auf praktische Verwertung: 1856 stellte ein Schüler A. W. Hofmanns, W. H. Perkin, den ersten Anilinfarbstoff aus dem Allylanilin her; Hofmann selbst erhielt bald darauf (1861) Einblick in die Natur des von ihm synthetisch dargestellten Fuchsins, das durch Reduktion unter Aufnahme von zwei Wasserstoffatomen in eine leicht rückverwandelbare farblose Leukoverbindung übergeht.

b) Der Kohlenstoff-Ring.

In der Gruppe all dieser aromatischen Verbindungen gab es noch manche Dunkelheit. Der Führer, der bei den „Fettkörpern", eben der anderen Gruppe der organischen Verbindungen, so erfolgreich benutzt wurde, konnte hier nicht ohne weiteres dasselbe leisten. Benzol, C_6H_6, enthält ja relativ viel zuviel Kohlenstoff und nicht diejenigen „Lückenbindungen", die in solchen Fällen bei den aliphatischen (= fetten) Verbindungen angenommen wurden; denn anders als diese addiert es nicht leicht Brom oder Wasserstoff, und auch die Schwefelsäure wird nicht wie in eine Lücke aufgenommen, sondern sie wirkt höchstens substituierend ein. Dieser Anomalie entsprach es auch, daß hier so zahlreiche Isomere vorkommen. Eine theoretische Deutung mußte beides zugleich erklären können. August Kekulé, dessen Untersuchungen schon mehrfach erwähnt wurden, stellte sie im Jahre 1865 auf. Wie Liebig in Darmstadt geboren (7. September 1829), weilte er damals in Gent und kam bald darauf nach Bonn, wo er am 13. Juli 1896 starb.

Er hat selbst über die immer denkwürdige Weise berichtet, auf die er zur Lösung des Rätsels kam[1]). Langen Nachdenkens müde, wendet er sich von der Schreibtischarbeit weg. Aber die angeregte Phantasie kommt nicht zur Ruhe. In scheinbar freiem Spiele erzeugt sie, wie früher auch schon oft, Figuren von Atomen und Atomgruppen. Da erscheint eine Schlange, die ihren eigenen Schwanz erfaßt, im Vordergrunde: und Kekulé erkennt sofort das Bild des Benzolmoleküls; noch in dieser Nacht wurde das Phantasiegebilde zu der Grundlage der Benzoltheorie ausgearbeitet. Die sechs Kohlenstoffatome bilden einen Ring, in dem jedes derselben eines der benachbarten mit einer und das andere mit zwei Valenzen bindet:

$$
\begin{array}{c}
H \\
| \\
C \\
\diagup \ \diagdown \\
H{-}C \quad\ \ C{-}H \\
\| \qquad | \\
H{-}C \quad\ \ C{-}H \\
\diagdown \ \diagup \\
C \\
| \\
H
\end{array}
$$

Allerdings muß hinzugesetzt werden, daß Kekulé in jener Schrift aus dem Jahre 1865[2]) nicht dieses gezeichnete Bild bringt, wenn auch die Anweisung zu seiner Konstruktion. Das ist für gewisse Folgerungen aus dieser Zeichnung nicht ganz gleichgültig.

So merkwürdig und außerordentlich diese Entstehungsgeschichte klingt, so sind doch häufig genug auf ähnlichen Wegen die Keime zu neuen wichtigen Gedanken entstanden. Vom dichterischen oder sogar philosophischen Aperçu sind wir es gewöhnt; beim naturwissenschaftlichen ist es oft dadurch verdeckt, daß es hier nicht als solches gilt und verkündet wird, sondern meist im Zusammenhange mit experimentellen Durchführungen und als aus ihnen allererst gewonnen

---

[1]) Siehe Ber. d. Dtsch. Chem. Ges. **23**, 1305 (1890).
[2]) Liebigs Ann. d. Chem. **187**, 129.

auftritt. Kekulés Abhandlung selbst merkt man nicht mehr von dem Ursprunge ihrer Grundidee an als irgendeiner anderen.

c) Konstitutionsermittlungen.

Dieses neu geschaffene Bild des Benzols gab nun, wenn man es als etwas ganz Selbständiges betrachtete, einige Probleme auf, deren Lösung dann natürlich nicht aus dem Bilde selbst abgelesen werden konnte, sondern aus den Tatsachen, deren Ausdruck es zusammenfassen sollte. Die Erörterungen, die darum zunächst bloß logische Diskussionen darzustellen schienen, meinten also in Wirklichkeit doch die eigentliche chemische Erfahrung. Es ist freilich doch nicht überflüssig, dies an einer der Stellen zu betonen, wo das Bild vom Gegenstande sich mit einer gewissen Selbständigkeit loszutrennen scheint.

So hieß die Frage nach der Gleichwertigkeit der sechs Wasserstoffatome des Benzolrings doch nur: Findet man isomere Körper, wenn man in C_6H_6 einen einwertigen Substituenten einführt? Kekulé war kritisch genug, die bisherigen Erfahrungen darüber nicht für die endgültigen zu halten: „Vorerst bin ich geneigt, die sechs Wasserstoffatome des Benzols für gleichwertig zu halten[1].“ Ja, er war auch zu vorsichtig, schon jetzt den Spekulationen über die bei zwei einwertigen Substituenten möglichen Isomerien großen Wert zuzuschreiben. Ganz sicher aber läßt sich nun die Isomerie der beiden Chlortoluole erklären: Das eine enthält das Chloratom an der Stelle eines der Benzolwasserstoffatome, das andere dagegen in dem Methyl, durch welches sich Toluol vom Benzol unterscheidet:

$$C_6H_4Cl(CH_3) \qquad\qquad C_6H_5(CH_2Cl)$$
Chlortoluol   Benzylchlorid

Das Verhalten eben dieses Chloratoms ist auch ganz verschieden, das eine Mal wie im Chlorbenzol, das andere wie in gechlorten aliphatischen Kohlenwasserstoffen. Durch verschiedene relative Stellungen der Substituenten im Chlortoluol entstehen weitere Isomerien.

Indem man zunächst die einfachste Annahme über die Gleichwertigkeit der sechs Bindestellen des Benzolringes voraussetzte, galt es nun, die verschiedenen Isomerien auch im Bilde zu kennzeichnen, d. h. also die Stellung zweier oder mehrerer Substituenten zueinander zu erkennen. Die experimentelle Grundlage dafür war die Möglichkeit, Substituenten beliebig und in voraussehbarer Weise einzuführen und wieder wegzuschaffen. Dazu gehörte die sorgfältige Wahl besonderer Reaktionsbedingungen, und zum anderen Teil die Verfeinerung der Trennungsmethoden. Nicht nur Temperatur und Konzentration der aufeinander einwirkenden Reagenzien wurden in bestimm-

---

[1] Liebigs Ann. d. Chem. **137**, 174 (1865).

ter Weise geregelt. Man benutzte Katalysatoren für die Einleitung des Vorganges, man „schützte“ einen Teil des Moleküls, den man unverändert zu behalten wünschte, vor dem Angriffe des Reagens, man entfernte das entstandene Produkt rasch aus der Mischung, um es der weiteren Einwirkung zu entziehen. Dazu benutzte man etwa seine eigenartige Löslichkeit in einer der vielen Flüssigkeiten, die zum Auflösen gebraucht werden können. Einem wässerigen Gemisch entzog man durch gute Berührung mit Äther oder Schütteln mit einer anderen, mit dem Wasser nicht mischbaren Flüssigkeit einen gewissen Teil der organischen Substanzen, während ein anderer zurückblieb. Für die Trennung der nun erhaltenen, immer noch gemischten Stoffe im Äther ließ sich ihre spezifische chemische Verschiedenheit anwenden. Das ganze Molekül bietet ja in besonderen Gruppen eigen geartete Angriffsstellen dar: Ein komplizierter Aldehyd etwa läßt sich bei der speziellen Stelle packen, nach der er diese Bezeichnung führt; eine anorganische Säure bindet einen Stoff, dessen alkalische Reaktion aus der Anwesenheit eines NH_2 enthaltenden Substituenten vorausgesagt werden kann; dagegen macht jene Säure eine andere Verbindung frei, für die eine saure Natur aus ihrer Konstitution gefolgert war, ehe man sie noch wirklich je in Händen gehabt hatte. Nach jeder der angedeuteten — lange nicht vollzählig aufgeführten — Richtungen gewährten außerdem noch die quantitativen Abänderungen die Möglichkeit, nach feineren Unterschieden die Trennung von zwei den gleichen Stoffgruppen angehörigen Verbindungen auszuführen. Auf Grund chemischer und physikalischer Eigenschaftsunterschiede gelangen so die Trennungen. Die Auswahl der Methoden dazu beruht auf dem „chemischen Gefühle“ des Forschers, und was man experimentelle Geschicklichkeit nennt, das deutet in seiner noch lange nicht behebbaren Unbestimmtheit etwas von dem Geheimnisse an, das mit diesem wie mit jedem schöpferischen Arbeiten verbunden ist.

Aber nachdem eine solche Schöpfung gelungen war, lag der Hauptton darauf, sie unabhängig von ihrem Schöpfer und ihrem eigentlich dunklen Ursprunge zu machen, indem man sie vollständig beherrschen und jederzeit wieder erzeugen lernte. Dazu trug wesentlich auch die Bestimmung der physikalischen Merkmale bei, deren Zahl sich nun immer stärker häufte. Hier stellte sich allmählich eine weitgehende Arbeitsteilung ein. Einzelne Forscher übernahmen die Ausbildung von Verfahren für diese physikalischen Messungen unter chemischen Gesichtspunkten. Ausgehend von den Untersuchungen Kopps über die spezifischen Gewichte der Verbindungen, dehnte man sie auf die neu gefundenen Stoffe aus und verband sie auf Grund physikalischer Theorien oder auch nur durch induktiv gefundene empirische Formeln mit dem optischen Brechungsvermögen. Die anfängliche Voraussetzung, daß dann das Verhalten des Moleküls aus dem seiner einzelnen Atome additiv sich zusammensetzte, mußte bald dahin präzisiert werden, daß, wie beim Sauerstoff schon erwähnt wurde, die Bindungsart der Atome Einfluß auf ihre Konstanten ausübte. Die Doppelbindung zwischen Kohlenstoffatomen fand dann ihren besonderen Ausdruck, und die Ringe von der Art des Benzols fanden besondere Kennzeichnungen auch bei dieser Art der Beobachtung. Hierfür sind die Arbeiten LANDOLTS (von 1864 ab) grundlegend gewesen. Man begann auch, Verbrennungswärme und Farbe als konstitutive, d. h. von der besonderen chemischen Eigenart abhängige, physikalische Größen zu erkennen; doch liegt hier die hauptsächliche Entwicklung erst in einer etwas späteren Zeit.

So begann eine verheißungsvolle Zusammenarbeit von Physik und Chemie, die zunächst auf dem weiterhin zu erwähnenden anorganischen Gebiete bedeutende Früchte trug; dieses Zusammengehen der beiden Disziplinen ist charakteristisch für eine Zeit, in der die chemischen Darstellungs- und Isolierungsmethoden sich der Feinheit physikalischer Messungen zu nähern begannen.

d) Die zyklischen Verbindungen und ihre Formeln.

Diese Methoden wurden hauptsächlich während der Arbeit an den Problemen des Benzolringes entwickelt. Die Formel, die KEKULÉ aufgestellt hatte, blieb nicht die einzige. Außer der die Verkettung prinzipiell ablehnenden Theorie KOLBES, die bald nur er selbst vertrat, gab es doch auch noch für den Sechsring andere Konstitutionsmöglichkeiten. ALBERT LADENBURG (1842—1911, Breslau) wendete z. B. ein, daß nach KEKULÉS Formel statt der bisher gefundenen drei vielmehr vier isomere Bisubstitutionsprodukte zu fassen sein müßten, da ja außer 1,2, 1,3, 1,4 die Stellungen 1,2 und 1,6 ebenfalls verschieden wären.

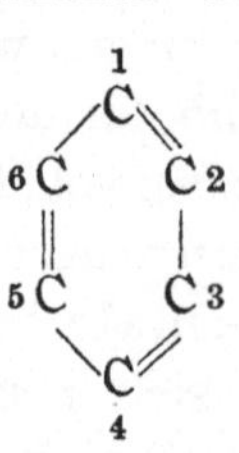

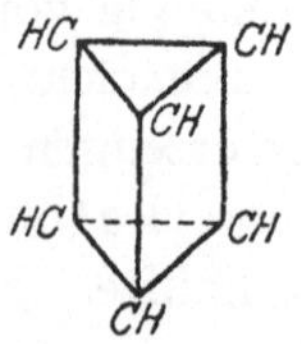

LADENBURG stellte darum eine andere, und zwar eine räumliche Formel auf, nach der die sechs Kohlenstoffatome die Ecken eines dreiseitigen Prismas besetzten (1869)[1]. Aber daraus ergaben sich mancherlei unlösbare Schwierigkeiten, und die Grundlage seiner Kritik wurde abgelehnt: von VICTOR MEYER, weil er die Isomerie zwischen

[1] Ber. d. D. Chem. Ges. **2**, 140, 272 (1869).

1,2- und 1,6-Produkten für zu fein hielt, als daß sie einen merklichen
Einfluß auf das Verhalten des Stoffes ausüben könnte; von KEKULÉ
selbst, weil er der Meinung war, „diese Ansicht leite sich mehr aus
der Form ab, deren wir uns bedienen, als aus dem Gedanken, welchen
diese Form in etwas unvollkommener Weise ausdrückt"[1]. Der Gedanke ließ sich so fassen, daß die gegebene Formel nur ein Augenblicks-
bild der Verteilung der Valenzen angab; in Wirklichkeit wären die
Atome ja in lebhafter Bewegung, und die Doppelbildung schwinge
zwischen 1,2 und 1,6 hin und her, entsprechend natürlich an allen
anderen Stellen des Moleküls.

„Die Ansicht von der Stabilität der gegenseitigen Beziehungen
der Atome, ein Dogma unserer Anschauungen, wird hierdurch aufgehoben", wandte LADENBURG gegen diese Spekulation ein. Und er
hatte im Grunde recht: die Zeit der Erschütterung dieses Dogmas
war denn doch noch nicht gekommen.

Aber die Doppelbindungen bildeten doch eine Schwäche jener
Sechseckformel KEKULÉS; sie drückte auch insofern nicht ganz aus,
was sie sollte, als sie den Unterschied der Reaktionsfähigkeit dieser
Doppelbindungen von den sonstigen, in offenen Ketten beobachteten,
gar nicht anzeigte. Die Diagonalformel von CLAUS (1867):

gewährte keine Möglichkeit, die Isomerien der zweifach substituierten
Benzolkörper zu formulieren. Zwanzig Jahre darauf veränderten
ARMSTRONG[2] und dann auch BAEYER[3] diese Formel in die „zentri-
sche". Es scheint ein leichtes Spiel zu sein, wenn dabei die Dia-
gonalen abgebrochen wurden, ehe sie sich ganz erreichten; dahinter
stand aber eine neue Hypothese, welche den damit bildlich gezeichneten
besonderen Zustand des Benzolringes durch die nach innen gerich-
teten, aber sich nicht gegenseitig bindenden Valenzen ausdrückt.

Dihydrobenzol

Daß dafür wirklich ein besonderer Ausdruck nötig ist, das zeigten
eben diese Autoren an den Reduktionsprodukten des Benzols: Wenn

---

[1] Liebigs Ann. d. Chem. **162**, 77 (1872).
[2] Journ. of the Chem. Soc. **51**, 264 (1887).
[3] Liebigs Ann. d. Chem. **245**, 120 (1888). BAEYER wies dann auch auf
eine ähnliche Formulierung L. MEYERS (1872) hin.

nämlich zwei Wasserstoffatome eingetreten sind, hat das Dihydrobenzol den ungesättigten, reaktiven Charakter, den man durch „richtige" Doppelbindungen zu beschreiben gewöhnt war.

Die Entwicklung der Benzolformeln ist damit natürlich noch nicht abgeschlossen; aber die späteren Änderungen waren in Befunden gegründet, die anderen Zusammenhängen entstammten. Auch müssen wir erst kurz die Wege überblicken, auf denen man die relative Stellung von Substituenten am Benzolringe erkannte. Die drei Reihen von zweifachen Substitutionsprodukten bezeichnete man als: Ortho = 1,2; Meta = 1,3; Para = 1,4. Die Einordnung der bekannten und der eben nach diesen Anforderungen der Theorie gesuchten Isomeren unter diese Gruppen war nach langer Arbeit und experimenteller Ableitung verschiedener Verbindungen auseinander möglich. Das Hydrochinon, das man ja leicht aus dem Chinon darstellen kann, hat natürlich dieselbe Anordnung seiner beiden OH-Gruppen, wie im Chinon die beiden Sauerstoffatome. Absolute Festsetzungen darüber gewann man recht einfach bei den drei Phthalsäuren, wenigstens für diejenige von ihnen, die leicht ein Molekül Wasser abspaltet. Aus einfachen mechanischen Gründen enthält sie die beiden die Säuren kennzeichnenden COOH-Gruppen in Nachbarschaft zueinander: sie stellt also die Orthoverbindung dar (V. MEYER, 1870). Solche mechanische Betrachtungen führten KÖRNER bei seinen Arbeiten (1874)[1]: Von den Dibrombenzolen lassen sich bei weiterer Substitutionen folgende Isomeren erwarten:

ortho:

meta:

para:

Danach kann man in den drei isomeren Ausgangsstoffen nach der Zahl ihrer isomeren weiteren Substitutionsprodukte „absolute Orts-

[1] Gazetta Chim. Italiana **4**, 305 (1874).

bestimmungen" durchführen. Wenn aber erst ei ne Verbindung genau erkannt war, so gewährte sie durch ihre Reaktionen auch Aufschluß über mehrere andere.

Dann konnte man auch Verbindungen zu jenen anderen noch kohlenstoffreicheren Kohlenwasserstoffen aus dem Steinkohlenteer herstellen, von denen Naphthalin und Anthracen schon in den dreißiger Jahren und ein dem letzteren isomerer, das Phenanthren, 1872 bekannt wurden. Die Oxydation führte sie in Benzolderivate über, die Synthese ließ sie und Derivate von ihnen aus Benzolabkömmlingen gewinnen; dadurch fand man die folgenden Formeln:

Naphthalin — Anthracen — Phenanthren

Graebe 1868[1]). — Graebe und Liebermann[2]) 1869 bzw. 1872. — Fittig 1872[3]).

Auch diese Formeln wurden natürlich nicht dogmatisch hingenommen. Besonders seitdem ARMSTRONG und BAEYER für verschiedene von solchen Ringkörpern verschiedene Formeln versucht hatten, gab es auch hier ähnliche Anregungen. Wir werden sie in ihrer weiteren Entwicklung später kennzeichnen.

Für Pyridin und Chinolin wurden ähnliche Formeln aufgestellt, die ihr in vieler Beziehung ähnliches Verhalten bezeichnen konnten. Dann war nur an die Stelle einer CH-Gruppe im Benzol oder Naphthalin ein Stickstoffatom eingetreten:

Pyridin (Körner, Dewar 1869) Chinolin (Königs 1879)

Die Chemie der zyklischen Verbindungen gewann bald besondere Ausdehnung; denn die Lösung der rein theoretischen Probleme vereinigte sich mit dem praktischen Werte der neuen Stoffe und ihrer Konstitutionserforschung.

6. Die Lagerung der Atome.

Doch auch die so erweiterte Strukturlehre reichte nicht aus, um allen als verschieden erkannten Stoffen verschiedene Atombilder zuzuordnen. Freilich vermehrte man nicht leichten Herzens die Zahl

---

[1]) Zeitschr. f. Chem. **11**, 114 (1868). GRAEBE bezog sich dabei auf eine von EMIL ERLENMEYER versuchte Formulierung: Liebigs Ann. d. Chem. **137**, 346 (1866).

[2]) Liebigs Ann. d. Chem. Suppl. **7**, 257 (1869).

[3]) Ber. d. Dtsch. Chem. Ges. **5**, 934 (1872).

der Theorien. Gerade die „reinsten“ Chemiker hatten ein gewaltiges instinktives Mißtrauen gegen das bloß Logische, auch wenn es sich nur darauf beschränkte, eine schon vorhandene und bestätigte Anschauungsweise weiterzubilden. Das galt ihnen als willkürliches Phantasiespiel. Im Grunde war es der Verdacht, daß das freie Denken auf sophistische Abwege führen könnte. Wir dächten damit nur uns, nach unserer Natur und sollten doch die Dinge nach ihrer Eigenart erfassen.

Ein solcher scharfer Gegensatz wäre philosophisch nicht haltbar; und die Bestätigung dieser philosophischen Ansicht kann gar nicht besser geliefert werden als dadurch, daß häufig auch in der Chemie die spekulativ entstandenen Theorien erfolgreich waren; wobei eben nur zu bedenken ist, daß gerade von jenem Standpunkte aus immer auch der spezielle Erfahrungsgrund solcher Spekulationen ins Auge gefaßt wird. Dabei handelte es sich nun hier um alte Probleme: Die Unerklärbarkeit der Isomerien der Milchsäure spielte schon seit den vierziger Jahren eine Rolle. Dann bemühte sich JOHANNES WISLICENUS (1835—1902, Leipzig), um ihre chemische Erkentnnis. Die Struktur der gewöhnlichen, durch Gärung sonst erhaltenen Milchsäure wurde auch durch ihren Aufbau vom Acetaldehyd aus bewiesen: Im CH_3CHO wird der doppelt gebundene O ersetzt; die für Aldehyd typische Addition von HCN geschieht dort, wie schon lange bekannt war, prinzipiell in der Weise, wie auch an doppelt gebundenen C-Atomen: $CH_3CH{<}^{OH}_{CN}$ entsteht. Darin löst die Salzsäure die Verbindung zwischen C und N, die ebenfalls den Charakter der Lückenbildung trägt, und man erhält die gewöhnliche Milchsäure, also von der Formel $CH_3 \cdot CHOH \cdot COOH$. Die andere, aus dem Fleisch gewonnene, könnte dann $CH_2OH \cdot CH_2 \cdot COOH$ sein. Aber die chemischen Reaktionen sind die gleichen bei beiden Säuren; und außerdem wurde auch dieses strukturisomere Produkt auf anderen Wegen dargestellt, die im Verein mit seinen weiteren Reaktionen den in der Formel ausgedrückten Eigenschaften entsprechen. Damit war, mit WISLICENUS’ Worten (1869), „der erste sicher konstatierte Fall gegeben, daß die Zahl der Isomeren die der Strukturmöglichkeiten übersteigen kann“. Darum müsse die Lagerung der Atome im Raum betrachtet werden. Die speziellen Vorstellungen, die er dafür forderte, entwickelte er selbst auch in einer späteren Abhandlung (1873)[1] nicht; vielmehr wies er darauf hin, daß physikalische und mineralogische Daten die Verschiedenheit der geometrischen Isomeren kennzeichnen könnten. Er wollte erst das experimentelle Fundament sicher ausgebaut wissen. Die das Problem lösende Theorie kam aber vorher.

---

[1] Liebigs Ann. d. Chem. **167**, 302.

Im Jahre 1874 veröffentlichte VAN'T HOFF, zweiundzwanzigjährig, eine kurze Schrift: „Vorschlag zur Ausdehnung der gegenwärtig in der Chemie gebrauchten Strukturformeln in den Raum, nebst einer damit zusammenhängenden Bemerkung über die Beziehung zwischen dem optischen Drehungsvermögen und der chemischen Konstitution organischer Verbindungen". JACOBUS HENRICUS VAN'T HOFF (geboren 30. August 1852, Rotterdam) hatte bei KEKULÉ und WURTZ, diesen beiden Schülern LIEBIGS, die organische Chemie kennengelernt. Dabei war er mehr Theoretiker als bloß Praktiker, wie nicht nur diese kühne Jugendschrift bezeugt, sondern auch sein späteres bedeutendes Wirken. Seit 1894 hatte er in Berlin den hervorragendsten chemischen Lehrstuhl inne; er starb dort am 1. März 1911[1]).

Das Heftchen aus dem Jahre 1874 brachte nur theoretische und eigentlich geometrisch recht einfache Erörterungen. VAN'T HOFF legte zunächst dar, daß die ebenen Formeln für die Methanderivate schon nicht zutreffen können; denn sie würden Isomere fordern, die tatsächlich nicht aufzufinden sind:

$$\begin{array}{ccc}
& R_1 & \\
& | & \\
H{-}\!\!\!&C&\!\!\!{-}H \\
& | & \\
& R_1 &
\end{array}
\qquad \text{und} \qquad
\begin{array}{ccc}
& R_1 & \\
& | & \\
H{-}\!\!\!&C&\!\!\!{-}R_1 \\
& | & \\
& H &
\end{array}$$

woran R_1 irgendeinen Substituenten bedeutet, sind in Wirklichkeit identisch. Die vier Valenzen des C sind also nicht in einer Ebene gelegen, sondern in den Raum gerichtet, und zwar, dem Symmetrieprinzip entsprechend, nach den Ecken eines Tetraeders. Wenn aber „die vier Affinitäten eines C-Atoms durch vier voneinander verschiedene Gruppen gesättigt sind, lassen sich zwei und nicht mehr als zwei verschiedene Tetraeder erhalten, von denen das eine das Spiegelbild des anderen ist, die man sich aber niemals so denken kann, daß sie zur Deckung gebracht werden können, d. h. man steht zwei isomeren Strukturformeln im Raum gegenüber".

„Jede Kohlenstoffverbindung, welche im gelösten Zustande eine Drehung der Schwingungsebene des polarisierten Lichtstrahles bewirkt, enthält ein asymmetrisches C-Atom." Das konnte an einer ganzen Anzahl von Verbindungen schon gezeigt werden, die der Verfasser nun aufzählte. Auch ließ sich durch Experimente anderer Forscher die Behauptung begründen, daß die Drehung aufhört, wenn die Asymmetrie durch irgendeine Umwandlung aufgehoben wird. Daß aber nicht alle Verbindungen mit asymmetrischen C-Atomen auch aktiv sind, dafür läßt sich vermuten, daß sie Gemische aus

---

[1]) Vgl. E. COHEN, „J. H. van't Hoff". Leipzig 1912.

gleichstark nach rechts und links drehenden Stoffen, d. h. den beiden Isomeren in gleichen Mengen bestehen; allerdings wird auch die Möglichkeit angeführt, „daß die Bedingung ‚asymmetrischer Kohlenstoff‘ nicht zur optischen Aktivität genüge“.

Die Doppelbildung müsse dann durch zwei mit einer Kante vereinigte Tetraeder versinnbildlicht werden: und auch da gibt es von ein und derselben gewöhnlichen Strukturformel zwei räumlich verschiedene Anordnungen. Das ist der Fall bei Fumar- und Maleinsäure und bei mehreren anderen Säuren mit Lückenbindung.

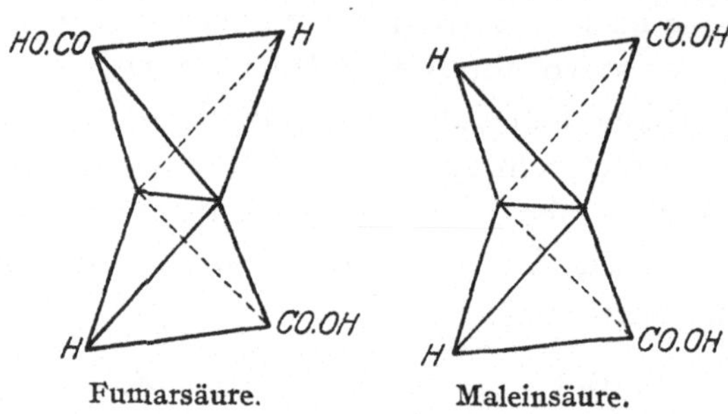

Fumarsäure.   Maleinsäure.

Gleichzeitig gab auch J. Le Bel eine Erklärung der optischen Isomerien. Sie enthielt im wesentlichen denselben Gedankengang, ohne die anschauliche Begründung durch Raumfiguren, und gerade deswegen auch gleich durch Einbeziehung des Stickstoffs umfassender.

Danach sollten auch N-Atome, an denen fünf unter sich verschiedene Atomgruppen sitzen, „asymmetrisch“, d. h. optisch aktiv sein. Den Beweis dafür hat Le Bel selbst allerdings erst viele Jahre später erbracht, als er 1891 Isobutylpropyläthylmethylammoniumchlorid darstellte und durch Schimmelpilze das eine der beiden optischen Isomeren nach Pasteurs Methode aus dem Gemische verzehren ließ.

Indessen war es doch auch das anschauliche Bild, das van't Hoff gab, was den einen so wertvoll schien, den anderen allerdings am meisten Anlaß zur Ablehnung bot. Zu diesen gehörte insbesondere Kolbe, der allmählich fast wie der gealterte Berzelius der neuen Chemie gegenüberstand, während Wislicenus dem jungen Entdecker freudige Anerkennung spendete. Hier mußte zunächst natürlich das Experiment entscheiden. Schon Pasteur hatte drei Methoden entwickelt, um die Traubensäure in ihre aktiven Isomeren zu spalten. Diese in fast allen Eigenschaften außer eben dem Verhalten gegen polarisiertes Licht übereinstimmenden Stoffe als chemische Individuen zu erfassen, das war eine besonders schwere Aufgabe. Doppelsalze und Salze mit selbst aktiven organischen Basen besaßen unter geeigneten Bedingungen die dafür genügenden Unterschiede der Löslichkeit. Die biochemische Methode, die Trennung mit Hilfe von Pilzen, die nur die eine der aktiven Formen assimilierten, war von dem Gärungsforscher PASTEUR ebenfalls (1858) entdeckt worden. Durch die ausgedehntere Anwendung dieser Methoden wurden tatsächlich die vorausgesagten Isomeren gefunden.

Doch gerade aus der Eigenart dieser Verhältnisse entwickelte der amerikanische Forscher ARTHUR MICHAEL einen durch seinen Grundgedanken wertvollen Einwand: „Es scheint mir eine sehr bedenkliche Annahme, daß die Konstitution von Körpern, die sich nur durch eine einzige optische Eigenschaft unterscheiden, auf die nämliche Weise erklärt werden soll wie die Konstitution von Körpern, die ganz verschiedene chemische Eigenschaften haben." Die Unterschiede, die in den Bildern gezeichnet werden, schienen ihm also viel größer zu sein als die tatsächlich beobachteten. Aber ein solches quantitatives Maß für die Anpassung zwischen Theorie und Tatsache besitzen wir in der Chemie noch nicht; qualitativ läßt sich immerhin wohl sagen, daß aus dem Verhältnis der Atomanordnungen, wie es VAN'T HOFFs Theorie für die optisch aktiven Isomeren annahm, kaum größere chemische Verschiedenheit als die tatsächlich beobachtete gefolgert zu werden brauchte.

Nach den vielen Bemühungen, die Gleichwertigkeit der vier Valenzen des Kohlenstoffes zu beweisen, stellte die neue Theorie eine anschauliche Formel wenigstens dafür dar, daß dann die Valenzen verschieden werden, wenn sie sich gegen verschiedene Atome betätigen. Methan wird durch ein regelmäßiges Tetraeder dargestellt; aber schon für CH_3Cl muß ein anderes Raumbild gefolgert werden: durch Verkürzung oder Verlängerung einer Achse, und auch dies prinzpiell mit verschiedenen Werten, wenn statt Cl ein anderes Atom eintritt. Solche Erörterungen führten später GUYE dazu, die Asymmetrie zu berechnen (1893), allerdings ohne bleibenden Erfolg.

Bei Auseinandersetzungen über den Grund der Isomerie von Fumarsäure und Maleinsäure versuchten KOLBE und FITTIG ohne Raumbetrachtungen auszukommen. Lieber nahmen sie noch für die zweite eine Formel mit zwei freien Valenzen oder einem zweiwertigen Kohlenstoffatom an. WISLICENUS brachte schließlich (1887) einen neuen Gesichtspunkt zur Entscheidung heran, der durch mancherlei spezielle Untersuchungen gestützt wurde: Die durch eine Valenz miteinander verbundenen Kohlenstofftetraeder sind frei drehbar, aber die Substituenten der beiden beeinflussen sich in der Weise, daß eine von den sonst beliebigen Lagen als die „begünstigte Konfiguration" größere Festigkeit besitzt. Aus der Äpfelsäure entsteht beim Erhitzen bis 150° fast nur Fumarsäure, bei höheren Temperaturen aber auch Maleinsäure durch Wasseraustritt.

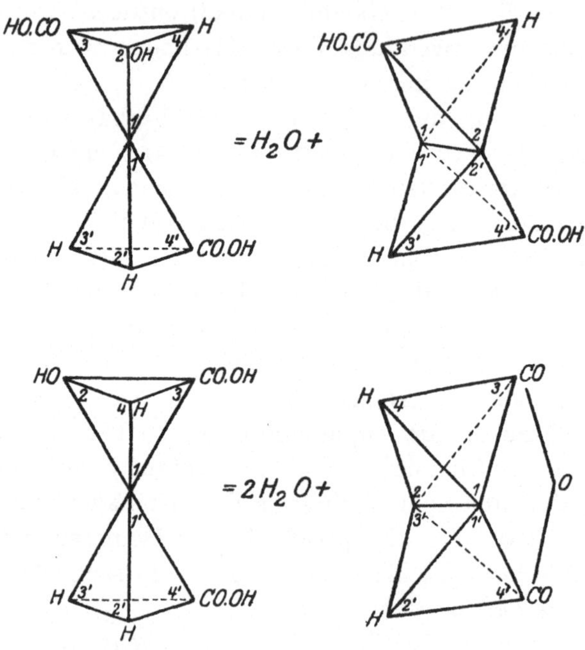

7. Umlagerungen.

Durch solche Erfolge des logisch-mathematischen Ausbaues der Atomvorstellungen wurde man ermutigt, in dieser Art noch weiter fortzuschreiten, freilich doch wieder nur in dem Bestreben, beobachtete Reaktionsweisen zusammenfassend zu erklären. Kekulé hatte gefunden, daß sich geschlossene Ketten, Ringe von 6 C-Atomen, verhältnismäßig leicht bilden, und Fittig und Baeyer bestätigten dies auch für fünfgliederige Ringe. Dagegen waren die aus weniger C-Atomen gebildeten Ringe schwer erhältlich und weniger beständig. Baeyer ging nun von der Vorstellung aus, die vier Valenzen des C seien nach den Ecken des regelmäßigen Tetraeders gerichtet und in dieser Lage fixiert. Wenn dann eine Doppelbildung zwischen 2 C-Atomen zustande kam, konnte nicht mehr jede Valenz in ihrer Richtung bleiben, sondern zwei mußten zusammengebogen werden. Das war nun freilich eine fast grobe Annahme auf Grund der Modelle, die man aus einer Kugel und vier symmetrisch in den Raum ragenden Stäben als Bilder des Kohlenstoffes mit seinen vier Valenzen einge führt hatte; grob besonders deshalb, weil man doch dabei glaubte, die Äthylenbindung würde tatsächlich durch parallele Linien, wie in der Zeichnung C = C, gebildet. Immerhin bestätigte sich wenigstens qualitativ die Folgerung, daß Ringe aus Kohlenstoffatomen nur dann leicht entstehen und beständig sind, wenn sie 5 oder 6 Atome enthalten. ADOLF BAEYER (geboren 31. Oktober 1835, gestorben 20. August 1917), der in Heidelberg und Gent mit KEKULÉ zusammen arbeitete, hat in seinem großen Lebenswerke fast alle Gebiete der organischen Chemie bedeutsam gefördert, in den letzten Jahren auch die Untersuchung der radioaktiven Erscheinungen.

Seine „Spannungstheorie" (1885) gab also für viele Reaktionen tatsächlich eine geeignete Vorstellung ab. Ihre tiefere Begründung blieb aber aus, weil neue Erfahrungen die Ansichten über die Valenzen in andere Bahnen lenkten. Es blieben nämlich auch mit der Berücksichtigung der räumlichen Anordnung der Atome noch Isomeriefälle, die sich der Deutung entzogen. Im Falle der optischen Aktivität war also die Tatsachenkenntnis durch die Theorie zur Zeit ihrer Aufstellung gewissermaßen überholt worden; an anderen Verbindungen aber war die experimentelle Forschung der theoretischen noch voraus.

Die Erfassung der Struktur oder Konstitution bei einer großen Zahl von Verbindungen war auf dem Grunde der Einsicht in ihr Verhalten gegen andere Stoffe erwachsen. Dabei war man über die Radikale, die im Zusammenhang bleibenden Atomgruppen, hinaus zu den Atomen selbst vorgedrungen, hatte sie einzeln auch experimentell festzuhalten oder gegen andere auszutauschen gelernt. So konnten für viele Reaktionen Voraussagen gemacht werden, indem man neben der Eigenart der einzelnen Verbindungen auch ihr den anderen ähnliches Verhalten betrachtete. Da trat aber in einigen Fällen nicht die vorausgesehene, sondern eine andere Reaktion ein. Auch für diese, zuerst als Ausnahme erscheinenden Vorgänge suchte man dann nach den strukturellen Gründen. Um sie zu befestigen, war die Beobachtung anderer Stoffe nötig, in denen gerade die dort für die Anomalie verantwortlich gemachten Atomverbände wiederkehrten. Häuften sich dann solche ähnlichen Fälle, so wuchs sich schließlich die anfängliche Ausnahme zu einer neuen Regel aus.

Die erste Voraussetzung für alle Konstitutionsbestimmungen war doch die, daß die Atome einen festen Platz im Molekülbaue einnahmen. Gerade das Vorkommen der Isomeren bot dafür einen gewissen Beweis: Die Erklärung der Isomerie aus der verschiedenen Stellung und Bildung der Atome zueinander und aneinander war ja erfolgreich. Alle Reaktionen konnten mit Hilfe der festgelegten Strukturformeln gedeutet werden. Nun gab es allerdings einige Reak-

tionen, die auf eine gewisse Beweglichkeit der Atome gegeneinander
schließen ließen.

Aus dem Azobenzole $\mathrm{C_6H}\overset{\|}{\underset{\mathrm{C_6H_5N}}{\mathrm{N}}}$ entstand Hydrazobenzol $\mathrm{C_6H_5}\overset{|}{\underset{\mathrm{C_6H_5NH}}{\mathrm{NH}}}$, das sich
außerordentlich leicht unter Verschiebung von H umlagert in $\mathrm{C_6H_4}\overset{|}{\underset{\mathrm{C_6H_4NH_2}}{\mathrm{NH_2}}}$

(HOFMANN, 1863). HOFMANN und MARTIUS fanden 1871 einen Platz-
wechsel des Wasserstoffatoms bei $\mathrm{C_6H_5 \cdot NH \cdot CH_3}$, das bei hohem
Erhitzen (250—350°) in $\mathrm{CH_3 \cdot C_6H_4 \cdot NH_2}$ übergeht. In beiden Fällen
wurden also Substitutionen am Benzolkerne aus denen am Amino-
stickstoff. Die alte Harnstoffsynthese von WÖHLER stellt ja einen
besonders einfachen Fall einer solchen Wandlung dar:

$$\mathrm{O{=}C{=}N\cdot NH_4} \qquad \longrightarrow \qquad \mathrm{O{=}C{<}^{NH_2}_{NH_2}}$$

Cyansaures Ammonium   Harnstoff.

Was diese Reaktionen so merkwürdig machte, das war der Austausch zwischen den Atomen innerhalb eines Moleküls. Die Atome
erwiesen sich also doch als nicht starr gebunden, sondern zu einer
gewissen Wanderung, Umlagerung fähig. Diesen Fällen, wo Anfangs-
und Endprodukt der Umlagerung scharf gefaßt werden konnte, gesellten sich in den nächsten Jahren weniger durchsichtige. Man fand
da Verbindungen, deren gesamtes Verhalten gar nicht durch eine
Strukturfomel ausgedrückt werden kann. Der Acetessigester
$\mathrm{CH_3{-}CO{-}CH_2{-}COOC_2H_5}$ verhielt sich gegen gewisse Stoffe nach
dieser Formel als ein Keton. In anderen Fällen aber verliefen seine
Umwandlungen so, daß man sie am besten verstehen konnte, wenn
man von $\mathrm{CH_3C{=}CH{-}COOC_2H_5}$ (mit $\overset{|}{\mathrm{OH}}$) als Formel ausging. Wieder war
es das H, das also wanderte und mit seiner Lageveränderung bedeu-
tende Verschiebungen der Bindungsverhältnisse mitführte. BAEYER
und OEKONOMIDES fanden 1882 beim Oxydationsprodukte des Indigos,
dem Isatin, ähnliche Verhältnisse[1]): Isatin: $\mathrm{C_6H_4{<}^{CO}_{NH}{>}CO}$. Das H ersetzten sie durch C-haltige Radikale, die je nach den Arbeitsbedin-
gungen am N oder am C eintraten, so daß als zweite Formel
$\mathrm{C_6H_4{<}^{CO}_{N}{>}C{-}OH}$ gelten mußte. Aber wie nur einen Acetessigester,
hatte man auch nur ein Isatin gefunden; nach welcher Formel ist es dann

---

[1]) Ber. d. Dtsch. Chem. Ges. **15**, 2093 (1882); **16**, 2193 (1883).

„eigentlich" zusammengesetzt? BAEYER nahm an, nach der zweiten, und die erste wird nur bei gewissen Wirkungen vorübergehend und gar nicht für sich faßbar erzeugt. Es waren ja nur Derivate, denen

das Bild $C_6H_4\langle\begin{smallmatrix}CO\\CO\\N\cdot R\end{smallmatrix}$ zukam. Anderer Meinung war CONRAD LAAR,

der mehr von physikalischen Betrachtungen ausging. Das Atom des H, dieses auch nach ganz anderen Versuchen in freiem Zustande leichtest bewegliche aller Elemente, behielte die Beweglichkeit auch bei der Bindung im Moleküle bei. Es befindet sich einmal am N (oder C), das andere Mal am O gebunden, zwischen diesen beiden Zuständen schwingt es hin und her. Tautomer nannte er die beiden Grenzformen der Schwingungen[1]).

Eine solche, der Valenzlehre doch fremde Auffassung wurde bald unnötig, als es gelang, von derartigen tautomeren Stoffen die beiden Grenzformen wirklich zu isolieren. Denn dadurch wurde die Folgerung der bisherigen Valenzauffassung als berechtigt bewiesen, daß Körper mit derartig verschiedenen Formeln auch auf Grund ihrer abweichenden Eigenschaften voneinander trennbar sein müßten. Hier wiederholte sich in kleinem Maßstabe der Unterschied, der schließlich schon in den Auseinandersetzungen zwischen BERTHOLLET und PROUST herausgetreten war: Damals wurde die Frage, ob die Verbindungen nach stetig wechselnden, oder ob sie nach sprungweise verschiedenen, bestimmten Proportionen geschehen, dadurch im letzteren Sinn entschieden, daß die Isolierung der Verbindungen nach scharfen Reinheitskriterien geschah. Jetzt war das Problem doch, allgemeiner gefaßt: ob zu jedem, auch dem H-Atom, eine bestimmte Valenz, ein bestimmter Bindungsort gehörte oder ob es beliebig zwischen zweien (oder mehreren) von ihnen wechseln könne. Auch diesmal beruhte die Antwort darauf, daß man sorgfältig die Existenzbedingungen der verschiedenen Stoffe auszuforschen und einzuhalten suchte. Freilich war merkwürdigerweise gerade der zuerst gefundene Fall von Tautomerie, der des Acetessigesters, einer von den am spätesten in dieser Weise aufgeklärten. Aber an ähnlichen Verbindungen gelang die Isolierung der beiden Formen um 1896 (L. CLAISEN, W. WISLICENUS). Dabei galt es zumeist, die Temperatur sorgfältig niedrig zu halten; die eine der beiden Formen war außerdem sehr empfindlich gegen Spuren der anderen, bei deren Ausschlusse aber doch einige Zeit haltbar.

Danach konnte man schließen, daß auch in den tautomeren Verbindungen, die nicht in die beiden Isomeren getrennt werden konnten, nur ein Gemisch derselben vorlag. Ja, es gelang auch, deren Mengen-

---

[1]) Ber. d. Dtsch. Chem. Ges. **18**, 648 (1885); **19**, 730 (1886).

verhältnisse festzustellen, und der Satz, daß jede Konstitutionsformel nur einer Verbindung entspräche, schien so wieder gerechtfertigt dazustehen.

Für den reinen Chemiker blieben prinzipiell Annahmen über Schwingungszustände zwischen verschiedenen konstitutiv faßbaren Formen nur der Ausdruck dafür, daß die Isolierung der reinen Stoffe noch nicht gelungen war. Die Annahme starrer und unteilbarer Valenzeinheiten, die noch dazu bestimmte Richtung im Raume hatten, war darum die feste Grundlage der organischen Chemie bis gegen das Ende des 19. Jahrhunderts.

Wenn man allerdings nicht sowohl die Endprodukte einer Reaktion als ihren Verlauf betrachtete, da mußte ein ganz anderes Bild als Zusammenfassung gewonnen werden. Dafür hatte KEKULÉ schon in der erwähnten Veröffentlichung aus dem Jahre 1858 Vorstellungen entwickelt oder eigentlich nur angedeutet, die man mit dieser Valenzlehre gar nicht recht fassen konnte, ja die ihr in vielen Stücken widersprachen. Als Zwischenstufe der Reaktion zwischen zwei Substanzen sollte danach ihre Vereinigung durch Addition eintreten:

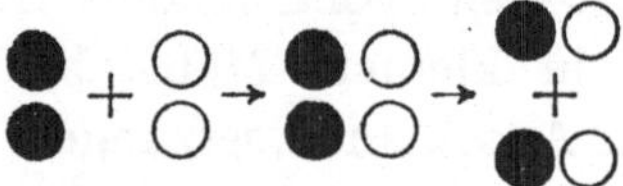

Wenn man damit die Aufzeichnung DALTONS (S. 108 f.) vergleicht, die fast dieselben Symbole benutzt, so erkennt man klar die Einschiebung dieses Additionsproduktes als eine weitere Zerlegung des gesamten Vorganges.

Aber das war noch bloß Spekulation; die Zwischenstufe konnte nur in sehr wenigen entlegenen Fällen wirklich gefaßt werden. Erst die spätere Entwicklung setzte hier ein. Während der Umlagerungen des Wasserstoffes — und ganzer Atomgruppen — mußte man sich intermediär Verbindungen mit unbesetzten, freien Valenzen anwesend denken; doch auch diese waren zunächst nur logisch konstruiert: der chemische Versuch konnte sie nicht isolieren, und die physikalische Messung kam ohne solche stoffliche Vorstellungen aus.

VIII. Das System der Elemente.

1. Entdeckungen neuer Elemente.

Die organische Chemie hatte auch durch die theoretischen Gesichtspunkte viele Chemiker angezogen; wie denn überhaupt die Aufstellung leitender Ideen für ein Arbeitsgebiet frische Kräfte zu werben pflegt. Die reine anorganische Chemie zog dafür eine Zeitlang hauptsächlich die „reinen" Experimentatoren an: die Künstler der feinen chemischen Analyse, die nicht müde wurden, Mineralien zu durchforschen und die Methoden zur Darstellung der Salze zu verbessern. Daneben spielte die Mineralwasseranalyse eine besondere Rolle, und mancher verdiente sich seine ersten Sporen bei solchen Untersuchungen.

Es gab freilich außer diesen und den Aufgaben der anorganischen chemischen Praxis noch theoretische Aufgaben spezieller Natur: Die Elemente mancher Erden waren noch zu isolieren. Das Element der Kieselerde, die doch vielmehr als eine Kieselsäure erkannt war, erhielt erst BERZELIUS (1823), als er die flüchtigen Verbindungen, die sie mit Halogenen bildet, mit Alkalimetall behandelte. WÖHLER, sein Schüler, stellte dann nach ähnlicher Methode das Metall der Thorerde (1827) und der Beryllerde (1828) dar.

Besonderes Interesse ruhte natürlich auf den neu entdeckten Elementen[1]). Freilich ist die Methode dafür manchmal, soweit bloß das Chemische daran zu betrachten wäre, gar nichts anderes als die Entdeckung einer neuen Reaktionsweise bekannter Elemente; immerhin erscheint diese als eine „Modifikation" eines schon vorhandenen, während jenes doch in viel höherem Maße an dem Wunder alles wirklich Neuen teilnimmt. Von diesem gefühlsmäßig erlangten Standpunkte aus würde es noch einen Unterschied bedeuten, ob in einem bis dahin schon bekannten Materiale durch einen scharfen Beobachter ein neues Element entdeckt wurde, oder ob ein noch nie untersuchter Gegenstand an irgendeiner Stelle ein ganz eigenartiges Verhalten zeigt. Sachlich wäre diese Unterscheidung freilich nicht haltbar; da hätte man vielmehr wohl darauf zu achten, mit welchen Mitteln die Entdeckungen geschehen; und noch ehe man einen zahlenmäßigen oder überhaupt genau vergleichbaren Ausdruck dafür besitzt, könnte man sie in chemische, physikalische und rein systematische Entdeckungen trennen.

Die Entdeckung des Broms in der Mutterlauge der aus dem Meerwasser abgeschiedenen Salze (BALARD, 1826), der Thorerde (BERZELIUS, WÖHLER, 1827/28) und die eines sechsten Platinmetalles durch CLAUS (1845) würden dann im wesentlichen als chemische zu bezeichnen sein: Sie brachten auch zugleich die Kennzeichnung wesentlicher chemischer Eigenschaften des Elementes. Dagegen wurde das Lithium von ARFVEDSON im Laboratorium von BERZELIUS (1817) durch systematische Betrachtungen als ein neues Element gefunden: Das Gesamtergebnis der Analyse ließ für dieses als „nichtflüchtiges Alkali" in seiner Verbindung gefundene Element die Verschiedenheit von Kalium und Natrium beweisen, und dann

---

[1]) Übersichten über die Originalabhandlungen, z. B. in der „Anorganischen Chemie" von GRAHAM-OTTO, 4., 5. Aufl.

zeigte sich auch sein Gewichtsverhältnis zum Sauerstoff im Oxyde als ein eigenartiges. Erst Jahrzehnte danach (1855) stellte BUNSEN daraus das Metall dar. Die hervorragendsten physikalisch begonnenen Entdeckungen dieser Zeit waren dann diejenigen der anderen Alkalimetalle durch KIRCHHOFF und BUNSEN unter Benutzung der Flammenfärbung.

Schon lange vorher hatte die Flammenfärbung als eins der Hilfsmittel zur Kennzeichnung der Alkalien gedient: MARGGRAF (um 1758) wies auf die gelbe Flamme des einen, die blaue des anderen Alkalis hin. In der Entdeckungsgeschichte des Strontiums spielt die rote Färbung, die es der Flamme erteilt, eine gewisse Rolle. Auch Andeutungen aus viel älterer Zeit, bis zurück zu AGRICOLAS „De re metallica" (1556) liegen vor. Genauere Untersuchungen begannen jedoch erst im Zusammenhange mit FRAUNHOFERS (1787—1826) Entdeckung der mit seinem Namen benannten dunklen Linien des Sonnenspektrums (1814). Aber während TALBOT, einer der Erfinder der Photographie, schon 1826 vermutete, daß „ein Blick auf das prismatische Spektrum einer Flamme genügend sein [könnte], um darzutun, daß Substanzen vorhanden sind, welche sonst nur durch mühsame chemische Analyse nachzuweisen wären"[1]), bezweifelte noch 1855 A. J. ANGSTRÖM (1814—1874), daß man es hierbei überhaupt mit einem konstanten Merkmale zu tun habe. So bedeutete es, trotz so vieler vorhergehenden Beobachtungen, eine außerordentlich wichtige Tat, als 1859 GUSTAV KIRCHHOFF (1824—1887), der Physiker, gemeinsam mit BUNSEN die chemische Analyse durch das Flammenspektrum einführte. KIRCHHOFF klärte die physikalische Theorie der Emission und Absorption des Lichtes, das Zustandekommen der dunklen FRAUNHOFERschen Linien und die „Umkehrung" der Spektrallinien, wenn das Intensitätsverhältnis von Beleuchtungsquellen und gefärbter Flamme umgekehrt wird. Dann konnte man messend die Lage der Spektrallinien bestimmen. Dadurch aber, daß man diese physikalische Eigenschaft — wenigstens in dieser Richtung — quantitativ erfaßte, konnte man danach auch die sonst „ähnlich" erscheinenden Eigenschaften als Kennzeichen verschiedener Stoffe anwenden.

„Bringt man einen Tropfen der Mutterlauge des Dürkheimer Mineralwassers in die Flamme des Spektralapparates, so erkennt man nur die charakteristischen Linien des Natriums, Kaliums, Lithiums, Kalziums und Strontiums. Entfernt man nach bekannten Methoden Kalk, Strontian und Magnesia, und zieht man die übrigen zuvor an Salpetersäure gebundenen Basen mit Alkohol aus, so erhält man,

---

[1]) Zitiert nach GÜNTHER, „Geschichte der anorganischen Naturwissenschaften im 19. Jahrhundert", S. 372.

nach möglichst vollständiger Entfernung des Lithions durch kohlensaures Ammoniak, eine Mutterlauge, die im Spektralapparat die Linien des Natrons, Kalis und Lithions und außer diesen noch zwei ausgezeichnete, einander naheliegende blaue Linien zeigt ... Da kein einziger der bisher bekannten einfachen Stoffe an der bezeichneten Stelle des Spektrums zwei solche Linien hervorbringt, so konnte die Existenz eines bisher unbekannt gebliebenen, der Alkaligruppe angehörigen Elementes als erwiesen betrachtet werden." So wurde das Zäsium entdeckt, das den Namen nach der alten Bezeichnung für Himmelblau erhielt[1]. Aus dem Lepidolith wurde in dem Niederschlage, der das Kalium (als Platinchloriddoppelsalz) enthielt, durch Auskochen mit Wasser ein schwerer löslicher Teil mit charakteristisch rotem Spektrum erzeugt; dadurch wird ein neues Element angezeigt: Rubidium. Nach dieser physikalischen Erkennung setzte die chemische Isolierung der neuen Elemente ein. Wie vorher das Spektrum, so leitete jetzt die Löslichkeit des Platinchloriddoppelsalzes. In sehr oft und unter den günstigsten Bedingungen zur Akkumulierung des Effektes wiederholten Operationen isolierte Bunsen die Salze der neuen Alkalimetalle. (Aus 44 200 kg Dürkheimer Solwasser 9,237 g Chlorrubidium, 7,272 g Chlorzäsium.)

Noch im Jahre dieser Veröffentlichung gelang die Entdeckung eines neuen Elementes nach seinem spektralen Verhalten: In dem bei der Schwefelsäurefabrikation abfallenden Schlamme zeigte sich nach Crookes (1861) eine grüne Linie vom Thallium; an zwei blauen Linien einer Zinkblende erkannten Reich und Richter das Indium (1863), und dasselbe Material enthielt außerdem noch, an zwei violetten Spektrallinien aufweisbar, ein weiteres neues Element, das Gallium (Lecoq de Boisbaudran, 1875). Zu dem eigenartigen Spektrum wurde dann in langer Arbeit auch das eigenartige chemische Verhalten gefunden.

Der Fortschritt der chemischen Arbeitskunst zeichnet sich in der Geschichte einiger anderer Elemente. Vanadium, Niob und Tantal sind „eigentlich" alle drei schon in den Jahren 1801 und 1802 entdeckt worden; aber das erste hielt der Kritik nicht stand und wurde 1830 noch einmal entdeckt (Sefström), ja wirklich erkannt erst von Henry Roscoe 1867. Über 60 Jahre dauerte es auch, bis über Niob und Tantal und ihre elementare Natur einige Klarheit gewonnen wurde. Nach den ersten Unterscheidungen der in verschiedenen Mineralien gefundenen Säuren wollte Berzelius (1824) sie als sehr ähnlich ansehen; dann unterschied man die Produkte nach der Herkunft ihrer Mineralien. Heinrich Rose, der hervorragende Anorga-

---

[1] Aus Kirchhoff und Bunsen, „Chemische Analyse durch Spektralbeobachtungen" (1861); siehe Ostwalds Klassiker Nr. 72, S. 30.

niker, glaubte um die Mitte des Jahrhunderts ein drittes Element
noch dazunehmen zu müssen, bis dann um 1865 Blomstrand und
Marignac die Aufklärung brachten.

Ganz besonders verwickelt aber ist die Entdeckungsgeschichte der
sogenannten seltenen Erden. Auch sie beginnt mit dem neuen
Jahrhundert und endet, wenigstens mit dem Ergebnisse der klaren
Unterscheidung zwischen den hauptsächlichen Erden, erst um 1880.
Hier handelte es sich um Elemente, deren Oxyde sehr ähnliches Verhalten aufweisen. Nur eine große und oft wiederholte Reihe von Frak-
tionierungen konnte da die Anteile mit ganz konstanten Eigenschaften
trennen von denjenigen, deren Konstanten recht nahe dabei liegen.
Darum schied sich etwa mit einem schwerlöslichen Erzeugnisse nicht nur
das eine Element in seiner Verbindung ab, sondern andere gesellten sich
ihm zu; und löste man aus dem Niederschlage einen Anteil heraus,
so konnte man aus praktischen Gründen die Konzentration der Säure
und ihre Menge nicht so wählen, daß sie nur den einen Stoff aufgenommen hätte. Für die Abscheidung der ganzen Gruppen ließen
sich zwar die Kaliumsulfatdoppelsalze oder Oxalate benutzen, aber
die weitere Trennung mußte zwischen den so ähnlichen Eigenschaften
quantitativ durch die chemische Erfassung unterscheiden.

Mosander (um 1843) fällte die genügend vorbereitete Lösung
in kleinen Anteilen nacheinander mit Ammoniak und glaubte damit
schon drei Anteile herausgeholt und getrennt zu haben. Später erwies
sich das, was früher als einheitliche Erbinerde galt, als aus fünf verschiedenen Erden zusammengesetzt. Man erhitzte nach langen rei-
nigenden Vorbereitungen die Nitrate stufenweise zur Zersetzung,
und so konnte etwa Nilson (1879f.) das Ytterbium nach 68 wiederholten Zersetzungen des gereinigten Materials wenigstens von denjenigen Anteilen befreien, die eigenartige Spektren gaben. Um es
ganz zu isolieren, blieb dann nur noch das Skandium durch sein
leichter zersetzliches Nitrat zu entfernen. Freilich gelang die Erkennung der Anwesenheit einer neuen Erde leichter als ihre Isolierung;
so war für die von Per Theodor Cleve (1879) entdeckten Erden
von Holmium und Thulium lange Zeit nur die Anreicherung, nicht
aber die Reindarstellung, möglich.

2. Das periodische System.

Der Gedanke, dem Prout mit so mangelhafter tatsächlicher
Begründung Ausdruck gegeben hatte, war doch auch durch gelegent-
liche experimentelle Widerlegungen nicht gänzlich getötet worden.
Man hätte vielleicht sich denken können, daß die neuen Erfahrungen

mit den einander so sehr ähnlichen Elementen, wenn auch nicht als Beweis, aber doch als Anregung für die Annahme eines einheitlichen Urstoffes gedient hätten. Aber solche Spekulationen bezogen sich zunächst vielmehr auf die Zahlen für die Atomgewichte. Philosophisch konnte man allerdings den Begriff Elementarstoff so fassen, daß es widersinnig erschienen wäre, von 60 getrennten und übergangslosen solchen Stoffen zu reden. Dann blieb nur fraglich, ob dieser philosophische Begriff auch mit dem chemischen übereinstimmte. Mußte man dies aber für die speziellen sog. Elemente der Chemie verneinen, so kam man zu dem Ergebnis: Die chemischen Urstoffe sind nicht das, was philosophisch als die eine Urmaterie gefolgert werden kann; die chemischen Elemente sind also nicht das Unzerlegbare überhaupt, sie sind es nur relativ.

Die ersten Spekulationen darüber erinnern fast an antike Zahlenmystik, die eben darum aber um so „tiefer" wirkte: Seit dem ersten Auftreten Prouts hören sie fast nie auf. Bei Döbereiner (1829) erscheinen sie als Zusammenfassung je dreier Elemente zu Driaden, mit gleichgroßen Unterschieden der Atomgewichtszahlen. Dumas, der mit Stas um 1860 wenigstens für 22 Elemente die Ganzzahligkeit der Atomgewichte für erwiesen hält, macht auf folgende Regelmäßigkeiten aufmerksam:

	Atomgewicht			Atomgewicht
Lithium	7		Sauerstoff	16
Natrium	$7 + (1 \cdot 16) = 23$		Schwefel	$16 + (1 \cdot 16) = 32$
Kalium	$7 + (2 \cdot 16) = 39$		Selen	$16 + (4 \cdot 16) = 80 \ (78)$
			Tellur	$16 + (7 \cdot 16) = 128$

	Atomgewicht
Magnesium	24
Kalzium	$24 + (1 \cdot 16) = 40$
Strontium	$24 + (4 \cdot 16) = 88$
Barium	$24 + (7 \cdot 16) = 136$
	(gefunden: $137,2$)

Man sieht, wie die algebraische Regelmäßigkeit soviel überzeugender als die genauesten chemischen Bestimmungen auftritt. Doch man darf andererseits auch nicht vergessen, daß noch bei jedem allgemeineren Gesetze eine gewisse Idealisierung der gefundenen Zahlen nötig war. Nur mußte in unserem Falle doch die Kritik der experimentellen Genauigkeit gegen die Proutsche Annahme sprechen. Sie wurde also danach von vielen in den Hintergrund gerückt, nicht als völlig abgetan, aber als nicht realisierbar. Von Zeit zu Zeit tauchte sie dann wieder auf; wie z. B. im Jahre 1880 in einer ausführlichen

Arbeit mit mathematischen Wahrscheinlichkeitsbetrachtungen die Ganzzahligkeit doch bewiesen werden sollte[1]).

Als besondere Gestaltung dieses Grundgedankens, als die Ausführung eines Teiles davon nämlich, traten in den sechziger Jahren rasch nacheinander verschiedene Versuche der Anordnung der Elemente nach ihren Atomgewichten auf, noch dazu von einem Franzosen, mehreren Engländern, einigen Deutschen und einem Russen[2]). Nur die beiden letzteren gewannen größere Bedeutung: die Systeme von LOTHAR MEYER und DIMITRI MENDELEJEFF. MEYER (geboren 1830, gestorben 1895, Tübingen) war ebenso wie·MENDELEJEFF (geboren 1834, gestorben 1907, Petersburg) vor allem mit Untersuchungen der physikalischen Eigenschaften der chemischen Stoffe beschäftigt. Mit gewissen Verschiedenheiten im einzelnen wiesen sie, MEYER als erster[3]), darauf hin, daß man die nach der Reihenfolge ihrer Atomgewichtszahlen angeordneten Elemente zu natürlichen Gruppen zusammenfassen kann. In der folgenden Tabelle kann man sich die horizontalen Streifen spiralförmig um einen senkrechten Zylinder gewunden denken, um eine nach den Atomgewichten kontinuierlich fortlaufende Reihe aller Elemente (nach MEYER) zu erhalten[4]). (Siehe Tafel auf Seite 215.)

Die chemischen wie die physikalischen Eigenschaften ändern sich dann als Funktionen der Stellung der Elemente in diesem Systeme. Das ist nun zugleich das Kriterium dafür, wo die Stetigkeit derzeit noch unterbrochen ist, d. h. Elemente noch fehlen und daher Lücken in der Tafel gezeichnet werden müssen. Die Unterschiede benachbarter Atomgewichte sind ja für die sicher bekannten Elemente nicht so konstant, als daß man danach allein schon voraussagen könnte, wie die Reihe weitergehen muß. Aber die Wertigkeit der Elemente in ihren Oxyden, die chemische Natur als Säure- oder Basenbildner, die Aufeinanderfolge der Zahlen für das „Atomvolumen", nämlich das auf ein Atomgewicht bezogene spezifische Gewicht, sind sichere Führer bei der Gruppierung. Dann ergaben sich zugleich aber für Schmelzbarkeit, Flüchtigkeit, Dehnbarkeit, für Wärmeausdehnung, Wärme- und Elektrizitätsleitung, elektrochemischen Charakter und Lichtbrechung dieselben Perioden. Hier erwies sich wieder der Stoff als die Einheit all dieser seiner isolierten physikalischen Eigenschaften.

---

[1]) MALLET, Philosophical Transactions **171**, 1033 (1880).

[2]) Vgl. OSTWALDS Klassiker Nr. 66 und Nr. 68.

[3]) MENDELEJEFF fühlte allerdings sich selbst als den ersten dabei; siehe seine „Grundlagen der Chemie" (1892).

[4]) Die Tabelle ist nach LOTHAR MEYER („Die modernen Theorien der Chemie und ihre Bedeutung für die chemische Mechanik", 4. Aufl. 1883, S. 140) gezeichnet, mit dem Unterschiede, daß die Namen der Elemente hinzugefügt wurden. Der Wasserstoff, dessen Atomgewicht hier als Einheit gewählt ist, befindet sich nicht in der Tabelle.

I	II	III	IV	V	VI	VII	VIII		
Lithium Li 7,01	Beryllium Be 9,08	Bor B 10,9	Kohlenstoff C 11,97	Stickstoff N 14,01	Sauerstoff O 15,96	Fluor F 19,06			
Natrium Na 22,99	Magnesium Mg 23,94	Aluminium Al 27,04	Silizium Si 28	Phosphor P 30,96	Schwefel S 31,98	Chlor Cl 35,37			
Kalium K 39,03	Kalzium Ca 39,91	Skandium Sc 43,97	Titan Ti 48	Vanadium V 51,1	Chrom Cr 52,45	Mangan Mn 54,8	Eisen Fe 55,88	Kobalt Co 58,6	Nickel Ni 58,6
Kupfer Cu 63,18	Zink Zn 64,88	Gallium Ga 69,9	? 72	Arsen As 74,9	Selen Se 78,87	Brom Br 79,76			
Rubidium Rb 85,2	Strontium Sr 87,3	? Yttrium Y 89,6	Zirkonium Zr 90,4	Niobium Nb 93,7	Molybdän Mo 95,9	? 99	Ruthenium Ru 103,5	Rhodium Rh 104,1	Palladium Pd 106,2
Silber Ag 107,66	Kadmium Cd 111,7	Indium In 113,4	Zinn Sn 117,35	Antimon Sb 119,6	Tellur Te 126,3	Jod J 126,54			
Zäsium Cs 132,7	Barium Ba 136,86	Lanthan La 138,5	Cer Ce 141,2	Didym ? Di 145	? 151	? 152			
? 165	? 170	Ytterbium Yb 172,6	? 176	Tantal Ta 182	Wolfram W 183,6	? 185	Osmium Os 195?	Iridium Ir 192,5	Platin Pt 194,3
Gold Au 196,2	Quecksilber Hg 199,8	Tallium Tl 203,1	Blei Pb 206,39	Wismut Bi 207,5	? 210	? 211			
? 222	? 226	? 230	Thorium ? Th 231,96	? 234	Uran ? U 239,8				

Betrachten wir nun die einzelnen Teile des Systems. „Die Glieder der Vertikalreihen in der Tafel . . . bilden eine natürliche Familie (von Mendelejeff „Gruppe" genannt), die horizontalen Reihen umfassen eine elektrochemische Periode (von Mendelejeff „Reihe" genannt). Die Reihen entsprechen den heterologen, die Familien oder Gruppen den homologen Reihen der organischen Verbindungen[1])." Innerhalb der Familien lassen sich noch Unterscheidungen vornehmen, für die Meyer den Ausdruck „Gruppe" reservieren möchte. Dabei ergaben sich nun Verschiedenheiten; Meyer schrieb:

I. Familie Gruppe A: Li   Na   K   Rb   Cs
          Gruppe B: Cu   Ag   Au

Mendelejeff zählte das Natrium zur Gruppe B. Auch trennte er die leichtesten Elemente, da sie gegen die übrigen eine gewisse Ausnahmestellung einnehmen, auch in der Tafel mit dem bezeichnenden Ausdruck „typische Elemente" (1869) als Vorbilder von den schwereren ab. Es ist bemerkenswert, daß dies auch neueste Anordnungen so tun.

Viel wichtiger als diese Einzelheiten waren zunächst aber die Folgerungen aus dem periodischen System der Elemente. Das Beryllium erscheint in der obigen Tabelle mit dem Atomgewichte 9,08 an der Spitze der zweiten Familie. Man hatte vorher einen anderen Wert gewählt; Berzelius z. B. wollte es wegen der Ähnlichkeit mit dem Aluminium als dreiwertig = 13,6 annehmen, also als das Dreifache statt des Doppelten vom einfachsten Werte 4,63 (später, 1880, zu 4,54 korrigiert). Aber dann müßte es zwischen Kohlenstoff (12) und Stickstoff (14) eingeordnet werden, und dort ist kein Platz für ein so stark elektropositives Metall. Die späteren Untersuchungen bestätigten die nach solchen systematischen Gesichtspunkten getroffenen Wahlen. Ähnliche Betrachtungen hatten Mendelejeff veranlaßt, den seltenen Erden des Gadolinits und Cerits ein bestimmtes Vielfaches des einfachsten Atomgewichtswertes zu erteilen; und noch manches andere Element erhielt sein Atomgewicht nach den Anforderungen der periodischen Anordnung. Das waren bezeichnenderweise diejenigen Elemente, deren chemische Erforschung noch nicht sehr weit gediehen war und die daher zunächst einmal indirekt aus den chemischen Eigenschaften der bekannteren Elemente erkannt wurden. Freilich galt das endgültig erst dann, wenn die Erfahrungen mit dem neuen Elemente selbst in demselben Sinne gedeutet werden konnten.

Während Meyer diese Grenzen solcher Spekulationen betonte, verfuhr Mendelejeff (1871) an manchen Stellen viel kühner. Aus den Eigenschaften der Nachbarn sagte er diejenigen der in die Lücken

---

[1]) Lothar Meyer, „Die modernen Theorien der Chemie", 4. Aufl. (1883).

gehörenden noch unentdeckten Elemente voraus. Sein so erschlossenes Ekaaluminium wurde später als Gallium gefunden; und als Ekabor war schon fast ein Jahrzehnt vor seiner wirklichen Entdeckung das Skandium in vielen Stücken erkannt. Noch länger dauerte es, bis sich die Voraussage eines Ekasiliziums in der Auffindung des Germaniums (1886 durch Winkler) verwirklichte. Trotzdem war das periodische System gerade für Mendelejeff nicht sogleich etwas dogmatisch Fertiges; er hat vielmehr manche Umgruppierung darin vorgenommen.

Der Gedanke einer systematischen Beziehung zwischen all den sonst so scharf getrennten Elementen war zwar damit weitgehend erfüllt; von dem Proutschen Gedanken war es aber doch nur ein Teil. Auch begnügte sich nun die chemische Forschung damit, diese Beziehungen immer genauer zu erkennen, sie in ihren Einzelheiten weiter zu verfolgen, ohne den spekulativen Grundgedanken darin besonders zu betonen. So wiederholt sich in diesem einen kleineren Gebiete die Entwicklung, die wir im ganzen schon beobachten konnten: das spekulative Anfangsstadium, in welchem aus logischen und metaphysischen Gründen Aussagen gesammelt werden; die allmählich zunehmende Erfüllung durch experimentell gefundene einzelne Bestimmungen, die dann so zahlreich werden, daß sie den Grundgedanken fast ganz in den Hintergrund, bis ins Unbewußte verdrängen; die schließliche Wiederbelebung dieses nun ganz anders im einzelnen begründeten Gedankens. Diese letzte Phase solcher Entwicklungen beginnt dann erst in den letzten Jahren des 19. Jahrhunderts für die Urstofftheorie und das periodische System der Elemente.

IX. Gesetze der chemischen Umwandlungen.

1. Grundlegende Beobachtungen von Reaktionsgeschwindigkeiten.

Es war im wesentlichen zu allen Zeiten klar, daß zwischen dem Ausgangsmateriale und dem weitgehend veränderten Endprodukte einer Reaktion vermittelnde Zwischenstufen liegen müssen. Sollte es auch dem Alchemisten als eine „Schöpfung" gelten, so war es doch nur eine ebensolche wie die des lebendigen Organismus aus dem Keime. Gewiß wurde damit ein Unbekanntes auf ein anderes bezogen; aber von diesem anderen bestand doch die Auffassung, daß es sich um ein Werden handelt. Seitdem man sich dann in der neuen Atomtheorie ein Hilfsmittel zur Erklärung geschaffen hatte, konnte es auch für den Reaktionsverlauf die Vorstellung gewähren: daß die Veränderungen Atom für Atom geschehen. Von Berthollet konnte man dazu die Berücksichtigung der äußeren und physikalischen Verhältnisse übernehmen. Durch verfeinerte Einwirkungs- und Isolierungsmethoden lernte man, zwischen die früheren Ausgangs- und Endpunkte noch eine Reihe von Zwischenstationen einzuschalten, die zwar als selbständig betrachtet werden konnten, im Rahmen der früheren ganzen Reaktion aber einen Weg zwischen Anfangs- und Endmaterial zu beschreiben gestatteten. Eben diese Wiedereinstellung der Isolierten in den Rahmen des Ganzen bedeutet ja, daß man, mit den bekannten Worten, den Wald nicht über den einzelnen Bäumen zu sehen verlernte.

Schönbein hat sich einmal in einem Briefe an Liebig (vom 5. November 1853) über diese Verhältnisse allgemein ausgesprochen; er beschreibt zugleich, von welcher speziellen Beobachtung aus er dazu gelangte: „Ich vermute deshalb, daß von dem Augenblicke an, wo verschiedenartige Materien in Berührung geraten, bis zu dem Moment, wo zwischen ihnen eine chemische Verbindung zustande gekommen ist, dieselben wesentliche Veränderungen in ihrem chemischen Zustande erleiden und die Vollendung der Verbindung nur den Schlußakt einer Reihe vorausgegangener Prozesse bildet. Ebenso bin ich, wie bereits angedeutet, der Meinung, daß auch bei der Zerlegung zusammengesetzter Materien die sog. Bestandteile derselben Qualitätsänderungen erleiden, und zwar in einer Ordnung umgekehrt von derjenigen, in welcher sie bei der Synthese erfolgen ...

Phosphor und Sauerstoff von gewöhnlicher Art verhalten sich bei gewöhnlicher Temperatur vollkommen gleichgültig gegeneinander und könnten immer unter diesen Umständen in innigster Berührung verbleiben, ohne irgendeine chemische Verbindung einzugehen. Verändern sich aber die obwaltenden Umstände, wird z. B. der Sauerstoff gehörig verdünnt oder mit Wasserstoff- oder mit Stickstoffgas vermengt, alles übrige und namentlich die Temperatur gleichbleibend, so fängt das Gas, wie wir jetzt mit Sicherheit wissen, an, eine wesentliche Veränderung in seinem chemischen Zustande zu erleiden: Es wird ozonisiert und erst wenn so verändert, hat es das Vermögen erlangt, mit Phosphor sich chemisch zu vergesellschaften ... Ich bin sehr geneigt zu glauben, daß ähnliches geschehe bei allen chemischen Verbindungen ...[1]"

Im Zusammenhang mit organisch-chemischen Erfahrungen sprach Kekulé (1858) Gedanken über den Reaktionsverlauf aus. Die aufeinander einwirkenden Moleküle binden sich zuerst durch einen Teil ihrer „Verwandtschaftskraft" und lagern sich dann aneinander.

Aber das sind nur gedankliche Entwicklungen; sie bezeichnen, was durch die experimentellen Untersuchungen hier genauerer Klä-

---

[1] Vgl. Kahlbaum, „Monographien" Heft VI.

rung bedurfte. Da galt es nicht, wie sonst, neue Stoffe herzustellen oder neue Reaktionen aufzufinden, sondern die Wege zum schon Bekannten und zwischen den schon verwendeten Stoffen zu erkennen. Dafür gab es zwei Methoden: Entweder man suchte die Stoffe selbst vor der Erreichung eines Endzustandes festzuhalten, wie es die Zerlegung etwa der Ätherbildung verwirklichte[1]), oder man benutzte nur einen Teil der Stoffmerkmale, nur eine einzelne physikalische Eigenschaft und verfolgte beobachtend deren Änderung als Kennzeichen der stofflichen Umwandlung.

Biot hatte in den dreißiger Jahren diese zweite Methode angewendet, an der Drehung der Polarisationsebene des Lichtes beobachtete er die Veränderung in Weinsäurelösungen. Aber erst L. F. Wilhelmy (1812—1864) kam bei solchen physikalischen Messungen chemischer Vorgänge zu einem Gesetze: 1850 teilte er in einer Schrift „Über das Gesetz, nach welchem die Einwirkung der Säuren auf den Rohrzucker stattfindet"[2]) als Ergebnis mit, daß die an der Drehungsänderung der Rohrzuckerlösung verfolgte „Inversion" nach der Gleichung $-\dfrac{dZ}{Td} = M \cdot Z \cdot S$ geschieht, d. h. die Änderung der Zuckermenge (Z) mit der Zeit (T), die als Abnahme mit dem Minusvorzeichen versehen wird, ist proportional der anwesenden Zuckermenge, der Säuremenge (S), und zwar mit dem Faktor M, dem Mittelwerte der unendlich kleinen Zuckermenge, die im Zeitelement dT umgewandelt wird. Wilhelm Ostwald bemerkt dazu: „Damit ist zum ersten Male der Verlauf eines chemischen Vorganges in mathematische Form gefaßt[3])."

Löwenthal und Lenssen, die 1852 ähnliche Versuche beschreiben, kommen zu dem Resultate: „Eine jede Säure wirkt umwandelnd, je nach ihrer Azidität jedoch verschieden." Aus der Farbenänderung bei Salzbildung farbiger Stoffe konnten einfache Gesetze nicht recht erhalten werden. J. H. Jellet bestimmte die chemischen Änderungen nicht nur für Zuckerinversion, sondern auch für die Salzbildung bei optisch aktiven organischen Basen mittels der Drehung der Polarisationsebene (1860—1873)[4]).

Die Untersuchung der Reaktionsgeschwindigkeiten steht, wie schon aus dem Vorigen ersichtlich ist, in naher Beziehung zu dem alten Probleme: was denn Affinität und wie sie zu messen sei. Als Berthelot mit Péan de St. Gilles die Geschwindigkeit der Bildung und Zersetzung von Äthern durchforschte, sprach er darum von

---

[1]) Vgl. S. 152 f.
[2]) Pogg. Ann. **81**, 413, 499; vgl. Ostwalds Klassiker Nr. 29.
[3]) Vgl. Lehrbuch der allgemeinen Chemie II[2], S. 69.
[4]) Ostwalds Klassiker Nr. 163.

„Untersuchungen über die Affinitäten" (von 1861 an)[1]. Man beobachtet ja damit die Wirkung der die chemischen Vereinigungen veranlassenden Kräfte, und diese sind darüber hinaus doch nur eine Art
Verdinglichung dieser Wirkungen zu „Ursachen". Die beiden französischen Chemiker verwenden chemische Methoden: Sie bringen
Säuren und Alkohole zusammen und messen den Betrag der abnehmenden freien, also nicht zur Esterbildung verbrauchten Säure. Der
Unterschied der so raschen Vereinigung von Säure und Basis zum
Salz gegen die langsame Ätherbildung wird dabei auf die Verschiedenheit der elektrischen Leitfähigkeiten zurückgeführt. Darum verbreitet sich dort die Reaktion so schnell und bleiben die Moleküle
hier so lange getrennt. Ja, es kommt nie zu einer vollständigen
Verbindung, nur eine bestimmte Grenze wird erreicht, und zwar
in den Lösungen sowohl der Ausgangsstoffe als auch der fertigen
Äther (Ester). Zwischen ihren Bestandteilen herrscht demnach ein
Gleichgewicht, das von beiden Seiten her sich einstellt. Aber
eben daß dies verhältnismäßig langsam geschieht, ermöglichte diese
chemische Untersuchung, die ja schließlich auf dem Vergleiche mit
der praktisch unendlich schnellen Salzbildung beruhte.

Ganz eigenartige Ergebnisse fanden Bunsen und Henry Roscoe
für die Vereinigung von Wasserstoff und Chlor im Lichte (1855—1859)[2].
Hier trat wie schon in den vorausgehenden ähnlichen Arbeiten
von Draper (1843) der Anfang der Reaktion als ein besonderes Stadium hervor. Erst nach einer „Induktionszeit" setzt die normale
Geschwindigkeit ein; was aber während dieser Vorbereitungszeit
geschieht, das konnte trotz mancher Bemühungen nicht aufgeklärt
werden.

2. Masse und Affinität.

Die eben erwähnten Messungen bildeten den Ausgangspunkt für
eine umfassende Theorie der die chemische Umwandlung veranlassenden Kräfte. Erst dadurch wurde klar bestimmt, was der Ausdruck „Affinität" eigentlich bedeutet. In einer Chemie als reiner
Qualitätenlehre hätte Affinität auch eine rein qualitative Verhaltensweise zu beschreiben gehabt: dasjenige etwa, das den Wasserstoff
die Vereinigung mit Sauerstoff „erstreben" ließ, das ihm aber gegenüber dem Natrium oder Silber fast gänzlich fehlte. Als aber diese rein
qualitative Seite des alten Begriffes aus seiner umfassenden Unbestimmtheit abgesondert worden war, zeigte sich, zunächst mehr im

---

[1] Vgl. Ostwalds Klassiker Nr. 173. (Ann. de Chim. (3) **65, 66, 68.**)
[2] Siehe Ostwalds Klassiker Nr. 34, 38. (Pogg. Ann. 96, 100, 101, 108, 117.)

Zusammenhange mit der mechanischen Theorie der Anziehung als auf Grund chemischer Beobachtung, daß auch die Massen ihren Einfluß auf die chemischen Vorgänge haben. Dann konnte man als Affinität den doch immerhin vorhandenen qualitativen Anteil an diesen Vorgängen begrenzen oder anerkennen, daß sie als Ganzes gefaßt zustande kam aus dem qualitativen und einem quantitativen Faktor. Das Verhältnis zwischen solchen Auffassungen wäre wie das zwischen Dualismus und Monismus gewesen. Bei einer Auseinandersetzung zwischen beiden war dann hier wie dort das Wesentliche die Klarheit über die Begriffsinhalte, eben die sachliche Klarheit, zu deren Erringung ja die für sich oft langweiligen Messungen angestellt worden waren.

BERTHOLLET hatte, beinahe umgekehrt wie BERGMANN, in den Fällen gleichbleibender physikalischer Bedingungen den chemischen Effekt als das Produkt aus Affinität und Masse gesetzt, so daß bei der Neutralisation zwischen Säure und Base die Affinität um so größer ist, je weniger von dem einen zur Sättigung des anderen gebraucht wird. Auf Grund der Lehre von den Atomgewichten konnte eine solche Festsetzung natürlich nicht mehr standhalten. Der Einfluß der Massen kennzeichnete sich besonders auffallend in den Versuchen REGNAULTS (1836), wo bei hoher Temperatur Wasserdampf auf ein Metall sowohl oxydierend — durch seinen Sauerstoff — als auch reduzierend — durch den Wasserstoff — wirken konnte, je nachdem die Massenverhältnisse dabei lagen; in noch größerem Maßstabe bietet, nach H. ROSES Hinweise (1852), die Natur in den Vorgängen der Verwitterung Beispiele dafür, welche gewaltigen Wirkungen durch Vergrößerung der Massen erzeugt werden. So kann auch mit kleinem Intensitätsfaktor ein sehr großer Wert des zweiten, des Quantitätsfaktors, ein sehr großes Produkt, d. h. hier: eine sonst für sehr schwer eintretend gehaltene Reaktion, in großem Umfange veranlassen. WILHELMY hatte in seiner Formel die Intensität direkt aus der Reaktion selbst abgelesen und die wirkende Masse einfach gleich der anwesenden Gesamtmenge gesetzt. Aber diese Formulierung war keine genügend allgemeingültige; die gaben erst C. M. GULDBERG und P. WAAGE (Christiania)[1].

Auch sie zerlegen den Gesamtwert in einen Intensitäts- und einen Quantitätsfaktor. „Die Kraft, welche die Bildung von A′ und B′ hervorruft, wächst proportional den Affinitätskoeffizienten der Reaktion A + B = A′ + B′, aber sie hängt außerdem von den Massen von A und B ab. Wir haben aus solchen Experimenten gefolgert, daß die Kraft proportional dem Produkt der aktiven Massen der beiden

---

[1] Ihre drei Abhandlungen darüber aus den Jahren 1864, 1867, 1879 sind in OSTWALDS Klassiker Nr. 104 vereinigt. Nach dieser Ausgabe wird im folgenden zitiert.

Körper A und B ist. Bezeichnen wir die aktiven Massen von A und B mit p und q und den Affinitätskoeffizienten mit k, so ist die Kraft $= k \cdot p \cdot q$" (S. 21). Aber umfassende Betrachtung lehrte, daß außerdem noch andere Kräfte vorhanden sind: A' und B' sind als Produkte der Reaktion doch außerdem aufeinander wirkende Stoffe; sie wirken nach demselben Gesetze und der ersten Reaktion entgegen. So ergibt sich ein Gleichgewicht, wenn beide Kräfte einander gleich geworden sind: $k' \cdot p' \cdot q' = k \cdot p \cdot q$.

K oder $\dfrac{k'}{k}$ ist demnach der Affinitätskoeffizient der ganzen Reaktion, und diese unbekannte Größe ergibt sich dann aus der Beobachtung der anderen vier Faktoren. Auch das ist nur eine Idealisierung; denn außerdem kommen noch andere Kräfte zwischen all den anwesenden Stoffen in Betracht. Erst der weitere Verlauf der Untersuchung zeigte, wie es in der letzten Abhandlung deutlicher zum Durchbruche kommt, daß eine solche Idealisierung in vielen Fällen berechtigt ist.

Mechanische Vorstellungen und chemische Beobachtungen machten es klar, daß die „wirkende Masse" nicht einfach die gesamte anwesende Masse ist, sondern daß dabei auch das Volumen in Betracht kommt: Die Konzentration der Massen ist es also, die in die Reaktionsgleichung eingeht. Das Gleichgewicht, das dadurch bestimmt ist, ergibt sich als der Endzustand der Reaktion. Er wird mit gewisser Geschwindigkeit v erreicht, die proportional der Gesamtkraft gesetzt wird. So tritt schon hier deutlich hervor, was noch heute manchmal unklar ausgedrückt erscheint: Das Gleichgewicht ist bestimmt durch die Geschwindigkeit der Bildungs- und Rückbildungsreaktion.

Die experimentellen Durchführungen dieser Gedanken sind „zweifellos schwieriger, langwieriger und weniger fruchtbar als die Arbeiten, welche gegenwärtig die meisten Chemiker beschäftigen, nämlich die Entdeckung neuer Verbindungen" (S. 125). Man mißt zeitliche Reaktionsverläufe — wie es BERTHELOT tat — oder Gleichgewichtskonzentrationen, und sieht dann, daß die einzelnen Werte dafür innerhalb jeden Vorganges eine einfache Beziehung zueinander einhalten, wie sie mit den allgemeinen Buchstabensymbolen entwickelt wurden. Statt der von GULDBERG und WAAGE anfangs gesuchten Zahlenwerte der Affinität für jeden chemischen Stoff erhalten sie also nur Gesetze der Gleichgewichts- und Geschwindigkeitsverhältnisse. Der ursprüngliche allgemeine Begriff „Affinität" fällt scheinbar aus diesen Gleichungen heraus. Man beobachtet in diesem Verlaufe eine derjenigen Regeln, die VAIHINGER zur Grundlage seiner „Philosophie des Als Ob" genommen hat: Man beginnt, als ob es Affinität gäbe und sieht bei der genaueren Durchführung, daß diese nur eine Hilfskonstruktion war, die einfach wegfällt wie das Gerüst, nachdem der Bau vollendet ist oder das Handwerkszeug nach verrichteter Arbeit. Aber wenn wir nun diese Betrachtung selbst genauer durchführen, so werden wir solche Bilder nach ganz anderen Vorgängen nicht ohne weiteres hinnehmen. Der Begriff „Affinität" mit all dem Gefühlsmäßigen, Qualitativen, Unbestimmten, das ihm anfänglich seinen ganzen Wert gab, hat seit den Untersuchungen der beiden Norweger die bestimmte mathematische Erfassung gefunden. Freilich blieb nun noch Arbeit genug auf diesem Gebiete zu leisten; aber nie kam doch jener erste konstruktive Begriff darin als solcher wieder vor. War er darum verschwunden, aufgegeben, war er eine „Als Ob"-Konstruktion? Taten wir nur so, als ob es Affinität gäbe und fanden nun etwas anderes statt dessen, wenn auch mit seiner Hilfe? So kann es nur zu sein scheinen, wenn man von jenem Begriffe selbständige Existenz auch noch in derjenigen Sphäre erwartet, in der er seinen experimentell-wissenschaftlichen Ausdruck statt des vorher gedanklich-philosophischen findet. Offenbar ist doch aber mit der Erfassung auf dem ersten Wege eben dieser philosophische Gedanke erfaßt worden; er hat seine genauere, messende Bestimmung gefunden. Diese Bestimmung ist nunmehr für den jetzt alleingültigen Bereich der ganze ursprüngliche Gedanke, und sie ist nicht noch einmal etwas anderes außerdem. Das Verhältnis zwischen dem ursprünglich in umfassender, und darum damals unbestimmter, Form zusammengefaßten Affinitätsbegriffe und dieser erfahrungswissenschaftlichen Verwirklichung ist also nicht vergleichbar dem zwischen Gerüst und Haus: Will man ein solches Bild behalten, so kann es nur in der Art sein, daß man den Begriff Haus gegen die Summe all der Baubestandteile Stein, Mörtel, Glas, Eisen setzt. Gewiß ist ein Gedankengebilde „Haus" als eben ein solches etwas anderes als das wirklich dastehende Ding Haus; aber dann bleibt jenes auch nach Vollendung des wirklichen Baues bestehen. In diesem Baue, als Verwirklichung also, ist jedoch das Ganze: Haus nichts als die ganze Summe aller seiner Teile. In diesem klaren Sinne sind die Reaktionsgleichungen die Beschreibung der Affinität, vorausgesetzt nur, daß sie vollständig und richtig sind. Wer also die genaue Bestimmung alles dessen, was er an Gefühlen und Gedanken in dem Begriffe Affinität ohne deutliche Sonderung der Teile vereinigte, in wenn auch theoretisch chemischen Forschungen sucht, der muß sich bewußt bleiben, daß er dann aus jener ersten Sphäre in eine andere hinaustritt. Allerdings ist der Übergang in beiden Richtungen möglich. Die beiden Sphären sind nicht absolut und beziehungslos voneinander getrennt; aber es bedarf doch einer Umwandlung, um das hier und das dort Gültige in Beziehung zueinander zu bringen.

Es wird überhaupt schwer sein, in der Chemie und ihrer geschichtlichen Entwicklung echte Fiktionen aufzuweisen. Man wird die Suche am besten wohl an denjenigen Stellen beginnen, wo die erklärenden Gebilde sehr viel mehr als das zu Erklärende enthalten. Immerhin waren auch die Atome weniger fiktiv als hypothetisch angenommen worden. Zur Zeit der Auseinandersetzungen über die Radikale in der organischen Chemie sprach wohl Laurent davon, die Chemie sei zu der Lehre von den Körpern geworden, die nicht existieren, und Berthelot hielt nichts von der Annahme von Radikalen, weil sie „êtres imaginaires" seien. Sie galten jedoch andern Forschern als Gebilde von derselben Realität wie die Elemente selbst. Gegen Ende des 19. Jahrhunderts begann allerdings mancherorts die Erkenntnis, daß der „reine" Stoff und das „reine" Element nicht experimentell gesicherte, sondern fiktive Begriffe seien; doch scheint mir auch dabei die Sachlage nicht wesentlich anders als für den Affinitätsbegriff zu sein.

Guldberg und Waage benutzten rein chemische Methoden zur „Untersuchung über die chemischen Affinitäten". Wilhelm Ostwald verfolgte (1876 und später) ihr Wirken statt an den ganzen Stoffen selbst an einzelnen physikalischen Eigenschaften derselben. Wenn man die Verteilung von Salpetersäure und Schwefelsäure auf eine gewisse für beide unzureichende Menge Kali feststellen will, kann man auch keine direkte chemische Methode anwenden; denn hier würde, anders wie in den organischen Reaktionen, die Berthelot untersuchte, die Entfernung eines der Bestandteile nicht rascher geschehen können als die Umlagerung zu neuem Gleichgewichte; wobei außerdem auch nur für solche rohen Eingriffe kaum Mittel vorhanden wären. Es genügt aber auch, den Gleichgewichtszustand an der Änderung des Volums oder des Brechungsexponenten mit den anfänglichen Werten zu vergleichen. Solche Vergleiche zeigten z. B., daß äquivalente Mengen Salpetersäure und Schwefelsäure auf ein Äquivalent Kali so einwirken, daß die Salpetersäure genau doppelt so viel Basis bindet als die Schwefelsäure. (Der Einfluß der Verschiedenheit der Molekulargewichte ist eben durch Anwendung der gleichwertigen, äquivalenten Mengen ausgeschaltet — wie unter Erinnerung an vorangegangene Erörterungen erwähnt sei.)

Wilhelm Ostwald (geboren 2. September 1853 zu Riga, 1887 bis 1906 Professor für physikalische Chemie in Leipzig) ist nicht nur als selbst produktiver Forscher, sondern zudem noch als Organisator des Wissenschaftsbetriebes berühmt geworden. So verdankt ihm die Chemie viel sowohl durch seine eigenen Arbeiten als auch durch sein Eintreten für fruchtbare neue Gedanken.

3. Wärme und Affinität.

Im Jahre 1840 veröffentlichte G. H. HESS (1802—1850, Petersburg) die Darlegung eines Prinzips der „Konstanz der Wärmesummen". Damit meinte er etwas der Konstanz der Molekulargewichte Vergleichbares für die Wärme: Sie hängt nur ab von den Bestandteilen, aus denen der Stoff besteht, und nicht von dem Wege, der zu seiner Bildung beschritten wird; zwischen bestimmten Ausgangs- und Endprodukten liegt immer dieselbe — positive oder negative — Wärmeentwicklung. Da ja doch Wärme nicht aus dem Nichts entstehen kann und in diesen Fällen ihren Ursprung den chemischen Umsetzungen verdankt, so macht das Prinzip von HESS die Aussage, daß zu den konstanten Merkmalen eines Stoffes auch sein Wärmeinhalt gehört, und daß dieser so wenig wie die quantitative Zusammensetzung eines Stoffes von seiner Bildungsgeschichte abhängt.

Schon vorliegende und neu hinzugebrachte Messungen bestätigten dieses Gesetz, aber verursachten es doch nicht allein. Zugrunde lag vielmehr eine neue Form des Erhaltungsgesetzes, unausgesprochen, aber doch als Träger des neuen Wärmegesetzes. Zwei Jahre darauf wurde die Verwandlung von Arbeit in Wärme und umgekehrt von R. MAYER in ähnlicher intuitiver Weise gefunden, und der englische Brauer J. G. JOULE begann seine durch Jahrzehnte fortgesetzte Experimentalarbeit zu diesem grundlegenden Gesetz. HELMHOLTZ führte dann (1847) das Prinzip von der „Erhaltung der Kraft" weit über das Gebiet der Wärmeerscheinungen hinaus. Hier erst begann die Wärme aus ihrer Sonderstellung in eine Reihe mit den anderen Energieformen zu treten. Der „erste Hauptsatz" der Energielehre sprach von der Äquivalenz, der Gleichwertigkeit von mechanischer Arbeit, Wärme, elektrischer Energie und aller anderen Erscheinungsformen der Energie und von ihrer Unzerstörbarkeit. Im „zweiten Hauptsatz" vereinigte CLAUSIUS diesen Grundsatz mit Entwicklungen, in denen der junge Ingenieur SADI CARNOT (1796—1832) im Jahre 1824 schon die Gesetze der Bewegung der Energie zusammenfaßte. Für die Chemie bedeutsam wurde jedoch zunächst nur der erste Hauptsatz, auch dieser mit dem Hauptton auf der Wärmeenergie. Erst als man allgemeine Gesetze über die Tendenz des Ablaufs chemischer Umwandlungen aufstellen wollte, da zeigte sich, daß dies ohne die thermodynamischen Grundsätze, die aus dem zweiten Hauptsatze folgen, nicht möglich ist.

Der Grundsatz der Äquivalenz ließ voraussehen, daß wenn bei gewissen Reaktionen Wärme frei wird, die Zufuhr von Wärme die der Reaktion entgegengesetzten Effekte, die Zersetzung veranlassen mußte. In der Tat konnte schon Deville in seinen seit 1857 fortgesetzten Untersuchungen feststellen, daß gewisse Verbindungen bei hoher Temperatur zerfallen und erst bei Abkühlung sich wieder vereinigen. Diese Dissoziation kann — im Prinzip sehr einfach — in der Veränderung der Dampfdichte, und darum entweder des Dampfvolumens oder des Dampfdruckes, abgelesen werden, besonders wenn die Dissoziation eines elementaren Gases verfolgt wird. Die Resultate, die Victor Meyer[1]) bei solchen Beobachtungen an Chlor und Brom erhielt, schienen ihm so merkwürdig, daß er darin fast einen Beweis der alten Muriumtheorie finden wollte. Er erreichte nämlich bei über 1400° C Werte für zwei Drittel der Molekularformel Cl_2. Aber die Veränderung der Dampfdichten von Brom und Jod, schon bei tieferen Temperaturen beginnend, hätte den Schluß erleichtern können, daß es sich um zunehmende Dissoziation der Moleküle handelt, die vielleicht bei geeigneten Bedingungen auf die Hälfte des Wertes Cl_2, d. h. zu den freien Chloratomen führen würde. Solche Zunahmen bei Temperaturerhöhungen treten besonders aus den gleichzeitigen Angaben von Crafts hervor.

Die alte stoffliche Auffassung der Wärme hätte für solche Vorgänge etwa die Deutung gehabt: Die höhere Temperatur zeigt die Zufuhr von mehr Wärmestoff an, der verdrängt ein Chloratom aus dem Moleküle und setzt sich an seine Stelle. Die Energielehre änderte an diesem Teile solcher Vorstellungen nur den anschaulichen Ausdruck: Stoff. Durch energetische Einflüsse wird der Stoff verändert. Wasserstoff verbindet sich mit Chlor zum Salzsäuregase unter starker Wärmeentwicklung; nur durch mancherlei Hindernisse kann diese Verbindung bei gewissen Temperaturgrenzen aufgehalten werden. Aber wenn man sie nach oben hin überschreitet, dissoziiert die Verbindung in ihre Bestandteile, das Molekül in die Atome, die sonst gar nicht für sich bestehen können. Besonders dieser zweite Umstand machte es klar, daß die Energiezufuhr den Stoff verändert. Zwar geht kein Element in ein anderes über, aber sehr viele seiner Eigenschaften ändern sich ganz gewaltig. Mit der Wärme als einem Stoffe könnte man sich eine Erklärung im angedeuteten Sinne dafür konstruieren. Aber wie die Wärme als Energie den chemischen Stoff so verwandeln kann, wie die nun erst recht an Energie angereicherten Stoffe ohne zu reagieren nebeneinander bleiben, das konnte nur die wirklich alle energetischen Prinzipien umfassende Betrachtung erklären.

Sie gewann man noch nicht, wenn man, wie der Däne Julius Thomsen (1854), sich die ganze chemische Energie in thermische

---

[1]) Vgl. auch S. 248.

überführt denkt und so den Begriff des Energieinhalts in die Form eines „thermodynamischen Äquivalents" bringt. Das ist nur ein erster Ansatz entsprechend dem ersten Hauptsatze; er genügt, um abgelaufene Reaktionen zu messen, aber nicht um ihre Richtung vorauszusagen oder auch nur ganz zu erklären. Freilich gab es auch bei solcher Beschränkung noch recht fruchtbare Arbeit zu leisten. Die verschiedenen Modifikationen des Schwefels (nach der Kristallform) und des Kohlenstoffes (als amorphe Kohle, Graphit, Diamant) verbrennen unter Freisetzung verschiedener Wärmemengen und lassen darin die Unterschiede ihres Energieinhaltes erkennen (FAVRE und SILBERMANN, 1852 und später).

Aber die „Wärmetönung" einer Reaktion kann nur in besonderen Fällen als Maß der Affinität gelten: Man könnte sonst glauben, nach der Wärmetönung für die Vereinigung verschiedener Säuren mit einer Basis — etwa Natron — die Säuren selbst schon in der Reihenfolge ihrer Affinitäten zu ordnen. Vergleicht man jedoch damit die Verteilung mehrerer Säuren auf eine zur völligen Neutralisation ungenügende Basenmenge, so erhält man wesentlich andere Ergebnisse.

Durchsichtiger waren diejenigen thermochemischen Analysen, welche direkt bis zu den Elementen zurückgingen, wie bei organischen Verbindungen. Da entsprach denselben Zusammensetzungsunterschieden derselbe thermische Verbrennungseffekt — wenigstens beim Vergleiche ähnlicher Körperklassen. Die homologen Stoffe, die sich um die Gruppe CH_2 voneinander unterscheiden, gestatteten dann für diese Gruppe den Verbrennungswert zu berechnen. Aber auch in den heterologen Reihen kann man die kalorischen Werte für die Übergänge bestimmen: so daß man aus einer systematischen Sammlung von Verbrennungswärmen Werte für die Elemente und ihre additive und konstitutiv veränderte Zusammensetzung ähnlich erforschen kann, wie wir es bei den Messungen KOPPS und anderer früher fanden. Allerdings war hier die Gewinnung solcher Regeln auch technisch recht erschwert.

So entwickelte sich ein neues Zeitalter der Verbrennungschemie; was die Phlogistiker als schon fertig zu besitzen glaubten, das begann man jetzt in langen und oft recht mühseligen kalorimetrischen Messungsreihen Schritt für Schritt zu erwerben. Natürlich eilte auch hier ein theoretischer Grundgedanke den experimentellen Erfüllungen voraus. Die Entwicklung oder Aufnahme von Wärme bei den Reaktionen war zunächst die auffallende Energieart, die man dabei bemerkte. Es schien dann fast schon gefühlsmäßig gerechtfertigt, wenn man nach ihrer Größe die der Affinität bestimmen wollte: Je größer die Wärme, um so mehr Affinität hat sie entladen; je größer

die Affinität, um so stärker das Streben nach ihrer Betätigung. THOM-
SEN sah darin (seit 1854) ein Naturgesetz; BERTHELOT faßte es als
ein wichtiges „Principe du travail maximum" mit den Worten:
„Jede chemische Veränderung, welche sich ohne Dazwischenkunft
einer fremden Energie vollzieht, strebt nach der Erzeugung desjenigen Körpers oder desjenigen Systems von Körpern, bei welcher die
meiste Wärme entwickelt wird[1])."

MARCELIN BERTHELOT (geboren 27. Oktober 1827 in Paris, gestorben daselbst 18. März 1907), der glänzendste Schüler seines Kollegs,
blieb auch weiterhin ein universal interessierter und stetiger Geist,
der nicht nur als Organiker, Physiker, Chemiker und zuletzt als
Agrikulturchemiker Großes leistete, sondern auch als Geschichts-
forscher der Chemie, ja als Politiker hervortrat. Mancher Zug seines
Wesens erinnert an LAVOISIER, leider auch sein Verhältnis zu den
Arbeiten von Vorgängern[2]). So wollte er THOMSENS Eigentumsan-
sprüche an dem erwähnten Prinzip nicht gelten lassen. Allerdings
hatte er es weit umfassender ausgesprochen, aber diesen Gültigkeits-
bereich hat das Prinzip in der Tat nicht. Eine ganze Reihe von Reaktionen vollzieht sich freiwillig und doch unter Abkühlung und Aufnahme von Wärme aus der Umgebung. Von den Reaktionen aber,
die wirklich unter Freisetzung von Wärme verlaufen, ist ein großer
Teil umkehrbar oder führt zu Gleichgewichtszuständen vor dem
völligen Umsatze. Um solche Vorgänge zu erklären, nahm BERTHELOT
an, daß neben einer Wärme entwickelnden Veränderung eine andere
verliefe, die nun mehr als diesen Betrag absorbiere: während doch
diese zweite Art von Reaktionen eben nach seinem Prinzip nicht freiwillig stattfinden dürfte[3]).

Dennoch wohnt solchen Erörterungen eine besondere Anziehungskraft inne; auch ALEXANDER NAUMANN, der Verfasser eines Buches
über „Thermochemie" (1882) und eifriger Forscher auf diesem Gebiete huldigte diesen Anschauungen, und sie bilden wohl für jeden,
der an diese Probleme herantritt, ein Durchgangsstadium. Man hält
es fast instinktiv für gewiß, daß alle Umwandlungen in der Richtung
verlaufen, bei der die Stoffe sich ihres Energiegehaltes möglichst weitgehend entledigen können, und daß die Erzeugung energiereicher
Formen einen ähnlichen Widerstand findet wie jede Veredlung, jedes
Schaffen von Höherwertigem.

Das mechanische Bild dafür findet man in dem gehobenen Gewichte: Das fällt freiwillig auf die niedrigste Unterlage und gibt seine

---

[1]) Essai de mécanique chimique fondé sur la thermochemie **2**, 421 (1879).
[2]) Vgl. die Charakteristik BERTHELOTS als Historiker bei E. O. VON LIPP-
MANN, „Entstehung und Ausbreitung der Alchemie".
[3]) Vgl. OSTWALD, Lehrbuch der allgemeinen Chemie II, 2, S. 92 ff.

potentielle Energie als kinetische frei. Aber die Wärme verhält sich nicht ganz so, wie es dieses Bild beschrieb; das eben ist der Gehalt des zweiten Hauptsatzes der Energielehre. Die Größe, von der man bei allen freiwilligen Umwandlungen eine eindeutige Tendenz voraussehen kann, ist nicht die Wärmeenergie Q selbst, sondern ihr durch die absolute (von — 273° C an gerechnete) Temperatur dividierter Wert, die Entropie. Um sie aber errechnen zu können, muß man alle einzelnen Geschehnisse einer Reaktion, wenn auch in wissenschaftlicher Idealisierung, zusammenfassen. Dann zeigt sich als ein Spezialfall, was BERTHELOT als den grundlegenden allgemeinen zwei Jahrzehnte lang behauptete. Die chemischen, wie alle anderen Umwandlungen geschehen also nicht so, daß die größte Menge Wärme dabei frei wird, sondern in der Richtung, bei der die Entropie einen maximalen Wert erreicht.

Die genaue mathematische Formulierung dieses Gesetzes kann natürlich nicht in diesem Zusammenhange gegeben werden; die Anwendungen, die AUGUST HORSTMANN[1]) für die Theorie der Dissoziation machte, kann aber wohl die Grundzüge dabei andeuten: Wird aus mechanischer Arbeit oder chemischer „Spannkraft" Wärme erzeugt, so wächst natürlich, da Q neu entsteht, auch $\frac{Q}{T}$, die Entropie. Der umgekehrte Vorgang bedarf also der Energiezufuhr. Unter Einbeziehung mechanischer und atomistischer Vorstellungen würde dann bei der Dissoziation eines erhitzten Gases in gasförmige Bestandteile, man denke etwa an HCl → H + Cl, die Entropie:

„1. durch den Verbrauch von Wärme zu chemischer Arbeit vermindert;

2. durch die Entfernung der Atome der zersetzten Moleküle voneinander vermehrt;

3. durch das Auseinanderrücken der übrigen unzersetzten Moleküle, die noch denselben Raum gleichmäßig erfüllen müssen, vermehrt;

4. und 5. vermindert dadurch, daß die Zahl der Moleküle der beiden Zersetzungsprodukte zunimmt und diese aneinander gedrängt werden.

Die Entropie wird nun am größten sein, wenn möglichst viel Moleküle zersetzt, aber möglichst wenig Wärme verbraucht, und wenn außerdem die Moleküle jedes der drei Gase möglichst weit voneinander entfernt sind. Dies kann im allgemeinen nicht bei vollständiger Zersetzung der Fall sein, daher wird nur ein Teil zersetzt."

Die Fülle von einzelnen Gesetzen, die in diesem Satze zusammengedrängt sind, kommt nun durch die mathematische Durchführung

---

[1]) Liebigs Ann. d. Chem. **170**, 192 (1873); vgl. OSTWALDS Klassiker Nr. 137, das folgende Zitat S. 197 (S. 30).

zum Vorschein. Ein Teil davon besagt für die als Beispiel gewählte Reaktion, daß die Dissoziation durch die Vergrößerung des Gasvolums befördert wird.

So ist der zweite Hauptsatz außerordentlich ergiebig; H. Helmholtz entnahm ihm Folgerungen für die galvanischen Vorgänge. Die ganze Fülle der dadurch erfaßbaren Erscheinungen schöpfte Willard Gibbs in seinen thermodynamischen Untersuchungen aus (1874—1882)[1]. Den Anfang bildet der Grundsatz, der die schon erwähnten Gesetze allgemeingültig zusammenfaßt: „Zum Gleichgewichte eines abgesonderten Gebildes ist es notwendig und hinreichend, daß für alle möglichen Änderungen in dem Zustande des Gebildes, bei welchen seine $\dfrac{\text{Energie}}{\text{Entropie}}$ unverändert bleibt, die Änderung der $\dfrac{\text{Entropie}}{\text{Energie}}$ Null oder $\dfrac{\text{negativ}}{\text{positiv}}$ ist." (Man lese diesen Satz zweimal, indem man erst die obenstehende, dann die untere Variante benutzt.) Als ein zweiter thermodynamischer Begriff wird dann das Potential mit folgender Definition eingeführt: „Nehmen wir an, daß zu einer homogenen Masse eine unendlich kleine Menge eines Stoffes gesetzt wird, wobei die Masse homogen und ihr Volum unverändert bleibt, so ist das Verhältnis der Zunahme der Energie zu der Menge des hinzugefügten Stoffes das Potential des Stoffes für die betrachtete Masse." $\left(\text{Daher: Potential} = \dfrac{du}{dm}.\right)$

Das Potential enthält damit auch den mathematischen Ausdruck für die Qualität der Stoffe. Schon 1837 hatte G. Aimé gezeigt, daß „wenn ein Körper durch Hitze zersetzt wird, nicht der beliebig gewählte Druck eines Gases oder Dampfes die Zersetzung des Körpers aufhalten kann; nur das Gas allein, welches bei der Zersetzung entsteht, kann wirken"[2]. Nur der chemisch an der Reaktion beteiligte Stoff hat ein thermodynamisches Potential in bezug auf diesen Stoff; und so kann man sagen: Mit dem Potentiale mißt man den energetischen Wert für die verschiedenen Zustände eines Stoffes, verschieden vielleicht an Konzentration, Druck, Temperatur, elektrischer Ladung.

Um mit Hilfe dieser Begriffe und ihrer mathematischen Einkleidung die Vorgänge in irgendeinem Stoffgemische zu beherrschen, faßt Gibbs als seine Komponenten die geringste Zahl chemischer Bestandteile, aus denen man das Gemisch zusammensetzen kann, und zählt als seine Phasen alle homogenen Aggregatzustände: etwa die

---

[1] Thermodynamische Studien von J. Willard Gibbs (1877/78), deutsch von Wilhelm Ostwald (1892).

[2] Zitiert nach Mellor, „Chemical Statics and Dynamics" 1909, S. 182; vgl. Journ. de Phys. et de Chim. 3, 364 (1837).

verschiedenen festen Stoffe, die nebeneinander bestehen, die Flüssigkeiten, die sich nicht ohne Trennungslinien mischen, und die eine, weil
immer im Gleichgewichte homogene Gasphase. Mit diesen Festsetzungen läßt sich eine Phasenregel ableiten, aus der die Bestän-
digkeitsbedingungen ganz allgemein abgelesen werden können. Die
Durcharbeitung im einzelnen hat das Lebenswerk manchen Forschers
gebildet. Nur die allgemeinsten Umrisse der Entwicklung davon
konnten hier gegeben werden.

WILHELM OSTWALD ist das Bekanntwerden dieser Darlegungen
des amerikanischen Forschers zu verdanken. Sie bringen die Zerlegung der chemischen Energie in die zwei Faktoren, aus denen
Energiegrößen auch sonst immer zusammengesetzt werden: Das Potential stellt die chemische Intensitätsgröße dar, die Äquivalentmasse
den quantitativen Faktor. Die experimentelle Feststellung des ersteren geschieht z. B. auch, wenn man das elektrochemische Potential
mißt, eine Größe, die dem chemischen Begriffe vom Potential durchaus entspricht.

Wenn nun hier wieder der Reichtum des Qualitativen in streng
mathematische Formeln gebracht und berechenbar gemacht ist, so
geschieht es durch Betrachtungen, die nicht einen Teil der Stoffeigen-
schaften allein berücksichtigen, sondern eine Größe verwenden, die
ebenso komplex wie das „Stoff" Genannte ist und nun einen sicheren
Führer in dem Gebiete der außerordentlich verwickelten Gleichge-
wichts- und Umwandlungsbedingungen bei Anwesenheit von mehreren „Phasen" und „Komponenten" gewährt. Daneben blieben
natürlich mystischere Vorstellungen rege, ja das Gesetz von der
stets wachsenden Entropie gab noch eigenen Anlaß zu solchen Spekulationen. Mit der „prädisponierenden Affinität" hatte man
einen der Zweckstrebigkeit des Organischen analogen Begriff in der
Chemie eingeführt: Ein Stoff soll sich danach bilden, weil er nach-
träglich die Aussicht auf den Ausgleich der zu seiner Entstehung
nötigen Energie findet; eben eine Art Wissen um die Zukunft, wie
es bei so vielen instinktiven Handlungen von Pflanzen und Tieren
erscheint. Das hätte man auf Grund von an BERTHELOT angelehnten
mechanischen Vorstellungen anders erklären können; eine wirklich
zusammenfassende energetische Deutung gab die Potentialtheorie.

4. Licht und Affinität.

Die Beziehungen zwischen Energie und Stoff waren besonders
schwierig für die Energieart zu klären, die als Licht erscheint. Wir
sahen, welch hervorragend bedeutsame Rolle die Wärme in der chemischen Theorie und Praxis spielte; die Elektrizität gewann fast

seit ihrer eigentlichen Entdeckung zunehmenden Einfluß auf die Stofferkenntnis. Aber das Licht, obwohl schon früh wie die Wärme als Stoffart in den chemischen Systemen aufgeführt, nahm doch in fast allen Untersuchungen lange einen sehr bescheidenen Platz ein. Seiner Bedeutung für das Leben auf der Erde entsprach dies nicht oder doch nur in der Weise, wie immer die Wissenschaft solch verbreitetste Einflüsse erst nach einer langen Entwicklung in ihr Bereich einbezieht. Dazu kamen erst von der Physik her die Methoden, welche das Licht genauer zu definieren gestatteten. Wenn es dadurch manche von der gefühlsmäßigen und intuitiven Auffassung abweichende Deutung erfuhr (man denke an GOETHES Stellung zur Optik NEWTONS!), so war es doch diejenige, welche der Methode des wissenschaftlichen Verfahrens entsprach.

Die ersten genaueren Untersuchungen über chemische Wirkungen des Lichtes geschahen einerseits am Chlorsilber, dessen Schwärzung schon J. H. SCHULTZE (1727) als Nachweis und Abbildung des Lichtes zu benutzen versuchte, und die SCHEELE genau ein halbes Jahrhundert später in ihrer Abhängigkeit von den einzelnen spektral zerlegten Farben beschrieb. Andererseits erkannte man, vor und um 1800, daß die Pflanzen im Lichte anders tätig sind als im Dunkeln (PRIESTLEY, INGEN-HAUSS[1]), J. SENEBIER, THEODORE DE SAUSSURE). Beides sind Vorgänge, deren gründliche Erklärung für das Chlorsilber auch heute noch nicht einwandfrei und für die Assimilation bei den Pflanzen nach vielen langen Forschungen erst angenähert gewonnen wurde. 1809 entdeckten GAY-LUSSAC und THÉNARD die Einwirkung des Lichts auf die Vereinigung von Chlor und Wasserstoff, eine Reaktion, die späterhin von J. W. DRAPER und besonders von BUNSEN und ROSCOE (1857) zur Konstruktion von Aktinometern benutzt wurde. Auch da gab es für eine erklärende Behandlung eine große Reihe von Schwierigkeiten. Die Experimentierkunst von BUNSEN und ROSCOE überwand manche davon, aber es entstanden zugleich auch neue Probleme.

Die Veränderung des Chlorsilbers durch das Licht vermochte nach manchen Bemühungen, zum Beispiel auch DAVYS, erst DAGUERRE (1839) praktisch so zu erfassen, daß sie zu einer Photo-graphie benutzt werden konnte. Während dabei eben nur das Licht als ein Einheitliches in Betracht gezogen wurde, suchten BIOT und seine Mitarbeiter gerade die Verschiedenheit der spektral zerlegten Strahlenarten zu erkennen. Sie glaubten, daß nur ein gewisser, und zwar der kurzwellige Teil, eigentlich chemisch wirksames Licht enthielte. A. C. BEC-

---

[1] „Experiments upon vegetables, discouvering their great power of purifying the common air in the sunshine, and of injuring it in the shade and at night.“

QUEREL bewies demgegenüber (1845), daß es keine spezifisch „chemischen" Strahlen gibt.

Wie die optischen Eigenschaften der Stoffe zunehmend stärkere Berücksichtigung fanden, wurde schon an manchen vorangehenden Stellen erwähnt. Aber da handelte sich's gar nicht so sehr um die Beziehungen zwischen Licht und chemischen Vorgängen. Daß man darin weiter vordringen konnte, verdankt man zu recht wesentlichem Teile der Entdeckung von Zusammenhängen zwischen optischen und elektrischen Veränderungen. Dazu waren die Beobachtungen über die Abhängigkeit des elektrischen Leitvermögens von der Belichtung (MAI, 1873, für das Selen; ARRHENIUS, 1873, für das Chlorsilber) Vorstufen[1]). Seitdem dann Licht und Elektrizität als wesensgleich erkannt wurden und von der Radioaktivitätsforschung ganz neue Entwicklungen ausgingen, steht die Photochemie wieder stärker im Vordergrunde des Interesses. Die Forschungen von u. a. H. STOBBE und F. WEIGERT, die nun schon in die jüngste Zeit fallen, haben da manche weitere Einblicke gegeben.

---

[1]) Vgl. I. M. Eders „Ausf. Handbuch der Photographie" I². 1890.

C. ENTWICKLUNGEN IN DEN LETZTEN JAHRZEHNTEN.

Einleitung.

Durch die neue Entwicklung der Energielehre in der zweiten Hälfte
des 19. Jahrhunderts wurde die Ausnahmestellung der Wärme als
hauptsächlichster, ja alleiniger Ausdruck der chemischen Energie
gegen die Berücksichtigung auch der anderen, gleichwertigen Energie-
arten aufgegeben. Wir können darin die Überwindung einer zweiten
Periode der Verbrennungstheorie erblicken. Nach der Erneuerung
der Chemie um die Wende des 18. zum 19. Jahrhunderte hätte sich
dann in dieser Wissenschaft eine Art Zeitalter der Phlogistik wiederholt. Bei solcher vergleichenden Betrachtung könnte man sagen,
daß die jüngste Entwicklung nun gar noch weiter zurückliegende
Probleme erneuert aufgebracht hätte: Wir stehen gerade heute wieder
unter dem Zeichen der Theorie von der Verwandlung der Elemente
untereinander. So ergäbe sich ein symmetrisches Schema, das in
einer Art von Kreisprozeß etwa durch folgendes Bild dargestellt wird:

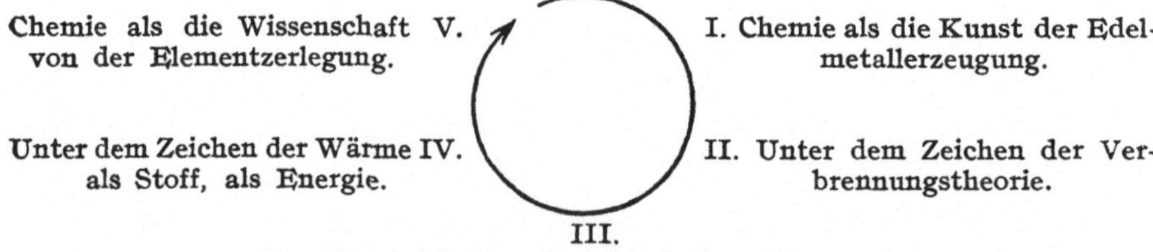

Das will natürlich auch nicht mehr als ein manche Züge vergröbern-
des, einige wesentliche Züge ausschließlich berücksichtigendes Schema
sein. Man darf ja dabei nicht vergessen, daß etwa auch im vierten
Abschnitte die Elektrochemie eifrig bearbeitet wurde; aber daraus bereitete sich eben erst die spätere Überwindung der neuen Wärmetheorie
vor und der Übergang zur fünften Periode, die mit der ersten wieder
nur den einen abstrahierten allgemeinsten Zug gemein hat. Noch ehe
von der Elementzerlegung auch wirklich nur ein kleiner andeutender
Teil verwirklicht war, entstand aus dem Beweise und dem gesetz-

mäßigen Erfassen der Umwandelbarkeit der Energie und aus der energetischen Charakteristik der stofflichen Vorgänge die Vorstellung, man könne, und darum müsse man auch den Begriff des Stoffes gänzlich in dem der Energie aufgehen lassen (WILHELM OSTWALD, besonders aber die moderne Relativitätstheorie!). Wieder beobachten wir eine der großen Umkehrungen in den chemischen Begriffsbildungen. Man hatte die Wärme als Stoff aufgefaßt, wobei Wärme die einzige berücksichtigte von den später Energie genannten Erscheinungen war; nun sollte, nachdem die Wärme als Energie galt, auch der Stoff Energie sein. Wieder ist natürlich diese Umkehrung: Energie = Stoff in Stoff = Energie mit grundlegenden und nicht nur umkehrenden Veränderungen der Theorie verbunden, auch bleibt außer dieser gegensätzlichen Gleichheit der Endergebnisse die unvergleichbare Verschiedenheit der Zwischenstufen auf dem Wege dahin zu berücksichtigen.

Diese Wendungen, von denen im folgenden einige Entwicklungslinien gezeichnet werden sollen, rechtfertigen die Abtrennung einer neuen Phase des geschichtlichen Verlaufes. Der Umfang für diese Darlegungen kann aus äußeren Gründen weder der Fülle neuer Einzelergebnisse, noch auch der der theoretischen Umgestaltungen entsprechen. Trotz des im objektiven Zeitmaße kleinen Zeitraumes müßte doch eine gleichmäßige Betrachtung hier viel mehr Platz beanspruchen als diejenige der früheren Perioden. Wer Konstruktionen liebt, könnte dann aus dem Verhältnis zwischen der in Jahren gemessenen Zeit und den darin erlangten neuen Ansichten eine Geschwindigkeitskurve der chemischen Entwicklung zu erlangen versuchen. Leider fehlt zu deren exakten Bestimmung noch sehr viel an speziellen historischen Kenntnissen. Nur so viel kann man vermuten, daß auch der zeitgenössische Historiker früherer Zeiten einen großen Zeitraum in kleinem Umfange hätte behandeln können, wenn er das eigentlich Chemische allein dazu heraussuchte, so daß nicht allein die Unvollständigkeit unsrer Ausführung die Kürze bedingt hat.

Im Anfange der vorigen Periode stand die Dreiteilung des chemischen Forschungsgebietes. Es zeigte sich bald, daß die Einteilung, von den beschreibenden Naturwissenschaften her übernommen, nicht für die Chemie aufrechterhalten werden konnte. Da wurde eine Zweiteilung in anorganische und organische Chemie daraus. Trotz der Änderung in den Definitionen erwies sie sich doch als gerechtfertigt auch von den neuen Gesichtspunkten aus. Ja, obwohl der früher geglaubte Unterschied zwischen diesen beiden Gebieten längst überbrückt war, trennten sie sich nun erst recht deutlich voneinander; allerdings nur als ein Ausdruck für den gewachsenen Umfang und die eindringendere Spezialisierung. Man kann dies an der Entwicklung unserer hauptsächlichsten Quellen, den chemischen Zeitschriften, verfolgen. Seit der Gründung des „Journal für praktische Chemie" (1828) spezialisierten sich die „Annalen" (vgl. S. 158) mehr auf die theoretischen chemischen Untersuchungen. Die „Berichte der Deutschen Chemischen Gesellschaft" (gegründet 1868), eine Zeitlang das Zentralorgan, behielten doch allmählich überwiegend organisch-chemische Interessen, nachdem 1892 die „Zeitschrift für anorganische Chemie", der wieder zunehmenden Bedeutung dieses Gebietes entsprechend, entstanden war.

Einige Jahre vorher hatte ein neuer Teil der chemischen Forschung sich ein eigenes Organ geschaffen: WILHELM OSTWALD begann mit VAN'T HOFF im Jahre 1887 die „Zeitschrift für physikalische Chemie" herauszugeben. Bald grenzten sich darin besondere Gebiete ab und ließen eigene Organe nötig erscheinen. Der „Zeitschrift für Elektrochemie" (seit 1894)[1] und der jüngeren „Kolloidzeitschrift" (1906, WOLFGANG OSTWALD) stehen noch mehrere andere zur Seite.

Eine solche Zeitschriftengründung war natürlich das Ergebnis einer fortgeschrittenen Entwicklung des Forschungsgegenstandes. Im Zusammenhang mit den anorganisch-chemischen Untersuchungen war die physikalische Chemie entstanden; und obwohl sie nun natürlich auch organische Stoffe einbezog, so blieb doch die Chemie mit einer solchen neuen Dreiteilung unsymmetrisch: Von der früher vorangestellten Aufgabe, der chemischen Untersuchung des Lebendigen, schien dann nur noch sehr wenig übriggeblieben zu sein. In Wirklichkeit hatte man jedoch nur statt des so umfassenden Problems zunächst spezielle biochemische Probleme ins Auge gefaßt — wie etwa die Psychologie aus einem vermeintlichen Wissen auch ungefähr um diese Zeit zu einer Spezielles erforschenden Wissenschaft sich entwickelte. Auch in der Zeitschriftengeschichte bildet sich dies ab. 1877 erscheint der 1. Band der „Zeitschrift für physiologische Chemie" (HOPPE-SEYLER), neuerdings gesellten sich dazu u. a. 1902 die „Beiträge zur chemischen Physiologie und Pathologie", 1906 die „Biochemische Zeitschrift" (C. NEUBERG).

Ähnlich entwickelt sich das Zeitschriftenwesen auch in den anderen Kulturländern, dabei natürlich mit anderen Geschwindigkeiten der Spezialisierung im einzelnen. Rußland z. B. hatte schon 1869 ein „Journal der Russischen Physikalisch-Chemischen Gesellschaft"; in Amerika erscheinen erst zehn Jahre später speziell chemische wissenschaftliche Sammelorgane. Aber erst durch den Krieg hat Deutschlands chemische Literatur ihre unbestrittene internationale Vorrangstellung zum Teil, und hoffentlich doch nur vorübergehend, eingebüßt.

---

[1] Vgl. auch „Jahrbuch für Radioaktivität und Elektronik" (1903).

Als Hauptteile der modernen Chemie erscheinen so neben der anorganischen und organischen die physikalische Chemie und die Biochemie.

Nach diesen vier Gebieten sollen nun auch die folgenden Überblicke über ihre jüngsten Entwicklungen angeordnet werden. Dabei liegt die Gefahr nahe, daß man zerreißt, was doch nur in der gegenseitigen Beziehung zueinander sich veränderte und wuchs. Durch diese Verbindungen erweist sich die Chemie erst als ein Ganzes; sie sind wesentlich für ihr neues Bild, da sehr oft Erklärungen durch den Rückgang von einem auf das andere Gebiet gewonnen wurden. So darf man diese Verbindungsfäden nicht durchschneiden und muß dafür in einer entwicklungsgeschichtlichen Betrachtung lieber einmal offen zugestehen, daß die getroffene systematische Einteilung nur ein Kompromiß darstellte, das nicht immer eingehalten werden konnte.

I. Anorganische Chemie.

1. Einige alte Aufgaben.

Gegenüber der sich lebhaft entwickelnden organischen Chemie war die anorganische in der zweiten Hälfte des vorigen Jahrhunderts stellenweise zurückgetreten. DUMAS, nun ein Nestor der chemischen Forschung, sprach es im Jahre 1876 einmal aus: „Unser Land . . . hält recht wohl seinen Platz in der organischen Chemie, es vernachlässigt zu sehr die Chemie der anorganischen Körper[1].“ Dabei gab es doch auch auf diesem Gebiete der Aufgaben genug. Vielleicht wurden sie nur zunächst nicht durch ein großes theoretisches Band unter einem großen Ziele vereinigt; das periodische System leistete dies hauptsächlich nur für die jüngst entdeckten Elemente. Im übrigen mußte die Spezialarbeit vorherrschen, d. h. die Untersuchung einzelner Vorgänge ohne starke Verbindung durch Analogien dazwischen. Man verbesserte Analysenmethoden, stellte auf neuem Wege alte Verbindungen her und gewann auch manchmal neue Stoffe, deren Verhaltensweisen aber wieder nur spezielle Bedeutung hatten.

Andererseits lagen von früher noch unerledigte Probleme vor, wie etwa das des passiven Eisens. Seitdem WENZEL (1782) gefunden hatte, daß Eisen durch Berührung mit konzentrierter Salpetersäure den Charakter eines Edelmetalles annimmt, hatten die vielen Versuche z. B. SCHÖNBEINS und FARADAYS (um 1836) die Erscheinungen im Hinblick auf eine Theorie derselben fast nur noch rätselhafter

---

[1] Zitiert aus A. STOCKS Nekrolog auf Henri Moissan, Ber. d. Dtsch. Chem. Ges. **40**, IV, 5102 (1907).

gemacht. Nun lernte man Ähnliches auch vom Kobalt, Nickel und anderen Metallen kennen. Verschiedene Formen eines Elementes hatte man auch vom Schwefel, Selen, Phosphor in der ersten Hälfte des Jahrhunderts aufgefunden; für die Umwandlungen zwischen ihnen gab nun die Phasenregel den theoretischen Rahmen ab. Aber das führt schon über die anorganische in die physikalische Chemie hinüber.

Ein anderes, ebenfalls schon recht altes Problem solch spezieller Art fand in diesen Jahren seine Lösung. Seit dem Bekanntwerden der Flußsäure (vgl. S. 72) begannen natürlich auch die Versuche, das Element Fluor zu isolieren. Die vielen Versuche, die nicht zu diesem Ziele führten, gewährten doch manche neue Kenntnis der Fluorverbindungen, und schließlich erhielt HENRI MOISSAN (1852—1907, Paris) bei der so oft vergeblich angewendeten Elektrolyse das Element, als er sie bei — 50° C vornahm (Dezember 1886). Die Eigenart des Fluors kennzeichnet sich z. B. dadurch, daß, wie MOISSAN 1898 fand, auch flüssiger Wasserstoff mit dem festen Fluor bei — 252° noch unter Explosion reagiert.

Seinen großen Ruf verdankt MOISSAN mehr der Darstellung künstlicher Diamanten und den Arbeiten bei extrem hohen Temperaturen des elektrischen Ofens: Allerdings ist die technische Ausnutzung der von ihm hergestellten Verbindungen von Metallen mit Kohlenstoff von anderer Seite ausgegangen.

Die anorganisch-chemische Industrie blühte in der zweiten Hälfte des 19. Jahrhunderts besonders kräftig auf, Verbesserungen, Vergrößerungen und — auch prinzipielle — Neuerungen entstanden. Die anorganische Chemie ging auch hier ihrer, man kann nicht einmal sagen: jüngeren, Schwester voran, erfuhr allerdings später auch wesentliche Anregungen von ihr. Diese Ereignisse sollen hier nicht näher erörtert werden.

2. Atom- und Molekülverbindungen.

Eine besondere Stellung in experimenteller und theoretischer Hinsicht nehmen die Molekülverbindungen ein. Man wußte ja seit langem, daß die aus Atomen gebildeten Verbindungen noch weiterer Vereinigungen mit anderen zusammengesetzten Stoffen fähig sind, vor allem mit dem so reichlich vorhandenen Stoffe, dem Wasser. Man hatte auch an einzelnen Beispielen gesehen, daß seine Addition für das chemische Verhalten recht wichtig werden kann, bei den Phosphorsäuren etwa. Im übrigen aber war doch oft das Wasser in den kristallisierten Verbindungen nur als ein Anhängsel betrachtet worden, um das man sich nicht viel kümmern konnte. Erst die Verbindungen mit weniger gemeinen Stoffen ließen ihr Problem erkennen. Platin-, Kobalt- und Chromsalze mit Ammoniak in verschiedenen Verhältnissen wurden hergestellt und von PER THEODOR CLEVE (1840—1905, Upsala), C. WILHELM BLOMSTRAND (1826—1897, Lund), JÖRGENSEN, K. A. HOFMANN, W. PALMAER u. a. untersucht. Wie in alter Zeit benannte man die zahlreichen neuen Körper nach ihrem Entdecker oder nach ihrer Farbe. Allerdings wußte man bald Bescheid über die empirische Zusammensetzung; aber da stellten sich Isomerien heraus und analytische Eigentümlichkeiten, die, wie immer, theoretisches Eindringen erforderten und zugleich auch ermöglichten. Aus den Sonderfällen gewann man die Erklärungen auch der anderen Verbindungen, die für sich kaum eine Handhabe für theoretische Erörterungen boten.

Für die Valenzlehre lagen hier manche Schwierigkeiten vor. Das dreiwertige Kobaltatom bindet sechs Moleküle Ammoniak, auch nachdem, oder vielmehr erst nachdem es die zu seiner normalen Sättigung erforderlichen Atome, z. B. 3 Atome Chlor, aufgenommen hat. Die Schreibweise $CoCl_3 + 6 NH_3$ bedeutete natürlich noch keine konstitutive Erklärung. Was heißt das Pluszeichen in der Sprache der Valenzlehre? Wie sind die beiden Molekülteile miteinander verbunden?

Zwei Anschauungen standen sich da gegenüber. Die eine betonte die unveränderliche Konstanz der Wertigkeit und führte dann die neuen Verbindungen als Molekülverbindungen in dem Sinne, daß sie Zusammenlagerungen verschiedenartiger Moleküle darstellten, wie ja sonst alle vorkommenden Körper aus solchen Zusammenlagerungen bestehen. So meinte es z. B. KEKULÉ (1864). Aber NAQUET wies polemisch darauf hin, daß KEKULÉ kein geeignetes Merkmal zur Unterscheidung zwischen Atom- und Molekülverbindungen angeben konnte. Es gibt auch im Dampfzustande Molekülverbindungen, wie ALEXANDER NAUMANN kurz darauf am Beispiele der Essigsäure zeigte; dagegen gehen auch unbezweifelbare Atomverbindungen bei höheren Temperaturen auseinander. Soll man darum, wie es andere taten, die Valenzzahl für veränderlich halten? In einer kurzen Zusammenfassung der Sachlage setzte NAUMANN (1872) die Nachteile einer solchen Auffassung auseinander: „Überhaupt möchte in dem von stets zahlreicher werdenden Streitern begonnenen Vernichtungskrieg gegen die Molekülverbindungen ein wissenschaftlicher Fortschritt nicht zu erblicken sein, solange derselbe nicht auf soliderer Grundlage geführt wird, als sie die je nach Gutdünken erfolgende willkürliche Annahme einer mehr oder weniger beliebig wechselnden Valenz abgibt, die in folgerichtiger Weise sich immer mehr und mehr dem nicht weiter zu überbietenden Satze nähert, daß jedem Element jede beliebige Wertigkeit zukommen könne, womit man freilich am

Ende der Wertigkeitstheorie, zugleich aber auch wieder am Anfange angelangt sein würde[1]).

Die Lehre von der beliebig wechselnden Wertigkeit konnte gewiß alle Molekülverbindungen mit umfassen; aber eben auch noch viel mehr, und darum war sie zu weit gegenüber dem zu Erklärenden. Trennte man die neuen Verbindungen von den „eigentlichen Atomverbindungen" ab, so fand man kein auch nur dafür genügend umfassendes Kriterium zu scharfen Definitionen. Beide Theorien kamen nicht genügend eng an die Tatsachen heran, für die sie da sein sollten. Der Wert dieser anorganischen Forschungen lag zunächst auch nur darin, was man experimentell erreichte: Man gewann neue Stoffe von enger begrenzten Stabilitätsbedingungen; man sah, daß es noch viel mehr als die früher für allein möglich gehaltenen Verbindungen gibt.

BLOMSTRAND stellte einige Formeln nach Analogie der organischen Ketten auf[2]). Soweit es sich nur um die Ammoniakverbindungen handelte, konnte man dabei ja an die mögliche Fünfwertigkeit des Stickstoffs denken. Die Verbindung des Co_2Cl_6[3]) mit 12 NH_3 hätte dann folgende symmetrische Formel zu beschreiben:

$$Co_2 \begin{cases} NH_3 \cdot NH_3 \cdot Cl \\ NH_3 \cdot NH_3 \cdot Cl \\ NH_3 \cdot NH_3 \cdot Cl \\ NH_3 \cdot NH_3 \cdot Cl \\ NH_3 \cdot NH_3 \cdot Cl \\ NH_3 \cdot NH_3 \cdot Cl \end{cases}$$

Aber da in der nächstfolgenden ammoniakärmeren Verbindung nicht alle Cl-Atome wie im normalen Salze direkt und sofort mit Silbernitrat Niederschläge geben, so muß die Verbindungsart der Cl-Atome verschieden sein. BLOMSTRAND rückte (1869), wie andere vor ihm, die reaktionsfähigen Atome an das Ammoniak, die nichtreaktionsfähigen direkt an das Metallatom; mit der Korrektur der Molekulargröße schrieb dann JÖRGENSEN (1897):

$$Co \begin{cases} NH_3 \cdot x \\ NH_3 \cdot NH_3 \cdot NH_3 \cdot NH_3 \cdot x. \\ NH_3 \cdot x \end{cases} \qquad Co \begin{cases} x \\ NH_3 \cdot NH_3 \cdot NH_3 \cdot NH_3 \cdot x. \\ x \end{cases}$$

Hexammin   Tetrammin

Auf dieser Grundlage konnte man auch die Isomerien einiger Platinsalze durch Formeln ausdrücken, wie z. B.:

---

[1]) „Über Molekül-Verbindungen nach festen Verhältnissen." Heidelberg 1872. S. 62.

[2]) Vgl. dazu den zusammenfassenden Vortrag von A. WERNER, Ber. d. Dtsch. Chem. Ges. **40**, 15 (1907).

[3]) Nach BLOMSTRANDS Schreibweise für $CoCl_3$.

$$\begin{array}{c} x \\ x \end{array}\!\!>\!Pt\!<\!\!\begin{array}{c} NH_3\!-\!x \\ NH_3\!-\!x\,' \end{array} \qquad\qquad \begin{array}{c} x \\ x \end{array}\!\!>\!Pt\!<\!\!\begin{array}{c} x \\ NH_3\!-\!NH_3\!-\!x\,' \end{array}$$

Platini-aminsalze   Platini-semidiaminsalze

Wenn es nun auch viele Verbindungen von selbst danach ungeklärter Konstitution gab, so genügten diese Formeln doch mancherlei Ansprüchen auf diesem speziellen Gebiete. Nur nahmen jetzt die Ammoniakverbindungen eine Ausnahmestellung gegenüber den übrigen ein. Auch durch organische Reste substituiertes Ammoniak, analoge Verbindungen des Phosphors addieren sich aber in dieser Weise an Atomverbindungen (vgl. JÖRGENSEN, 1886); ferner kannte man seit kurzem die Vereinigung von Kieselsäure mit Wolframsäure zu eigenartigen Stoffen; die Alkoholate, die GRAHAM und andere gefunden hatten, verlangten ebenfalls Aufnahme in eine Theorie der Molekülverbindungen.

3. Koordinationslehre.

Bei so erweiterten Betrachtungen des ganzen Gebietes konnten die Formeln von BLOMSTRAND, CLEVE, JÖRGENSEN nicht mehr genügen. ALFRED WERNER (1866—1919, Zürich) war es, der diese Erweiterung des Gesichtskreises vornahm; nach der Kritik brachte er auch gleich die neue Theorie in seiner Abhandlung „Beiträge zur Konstitution anorganischer Verbindungen"[1]. Wohl übernahm er die Vorstellung, daß die nichtreaktionsfähigen Säurereste direkt am Metallatom gebunden wären, aber er wies darauf hin, wie dies mit den bisherigen Anschauungen nicht übereinstimmte.

Für Reaktionsfähigkeit hatte man seit kurzem die später zu beschreibende Theorie gewonnen: Nur Ionen sind ohne weiteres reaktiv; das sind diejenigen Bestandteile eines Salzes, die den elektrischen Strom leiten und selbst elektrische Ladungen tragen. Jetzt zeigt sich also der Einfluß der addierten Moleküle auf diese elektrolytische Dissoziation. Vorher hatte man gemeint, die bloße Auflösung im Wasser veranlasse schon diesen Zerfall des Salzes in seine positiv und negativ geladenen Ionen. Aber schon NAUMANN hatte (1872) aus den Lösungswärmen geschlossen, daß zwischen Lösungsmittel und sich auflösendem Salze auch chemische Reaktionen geschehen waren; nun sah WERNER auch klar, worin diese bestanden: „Negative Radikale, welche sich in direkter Bindung mit dem Metallatom befinden, sind keine Ionen; damit ein negativer Rest als Ion wirken könne, ist als erste Bedingung die Bildung des Hydrats, also Bildung der Salze wasserhaltiger Metallradikale, erforderlich" (S. 294).

[1] Zeitschr. f. anorgan. Chemie 3, 267—330 (1893). Die im Text folgenden Seitenangaben beziehen sich auf diese Veröffentlichung. Zusammenfassung: A. WERNER, „Neuere Anschauungen auf dem Gebiete der anorganischen Chemie". 4. Aufl. 1920.

Die Molekülverbindungen, die früher ein besonders geartetes, kleines Gebietchen der anorganischen Chemie ausmachten, erscheinen nun als die hier allerhäufigst vorkommenden. Über die Andeutungen NAUMANNS und anderer hinaus ging WERNER zu quantitativen Bestimmungen über. Um alle negativen Reste als Ionen freizumachen, waren zumeist sechs Moleküle Wasser oder Ammoniak und anderes Additionsglied nötig.

„Die Wirkungsweise der Moleküle wie NH_3, H_2O usw. ist eine spezifisch ganz eigenartige; sie kann etwa folgendermaßen definiert werden: Diesen Molekülen kommt die Eigenschaft zu, die Wirkungsstelle der Affinitätskraft des Metallatoms aus der ersten Sphäre, in der sie im allgemeinen zur Tätigkeit gelangt, in eine vom Metallatom weiter entfernte Sphäre zu verlegen" (S. 324). „Die Anzahl der Atomgruppen, mit welcher sich ein Elementaratom in der besprochenen Weise zu einem zusammengesetzten Radikale koordiniert, möchte ich Koordinationszahl des betreffenden Atomes nennen. Ein Atom, welches die Koordinationszahl 6 besitzt, hat dann die Eigenschaft, sich mit sechs Gruppen direkt zu verbinden, sich mit 6 Atomgruppen zu einem zusammengesetzten Radikal zu koordinieren" (S. 326).

WERNER hatte wenige Jahre vorher mit seinem Lehrer ARTHUR HANTZSCH die stereochemische Betrachtungsweise VAN'T HOFFS auf das Stickstoffatom ausgedehnt. Nun lag es ihm nahe, auch die anorganischen Konstitutionsformeln räumlich aufzufassen: Dann bilden die sechs „koordinierten Moleküle" um das zentrale Metallatom ein Oktaeder; und sind daran verschiedene Moleküle oder Reste beteiligt, so lassen sich aus dieser Raumfigur Isomeriefälle ableiten, die zum Teil auch schon verwirklicht waren und nun ihre Erklärung fanden. Ja, der junge Forscher ging noch weiter: Schon 1891, als kaum Fünfundzwanzigjähriger, hatte er eine neue Theorie der Valenzlehre dargelegt, die, ohne starre und in den Raum gerichtete „Striche" von unveränderlicher Anzahl, die gleichmäßige Verteilung der Affinitätskraft um das Zentralatom herum behauptete. Darum machte es ihm nun auch keine Schwierigkeit, zwischen den alten Streitfragen um konstante oder wechselnde Valenzen zu entscheiden: Auch mehrere Atome können sich eben in den um das Atom herum gelagerten Anziehungsbereich einstellen und die verfügbare Anziehungskraft unter sich aufteilen.

Das war nun allerdings manchen Zeitgenossen zu radikal und zu unbestimmt. Es ging damit fast wie mit BERTHOLLETS Ansichten von der Kontinuität der Verbindungsverhältnisse: Ein richtiger Gedanke war zugleich in seine logische Vollendung geführt worden und hatte darüber den Kontakt mit dem chemisch Erreichten zu sehr lockern müssen. Diese Valenzlehre beschränkte ihr Bereich natürlich nicht auf die anorganischen Verbindungen; wir werden darum auch in einem anderen Zusammenhange darauf zurückkommen.

Doch gerade weil die gegenwärtigen Kenntnisse nur wie ein Sprungbrett für die Theorie gedient hatten, gab es nun neue große Ziele der anorganischen Forschung. Die komplexen Verbindungen, d. h. eben jene zwischen Molekülen, wurden besonders von WERNER und seinen Mitarbeitern untersucht. Die neue Theorie der Lösung ist schon angedeutet worden. Man achtete nun auf die basischen Salze und die ähnlichen Verbindungen, deren Existenz zu so manchem Teile der BERTHOLLETschen Auffassung besser stimmte als zu der seines einseitigeren Gegners PROUST. Das Endziel ihrer gänzlichen Erfüllung hätte zugleich auch die Verwirklichung von WERNERS allgemeinster Valenzlehre bedeutet. Soweit kam man aber noch nicht.

Als eine Art Vorstufe dazu läßt sich die Trennung zwischen Haupt- und Nebenvalenzen ansehen. So kam man doch auf die Unterscheidung von Atom- und Molekülverbindungen zurück, indem man die Atome durch Hauptvalenzen, die Moleküle durch Nebenvalenzen vereinigt sein ließ. Allerdings vollzog sich diese Entwicklung, mit charakteristischer größerer Geschwindigkeit, bis zum Jahrhundertende. Der Unbestimmtheit jener früheren Unterscheidung entsprach es ganz, wenn zwischen den beiden Arten von Valenz Übergänge herrschen sollten. Erst die quantitative Bestimmung der Valenzkräfte könnte hier festeren Boden schaffen. Aber sie gerade würde nur zahlenmäßige Belege dafür geben, daß keine scharfen Trennungen dabei möglich sind.

Solche quantitativen Bestimmungen sucht FRITZ EPHRAIM seit kurzem aus den thermischen Dissoziationen verschiedener Komplexsalze mit Ammoniak zu gewinnen (vgl. ferner die Arbeiten von HEINRICH BILTZ aus den letzten Jahren).

Die weiteren Untersuchungen könnten nun wie der bloße Ausbau des eigentlich schon im Anfange fertigen Systems erscheinen: Die Stereochemie der anorganischen Verbindungen brachte die Entdeckung von optisch-aktiven Verbindungen des Chroms, Eisens, Rhodiums, die Erklärung zahlreicher neuer Isomerien und den Einblick in die Konstitution hochzusammengesetzter anorganischer Verbindungen. Dem ging die Darstellung empfindlicher Komplexverbindungen auch mit organischen Molekülen parallel. PAUL PFEIFFER, der an diesen Arbeiten besonders beteiligt war, faßte dann auch den ganzen großen Kristall als eine derartige Verbindung auf und führte damit eine Vermutung auf experimentellem Grunde weiter, die schon von ALEXANDER NAUMANN in der erwähnten Schrift vom Jahre 1872 ausgesprochen war: „Wie man nach diesen Beispielen [von polymorphen Kristallen] die Kristallmoleküle von Atomverbindungen als Molekülverbindungen der Gasmoleküle oder kleinst denkbaren Moleküle derselben unter sich auffassen muß, in derselben Weise wird man die Kristallmoleküle von Molekülverbindungen auffassen als zusammengesetzte Gruppen der kleinstmöglichen Moleküle der Molekülverbindungen[1].“

4. Edelgase.

Auch in anderen Richtungen brachten die letzten Jahrzehnte manche überraschende Entwicklung auf anorganisch-chemischem Gebiete. Von den radioaktiven Elementen soll auch das Chemische im Zusammenhang mit den physikalisch-chemischen Forschungen berichtet werden. In gewisser Hinsicht verdiente auch die Geschichte der Edelgase dort ihren Platz; denn es waren zuerst physikalische Untersuchungen, die zu ihrer Entdeckung führten. Immerhin überwiegt doch das rein chemische Interesse in anderem Maße. Man sieht hier nur wieder, wie sich diese engen Beziehungen dem Trennungsversuche entziehen.

WILLIAM RAMSAY erzählt den ersten Schritt der Entdeckungsgeschichte mit folgenden Worten: „Im Jahre 1894, im Laufe seiner Untersuchungen über die Dichte der gewöhnlichen Gase (Sauerstoff, Wasserstoff u. dgl.) fiel es Lord RAYLEIGH auf, daß der aus Luft durch Entziehung des Sauerstoffs gewonnene Stickstoff eine etwas höhere Dichte besaß als Stickstoff aus chemischen Quellen, z. B. aus Ammoniak oder aus Salpetersäure. Nachdem er vergebens nach einer Erklärung dieser merkwürdigen Beobachtung gesucht hatte, schrieb er an die Zeitschrift ‚Nature‘ und bat um Rat. Doch er bekam keine Antwort. Kurz nachher, im Gespräche mit ihm, teilte ich ihm meine Meinung mit, daß der wahre Grund der Abweichung die Anwesenheit eines unentdeckten schweren Gases sei. Er zog aber die Erklärung vor, daß die größere Dichte einer ozonähnlichen Modifikation des Stickstoffs zugeschrieben werden müsse. Ich verteidigte meine Meinung und erbat die Erlaubnis, meine Idee durch einen Versuch zu prüfen. Er hat seine Zusage gern gegeben und so fing die Arbeit an[2].“ Er fand nach Absorption von Sauerstoff und Stickstoff der Luft durch Magnesium einen schweren Gasrest, den auch Lord RAYLEIGH nach dem alten Verfahren von PRIESTLEY und CAVENDISH, beim Durch-

---

[1] Für die weitere Entwicklung der Zusammenhänge zwischen chemischer und kristallographischer Eigenart sei auf die Werke des auf diesem Gebiete hervorragenden Forschers PAUL GROTH (geb. 1843) verwiesen: „Chemische Kristallographie“, „Elemente der chemischen und physikalischen Kristallographie“ (1921); seit 1877 erscheint die von GROTH herausgegebene Zeitschr. für Kristallographie.

[2] RAMSAY, „Die edlen und die radioaktiven Gase“. Leipzig 1908. S. 6 f.

funken von mit Sauerstoff gemischtem Luftstickstoff, erhielt. Sein neuartiges Spektrum kennzeichnete es als ein neues Element, das, nach seiner Unfähigkeit zu reagieren, im Zusammenhange mit einer griechischen Bezeichnung für indifferent Argon genannt wurde. Aus einem nach Cleve benannten Minerale entwickelte sich ein Gas, das durch sein Spektrum schon einige Jahre vorher in der Korona der Sonne entdeckt wurde und daher den Namen Helium erhielt. Nach seinem Atomgewicht $= 4$ muß es vor Lithium ins periodische System eingeordnet werden; Argon käme dann zwischen Chlor und Kalium, und vor diesem, trotz seines höheren Atomgewichtes, 40. Dann ließ sich aus systematischen Gründen voraussehen, daß ein leichteres Edelgas vor das Natrium gehörte und zwei weitere an entsprechenden späteren Stellen noch fehlten. Die fraktionierte Destillation der flüssigen Luft lieferte denn auch die vorausgesagten gasigen Elemente, wobei Spektraluntersuchung und Dichtebestimmung leiteten. „Diese Versuche wurden im Jahre 1898 ausgeführt, doch damit war unsere Arbeit nur begonnen; es nahm noch zwei Jahre in Anspruch, ehe wir die Eigenschaften dieser Gase ermittelt hatten."

So führten wieder „Restphänomene" zu neuen Entdeckungen, und physikalische Eigenschaften ermöglichten es, sie zu verwirklichen; dazu gehörte nur auch die Beherrschung einer sehr feinen Versuchstechnik, ehe aus dem Reste ein neues Ganzes wurde.

Nur zwei besonders weittragende Untersuchungsgebiete sind hier geschildert worden. Reiche Spezialarbeit hat über einzelne Verbindungen und Verbindungsklassen — z. B. die Wasserstoffverbindungen der Metalle, des Siliziums (ALFRED STOCK) — eine fast unübersehbare Fülle von neuen Kenntnissen geschaffen. Selbst so „bekannte" Stoffe, wie die Salpetersäure und ihre Salze, wurden mit vielen neuen Ergebnissen durchforscht (KONRAD SCHAEFER). In der jüngsten, 7. Auflage des von GMELIN und KRAUT begründeten „Handbuchs der anorganischen Chemie" wird z. B. das Platin bei sehr knappem Bericht über die Originalarbeiten auf ungefähr 1000 Seiten abgehandelt. Ähnlich umfangreich sind Monographien über die analytischen Methoden für einzelne Elemente. Dabei harren noch viele Fragen der Konstitution anorganischer Verbindungen der Aufklärung, und die Technik bringt immer wieder neue Aufgaben für die wissenschaftliche Forschung.

II. Organische Chemie.

1. Stereochemie.

In einem seiner schönen Nekrologe erzählt A. W. HOFMANN von einem Ausspruche LIEBIGS: DUMAS fragte ihn (auf einem der Feste zur Ausstellung 1867), weshalb er seit Jahren sich ausschließlich mit der Agrikulturchemie beschäftige. „Ich habe aufgehört, mich der organischen Chemie zu widmen, denn seit der Aufstellung der Substitutionstheorie bedurfte es keines Meisters mehr, um den Bau zu vollenden[1].“ Man wird dabei gewiß Hofmanns Mahnung beherzigen, diese Antwort nicht gar zu streng aufzufassen; aber auch der tüchtige wahre Kern darin ist nicht zu übersehen. Und nicht nur die Substitutionstheorie, sondern die Theorie der Kohlenstoffringe und im ganzen: die Schemata der organischen Chemie konnten einer rasch fertigen Betrachtung die nun noch übrige Arbeit als eine nach dem Schema und ohne neue Ideen erscheinen lassen; denn wie so üblich, meinte ja Liebig, als er „Meister“ sagte, eigentlich das Gegenteil: Genie. Bedurfte es aber eines chemischen Genies, um auf einem Stück Papier neue Kombinationen zwischen kohlenstoffhaltigen Verbindungen zu formulieren? — Man streicht ein Wasserstoffatom von den vieren des Methans, setzt dafür die Gruppe — COOH und gewinnt die Essigsäure; man wiederholt die Operation und gelangt zur entsprechenden Dikarbonsäure. Man schließt Kohlenstoffatome zu Ringen zusammen und leitet aus dem Formelbilde die nötigen Isomerien ab, man addiert und subtrahiert die Körper, die man haben will.

Nur ist mit dieser „Papierchemie“ nicht jede Aufgabe und nicht ganz erfüllt; die einzelnen Atome nun auch wirklich aus dem Moleküle herauszuholen und zu ersetzen, das erfordert feinfühlige Arbeit; dann erweist sich der ganze Schemen- und Formelkram nur als das Übersicht ermöglichende Gerüst. Daß so viele noch unverwirklichte Folgerungen aus der Strukturlehre entwickelt werden konnten, zeigt doch mit aller Klarheit, wie weit jene Lehre bei ihrer Aufstellung über das damals schon Erreichte hinausgegriffen hatte. Es ging mit diesen, in einer Art speziellen Folgerungen aus der durch die Valenztheorie erweiterten Atomistik, wie mit der Atomlehre selbst. Wir sahen, daß sie nach langen Bemühungen erst gewonnen wurden; wenn wir jetzt ihren weiteren Weg an einigen wenigen Beispielen verfolgen, dann wird sich an manchen Stellen die Notwendigkeit zu ihrer eingehenderen Bestimmung ergeben und an anderen späteren die Unzulänglichkeit auch dieser so weit reichenden Auffassungen.

Man hatte erst mit Selbstverständlichkeit nur ebene Formeln angewendet und sich allmählich so darin eingelebt, daß die von vornherein eigentlich naheliegende Annahme einer Erstreckung in den Raum sich in Kämpfen durchzusetzen hatte. Auch dann, als diese nun für das Kohlenstoffatom zugegeben war, fand die ähnliche Auffassung auch für das Stickstoffatom manche Gegner. A. Hantzsch und

---

[1] Hofmann, „Zur Erinnerung an vorangegangene Freunde“ II, S. 271.

A. Werner wollten (1889) die Isomerien bei den Oximen des Benzaldehyds (C_6H_5 — C$\langle^H_{NOH}$) aus „einer verschiedenen räumlichen Anordnung der an das Stickstoffatom gebundenen Gruppen in bezug auf dieses Atom selbst" erklären: „Die drei Valenzen des Stickstoffatoms (vielleicht auch die Valenzen anderer mehrwertiger Atome) liegen mit dem Stickstoffatom selbst nicht unter allen Umständen in einer Ebene[1])." Danach würden die beiden Isomeren jener Verbindung so zu schreiben sein:

$$C_6H_5-\underset{\|}{C}-H \qquad\text{und}\qquad C_6H_5-\underset{\|}{C}-H$$
$$N-OH \qquad\qquad\qquad HO-N$$

Diese Grundannahme für das Stickstoffatom erscheint vielleicht „nur" als eine Analogie zu der von van't Hoff (vgl. S. 201 f.). Doch nun zeigt sich an dem Widerstande gegen diese Erweiterung, wie an ihrer ausführlichen Begründung aus speziellen Erfahrungen, daß in der Chemie, und auch in der organischen, nicht das Schema den ersten Rang innehat. Solche bloß formelle Schlüsse wären nicht erlaubt, wenn sie nicht im Verhalten der Stoffe begründet würden und wie aus ihnen selbst und ganz aus ihnen entnommen erschienen.

Für den Stickstoff bestätigten sich die Annahmen von Hantzsch und Werner allerdings weitgehend genug, z. B. auch bei Diazobenzolsalzen (Hantzsch, 1902); aber für die „anderen mehrwertigen Atome" hat man kaum ähnliche Theorien benutzt. Ja, auch die Kohlenstoffverbindungen schreibt man so lange, und darum auch manchmal etwas länger, als es geht, nur mit ebenen Formeln, und auch dabei die Kohlenstoffkette so, als ob die den Zusammenhalt bildenden Atome in einer geraden Linie lägen. Doch schon 1879 beobachteten Bredt und Fittig die besonderen Beziehungen, die zwischen dem ersten und vierten Kohlenstoffatom einer Kette herrschen können. Wenn die Isocapronsäure

$$\underset{CH_3}{\overset{CH_3}{>}}\underset{\underset{H}{|}}{C}-CH_2-CH_2-\underset{\underset{OH}{|}}{C}=O$$

ein inneres Anhydrid

$$\underset{CH_3}{\overset{CH_3}{>}}C-CH_2-CH_2-C=O$$
$$\underline{\qquad\qquad O\qquad\qquad}$$

bildet — sie nannten es L a k t o n —, so beruht das ja nicht nur auf der teleologischen Neigung zum Fünfringe, sondern zunächst doch und

---

[1]) Ber. d. Dtsch. Chem. Ges. **23**, 16 f. (1890). H. Goldschmidt (Christiania) hatte (1883) isomere Benzildioxime gefunden.

vor seiner Entstehung auf der Nachbarschaft der im Bilde so weit getrennten Atomgruppen.

Die räumlichen Verhältnisse erforderten noch in manchen anderen neuen Fällen Berücksichtigung. Man fand Isomerien, die durch die Lagerung der Substituenten zu den beiden Seiten eines Kohlenstoffringes zustande gekommen sein mußten, z. B. bei den polymeren Thioaldehyden (1891). Ja, später ergab sich sogar, daß dadurch optische Aktivität entstehen konnte, wenn in dieser Art die Anordnung der Atome in zwei Formen spiegelbildlich zueinander geschehen ist.

„Mechanischer" waren die Einflüsse, die FRIEDRICH KEHRMANN (seit 1888) und VICTOR MEYER[1]) (1894—1897) als „sterische Hinderungen" erklärten: Wenn neben der COOH-Gruppe in der Benzoesäure zwei Substituenten an den beiden benachbarten Kohlenstoffatomen vorhanden sind, so läßt sich die substituierte Säure mit Salzsäure und Alkohol kaum verestern. Das gilt z. B. für die Mesitylenkarbonsäure

$$
\begin{array}{c}
COOH \\
| \\
H_3C{-}{-}CH_3 \\
| \\
CH_3
\end{array}
$$

und es gilt nur dann, wenn die drei einander benachbarten Substituenten auch wirklich an den drei miteinander verbundenen C-Atomen des Benzols sitzen. Die Salzbildung geschieht in normaler Weise, das sonderbare Verhalten gegenüber den Alkoholen beruht also nicht darauf, daß etwa die Säuregruppe selbst verändert worden wäre; sie ist vielmehr „blockiert" durch ihre Nachbarn, die lassen sie nicht zur Reaktion hinaustreten. Das ist nun wieder eine von den Erklärungen, die viel mehr als das bloß gegenwärtig zu Erklärende umfassen; sie dienen daher als Leitfaden für Reihen von neuen Versuchen. Die schienen zunächst das Ergebnis zu bestätigen, daß nur die Raumerfüllung, unabhängig von der chemischen Natur des Substituenten, maßgebend für den Grad der Hinderung wäre, bis dann schließlich MICHAEL (1909) es anders zeigte. Bei einer anderen Reaktion, die Einführung der Azetylgruppe $CH_3CO{-}$ als Substituenten, ergab sich nämlich für Methyl-Nachbarn, anders als bei der Säure, eine Begünstigung.

---

[1]) Vgl. über VICTOR MEYER die von seinem Bruder RICHARD MEYER verfaßte Lebensbeschreibung: „Victor Meyer, Leben und Wirken eines deutschen Chemikers und Naturforschers". Leipzig 1917.

Das sind nun Sonderfälle, die gerade an dem ausgeprägten Gegensatze zwischen Begünstigung und Verhinderung die Aufmerksamkeit dahin lenken konnten, auch für weniger auffallende Verhältnisse die Existenz von Beziehungen überhaupt zwischen den Atomen und Molekülgruppen zu berücksichtigen. Auch dies hätte ja eigentlich schon rein logisch naheliegen sollen. WLADIMIR MARKOWNIKOW (1838—1904, Kasan und Moskau) veröffentlichte auch schon im Jahre 1865 eine Schrift „Über den Einfluß, den die Atome im Molekül aufeinander ausüben", worin „das Wesen der chemischen Verwandtschaft als Funktion aller Atome und der Struktur des Moleküls ausgedrückt werden sollte[1]". Aber diese Darlegungen, die ihr Autor für die wichtigsten in seiner großen Lebensarbeit hielt, wurden doch erst fast Jahrzehnte nachher wieder ausgegraben. Dieser Vorgang kennzeichnet in seiner Art den Entwicklungsgang organisch-chemischer Studien: Was man als Zerlegungsteile gewonnen hat — wie hier die Atome —, das soll durch einfache Addition, bei der es fast unverändert in seinen Eigenschaften verharrt, das Ganze bilden. Die gegenseitigen Einflüsse der Teile aufeinander sind demgegenüber zweiten Ranges, sie stellen die feineren Verbindungen dar, zu denen erst eine hochentwickelte Forschung wirklich vordringt. Der theoretische Ausdruck hierfür ist die Valenzlehre in ihren verschiedenen Stadien. Mit den konstanten und unteilbaren Valenzen konnten ja solche Einflüsse, wie MARKOWNIKOW sie logisch fein erschloß, gar nicht zugelassen werden. Die Beobachtungen, die über das so Erfaßbare und Erklärliche hinausgingen, veranlaßten dann die Entwicklung einer Stereochemie, die in dem „Grundriß" von HANTZSCH (1893) und dem „Handbuch" von BISCHOFF und WALDEN (1894) zusammengefaßt wurden.

2. Valenzlehre.

Ein hervorragendes Beispiel für die Erkennung und den formalen Ausdruck der konstitutiven Beziehungen konnte bereits erwähnt werden: Die drei Doppelbindungen im Benzol schaffen eben durch ihr Verhältnis zueinander ein ganz eigenartiges Gebilde. Die Hydrierung einer dieser Doppelbindungen gibt dem Stoffe das ungesättigte Verhalten wieder, das dem Benzol selbst ja weitgehend fehlt. Die Untersuchungen STOHMANNS (1890f.) zeigten dies auch für die thermochemischen Daten. „In den Körpern mit Benzolkern ist der thermische Wert des Vorganges der Hydrierung im ersten Stadium ein wesentlich andersartiger als im zweiten und dritten Stadium, und zwar steht er in den letzten beiden Stadien durchaus im Einklang

---

[1] Nach H. DECKER, Nekrolog auf Markownikow. Ber. d. Dtsch. Chem. Ges. **38**, IV, 4249f. (1905).

mit den bei der Hydrierung gewöhnlicher Doppelbindungen in der Fettreihe beobachteten Werten[1])."

BAEYER hatte (1889) besonders die Terephthalsäure auf ihr Verhalten bei der Addition geprüft. Dabei fand er für das erste Reduktionsprodukt, die $\triangle^{1,3}$-Dihydroterephthalsäure

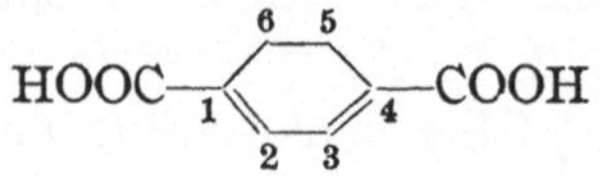

$$HOOC-\underset{2\quad 3}{\overset{6\quad 5}{\underset{1\qquad\quad 4}{\bigodot}}}-COOH$$

noch eine auffällige Umlagerung; sie geht bei weiterer Wasserstoffaufnahme zunächst über in

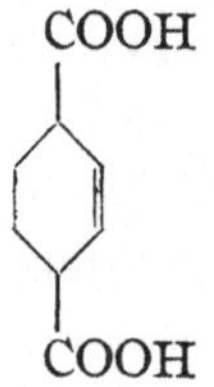

$$\begin{array}{c} COOH \\ | \\ \bigodot \\ | \\ COOH \end{array}$$

Dieses symmetrische Gebilde ist nicht etwa auf dem Wege über ein zuerst entstandenes unsymmetrisches von der Formel

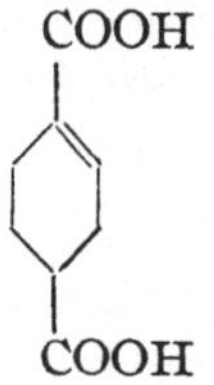

$$\begin{array}{c} COOH \\ | \\ \bigodot \\ | \\ COOH \end{array}$$

entstanden.

Ein solcher Verlauf der Reduktion kehrt auch bei anderen Säuren wieder. JOHANNES THIELE (1865—1918, Straßburg) wies an allen diesen Fällen auf das Verhältnis von zwei Äthylenbindungen zueinander hin[2]): Auch $HOOC — CH = CH — CH = CH — COOH$, Mukonsäure, nimmt zwei Atome Wasserstoff zuerst an den Enden auf: $HOOC — CH_2 — CH = CH — CH_2 — COOH$. Erst diese Säure lagert sich beim Erhitzen mit Alkalien in die unsymmetrische[3]) um, die nach dem Formelbilde gleich hätte entstehen müssen. Dazu kamen noch viele von THIELE selbst beobachtete Fälle, daß ein solches System von zwei benachbarten Äthylenbindungen nur an seinen beiden Enden reagiert. Damit erweist sich dieses System als ein eigenartiges, eben durch ein Zusammenwirken entstandenes, und es verdient darum auch die besondere Bezeichnung „konjugiert", die es als eine Einheit hinstellt.

---

[1]) Journ. f. prakt. Chemie **43**, 21 (1891).
[2]) Liebigs Ann. d. Chem. **306**, 87 (1899).
[3]) Nämlich $HOOC—CH_2—CH_2—CH = CH—COOH$.

Auch hier versagte die alte Valenzlehre; man mußte sie erweitern, um die neuen Beobachtungen zu erklären. Das tat THIELE im Jahre 1899. Die Äthylenbindung verrät durch ihr Additionsbestreben das Vorhandensein von unbetätigter Valenz, die einen Teil der ganzen vierzähligen des Kohlenstoffs darstellt. Die Partialvalenz wird durch gestrichelte Linien — zum Unterschied von den ausgezogenen für die „eigentliche" Valenz — gezeichnet: $> \text{C} = \text{C} <$. Treffen dann zwei solcher Gruppen mit Partialvalenzen zusammen, so geschieht ein Ausgleich in folgender Art:

$$A' = A'' - A''' = A'''' \xrightarrow{\text{Ausgleich}} A' = A'' - A''' = A'''' \xrightarrow{\text{Addition}} A' - A'' = A''' - A''''$$

Danach ließen sich nun die Verhältnisse im Benzolringe recht gut verstehen. Auch da liegen ja Konjugationen vor, aber zugleich zwei ineinandergreifende[1]), die sich miteinander verbinden, und die durch etwaige teilweise Hydrierung gestört werden:

Benzol   Dihydrobenzol

Wenn nun die neue Theorie erfolgreich durchgeführt werden konnte, so erhob sich natürlich die Frage nach dem Werte der Partialvalenzen und nach der Schärfe dieser Trennung zwischen ihnen und den Hauptvalenzen, eine Frage, die recht weitgehend der nach dem Unterschiede von Atom- und Molekülverbindungswerten in der anorganischen Chemie ähnelt. Gleicht man die Haupt- und Teilvalenzen am Benzolringe gegeneinander aus, so gelangt man zu der Formel

$$\begin{array}{c} \text{CH} \\ \text{HC} \quad \text{CH} \\ \text{HC} \quad \text{CH} \\ \text{CH} \end{array}$$

die nur darum mit der Vierwertigkeit des Kohlenstoffatomes bestehen kann, weil die Doppelbindungen nicht ganz als zwei zählen und die Formel mehr die Symmetrie als die Zahlenverhältnisse angeben soll.

Damit war nun auch von der organischen Chemie her die alte Anschauung von der Unzerlegbarkeit der Valenzen unhaltbar geworden. Aber man muß wohl die Ausdrücke etwas genauer wählen, um hier ganz klar zu sehen. Von der Unterscheidung, die KEKULÉ (1864) zwischen Atomizität und Äquivalenz errichtet hatte, kann doch

---

[1]) Vgl. dazu G. REDDELIEN, Journ. f. prakt. Chem. **97**, 225 (1915).

auch hier Gebrauch gemacht werden: Daß die Atombindungen verschiedene Festigkeiten besitzen, das wußte man ja auch zur Zeit der die Konstanz behauptenden Valenzlehre; und auch die neue nimmt ja nicht an, daß Kohlenstoff beliebig viele Atome binden könne. Man hat die Affinität zerlegt in den Quantitätsfaktor: Valenzzahl oder Wertigkeit und den Intensitätsfaktor, von denen dieser zweite die eigentliche organische Chemie nur gewissermaßen implizite beschäftigte, und dessen Maß nicht sie feststellte. Thieles Theorie in der Partialvalenzlehre nimmt zum erstenmal einen Übergriff des einen auf den anderen Faktor an, indem sie Intensitätsverschiedenheiten durch Teile der Valenz andeutet.

Beziehungen zwischen den Atomen und ihren Gruppen im Moleküle machten sich auch, außer am ganzen stofflichen Verhalten, an einem hervorragenden physikalischen Kennzeichen bemerkbar: an der Farbe. Man kann meinen, daß dabei praktische Interessen leiteten, wenn man sich besonders um die farbigen Stoffe bemühte: Dann darf man nur nicht vergessen, daß man damit in dieses Praktische dasjenige verlegt, was seit jeher den besonderen Nachdruck auf die Farbe veranlaßt hat.

Nun gewann man reichen Einblick in die Bedingungen, die Farbigkeit hervorriefen. Eines der ersten Verfahren bei chemischen Konstitutionsuntersuchungen war die Reduktion; sie hatte auch Baeyer beim Indigo farblose Stoffe geliefert, die durch Oxydation erst wieder ihren so wichtigen Charakter gewannen. Die jugendlichen Chemiker Carl Graebe und Karl Liebermann schlossen daraus (1868), daß Farbe und ungesättigte Bindungen eng miteinander zusammenhängen[1]). Tatsächlich wiesen sie damals im Alizarin die Anwesenheit solcher Bindungen nach und bestätigten die Konstitutionsformel durch die glänzende erste Synthese eines in der Natur vorkommenden Farbstoffes. Eine deutlichere Zerlegung in einen farbgebenden Teil und einen anderen, der nur den Körper, den Träger des Farberzeugers bildet, nahm Otto Nikolaus Witt bald darauf (1876) vor[2]): Ein Chromophor wirkte mit einer salzbildenden Gruppe zusammen, mit dem Ergebnisse, das jeder einzelnen dieser Gruppen allein nicht zukommt. Eben das Alizarin zeigt dies; denn dieser Farbstoff geht aus dem Anthrachinon hervor, wenn die salzbildende Hydroxylgruppe in sein Molekül eintritt. „Ich kann mir nicht verhehlen, daß meine Erklärung vielfach ungenügend ist. So ist es mir namentlich bis jetzt nicht möglich gewesen, irgendwelchen Schluß zu ziehen, welche Gruppen geeignet sind, als Chromophor zu wirken."

---

[1]) „Über den Zusammenhang zwischen Molekularkonstitution und Farbe bei organischen Verbindungen." Ber. d. Dtsch. Chem. Ges. **1**, 106 (1868).
[2]) Ber. d. Dtsch. Chem. Ges. **9**, 522 (1876).

Die folgenden Jahre brachten viele neue Aufklärungen der Konstitution von Farbstoffen[1]): Emil Fischer und Otto Fischer gaben für Pararosanilin (1879) die Formel:

$$C\!\!\begin{cases}C_6H_4\cdot NH_2\\ C_6H_4\cdot NH_2\\ C_6H_4\cdot NH_2\cdot Cl\end{cases}$$

die später im wesentlichen gleich, aber deutlicher an das Chinon erinnernd geschrieben wurde:

$$O=\!\!\langle\;\rangle\!\!=O \qquad\qquad Cl\cdot H_2N=\!\!\langle\;\rangle\!\!=C\!\!<^{C_6H_4\cdot NH_2}_{C_6H_4\cdot NH_2}$$
$$\text{Chinon}$$

Dann sollte die chinoide Struktur des einen Kerns als Chromophor wirken, und durch den Hinzutritt der basischen Aminogruppe als Auxochrom (Witts Ausdruck von 1888) erst Farbstoff werden. Auch hier mußte man über die alte Valenzlehre hinausgehen, wenn man auch diese Beeinflussung im Bilde kennzeichnen wollte.

Ein Jahr nach Thieles bedeutsamer Veröffentlichung wurde die chemische Welt durch die Entdeckung einer dreiwertigen, Kohlenstoff enthaltenden Verbindung aufgeregt: Moses Gomberg erhielt (1900) aus Triphenylchlormethan durch vorsichtige Behandlung mit Zinkstaub das Triphenylmethyl: $(C_6H_5)_3C$[2]). Eine Anzahl abnorm leicht vor sich gehender Additionsreaktionen bewies, daß in der gelben Lösung dieses Stoffes große Ungesättigtheit herrscht. Nun lernte man allerdings bald an den Umwandlungsreaktionen und aus synthetischen Versuchen kennen, daß dabei größtenteils die Assoziation — oder Verbindung — von zwei Molekülen des Triphenylmethyls vorliegt. Aber ein Teil ist doch auch mit freiem dreiwertigem Kohlenstoff vorhanden, und besonders in später von Wilhelm Schlenk[3]) (1910) hergestellten Biphenylmethylkörpern ist dieser freie Anteil stark. Nach seinem Molekulargewichte enthält z. B. eine Lösung von $(C_6H_5 — C_6H_4)_3C$, Tri-biphenyl-methyl, allein die wirkliche, monomolekulare Verbindung mit dreiwertigem Kohlenstoff. Im nächsten Jahre beschrieb Heinrich Wieland die ähnlichen Verhältnisse bei Verbindungen mit zweiwertigem Stickstoff, bei denen allerdings die Phenylverbindung beständiger ist als der Di-biphenyl-Stickstoff $(C_6H_5 — C_6H_4)_2N$[4]).

Würde man die natürlichen Gemische dieser Stoffe, wie sie ihre Lösungen darstellen, als einheitliche Gebilde hinnehmen, dann käme

---

[1]) Das Alizarin wurde 1874 von Baeyer und Caro konstitutionell genau erkannt. Ber. d. Dtsch. Chem. Ges. **7**, 368.

[2]) Ber. d. Dtsch. Chem. Ges. **33**, 3150.

[3]) Liebigs Ann. d. Chem. **372**, 1 (1910).

[4]) Liebigs Ann. d. Chem. **381**, 200; ferner **392**, 401.

man wieder einmal auf eine kontinuierlich wechselnde Wertigkeit. Aber wir erkennen darin die reinen Komponenten und erhalten dann den Dissoziationsgrad als den quantitativen Ausdruck für die Verschiedenheit der Valenz. Das Triphenylmethyl hat nicht genügende Valenz übrig, um sich mit einem zweiten gleichen Moleküle zu einer Verbindung mit normal vierwertigen Kohlenstoffatomen zusammenzutun; und Tetraphenylhydrazin $\left.\begin{smallmatrix}C_6H_5\\C_6H_5\end{smallmatrix}\right>N—N\left<\begin{smallmatrix}C_6H_5\\C_6H_5\end{smallmatrix}\right.$ geht zwischen den beiden Stickstoffatomen auseinander, aber ebenfalls nur zu einem bestimmten Teile. Das scheint nun stark gegen die früheren Ansichten zu sprechen, und modifiziert sie doch nur, wenn man genauer hinsieht. Man schreibt natürlich mit den Partialvalenzen

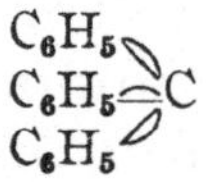

$$\begin{matrix}C_6H_5 \\ C_6H_5 \!\!-\!\! C \\ C_6H_5\end{matrix}$$

für die neue Verbindung; aber nun macht es ihre große Reaktionsfähigkeit doch offenbar, daß die vierte der Kohlenstoffvalenzen nicht einmal ganz auf die drei Partner aufgeteilt werden kann; und wenn dies bei anderen ähnlichen Verbindungen weitergehend geschieht, so behält man doch eigentlich die alte Wertigkeit bei, da man die vierte (bezüglich dritte beim N) Valenz auf die Substituenten wirken läßt. Nur eigentlich diese Teilbarkeit selbst war eindringlich erwiesen.

Das Jahr 1899 brachte noch durch die Begründung der Oxoniumtheorie Bedeutsames; J. N. COLLIE und TH. TICKLE deuteten damals ihre Versuche mit Dimethylpyron

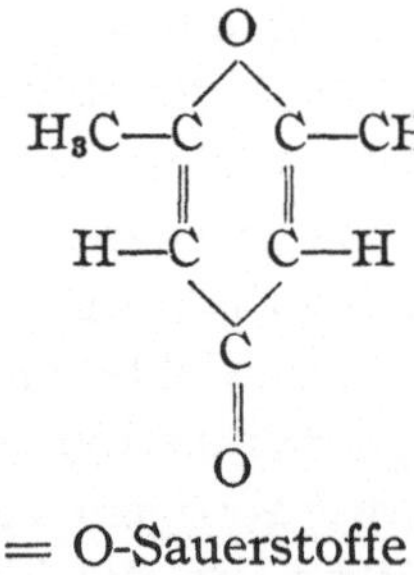

$$\begin{matrix} & & O & & \\ & & \diagup\diagdown & & \\ H_3C—C & & & C—CH_3 \\ \| & & & \| \\ H—C & & & C—H \\ & \diagdown & & \diagup \\ & & C & & \\ & & \| & & \\ & & O & & \end{matrix}$$

dadurch, daß sie dem C = O-Sauerstoffe Vierwertigkeit zuschrieben. Nach manchen älteren Angaben schien nun die Fähigkeit des doppelt gebundenen Sauerstoffes, noch zwei Valenzen zu betätigen, bewiesen zu sein. In der weiteren Entwicklung, durch BAEYER und VILLIGER vor allem gefördert, konnten auch zahlreiche andere Additionsprodukte an „eigentlich" gesättigten Sauerstoff mit der neuen Theorie erfaßt werden. Auch hier war wieder die Vierwertigkeit, außerdem aber das physikalische Verhalten so ungewöhnlich wie diese Art von Valenzwirkung. Dadurch wurde die Brücke geschlagen zu ähnlichen Verhältnissen beim Kohlenstoff, wo, allerdings ohne Valenzwechsel, eine besondere Art von Karboniumvalenz diejenigen Effekte erklären sollte, die an dem Oxonium auch vorkommen[1]). Was BAEYER (1902) Halochromie genannt hatte, die Salzbildung unter starker Färbung, gewann damit allerdings weniger eine „Erklärung" als die Beziehung zu einigen ebenso „dunklen" Vorgängen. Hydrate als Oxoniumverbindungen erinnerten ferner an WERNERS frühere Darlegungen.

Nun hatte man die Möglichkeit, jene eine ganz aus dem Rahmen der sonstigen fallenden Kohlenstoffverbindung, das Kohlenoxyd, auch als $C \equiv O$, als Verbindung vierwertigen Kohlenstoffs mit vierwertigem Sauerstoffe aufzufassen. Aber Kohlenoxyd war jetzt gar nicht mehr der einzige Stoff, in welchem man zweiwertigen Kohlenstoff annahm. Der Amerikaner JOHN ULRIC NEF (1862—1915, Chikago) formulierte auch die Isonitrile in dieser Weise, also z. B. $C_2H_5 — N = C$ statt der bisherigen Formel $C_2H_5 — N \equiv C$. Die große Giftigkeit dieser Verbindungsklassen ist nur eines der Zeichen für Aktivität. Die Fähigkeit zur Anlagerung vieler organischer und anorganischer Verbindungen muß ihren Ausdruck in jener ersten Formel finden, da die zweite nichts davon enthält. Nachdem NEF (1892) an den Isonitrilen diese Auffassung entwickelt hatte, dehnte er sie nach mancher Richtung weiter aus. Insbesondere betonte er als Vorstufe vieler Vereinigungen die Anwesenheit von Stoffen mit geringer Wertigkeit. Auch Methan dissoziiert in CH_3 und H, ehe daraus ein Methylderivat entsteht. Auch dann ist jedoch das starke Vereinigungsstreben der Ausdruck für fehlende Sättigung; und wenn bei höheren Temperaturen die Stoffe mit Lückenbindungen vorherrschen, so darf man doch eben diese Energiezufuhr nicht vernachlässigen[2]).

In anderer Weise benutzte F. W. HINRICHSEN (1877—1914, Berlin) die „freien" Valenzen als Grundlage einer neuen Anschauung (1904 und später): Äthylen wäre danach mit dreiwertigem Kohlenstoff zu schreiben, also $CH_2 — CH_2$ statt $CH_2 = CH_2$, und statt der Doppelbindungen überhaupt der Ausfall von Bindungen zuzugeben. Dagegen wurde geltend gemacht, was auch ähnlich von der Annahme dreiwertigen Kohlenstoffs galt: Man erkennt ja die fehlenden Bindungen, die „Ungesättigtheit", die also doch auf die normale Vierwertigkeit hinstrebt. Das drücken die üblichen Formeln viel besser aus als die mit geringerwertigem Kohlenstoff; und außerdem würden sich aus der Annahme solcher freien Valenzen Folgerungen ergeben, die den Tatsachen widerstritten.

Diese Erörterungen zeigen auch in der Kürze und Unvollständigkeit, die für ihre Erwähnung hier geboten ist, daß die Valenzlehre

---

[1]) Vgl. z. B. Ber. d. Dtsch. Chem. Ges. **35**, 3015 (1902).
[2]) Vgl. zusammenfassend: Journ. of the Americ. Chem. Soc. **26**, 1549 (1904); Einzelabhandlungen in Liebigs Ann. d. Chem. 1890 ff.

nach einem energetischen Ausdrucke der Energieart Affinität
drängte. Eine solche energetische Lösung, die also chemisch und
nicht bloß physikalisch orientiert wäre, versuchte der amerikanische
Forscher ARTHUR MICHAEL in mehreren Veröffentlichungen seit 1888
zu liefern. In an sich naheliegender Weise geht er von einem elektrochemischen polaren Gegensatze zwischen den sich zur Verbindung
anziehenden Teilen aus, und schließt dann: „Jedes chemische
System strebt zu der Anordnung, bei der das Maximum chemischer
Neutralisation erreicht ist[1]." Er spricht von „chemischer Plastizität"
des Kohlenstoffes als seiner — polaren — Anpassungsfähigkeit an
verschiedene Substituenten und der Beeinflussung durch sie. Zwischen den vier Stoffen A, B, C, D als Komponenten tritt Reaktion
in der Weise ein, wie sie durch die Größe der Energien und Verwandtschaften erfordert wird. Mit alledem war die Thermodynamik den
organisch-chemischen Erklärungen zugrunde gelegt worden. Aber
man wird damit leicht zum Propheten des schon Geschehenen; denn
die Energielehre hat ja immer recht. Sie gestattet Voraussagen auf
ein Ganzes aus einigen Teilen; aber die müssen da erst genau bestimmt
werden. Sonst könnte es oft den Anschein gewinnen, als ginge die
Reaktion gar nicht der Maximumforderung der Energetik gemäß
vonstatten und bliebe auf Zwischenstufen stehen. In der Tat, der
völlige Ausgleich von Spannungen und Potentialen könnte doch nicht
so komplizierte Verbindungen mit Asymmetrien und Unbeständig-
keiten ermöglichen; und der nur relative Ausgleich will eben gemessen sein. So liegt denn auch die Hauptleistung des MICHAELschen
Systems dort, wo es über spezielle chemische Umwandlungen Auskunft zu geben vermag, wie es besonders seine jüngeren Arbeiten
erstreben.

Eine Zeitlang herrschte bei vielen Vertretern der organischen
Chemie eine Vorliebe für die polare Kennzeichnung von Atomen
und Atomgruppen. Man nannte Substituenten „negativ", die als
Reste der Säuren angesehen werden konnten, und „positiv" natürlich
die Aminogruppe, aber auch einige andere, die Additionsvermögen
gegen Säuren bekundeten. In der Hydroxylgruppe ist der Wasserstoff
viel leichter und beständiger durch die Alkalimetalle vertretbar,
wenn sie mit Phenyl verbunden ist, als wenn ein aliphatisches Radikal,
wie etwa im Äthylalkohole, dazu kam; Phenol ist „saurer" als Äthyl-
alkohol und wird es durch den so als stärker negativ erwiesenen Benzol-
rest. Von da aus dehnte man die Betrachtung nun weiter auf eigentlich
jede Reaktionsbeeinflussung durch Komponenten aus. Doch dafür
zeigte VORLÄNDER (1904 f.) die Relativität des Begriffes „negativ",
seine Abhängigkeit von den Genossen im Molekül und den einzu-

---

[1] Journ. f. prakt. Chemie **60**, 300 (1899).

gehenden Reaktionen. Bei VORLÄNDER wird sogar der Substituent —SO_3H als positiv, —NH_2 als negativ bezeichnet — ein Ausdruck des Bedeutungswandels dieser Begriffe bei ihrer jetzigen Gründung auf Spannungsverhältnisse des ganzen Moleküls. Vorher schon sah es FERDINAND HENRICH (1899) als charakteristisch für ein negatives Radikal an, „daß an ihm homogene oder heterogene Atome in engerer Gruppierung, d. i. doppelt oder dreifach untereinander gebunden, vorkommen[1]“. Der höhere Energieinhalt solcher Verbindungen entspräche dann der Erhöhung der Reaktionsfähigkeit — qualitiv wenigstens.

Auch in der Valenzlehre äußert sich die alte dualistische Zerlegung in positiv und negativ, mit anderen Ausgangspunkten allerdings, in der Theorie von R. ABEGG (1902, 1904). Danach sollte jedes Element positive und negative Valenzen besitzen und ihre Zahl sich stets zu acht ergänzen. So hätten die Alkalimetalle eine positive „Normalvalenz“ und sieben negative „Kontravalenzen“. Es ist nicht der einzige Einwand gegen diese Hypothese gewesen, daß von diesen sieben Kontravalenzen nichts zu merken war[2]). Die einfache Zweiteilung genügt eben auch bei dieser Kombination mit einem „Erhaltungsgesetz“ nicht, um die Mannigfalt der organischen Bindungen und Beziehungen zwischen den Molekülteilen zu erfassen.

Dafür bot die Teilung der Valenzeinheit mehr Anhaltspunkte. THIELE hatte die „Größe“ der Partialvalenzen natürlich nur qualitativ und relativ beschrieben: W. BORSCHE nahm für einige Fälle eine Art Dreiteilung der Valenz vor, allerdings auch ohne damit die Gleichheit der drei Teile bestimmen zu können (1910)[3]). HUGO KAUFFMANN zerlegte darauf (1911) und vor allem im Zusammenhange mit physikalischen Vorstellungen die Valenz in mehrere Linien[4]). Er wählte zunächst willkürlich fünf solcher Linien an Stelle eines früheren Valenzstriches — aber das war mehr, als er eigentlich auch immer gebrauchen konnte. Was dann an näheren Bestimmungen noch über „Streuung“ und „Zersplitterung“ der Valenzen ausgesagt wird, das deutet zum Teil auf Physikalisch-Chemisches und wird zum anderen mit den neuen Konstitutionserörterungen zusammen erwähnt werden. Hier gewinnen die Valenzstriche nach ihrer Auflösung eine neue physikalische Beziehung, während doch sonst seit und

---

[1]) Ber. d. Dtsch. Chem. Ges. **32**, 673 (1899). Vgl. auch F. HENRICH, „Theorien der organischen Chemie“. Braunschweig.

[2]) Durch ganz andere Entwicklungen, die den Aufbau der Atome betreffen, ist man letzthin allerdings in gewisser Weise wieder auf ähnliche Vorstellungen gekommen. Vgl. Zeitschr. f. Elektrochemie **26** (1920), Berichte über die Hauptversammlung der Bunsen-Gesellschaft.

[3]) Liebigs Ann. d. Chem. **375**, 147 (1910).

[4]) H. KAUFFMANN, Die Valenzlehre. Stuttgart 1911.

durch WERNERS Theorie oft eine unnütze, verdoppelnde Verdinglichung darin gesehen wurde.

3. Entwicklungen auf Spezialgebieten.

Die allgemeinen Valenztheorien gingen in typischer Weise meist von besonderen Erfahrungen an komplizierten Verbindungen aus; sie machten damit den Begriff des Speziellen in der organischen Chemie, wo soviel Spezialisierung herrscht, doch in gewisser Hinsicht wieder problematisch. Entsprechenden Verhältnissen begegnet man auch auf den experimentellen Gebieten, wo ähnliche Zusammenhänge entstehen können. Man schließt eben das eine nicht absolut gegen das andere ab, sondern sucht gerade diese Vereinigung, die das ursprüngliche Ganze wieder annähern soll. So sind die speziellen Erfahrungen, von denen hier nur wenig und abstrahierend berichtet werden kann, die Grundlage auch der allgemeinsten Theorien bei ihrer Entstehung gewesen. Gewiß suchte die Theorie darin „mehr" zu sein als dieses Ausgangsgebiet, daß sie die wesentlichsten Teile auch anderer Erscheinungen mit enthielte; aber es zeigte sich doch an vielen verschiedenen und nicht immer zureichenden Bemühungen um eine allgemeinere, nicht z u allgemeine theoretische Grundlage, im Gegensatze zu dem großen Aufschwunge der speziellen organischen Chemie, daß hier das Experiment noch viel enthält, was nicht ganz in die Theorie eingegangen ist. Diesen Anteil erkennen wir eben an dem Bemühen, das Experiment zu beschreiben und das „Wesentliche" an ihm herauszuholen. Dann umfaßt die Theorie einen auf weitere Versuche verweisenden Anteil, und das Experiment drängt die Vernachlässigungen zu berichtigen, die auf der andern Seite dabei gemacht wurden. Im System des einzelnen zu untersuchenden Stoffes gesehen, handelt es sich dabei immer „nur" um die Aufgabe, die Beziehungen der Atome im Moleküle zueinander festzustellen; doch hat diese Aufgabe einen Sinn nur beim Vergleiche des einen Stoffes mit denjenigen anderen, die darauf chemisch einwirken können. Thermodynamisch würde man dann von der Schaffung eines bestimmten Potentiales durch die Anwesenheit anderer Stoffe sprechen; die rein chemische Bedeutung weist ebenso schlicht darauf hin, auch dem Reaktionspartner seinen Einfluß auf das Verhalten des Stoffes zuzuerkennen.

Das klingt selbstverständlich und ist doch nicht immer beachtet worden, wenn das Suchen nach den konstant bleibenden Trägern der Veränderung im Vordergrunde stand. Gerade die Ortsbestimmungen am Benzolkerne liefern manche Beispiele solchen Verhaltens. Wenn man in ein Benzolderivat Substituenten einführt, so erhält man diese in verschiedenen Stellungen zu den anwesenden Gruppen, und zwar abhängig sowohl von den schon anwesenden als auch von den hinzukommenden. Emilio Nölting faßte dafür schon 1876 einige Regeln zusammen, die zunächst einfach das Empirische zu beschreiben hatten[1]). Späterhin versuchte man es valenzchemisch zu formulieren, wie die orientierenden Einflüsse durch den Grundstoff sich geltend machten. Dabei verlor man wohl vorübergehend außer acht, daß auch der eintretende Substituent seinen Platz mitbestimmt; und wenn man sonst vorübergehende Additionen der aufeinander wirkenden Stoffe annahm, so stellte das häufig doch unerwiesene Hypothese dar. Auch hier blieb, wie bei der Valenzlehre und im engen Zusammenhang damit, die Theorie unvollständig trotz der vielen neuen Einzelkenntnisse, die den Arbeiten besonders Obermillers und Hollemans[2]) entsprangen.

Diese Probleme, die eng mit der allgemeinen Valenzlehre verbunden sind, haben außerdem noch große Bedeutung für die organisch-chemische Synthese. Da sind solche Substitutionen häufig die Station auf einem weiteren Wege, auf dem man „künstlich" die von Lebewesen gebildeten Stoffe aufzubauen sucht. Auch ist erst durch die gelungene und in allen Stufen durchsichtige Synthese der Konstitutionsbeweis für eine Verbindung vollendet. Oft wurde dabei die nach V. Grignard (1901) benannte Reaktion mit organischen Magnesium-haloidverbindungen, Mg J R, benutzt. Die Synthese des Alizarins und des Indigos zeigen außerdem an hervorragendsten Beispielen die wirtschaftliche Bedeutung dieses Teiles der chemischen Arbeit. Mancherlei Interessen knüpfen sich so an diese Forschungen; bei dem außerordentlichen Umfange derselben ist hier nur ein sehr kurzer Überblick über das eine oder andere Gebietsteilchen möglich.

Die neuere Geschichte der Chemie der Kohlenhydrate setzt mit einer frühen völligen Synthese ein, die 1861 Butlerow durch Polymerisation des CH_2O, des Formaldehyds, ausführte. Aber sie gewährte wenig Einblick in die atomare Struktur der Zuckerarten, sie übersprang zu leicht alle Zwischenstadien. So hatte man zunächst durch die Analyse das Molekül in einzelne Gruppen zu zerlegen. Rudolph Fittig (1871) und später Heinrich Kiliani (1885) legten durch charakteristische Reaktionen die Anwesenheit von Hydroxyl und Aldehyd- oder Ketongruppen dar. Danach konnten die Bruttoformeln atomar aufgelöst werden; sie enthielten auch die Asymmetrie von Kohlenstoffatomen, die an den natürlichen Produkten die optische Aktivität erklären konnte. Aber den mannigfachen Isomerien zwi-

---

[1]) Ber. d. Dtsch. Chem. Ges. **9**, 1797.
[2]) J. Obermiller, „Die orientierenden Einflüsse und der Benzolkern". Leipzig 1909. A. F. Holleman, „Die direkte Einführung von Substituenten in den Benzolkern". Leipzig 1910.

schen den etwa sechs einfachen Zuckerarten kam erst EMIL FISCHER (geboren 9. Oktober 1852 zu Euskirchen, seit 1892 als A. W. HOF-MANNS Nachfolger in Berlin, gestorben 16. Juni 1919) durch synthetische Verfahren bei. Nachdem er 1887 (gemeinsam mit JULIUS TAFEL) die erste Synthese eines genauer definierten Zuckers vom Glyzerin aus erreicht hatte, war schon bald darauf auch das Verhältnis zwischen mehreren der Zuckerarten geklärt. Ein paar Jahre später überschritt die Synthese das von der Natur Gebotene in mancher Hinsicht, und die Stufen zwischen dem Formaldehyd und den höher zusammengesetzten Kohlenhydraten wurden einzeln festgehalten[1]).

Mit Kohlenhydraten verbunden kommen in den Pflanzen verschiedene, zumeist aromatische Körper vor, als Glukoside. Auch ihre Synthese und Konstitutionsermittlung gelang nun und wurde von EMIL FISCHER in seinen letzten Lebensjahren auch auf die Gerbstoffe ausgedehnt[2]). Dabei wirkten seine Erfahrungen mit den Eiweißstoffen mit; wie man andererseits wieder von den einfachen Baugesetzen in der Natur sprechen kann, wenn man gleiche Verbindungsweisen hier und dort erkennt.

Die Entwicklung der Eiweißforschung weist auch sonst manchen mit der Geschichte der Kohlenhydrate ähnlichen Zug auf. „Brutale" Synthesen gehen der genauen Kenntnis voraus (SCHÜTZEN-BERGER, 1891). Man beginnt auch hier nicht mit einer vollständigen Analyse, sondern ungefähre Analyse und annähernde Synthese wechseln miteinander ab. Um das Jahr 1900 begann EMIL FISCHER nach diesen allgemeinen Orientierungen systematisch in dieses Gebiet vorzudringen. Er hatte Aminosäuren als Produkte einer schonenden Zerlegung der Eiweißstoffe gefunden; nun baute er aus ihnen das komplizierte Molekül der einfachsten dieser Körper auf[3]). Die Untersuchung der anderen greift noch stärker als das Erwähnte in das Gebiet der Biochemie über.

Bei den Alkaloiden liegt es ja ähnlich; will man nur rein Chemisches über sie berichten, so muß man doch vielerlei Isolierungen vornehmen und andersartige Beziehungen in anderen Zusammenhang einstellen. Seit der ersten Entdeckung alkalischer Pflanzenstoffe hatte man zahlreiche neue Alkaloide aus verschiedenen Pflanzen hergestellt. Oft ging es da wie beim Tabak, daß man ein vorherrschendes Alkaloid lange für das einzige hielt, und erst in jüngster Zeit mehrere „Neben-

---

[1]) E. FISCHER, „Untersuchungen über Kohlenhydrate und Fermente 1884 bis 1908". Berlin 1908.

[2]) Vgl. dazu K. FREUDENBERG, „Die Chemie der natürlichen Gerbstoffe". Berlin 1920.

[3]) E. FISCHER, „Untersuchungen über Aminosäuren, Polypeptide und Proteine (1899—1906)". Berlin 1906.

alkaloide" von großer Ähnlichkeit mit jenem aufzufinden vermochte. Zu dem 1828 entdeckten Nikotin gesellten PICTET und seine Mitarbeiter 1901 drei andere. Man trifft sehr häufig solche Gruppen von Alkaloiden, deren Namen auf ihren chemischen Charakter hinweisen sollen. Wie beim Nikotin, gelang auch für andere Alkaloide zuerst eine Aufspaltung in zwei Molekülgruppen: eine leicht erkannte und eine andere, deren Erforschung viel mehr Mühe machte und hier z. B. durch eine sehr feine Oxydation erreicht wurde. Beim Coniin, dem Schirlingsgifte, war allerdings der „zweite Teil" recht einfacher Art, und so gelang dann auch die erste Alkaloidsynthese für dieses Gift (LADENBURG, 1886).

Die Alkaloide von Tollkirsche und Stechapfel erkannte man 1850, nachdem man sie lange getrennt hatte, als identisch. Hier konnte LADENBURG zwar die beiden typischen Spaltprodukte (1879) zum Ganzen wieder zusammensetzen, den Einblick in die „zweite Hälfte" gewann aber erst viel später RICHARD WILLSTÄTTER (1901).

Von Kokain fand WÖHLER (und Mitarbeiter) 1860 Abbauprodukte, von denen aus SKRAUP, MERCK, EINHORN Teilsynthesen ausführten, bis dann R. WILLSTÄTTER (1903) die vollständige Synthese erreichte.

Neben dem Chinin wurde schon 1820 ein zweites Alkaloid, das Cinchonin, erkannt. Hier besonders folgten zahlreiche weitere Entdeckungen von Chinabasen. Die beiden Teile des Cinchoninmoleküls trennen sich beim Schmelzen mit Kali (GERHARDT 1842), aber sie werden dabei weiter zerstört. Oxydationen liefern weniger veränderte Bruchstücke. Aber erst als PAUL RABE (1909) die Oxydationen sehr mild zu gestalten wußte, erhielt man Aufschluß über den Zusammenhalt der beiden Teile und damit über die Konstitution des Ganzen. Morphin ließ sein „Ringsystem" zum Teil schon bei der Destillation mit Zinkstaub (1881) erkennen: Man erhielt dabei Phenanthren, und durch Verseifungen und Veresterungen Aufschluß über die an diesem Ringe befindlichen Substituenten (PSCHORR, 1907, KNORR, 1908). Thein, Koffein, Xanthin erhielt EMIL FISCHER auch synthetisch, von seinem Purin (1897 entdeckt) ausgehend.

Zu den schon lange bekannten Alkaloiden brachte die jüngste Forschung mehrere neue: z. B. Hordenin, Yohimbin. Zum Teil ist dabei noch keine vollständige Konstitutionserkenntnis gewonnen. Man zerlegte das gesamte Molekül und behielt hier ein Grundskelett der Atomanordnung, dort gerade nur die Gruppierung einiger Atome zu gewissen Substituenten[1]. So sucht man denn auch hier „Radikale" zu erkennen, als erste Stufe des Abbaus; aber man streitet nicht mehr

---

[1] Vgl. z. B. JULIUS VON BRAUN, „Über die Entalkylierung und Aufspaltung organischer Basen mit Hilfe von Bromcyan und Halogenphosphor". (Wallach-Festschrift 1909.)

über die relative Bedeutung dieses Begriffes und man will darüber hinaus bis zu den Atomen und ihren gegenseitigen Beeinflussungen vordringen. Das bleibt freilich weitgehend noch bloße Aufgabe. Der Lösung nähert man sich oft stärker auf dem Gebiete der Terpene und besonders dem der Farbstoffe.

Die systematische Erforschung der Terpene begann (ungefähr seit 1880), als man mit gewissen Gruppenreagenzien, wie Brom und Jod, salpetrige Säure, Nitrosylchlorid, einzelne hervorspringende Teile des Moleküls erfaßte und physikalische Untersuchungsmethoden anwendete. Bis dahin hatten z. B. bei Kampferkörpern geringe Unterschiede im Schmelzpunkt oder in der optischen Drehung Unterscheidungen veranlaßt, die genauerem Eindringen nicht standhalten konnten. Die von J. W. BRÜHL (1850—1911, Heidelberg) entwickelte Methode, das Lichtbrechungsvermögen zu Konstitutionsbestimmungen zu benutzen, verhalf dabei oft noch vor dem chemischen Aufschlusse zu einer Orientierung und später zur Erkenntnis von besonderen Feinheiten des Molekülbaues. Auch hier war die anfängliche Unvollkommenheit der Methode in gewisser Beziehung sogar förderlich. KANONIKOFF konnte (1883) nach dem Refraktionsvermögen im Moleküle des Kampfers die Anwesenheit zweier miteinander vereinigter Ringsysteme erkennen. Er verbesserte danach die Formel, die V. MEYER (1871) und KEKULÉ (1873) diesem Stoffe zuschrieben; JULIUS BREDT korrigierte daran die Stellung der C = O-Gruppe (1885) und einige Jahre später (1893) die Stellung der schon früh als solche sicher erkannten Isopropylgruppe in der Weise, die noch heute als gültig angenommen werden muß. Das hing mit der Erforschung der mancherlei Oxydations- und Abbauprodukte aus dem Kampfer zusammen. OTTO WALLACH (geboren 1847, Göttingen) fand am Beginn seiner dann über Jahrzehnte sich erstreckenden Untersuchungen: „Eine sehr große Anzahl der bisher verschieden bezeichneten und für verschieden gehaltenen Terpene ist unzweifelhaft identisch" (1885), aber andererseits auch: „Unter dem Begriff „Tereben" z. B. verstand man bis 1885 ein Umwandlungsprodukt des Pinens (Terpentinöls), das in der Regel ein wechselndes Gemenge von Pinen, Limonen, Dipenten, Terpinolen, Terpinen, Cymol gewesen sein dürfte[1])." Die Ermittlung der Atomordnung in den Molekülen der zahlreichen Isolierungsprodukte aus den ätherischen Ölen erforderte hier so viele Vorarbeiten, daß selten einem einzelnen Manne die Lösung mit Recht zugeschrieben werden konnte, wie WALLACH hervorhebt: „Vielfach handelte es sich da nur um einen letzten Schritt von keineswegs origineller Bedeutung, während die grundlegenden Versuche und

---

[1]) Vgl. OTTO WALLACH, „Terpene und Campher", ², Leipzig 1914, S. 11 und 194.

wesentlichsten Vorarbeiten von ganz anderer Seite ausgeführt wurden als von dem, welchem die ‚Konstitutionsermittlung‘ jetzt zugeschrieben wird[1]).“ Für die eine oder andere der beobachteten Teilreaktionen läßt sich wohl eine Formel aufstellen, die doch im Hinblick auf die Gesamtheit des Verhaltens falsch sein kann. So konnte man für Terpinen sechs verschiedene Formeln für „richtig“ halten, bis dann WALLACHS Arbeit auch dafür Klarheit brachte.

Bei solchen Konstitutionsuntersuchungen brachten die von CARL DIETRICH HARRIES im besonderen erforschten Ozonide[2]) wertvollste Einblicke.

Für die Farbstoffe entwickelte man aus ihrer hervorragendsten Eigenschaft ein wichtiges Mittel zur Kennzeichnung. Natürlich beobachtete man dafür die Absorption des Lichtes durch diese Stoffe unter spektraler Zerlegung, nach den von HARTLEY (1885) und BALY (1904) ausgebildeten Methoden der Messung bei verschiedenen Lösungskonzentrationen.

Die eigentlichen Farbstoffe ließen zwei Gesetzmäßigkeiten erkennen, die schon WITT zusammenfaßte: die Abhängigkeit der Farbe von Chromophor und Auxochrom und ihre Zerstörung bei der Wasserstoffaufnahme. Man konnte dieses zweite darauf zurückführen, daß die chinoide Struktur zerstört wurde: Aber WILLSTÄTTERS farblose Chinondiimine (1907)

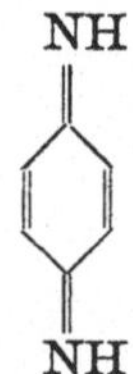

mahnten doch zur Berücksichtigung auch anderer maßgebender Verhältnisse. Seit einigen Jahren gab es damals auch schon Forschungen auf einem scheinbar entfernten Gebiete, das in Wirklichkeit aber nur einen Teil der Farbstoffmoleküle in günstiger Isolierung darstellt: Vom Nitromethan abgeleitete, verhältnismäßig einfache Stoffe, an denen schon VICTOR MEYER manches Merkwürdige gefunden hatte (1872 und später), bilden Salze unter Umlagerung. Sie sind, nach der Bezeichnungsweise von A. HANTZSCH, Pseudosäuren; sie ändern ihre Konstitution, wenn sie in Salze übergehen.

$$CH_3\text{—}CH_2\text{—}N{\displaystyle {O \atop O}} \quad \rightleftharpoons \quad CH_3\text{—}CH=N{\displaystyle {O \atop OH}}$$

Nitroäthan.   Isomere, salzbildende Form.
Pseudosäure.   Echte Säure.

---

[1]) Ebendort S. 204.
[2]) Vgl. C. D. HARRIES, „Untersuchungen über das Ozon und seine Einwirkungen auf organische Verbindungen“. Berlin 1916.

Entsprechend fand er auch stickstoffhaltige Körper, die Pseudobasen sind, da sie erst nach Umlagerung sich mit Säuren vereinigen (1899)[1]. Schon im Jahre darauf ergab sich, daß der Schluß von hier aus auf die Farbstoffe selbst berechtigt war: An einigen Triphenylmethanfarbstoffen mit substituierenden Aminogruppen wiesen chemische und physikalische Methoden — Messungen der elektrischen Leitfähigkeit — die Umlagerung nach. Von ihr hängt dann auch der Übergang von Farblosigkeit zu spezifischer Lichtabsorption ab.

Während hiernach bestimmte Konstitutionsformeln und Atomlagerungen für alle die dabei auftretenden Stoffe, und auch die Farbstoffe, gelten sollten, glaubte BALY (1904 und später) eben den Bindungswechsel für die Farbstoffnatur verantwortlich machen zu können: Der Absorption muß ja eine Schwingung im Molekül entsprechen, die auf die Lichtschwingungen reagiert. Man hätte sie nun in der Schwingung der Atome gefunden. ADOLPH v. BAEYER kam durch andere Betrachtungen zu ähnlichen Ergebnissen[2]. Von den drei Benzolresten, die mit dem Methankohlenstoffatom im Moleküle der Triphenylmethanderivate verbunden sind, müssen nämlich mindestens zwei die Substituenten — O oder — NH_2 und ähnliche Gruppen aufweisen, damit ein Farbstoff zustande kommt. Bei der dazu ferner nötigen Salzbildung schwingt dann das Natrium- bzw. Chloratom zwischen den beiden salzbildenden Gruppen hin und her:

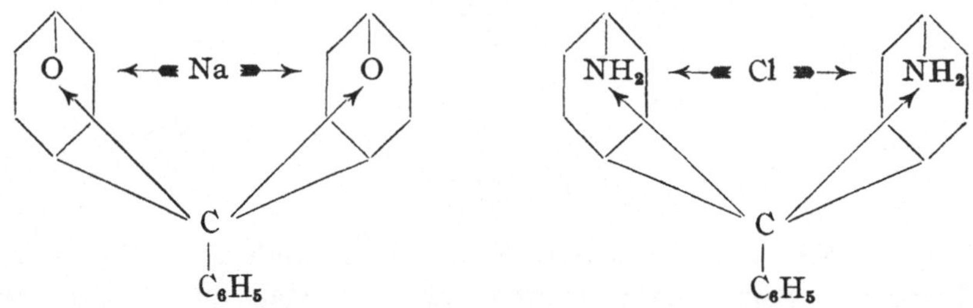

Aber R. WILLSTÄTTER und JEAN PICCARD leiteten (1908) an ähnlichen, zunächst einfacheren Fällen ein ganz anders scheinendes Bild ab[3]: Sie zeigten für Chinhydron die Formel

[1] Vgl. Ber. d. Dtsch. Chem. Ges. **29**, 2193 (1896); **32**, 3109 (1899).
[2] Liebigs Ann. d. Chem. **354**, 152 (1907); **372**, 80 (1910).
[3] Ber. d. Dtsch. Chem. Ges. **41**, 1462 (1908).

als Verbindung eines Moleküls Chinon mit einem Moleküle Hydrochinon durch Nebenvalenzen im Sinne WERNERS.

Dann würde auch an die Stelle der obigen Schwingungsformeln eine stabile nach Art der Chinhydrone treten. Auch andere Beispiele zeigten, daß gerade solche Nebenvalenzbindungen Farbe erzeugend oder vertiefend wirken können. F. STRAUSS hatte für gewisse Salzsäureadditionsprodukte von komplizierten Ketonen (1907) bewiesen, daß nur eine Formulierung mit Oxonium-Sauerstoff ihren Eigenschaften gerecht würde; PAUL PFEIFFER stellte (seit 1910) zahlreiche Verbindungen von anorganischen Chloriden, besonders Zinntetrachlorid, mit solchen Ketonen her, die am besten durch Nebenvalenzwirkungen gedeutet und auch in bezug auf ihre Farbigkeit erklärt wurden.

Inzwischen formulierte auch A. HANTZSCH die von ihm entdeckten zahlreichen Isomeriearten in solcher Weise. Anfangs (etwa 1906) konnte HANTZSCH für alle Farbänderungen eine mit den Hauptvalenzen ausdrückbare Konstitutionsveränderung nachweisen. Bald zeigten sich ihm dann neue Farberscheinungen, zu denen feinere, eben nur mit Valenzteilen zusammenhängende Bindungsverschiedenheiten gehörten. Die daraufhin nötigen Konstitutionsformeln lösten also die Schwingungsannahmen ab und modifizierten andrerseits auch die frühere Umlagerungstheorie. An ihnen sind nicht die Hauptvalenzen, sondern in maßgebender Weise die Nebenvalenzbetätigungen wirksam. Die verschwebende Grenze zwischen diesen beiden Valenzarten verringert nicht etwa diesen Unterschied der Erklärungsweisen. Wohl führt sie manchmal (z. B. neuerdings G. GEORGIEVICS)[1] dazu, Ausgleiche der Atombeziehungen im Moleküle zu formulieren, die nur mit der teilbaren Valenz möglich sind; aber dabei wird betont, daß eben doch Spannungen im Moleküle denjenigen Zustand nicht eintreten lassen, den man schon durch einfache Symmetriebetrachtungen für den wahrscheinlichsten gehalten hätte.

Die für alles Leben so wichtigen Farbstoffe der grünen Pflanzen[2] und des roten Blutes[3] sind in den letzten Jahren nach vielen Be-

---

[1] Vgl. G. GEORGIEVICS, „Lehrbuch der Farbenchemie", 1920; ferner zu dem ganzen Abschnitte etwa die Werke von G. SCHULTZ, „Chemie des Steinkohlenteers usw.", 1. Aufl. 1882; R. NIETZKI, „Chemie der organischen Farbstoffe", 1. Aufl. 1888; H. KAUFFMANN, „Über den Zusammenhang zwischen Farbe und Konstitution bei chemischen Verbindungen, 1904; H. LEY, „Beziehungen zwischen Farbe und Konstitution bei organischen Verbindungen", 1911. H. TH. BUCHERER, „Lehrbuch der Farbenchemie", 1914.

[2] Vgl. R. WILLSTÄTTER und A. STOLL seit 1906; vorher und gleichzeitig auch MARCHLEWSKI.

[3] Vgl. z. B. die Übersicht über die neueren Forschungen von u. a. WILLIAM KÜSTER, O. PILOTY, HANS FISCHER in „Ergebnisse der Physiologie". (ASHER-SPIRO) 15, 185 (1916) (HANS FISCHER).

mühungen chemisch fast ganz aufgeklärt worden. Auch hier ergaben sich entscheidend bedeutsame Nebenvalenzbindungen, diesmal allerdings zwischen dem Magnesium bzw. Eisen und den stickstoffhaltigen Teilen des Moleküls.

Auf Grund von Untersuchungen der Fluoreszenz und des Leuchtens von Dämpfen unter dem Einflusse intensiver elektrischer Schwingungen kommt Hugo Kauffmann zu manchen anderen Ergebnissen. Danach wird eine Veränderung des Benzolkernes selbst vorausgesetzt. Zwei der „Grenzzustände" sind nach Kekulés und nach Dewars Formel des Benzols gekennzeichnet:

Johannes Stark, der als erster die Valenz überhaupt als eine Elektronenwirkung eingehend erklärte, versuchte auch die Konstitution der Farbstoffe durch Betonung des Zustandes der Elektronen im Moleküle zu erklären (1908 und später). Als er dies begann, war noch wenig über die Elektronenanordnung in den einfachsten Atomen erkannt worden. Nachdem nun schon bei der Erforschung der Terpene physikalische Methoden entscheidend angewendet wurden, nähern wir uns so auch auf dem Gebiete der Farbstoffchemie der Physik.

Nur einige Entwicklungslinien aus der organischen Chemie sind hier skizziert worden. Für die Darstellung der Entwicklungsgeschichte mancher einzelnen der Tausende von jetzt bekannten Verbindungsgruppen wären Werke vom Umfange des vorliegenden notwendig. Nur auf eine Linie von allgemeiner Bedeutung sei noch hingewiesen. Die alte wissenschaftliche Chemie kümmerte sich im wesentlichen nur um dasjenige, was durch Kristallisation in garantierter Reinheit erhalten werden kann. Öle, Harze und sonstiges Amorphes nahmen dagegen einen recht geringen Raum ein. Doch gerade den so auftretenden Stoffen wandte sich späterhin größeres Interesse zu. Man hatte Methoden gewonnen, um auch solchem Material wissenschaftlich wichtige Ergebnisse abzugewinnen. Hierher gehören z. B. die Forschungen über manche Harzbildungen selbst, die durch Polymerisationen und andere Kondensationen geschehen, und fast am Ende der hier zu betrachtenden Berichtszeit ist dann auch erneut die Kohle selbst Gegenstand besonders ausführlicher, wissenschaftlich chemischer Untersuchungen geworden. Der Teer, der aus ihr bei einem eigentlich recht brutalen Eingriffe, nämlich starkem Erhitzen, gebildet wird, war ja schon seit Jahrzehnten wegen der daraus gewinnbaren

Stoffe durchforscht worden; nun erst beobachtet man das Verhalten
der Kohle bei gelinden Einwirkungen. So wird auch hier der in diesen
Blättern oft schon bezeichnete Weg begangen: die Sprünge zwischen den
Stoffen zu verringern und die praktisch wichtigen auch ganz zu erfassen.

Welchen Gang die Entwicklung in den letzten Jahren genommen
hat, das läßt sich durch einige einfache Zahlen kennzeichnen.
Am 1. April 1899 waren 74 174 organische Verbindungen bekannt,
am 1. Januar 1910 waren es 144 150[1]). Wenn dabei viele alte Probleme gelöst werden konnten, so entstanden doch auch, in derselben
Beschleunigung ungefähr, neue. Selbst viel untersuchte Stoffe, wie
die Zimtsäuren etwa — vgl. Untersuchungen von LIEBERMANN,
STOBBE, STÖRMER — deuten mit manchem noch Rätselhaften auf
weitere kommende Umgestaltungen hin. So ist es wohl nicht nur ein
durch zu nahe Beteiligung hervorgerufener Schein, daß die Gegenwart auch in der organischen Chemie eine bedeutsame Zeit neuen
Werdens darstellt.

III. Physikalische Chemie.
Einleitung.

Es kommt nicht bloß auf eine entsprechende Definition von
Physik und Chemie an, wenn man Beziehungen zwischen den beiden
Wissenschaftsgebieten und Einflüsse von einem auf das andere schon
in alten Zeiten finden will. Aber darum ist doch eine „physikalische
Chemie" ein verhältnismäßig sehr junges Gebilde. Selbst die Ansätze,
die beispielsweise bei BERTHOLLET vorkommen, sind doch überwiegend logische und nicht experimentelle Tat. Die gedanklichen
Probleme einer solchen Vereinigung von Physik und Chemie sind ja
verschiedener Art. Die Unterscheidung von physikalischer und chemischer Eigenschaft bietet nicht nur an den Grenzen Schwierigkeiten,
wo auch hier stetige Übergänge das Diesseits und Jenseits nicht scharf
bestimmen lassen; Qualität und Quantität beziehungslos neben-
einanderzusetzen ist nicht ersprießlicher oder leichter, als bei quan-
titativem Variieren das Verhalten der Qualität, also ihre Abhängigkeit
von der Quantität, zu untersuchen. Aber für alle dies soll ja nicht die
philosophische Lösung hier verfolgt werden, die nie ganz gefunden
wird. Die experimental-wissenschaftlichen Lösungen, ebensowenig
absolut und für immer so gültig, gelangen dennoch zu allgemeinen
Theorien, die so weit über die stets bewegten Einzelerkenntnisse und
die speziellen Theorien hinausgehen, daß ein lange Zeit bleibender
wesentlicher Teil von ihnen den Eindruck einer endgültigen Bestimmung gewähren kann.

[1]) Nach einer Statistik von M. M. RICHTER, Lexikon der Kohlenstoffverbindungen. 3. Aufl. 1912. S. 4709.

Die allgemeinsten solcher Bestimmungen, die beiden Hauptsätze der Energielehre, sind das feste Fundament aller modernen physikalisch-chemischen Entwicklungen, das manche wesentliche Ergänzung erfahren hat, besonders durch das Wärmetheorem von WALTHER NERNST (1906 und später). Die Erfahrung, daß das BERTHELOTsche Prinzip (vgl. S. 228f.) so oft weitgehend erfüllt ist, ferner neue Messungen über spezifische Wärmen und ihre Änderung bei den Reaktionen, ließen aus der Zusammenfassung der ersten beiden Hauptsätze die Folgerung gewinnen: Die Änderung der Affinität mit der Temperatur und diejenige der Reaktionswärme geschehen so, daß bei Annäherung an den absoluten Nullpunkt die Kurven dieser beiden Veränderungen sich tangieren. „Dies bedeutet aber nichts anderes, als daß alle materiellen Veränderungen bei hinreichend tiefen Temperaturen dem Einflusse der Temperatur entrückt werden, eine Vorstellung, die allerdings mit der klassischen kinetischen Theorie der Wärme unvereinbar ist[1])." Der neue Wärmesatz stellt zugleich den bedeutsamsten Fortschritt allgemeiner Art auf dem Gebiete der Affinitätsforschung dar.

In der chemischen Kinetik wurden um die Jahrhundertwende besonders die Untersuchungen WILHELM OSTWALDS über die Katalyse viel beachtet und durch den Nobelpreis (1901) ausgezeichnet. „Ein Katalysator ist jeder Stoff, der, ohne im Endprodukt einer chemischen Reaktion zu erscheinen, ihre Geschwindigkeit verändert." Diese Definition, die Zusammenfassung des Untersuchungsergebnisses, wollte ausdrücklich nicht mehr sein als genaue „Beschreibung". Es zeigte sich dann auch hier, daß das Suchen nach „Erklärung" nicht über das Beschreibende hinaus ins Mystische führt, sondern nur noch neue Beobachtungen mit einbezieht und zu einem Ganzen verarbeitet; und vielleicht ist gerade die Frage nach der „Erklärung" besonders geeignet, auch weitere Arbeitsprobleme zu gewinnen. In der Chemie unserer Zeit kommt dann sehr oft zu der theoretischen Fragestellung das Bedürfnis der Technik nach weiteren wissenschaftlichen Unterstützungen. Diese Ansprüche wuchsen natürlich mit der neueren Ausdehnung katalytischer Prozesse. Von ihnen seien nur erwähnt das Schwefelsäureverfahren von KNIETSCH[2]), die Verbrennung von Ammoniak zu Salpetersäure von WILHELM OSTWALD und die neue

---

[1]) Vgl. WALTHER NERNST in „Die Naturwissenschaften" 6, 207 (1918); NERNST, „Lehrbuch der theoretischen Chemie" (in den neueren Auflagen).

[2]) Nachdem 1875 CL. WINKLER die seit etwa 1830 bekannte Wirkung des Platins auf die Reaktion zwischen Schwefeldioxyd und Sauerstoff studiert hatte, und nach einigen Versuchen zur technischen Verwertung der Ergebnisse wurde das „Kontaktverfahren" in der „Badischen Anilin- und Sodafabrik" (1890/95) im Zusammenhange mit ihrer Indigosynthese durchgeführt.

Ammoniaksynthese von Fritz Haber[1]), ferner auf organischem Gebiete die Hydrierungen nach Paal, Sabatier, Skita, Ipatiew und anderen.

1. Gase.

Der Unterschied zwischen den leicht kondensierbaren Dämpfen und den „permanenten", nämlich immer als solche beständigen Gasen begann zu schwinden, als man auch von den letzteren einige zu verflüssigen lernte (Van Marum und Paets van Troostwyk 1797: Ammoniak; Faraday 1823: Chlor). Hier konnte nun die physikalische spezielle Untersuchung zugleich in der Chemie als allgemeine gelten; denn besonders den Gasen ist ja ein großer Teil von Eigenschaften gemeinsam. Die kinetische Theorie der Gase, deren erste Entwicklungen von Daniel Bernoulli (1738) stammten, und die dann R. Clausius um die Mitte des vorigen Jahrhunderts neu entdeckte und begründete, verband auf der atomistischen Basis physikalische und chemische Vorstellungen, etwa Druck und spezifische Wärme mit chemischer Affinität.

Die von Boyle gefundene Zustandsgleichung der Gase erwies sich nur weit von dem Kondensationspunkte als gültig. Nun fand Th. Andrews 1869 an dem Kohlendioxyde den kontinuierlichen Übergang zwischen Gas- und Flüssigkeitszustand. Er bestätigte so manche Überlegungen Thomas Grahams aus dem Jahre 1863. Eine allgemeine zusammenfassende Formel, die für alle Gasdrucke gelten würde, mußte dann auch mit stetigem Übergang zu einer Zustandsgleichung der Flüssigkeiten werden können. Gestützt auf Untersuchungen von Laplace, Regnault, Andrews entwickelte J. D. van der Waals in seiner Doktordissertation 1873 seine bekannte Gleichung, die in dem Ausdrucke von Boyle den Druck durch den Binnendruck vermehrt und vom Volum v das Eigenvolum der Moleküle abzieht:

$$\left(p + \frac{a}{v^2}\right)(v - b) = R\,T.$$

Viele mathematische Entwicklungen auf diesem Gebiete folgten; besonderes Interesse davon verdient wohl das „Gesetz der korrespondierenden Zustände", das van der Waals 1880 aus seiner neuen Gleichung ableitete: Nicht bei gleicher absoluter Temperatur, sondern bei gleichen Bruchteilen der kritischen Temperaturen sind die Stoffe in vergleichbaren Zuständen, d. h. dann, wenn sie sich in gleichen relativen Abständen von denjenigen Punkten befinden, wo sie eben aufhören, durch Druckerhöhung allein, also ohne gleichzeitige Temperaturveränderung kondensierbar zu sein.

---

[1]) Vgl. etwa F. Haber, Über die Vereinigung des elementaren Stickstoffs mit Sauerstoff und mit Wasserstoff, Ber. d. Dtsch. Chem. Ges. **46**, 1460 (1913).

Auch die VAN DER WAALSsche Gleichung idealisiert noch die tatsächlich beobachteten Verhältnisse. Zwar enthält sie in den beiden Größen a und b Ansatzstellen für Anpassungen an das Gefundene; aber wenn dann die Gleichung ihre allgemeine Gültigkeit behalten soll, dann müssen die Korrekturen auch entweder in empirisch gefundener, aber immer gesetzmäßiger Weise geschehen oder von erweiterter theoretischer Basis ausgehen. Auch in den Fällen, wo also nicht Assoziation und Dissoziation der Gasmoleküle für die Eigentümlichkeiten ihres Gesamtverhaltens verantwortlich gemacht werden können, kommt man mit der theoretisch begründeten Formel nicht ganz an die tatsächlichen Verhältnisse heran. FRITZ HABER und andrerseits WALTHER NERNST setzten für einige zu Unrecht vereinfachende Grundannahmen darin der Wirklichkeit besser entsprechende Werte ein[1])

Gewiß war auch das noch eine Stufe der Idealisierungen gegenüber den verwickelteren technischen Verhältnissen. Aber darin wurde doch in integraler Betrachtungsweise wieder das Molekülaggregat als ein Ganzes genommen. Aus Versuchen über den Elektrizitätsdurchgang durch Gase entwickelte sich später eine die einzelnen Baubestandteile betreffende neue Anschauung. Nach mehreren vorgängigen Beobachtern studierte besonders G. GOLDSTEIN (seit 1880) die Strahlungen, die unter der Wirkung hoher elektrischer Spannungen an Elektroden in stark verdünnten Gasen auftraten. Unter Mitwirkung von HEINRICH HERTZ, PH. VON LENARD und anderen kam man dann zu einer Korpuskulartheorie für diese Strahlungen und trennte sie in Kathoden- und Kanalstrahlen. Nicht lange blieben diese Forschungen im Bereiche der Physik allein: Als man die dritte Art von Strahlungen, die X-Strahlen, entdeckte und K. W. RÖNTGEN Ende 1895 seine Beobachtungen darüber bekanntmachte, da erwuchs daraus bald eine neue Teilwissenschaft, die von der Radioaktivität.

2. Lösungen.

Flüssigkeiten und Gase waren nun stetig verbunden (vgl. die Gleichung von VAN DER WAALS); die Beziehungen zwischen Druck, Temperatur und kalorischen Größen (spezifische Wärmen, latente Wärmen), die man für Gase gewann, galten auch für die Flüssigkeiten. Immerhin war damit noch keine ganz umfassende Zustandsgleichung der Flüssigkeiten gegeben. Dazu wären absolute Bestimmungen über die Molekularzustände in denselben nötig gewesen. Man traf statt dessen und vorher einige relative Festsetzungen, die sich nämlich auf den Vergleich zwischen zwei gleichzeitig in der Flüssigkeit an-

---

[1]) Vgl. HABER, „Thermodynamik technischer Gasreaktionen", München 1905; NERNST, Theoretische Chemie. Stuttgart, 8.—10. Aufl., 1921.

wesenden Molekülarten bezogen. So entwickelte sich die Theorie der Lösungen in einer hier besonders weitgehenden Anlehnung an die Theorie der Gase.

Thomas Graham hatte nach seinen Untersuchungen über die Diffusion von Gasen ineinander (1821) auch die Diffusion von Flüssigkeiten untersucht (1849). Die Apparatur war einfach genug: Sie bestand aus einem schmalen Zylinder und einem größeren Gefäße, das ihn aufnehmen konnte. In den Zylinder gab er die wässerige Lösung des betreffenden Stoffes, überschichtete sie mit ein wenig Wasser und füllte das äußere Gefäß bis über den Rand des Zylinders mit Wasser. Nach gewissen Zeitintervallen maß er die Konzentration des gelösten Stoffes in der Außenflüssigkeit. Beim Vergleiche erwiesen sich konzentrierte Lösungen als ebenso anormal wie die konzentrierten, d. h. stark komprimierten Gase gegenüber den verdünnten. Einige Jahre später fand er (1861) einen Zusammenhang zwischen Kristallisierbarkeit und Diffusionsvermögen der gelösten Stoffe: diejenigen nämlich, die nicht kristallisieren können, diffundieren auch äußerst langsam. „Da Leim der Typus dafür zu sein scheint, wird vorgeschlagen, Substanzen dieser Klasse als Kolloide zu bezeichnen und von ihrer eigentümlichen Aggregatform als kolloidem Zustande der Materie zu sprechen. Dem Kolloidalsein ist das Kristallinischsein entgegengesetzt. Substanzen, welche den letzteren Zustand annehmen, werde ich als Kristalloidsubstanzen bezeichnen.“

Der bezeichnete Unterschied bleibt bestehen und tritt sogar besonders deutlich hervor, wenn man die Diffusion durch eine trennende Membran — etwa Pergament — sich vollziehen läßt[1]). Der Botaniker Wilhelm Pfeffer traf für solche Versuche eine neue und für die weitere Entwicklung entscheidende Anordnung (1877): Er brachte die Zuckerlösung in eine Tonzelle, deren Wand eine Membran, wie sie Moritz Traube (1867) gebraucht hatte (den Niederschlag aus Kupfersulfat- und Ferrocyankaliumlösung) enthielt. Diese Wand erwies sich als undurchlässig für den Zucker. In das außerhalb der Zelle befindliche Wasser konnte dann nicht der Zucker diffundieren, und nun trat umgekehrt das Wasser durch die Wandung in die Zelle ein. Als maßgebend erscheint also das Verdünnungsbestreben, der Ausgleich zwischen konzentrierter Lösung und reinem Lösungsmittel zu einem Mitteldinge zwischen beiden. Der in der Zelle entstehende Druck, gemessen an der in einer Glasröhre aufsteigenden Flüssigkeit, mißt dann dieses Bestreben, den osmotischen Druck.

Nun galt es natürlich, diese neugefundene Eigenschaft von andern, bekannten abhängig zu machen und sie dadurch zu „erklären“. Pfef-

---

[1]) Vgl. zum folgenden u. a.: Wilhelm Ostwald, „Lehrbuch der allgemeinen Chemie“, 2. Aufl., 1896—1902.

FER fand zunächst: Der osmotische Druck läßt sich nicht allgemein auf die Gewichtskonzentration zurückführen, denn die einprozentigen Lösungen verschiedener Stoffe haben sehr verschiedene Drucke. Wohl ist er beim Rohrzucker proportional der Gewichtskonzentration; an anderen Stoffen, Salpeter z. B., hindert die teilweise Durchlässigkeit der Membranen auch für das Salz eine einwandfreie Feststellung.

Auch HUGO DE VRIES ging (1884) zunächst von botanischen Interessen an solche Untersuchungen heran. Im persönlichen Verkehre mit ihm fand VAN'T HOFF weitere Anregungen zu seiner Theorie der Lösungen.

Das Verhältnis rein theoretischer und rein empirischer Arbeit ist gerade bei diesem Abschnitte der Chemie ein besonders merkwürdiges und vielfaches. Wir sahen BLAGDEN seine Messungen im Bewußtsein ihrer großen theoretischen Reichweite anstellen (S. 173), Jahrzehnte darauf folgten ihm RÜDORFF und COPPET, zum Teil ohne von seinen Ergebnissen etwas zu wissen. Aber schon bald nachdem R. CLAUSIUS die Grundsätze der Energielehre auf die Verdampfung und Auflösung angewendet hatte, stellte KIRCHHOFF (1856) eine Gleichung dafür auf, wie die durch Auflösen entstehende Dampfdruckerniedrigung mit der Lösungswärme zusammenhängt. GULDBERG fand auf ähnlichen, rein theoretischen Wegen die Beziehung zwischen der Erniedrigung des Dampfdruckes und derjenigen des Gefrierpunktes der Lösungen. Man wußte, daß aus den verdünnten wässerigen Lösungen nur reines Eis ausfriert, und daß dies so lange weitergeht, bis an einem scharf definierten Punkte ein Gemisch von Salz und Eis sich verfestigt, als Kryohydrat (GUTHRIE, 1875). Nun kamen von der anderen, der experimentierenden Seite, besonders durch F. M. RAOULT, zahreiche Einzelmessungen zu Hilfe. Im Jahre 1882 schloß er eine erste große Reihe von Versuchen über die auf das Molargewicht bezogene Gefrierpunkterniedrigung für Wasser und organische Lösungsmittel ab. Ein dabei aufgestelltes allgemeines Zahlengesetz erwies sich später als nicht gültig.

VAN'T HOFF bezog sich bei seinen ersten theoretischen Entwicklungen (1882) auch vielmehr auf die Messungen des osmotischen Druckes. Er idealisierte sie in verschiedenen Beziehungen. Die trennende Membran wird zur ideal nur Wasser durchlassenden Wand, die Lösung wird als so verdünnt und in so großer Menge vorhanden angenommen, daß Zuführen oder Abdestillieren von einem Mol des Lösungsmittels keinen berücksichtigenswerten Einfluß auf die Konzentration ausübt. So ergab die Anwendung der thermodynamischen Grundsätze bald (1885) das Gesetz: „Bei gleichem osmotischen Druck und bei gleicher Temperatur enthalten gleiche Volume der verschiedensten Lösungen gleiche Molekülzahl, und zwar diejenige, welche

Laboratorium von van't Hoff (Amsterdam).

bei derselben Spannkraft und Temperatur im selben Volum eines Gases enthalten ist." Die theoretischen Folgerungen aus diesem Vergleiche des gelösten mit dem gasigen Zustande konnten zunächst die schon im Anfang des Jahrhunderts gesammelten Erfahrungen HENRYS und DALTONS über die Löslichkeit von Gasen in Flüssigkeiten benutzen. Sie stimmten dann auch überein mit den Gesetzen, die RAOULT (1888) aus seinen Messungsreihen gewann. Osmotischer Druck, Erniedrigung des Dampfdruckes und des Gefrierpunktes, Erhöhung des Siedepunktes von Lösungen waren nun in engen Zusammenhang miteinander gebracht und als vom Molekulargewicht und den Lösungswärmen bestimmte Größen erkannt.

Man hatte nun eine neue Methode zur Bestimmung des Molekulargewichts aus der Erniedrigung des Schmelzpunktes oder Erhöhung des Siedepunktes in den Lösungen, und besonders nachdem ERNST BECKMANN mit neuen handlichen Apparaten viele grundlegende Messungen ausgeführt hatte (seit 1888), wurde die Methode in großem Umfange angewendet.

Aber bei den Salzen und gerade ihren verdünnten Lösungen ist die Forderung aus der dem Gasgesetze analogen Gleichung $\pi = \dfrac{RT}{v}$ nicht erfüllt. (π = osmotischer Druck; die anderen Buchstaben haben dieselbe Bedeutung wie in der Gasgleichung, v = das Lösungsvolum, R = die Gaskonstante, T = die absolute Temperatur.) VAN'T HOFF half sich zunächst mit einer „Modifikation" des eigentlich konstanten und richtigen Grundgesetzes. Er führte zur Korrektur den Faktor i auf der rechten Seite der Gleichung ein und fand, daß er mit zunehmender Konzentration kleiner anzunehmen ist. Da kam nun durch Messungen aus anderen Zusammenhängen Aufklärung: Der junge schwedische Physiker A. SVANTE ARRHENIUS (geboren 1859) legte 1883 „Untersuchungen über die galvanische Leitfähigkeit der Elektrolyte[1]" vor. Dieses Thema war schon oft und eingehend bearbeitet worden, in besonders hervorragender Weise von J. W. HITTORF (1853—1859)[2]. Dieser hatte damals schon diese Methode benutzt, um den molekularen Zustand der Lösungen aufzuklären; er hatte z. B. in Lösungen von CdJ_2 die Bildung von komplexen Ionen ($CdJ_2 + J_2$) nachgewiesen. ARRHENIUS ging ursprünglich von dem Ziele aus: den Molekularzustand von Stoffen zu bestimmen, die nicht in den Gaszustand überführt werden können. „Ich stellte mir vor, die Bestimmung der Leitfähigkeit von Salzen in Lösungen, die neben Wasser eine größere

---

[1]) OSTWALDS Klassiker der exakten Wissenschaften, Nr. 160. (Die folgenden Zitate nach dieser Ausgabe.)

[2]) Er knüpfte seinerseits im allgemeinen an Gedankengänge von TH. VON GROTTHUSS (1785—1825) an.

Menge Nichtleiter enthielten, könnte einen Aufschluß über deren Molekulargewicht ergeben..." (S. 147). Dabei bot eine recht gut begründete Theorie von Williamson (1851) und Clausius (1857) den geeigneten Ausgangspunkt: „Diese Hypothese nimmt an, daß eine elektrolytische Molekel in einer Lösung in ihre beiden Ionen geteilt ist, die frei beweglich sind, auch wenn kein Strom durch die Lösung fließt" (S. 62). Aber die Molekel ist nicht vollständig in diese Ionen getrennt; der gelöste Stoff läßt einen „aktiven" und einen „nicht aktiven" Teil erkennen: Mit einer solchen Annahme lassen sich dann nicht nur die Messungen der Leitfähigkeit der verdünnten Salzlösungen erklären, sondern auch weit darüber hinaus viele Gleichgewichtsverhältnisse. Was Berthollet, Berthelot, Guldberg und Waage und eben damals Wilhelm Ostwald gefunden hatten, konnte man nun in einheitliche Übereinstimmung mit der neuen Hypothese bringen.

Ganz klar war die ihr zugrunde liegende Vorstellung eigentlich hier noch nicht zum Ausdrucke gekommen; Arrhenius hielt aus gewissermaßen taktischen Gründen damit zunächst noch zurück. Der junge Doktorand wollte nicht zu revolutionär sein. Kühner war Wilhelm Ostwald. Er verkündete lebhaft die Tragweite dieser Befunde, förderte damit auch die Erweiterung der Grundlage oder vielmehr die ausdrückliche Entwicklung dessen, was dabei eigentlich schon vorgefühlt war: Die aktiven Teile des Gelösten sind f r e i e I o n e n, d. h. die elektrisch geladenen Bestandteile, in die ein Salz beim Auflösen „dissoziiert". Diese Ionen wirken dann natürlich auch auf die mit dem Dampfdrucke zusammenhängenden Erscheinungen. Aber sie sind überdies auch die c h e m i s c h aktiven Teile, und wie immer knüpft sich auch hier an die Annahme einer stofflichen Grundlage für eine Eigenschaft die Erkenntnis, daß viele andere Eigenschaften eben dadurch „erklärt" werden, oder, von der anderen Seite her gesehen, daß der Stoff eben der Komplex aller dieser einzelnen Eigenschaften ist.

So erscheint es nun, lange nach dem Abschlusse all der Kämpfe, in denen sich die neue Auffassung durchsetzen mußte. Auch das war freilich, wenigstens in manchen allgemeinen Zügen, ein „altes Spiel": Um die bei der Messung der elektrolytischen Leitfähigkeit erhaltenen Resultate zusammenzufassen, war eine neue Stoffart: die elektrisch geladenen Bestandteile eines Salzes, eingeführt worden. Sie war nicht ganz neu, kann man sagen, sie hat nur ausdrücklicher und weiter ausgeführt, was schon früher angenommen worden war. Jedenfalls wollte es nun manchen Chemikern schwer eingehen, nach der einen physikalischen Verhaltensweise diesen Stoff für wirklich erkannt zu halten. Sie erreichten damit, daß nun auch die chemische Eigenart desselben genauer festgestellt wurde. Daß dies gelingen würde, war freilich nicht von Anfang an unbezweifelbar gewesen.

Das längere Verweilen bei dieser Entwicklung rechtfertigt sich zunächst durch die große Tragweite dieser heute weitgehend anerkannten Theorien. Sie ist außerdem aber auch im Hinblicke besonders auf gewisse neueste Revolutionen in der Chemie von Bedeutung, wo im allgemeinen ähnliche Anfänge zur Annahme neuer Stoffe vorliegen: Ich meine die im Zusammenhang mit der Radioaktivität zu besprechende Isotopie.

Die Theorie der elektrolytischen Dissoziation fand in der aufblühenden Generation der jungen Physiko-Chemiker schöpferisch weiter bauende Anhänger. WALTHER NERNST entwickelte schon 1889 die osmotische Theorie der elektrolytischen Vorgänge; durch feinerdachte Kreisprozesse und ihre mit wichtiger Kritik des zu Vernachlässigenden durchgeführte Berechnung stellte er die Elektrochemie auf die neue Basis.

Dabei war nun zunächst eine der offenbar mit Notwendigkeit eintretenden „jugendlichen" Übertreibungen dieser Theorie die Behauptung, daß alle chemischen Reaktionen nur zwischen den Ionen geschähen. Später entwickelte sich aus den fortgesetzten chemischen Untersuchungen, als man die Leitfähigkeit geschmolzener Stoffe und besonders der Gase erforschte, eine Ausdehnung des Grundgedankens, die damals natürlich noch nicht bestimmt vorauszusehen war, und die doch in gewisser Hinsicht den überschwenglichen Vorausnahmen recht gab. Darauf soll weiterhin noch verwiesen werden.

Doch andererseits ging es mit der Theorie der verdünnten Lösungen ähnlich, wie es früher mit der Zustandsgleichung der Gase geschehen war: Man erkannte, daß man damit nur einen Teil der Erscheinungen erfaßt hatte, und daß die Zustände hoher Konzentration noch außerhalb dieses Bereiches lagen.

Die Gesetze der idealen verdünnten Lösungen sind so eng mit anderen, früher bekannt gewordenen verbunden, sie gewinnen auch von dorther so viel „Anschaulichkeit", daß man die große Zahl von vereinfachenden Abstraktionen beinahe vergaß, die zur Gewinnung dieser Lösungsgesetze nötig waren. VAN'T HOFF selbst wies freilich darauf hin, daß darin nicht die allgemeine Theorie der Lösungen überhaupt zu sehen wäre, aber noch neuerdings fühlte sich FINDLAY[1]) gezwungen, diese Mahnung eindringlich zu wiederholen. Freilich ist es nicht nur psychologisch verständlich, sondern erkenntnistheoretisch durchaus gerechtfertigt, daß man zunächst einmal das ganze Gebiet mit den Erkenntnissen zu beherrschen versuchte, die man an seinen allerersten Streifen recht erfolgreich angewandt hatte. Aber viele

---

[1]) FINDLAY, „Der osmotische Druck", Dresden 1914.

Bemühungen in diesem Sinne haben es gezeigt, was man aus der Eigenart der Theorie schon vorherzusagen gewußt hätte: Die konzentrierten Lösungen verlangen die Einführung anderer Bestimmungsstücke.

Diese Notwendigkeit wird nahegelegt dadurch, daß die Messungen der Drucke von Lösungen gegen reines Lösungsmittel nicht die nach der Theorie der idealen verdünnten Lösungen erwarteten Werte ergeben, sondern zumeist viel höhere. Zugleich liegt aber auch eine Reihe, oder schon mehr als nur eine, von andersartigen Ergebnissen vor, die auf den Zustand der Lösungen Schlüsse erlauben. Immer handelt es sich da, auf gewisse frühere Anschauungen bezogen, um Anomalien, aber um Bestätigungen der Regeln, soweit eben die neuen den Geltungsbereich bilden. CARL DRUCKER benutzte dazu die Annahme von Assoziationen, der Zusammenlegung mehrerer einfacher Molekeln und Ionen zu nun als neuen Ganzen wirkenden Bestandteilen der Lösungen. Letzthin hat WOLFGANG OSTWALD den Vorgang der Quellung zu dem Versuche herangezogen, um die Anomalie einiger konzentrierter Lösungen in eine gute Übereinstimmung von Erwartung und Beobachtung zu verwandeln. Bei der alten Theorie der idealen Lösungen bildeten den Ausgangsort die wohlbekannten Gesetze über den Zustand der Gase. Diese neue Theorie beruft sich auf einen Vorgang, der unter seinem Namen nicht nur seit alters bekannt ist, sondern in neuerer Zeit ganz besonders eindringlich erforscht wurde[1]). Dann wäre also das Erklärungsprinzip geeignet, das stets verlangte Bekanntheitsgefühl zu unterhalten, und was neu ist, die spezielle Anwendung, das wird nun durch diese selbst — anscheinend — ganz und gar gerechtfertigt.

3. Radioaktivität.

Nachdem in der Mitte des 19. Jahrhunderts durch ein optisches Merkmal zahlreiche neue Elemente entdeckt worden waren, brachten die letzten Jahre desselben (seit 1896) die so außerordentlichen Befunde für die elektrischen Strahlungen. Auch da wurde zuerst das physikalische Phänomen bekannt, darauf suchte und entdeckte man chemisch den Stoff als seinen Träger. Dann war die „Ursache" der neuen Erscheinung wenigstens als ein neues Ding gefunden. Gerade dieser junge Teil des Forschungsgebietes zeigt es in seinem geschichtlichen Verlaufe, der ja hier noch oft in die sammelnde Darstellung[2]) leitend mit aufgenommen wird, wieviel geheimnisvoller uns die Vor-

---

[1]) Vgl. auch die Untersuchungen VIKTOR KOHLSCHÜTTERS.

[2]) Vgl. z. B. die Werke von M. CURIE (1910), E. RUTHERFORD (1912), SODDY, ferner „Radioaktivität" von STEFAN MEYER und E. R. VON SCHWEIDLER, Leipzig 1916.

gänge erscheinen, ehe wir ihren stofflichen Ausgangspunkt und Sammelbegriff kennen. Auch hier tritt das Zusammenspiel von „groben“ ersten Beobachtungen und „einfachen“ ersten Erklärungen deutlich zutage. Während aber etwa bei der Theorie der Lösungen die Grundlage dafür in zu starker Vernachlässigung des als „unreine Erscheinung“ Abgetrennten bestand, enthielten die ersten Untersuchungen von Radioaktivität auch das später verfeinert Unterschiedene mit; von diesem Ganzen wurden nur eben zu „ungenau“ die gemeinsamen Teile, als identische, beobachtet.

Ende 1895 machte Röntgen die Entdeckung der später nach ihm benannten Strahlen bekannt. Wenige Monate darauf hatte H. Becquerel in Paris durch ein rein induktives Ausschließungsverfahren festgestellt, daß eine Wirkung wie von jenen Strahlen vom Uran ausging. Im April 1898 teilten dann G. C. Schmidt und Marya Curie mit, daß dem Thorium ähnliche Eigenschaften zukommen. An dem weitern Verlaufe sind dieselben Züge typisch wie bei den früheren Entdeckungen mit „physikalischen Handhaben“. Die chemische Scheidekunst benutzte eben das neue Strahlungsvermögen, um zu sehen, ob schärfere Trennung gelungen war und wo sich das gesuchte Produkt befand. So wurde im Juli 1898 von Pierre Curie und Marya Curie aus der uranhaltigen Pechblende mit dem Wismut ein strahlender Niederschlag abgeschieden. Wismut „selbst“ strahlt ja nicht; wenn nun dieses Wismut doch die neue Eigenschaft zeigte, so mußte ein neues Element darin sein: Zu den „nationalistisch gefärbten“ Elementen Gallium, Skandium und Germanium kam nun das Polonium (nach der polnischen Heimat seiner Entdeckerin). Auch das Barium aus diesem Minerale macht die Luft elektrisch leitend, erregt Fluoreszenz auf geeigneten Materialien, wirkt als ein „unsichtbares“ und sehr scharfes Licht; und nicht das ganze Barium tut es, sondern nur ein bei fraktioniertem Fällen isolierbarer Teil, das Radium (P. und M. Curie, Dezember 1898).

Thorium und Radium bleiben selbst nicht unverändert während der Strahlung. Sie entwickeln dabei Gase, die Emanationen (Em), die von R. B. Owens und Ernest Rutherford (Th-Em) und E. Dorn (Ra - Em) 1900 gefunden wurden. Obwohl davon nur sehr geringe Mengen zur Verfügung standen, wurden doch Atomgewicht, Siedepunkt und eine Reihe anderer Konstanten dieser Gase festgestellt. Es sind neue Edelgase. Nach ihrer Erkenntnis ließ sich — zum Teil wenigstens — auch die 1899 beobachtete induzierte Aktivität „verstehen“, jener merkwürdige Vorgang, bei dem Stoffe in der Nähe von strahlenden Präparaten selbst zu Strahlern wurden. 1903 zeigte sich dann auch das Helium als ein Umwandlungsprodukt der Strahlungsvorgänge.

Elektrische Messungen ergaben mancherlei Unterschiede im Verhalten dieser Stoffe. Dafür konnte man sich ja an die Untersuchungen über den Elektrizitätsdurchgang durch Gase und die dabei auftretenden elektrischen Erscheinungen anlehnen. ERNEST RUTHERFORD (Manchester) brachte Klarheit in diese oft sehr verwickelten Verhältnisse, als er die α-, β-, γ-Strahlen unterschied (1902). Er berechnete auch (mit F. SODDY, 1902) die Strahlungswerte, die unter der Voraussetzung eines Zerfalles des radioaktiven Atoms erwartet werden müssen.

α-Strahlen erwiesen sich nach ihrer elektromagnetischen und elektrostatischen Ablenkung als positiv geladene Teilchen vom Atomgewicht 4, d. h. als positive Ladung tragende Heliumteilchen; die β-Strahlen bestehen aus den Elektronen mit dem scheinbaren Atomgewicht $\dfrac{1}{1840}$, und die γ-Strahlen sind „nur" elektrische Störungen ohne Korpuskeln als Träger.

Nun hätte man nach den tatsächlichen Messungsergebnissen eigentlich schließen können, daß die nun entwickelte Gleichung für den Zerfall radioaktiver Stoffe nicht stimmte; aber zu ihren Gunsten sprachen so viele ganz allgemeine Grundvorstellungen, daß man statt dessen die abweichenden Beobachtungen mit komplizierterem, stofflichem Geschehen in Zusammenhang zu bringen suchte.

Auf den ersten Blick erscheint es besonders merkwürdig, wie hier Stoffe zuerst mathematisch erkannt oder vielmehr gefordert werden. Ein anscheinend recht spekulativ gegründetes Prinzip, dasjenige einer Art Einfachheit der Natur, lag zugrunde. Hier ist eine der Stellen in der Geschichte der exakten Wissenschaften, wo der oft zum Gegensatze übertriebene Unterschied zwischen Geistes- und Naturwissenschaften im einzelnen genauer erkennbar wird.

Die beim vorliegenden speziellen Verfahren vorausgesetzte Einfachheit findet freilich ihre „tiefe" Begründung nur in der Metaphysik. Aber dann ist sie so tief, daß sie außerhalb des Systems der Spezialwissenschaft bleibt. In deren Rahmen wird das erkannte Gesetz der Strahlungen als kompliziertes gekennzeichnet, weil es, um Erklärungen zu ermöglichen, mit einem grundlegenden allgemeinen verglichen wird. Dann ist die Kompliziertheit eine Art Reagens auf die Art des veranlassenden stofflichen Vorgangs. Wir können dann nicht einen einfachen solchen Vorgang als Ursache des beobachteten Verhaltens gebrauchen; und wäre es ein einziger Stoff, der es veranlassen sollte, so hätten wir die Aufgabe, mehrere unterschiedene Bedingungen als Ursachen zu finden, weil wir die Messungsergebnisse als komplex erkannt haben. Der Denkweise einer früheren Zeit hätte es vielleicht entsprochen, „Modifikationen" des einen Stoffes einzuführen. Statt dessen nahm man, wie immer in entsprechenden Fällen, nunmehr das Vorliegen mehrerer verschiedener Stoffe an. Besonders die Jahre von 1904 an waren reich an solchen gelungenen Versuchen: Man zerlegte die gefundenen Strahlungskurven mathematisch in diejenigen Teile, die dem Grundgesetze entsprachen, und konnte nun auch auf anderen Wegen jedem der zunächst mathematischen Teile einen besonderen Vorgang zuordnen: Man entdeckte die Anwesenheit neuer Radioelemente zunächst aus dieser einzigen Eigenschaft und konnte sich von ihr nun mit Erfolg bei der stofflichen Isolierung leiten lassen. Freilich war dieser zweite Teil des Versuches nicht immer bloß die Bestätigung des zuerst vorausgesehenen Verhaltens, sondern griff nun seinerseits wieder den schon bekannten Ergebnissen um ein Neues vor. Nur einige Beispiele dafür können aus dem geschichtlichen Verlaufe kurz erwähnt werden:

Im Jahre 1905 deutete E. RUTHERFORD den komplizierten Verlauf der „induzierten Aktivität“ durch die Annahme von drei aufeinanderfolgenden Umwandlungsprodukten: Ra A, Ra B, Ra C. Daraufhin fand man später auch in der verschiedenen Flüchtigkeit oder elektrolytischen Spannung Mittel, diese drei stofflich voneinander zu isolieren, d. h. die drei angenommenen Strahlungsarten in ihren Trägern zu trennen. Die auch nach längerer Zeit noch bleibende „Restaktivität“ wurde (seit 1903) auch wieder in drei Teile zerlegt: Umwandlungsprodukte, deren Reihenfolge nun durch die weiteren Buchstaben D, E, F beim Ra gekennzeichnet wurden.

Zwischen Uran und Radium mußte, wenn überhaupt eine Umwandlung in dieser Richtung geschah, nach den Messungen des elektrischen Verhaltens ein Zwischenglied liegen. Man konnte, noch ehe es aufgewiesen war, nicht nur seine wahrscheinliche Existenz, sondern auch seine radioaktiven Eigenschaften, z. B. die Lebensdauer, voraussagen. 1906 wurde denn auch als Ionium diese Muttersubstanz des Ra zugleich mit dem Thorium abgeschieden, und ohne daß eine chemische Trennung vom Th erreichbar gewesen wäre.

W. CROOKES glaubte 1900, den radioaktiven Bestandteil des Urans im Uran X abgetrennt zu haben; in Wirklichkeit bleibt aber beim Rückstande noch eine „α“-Aktivität, für die dann wieder zwei Elemente, Ur I und II eingeführt werden mußten. Vor wenigen Jahren wurde dann auch Ur X in zwei Teile zerlegt (1913). Ein besonders merkwürdiges Beispiel bot die Abtrennung eines Radiothoriums vom Thorium durch chemische Prozesse, die nur dadurch möglich wurde, daß als Zwischenprodukt der radioaktiven Umwandlung zwischen beiden das Mesothorium entstand (OTTO HAHN, 1905 und später). Auch hier machten die physikalischen Messungen weitere Elementzerlegungen nötig.

Die etwa 30 neuen radioaktiven Elemente wären zum Teil also fast nur als „physikalische Fiktionen" anzusehen gewesen; nur einige von ihnen konnten ja auch chemisch gefaßt werden, ganz abgesehen davon, daß meist die Mengen kleiner waren als selbst diejenigen, welche zu einem spektroskopischen Nachweise nötig gewesen wären. Da erkannte man nun ein wichtiges Hilfsmittel zur Abscheidung der Strahler, das freilich bald darauf der Anlaß zu einer neuen Revolution in der Chemie wurde: Manche der neuen Elemente folgen den Reaktionen einiger von früher schon bekannten. Aktinium wurde so von DEBIERNE und F. GIESEL (1899f.) mit derjenigen analytischen Fraktion aus der Pechblende abgeschieden, in welcher die seltenen Erden enthalten sein mußten. C. AUER von WELSBACH stellte es dann mit den Lanthan zusammen dar. Seine Umwandlungsprodukte, alle durch ihre radiologischen Eigenschaften eigenartig, stimmen doch chemisch ganz überein mit anderen: Ac A z. B. mit Ra A und Th A, und demnach auch mit dem Polonium, Ac C mit dem Wismut. So wurde auch jüngst (1918) die Muttersubstanz des Aktiniums von OTTO HAHN und LISE MEITNER mit dem Tantal chemisch dargestellt und radiologisch gereinigt. (FREDERICK SODDY erhielt sie ungefähr um dieselbe Zeit nach ganz anderer Methode.)

Auf Grund chemischer Untersuchungen konnte SODDY 1911 das Gesetz erkennen: „Die Aussendung eines α-Teilchens veranlaßt, daß das Radioelement seinen Platz (im periodischen System) um zwei Stellen in der Richtung abnehmender Masse und abnehmender Valenz verschiebt, während es in den darauffolgenden Veränderungen, in welchen α-Teilchen nicht ausgesandt werden, oft zu seiner früheren Stelle zurückkehrt, wie z. B. Radiothorium aus Mesothorium und Blei aus Radioblei[1])". K. FAJANS erkannte die gesetzmäßigen chemischen Veränderungen nach β-Strahlung etwa gleichzeitig[2]). Diese Verschiebungsgesetze wurden bald darauf weiter untersucht. Wollte man die neuen Elemente in das periodische System einfügen, so kamen, der chemischen Gleichheit entsprechend, mehrere auf einen Platz, und besonders beim Blei und Thallium auf einen, der schon vorher ausgefüllt war. Das Radiumendprodukt, Ra G, zeigte (K. FAJANS und O. HÖNIGSCHMID und andere Forscher 1915f.) ein deutlich kleineres Atomgewicht als das Blei, mit dem es chemisch völlig identisch ist. RaG hat danach das Atomgewicht 206,0 (Pb = 207,2), gefunden an Blei aus Uranmineralien; Thorit dagegen läßt ein Blei vom Atomgewicht 207,7, nach neuesten Bestimmungen (O. HÖNIGSCHMID 1918)

---

[1]) „Die Chemie der Radioelemente", 1911. Vgl. die zusammenfassenden Vorträge von OTTO HÖNIGSCHMID, Ber. d. Dtsch. Chem. Ges. **48** (1915) und F. SODDY, Journ. of the Chem. Soc. London **115**, 1 (1919).
[2]) Physikal. Zeitschr. 1913.

207,90, gewinnen. Solche chemisch gleiche, aber durch Radioaktivität und Atomgewicht verschiedene Elemente nannte F. SODDY „isotop", und die ganze Gruppe, die eine einzige Stelle im periodischen System einnimmt, als Gesamtheit bezeichnete K. FAJANS als Plejade (1914).

Um diese Zeit war H. G. J. MOSELEY, der im Kriege auf Gallipoli gefallen ist, zu einer neuen Definition der Stellungen im periodischen System gelangt. Nicht mehr die rein chemischen Eigenschaften leiteten dabei, sondern die elektrischen. Man erkannte im Atome eine Struktur, den Aufbau aus einem positiven Kern und Elektronen. Die Chemie hatte es am Atome eigentlich nur mit seiner äußersten Schale von Elektronen zu tun; nur Atomgewichte und radiologische Eigenschaften entstammen größeren Tiefen des Atoms. Wenn nun auch die Entdeckung chemisch-gleicher Elemente von verschiedenem Atomgewichte den alten Elementbegriff aufzuheben schien, so konnte man sich nun doch mit einer Einschränkung der Definition zunächst behelfen: für so „oberflächliche" Forschungen, wie die chemischen es sind, bleiben ja die Isotopen ungetrennt und untrennbar. Aber andrerseits ist doch das Atomgewicht eine wichtige chemische Konstante; so ist denn eine einheitliche neue Definition des Elementes noch nicht allgemein anerkannt.

Wenn man die geschichtliche Entwicklung des Elementbegriffes überdenkt, so erhält man nicht nur ein vergleichendes Verständnis für diese Schwierigkeiten, sondern wohl auch die Basis für ihre Kritik. Das Element der Alten, der Alchemisten, ja auch vieler Phlogistiker noch, war als Träger einer Eigenschaft eingeführt worden: gewiß einer besonders betonten Eigenschaft, oft auch einer solchen, die man später als eine zusammengesetzte und nicht als eine physikalisch einfache erkannte. Daß jenes Element nicht als identisch mit dieser Eigenschaft gesetzt wurde, kann hier außer Betracht bleiben, weil es ja doch zum wesentlichen Teile im Unbewußten oder doch nicht wissenschaftlich Erfaßten lag, was denn über die betreffende Eigenschaft hinaus das Element wäre. Erst späterhin faßte man das Element, wie jeden Stoff, als den Komplex vieler Eigenschaften; nur war das Element die unzerlegbare Gesamtheit seiner Eigenschaften, und danach erkennbar. Die Entdeckung eines neuen Elementes, auch wo sie vor dessen isolierter Aufweisung geschah, benutzte dann eigenartiges Verhalten seiner Verbindungen oder am Elemente selbst eine Anzahl kennzeichnender physikalischer Werte zugleich. Aber was wissen wir von den neuen, durch ihre Radioaktivität entdeckten Isotopen schon bekannter Elemente? Wir messen ihre Radioaktivität und ihr Atomgewicht; und wir stellen dazu durch theoretische und praktische Untersuchungen fest, daß diese beiden Bestimmungsstücke die einzigen sind, in denen diese neuen Elemente von den entsprechenden alten abweichen. Wenn wir also diesen eigenartigen Bestimmungsstücken ganze Stoffe zuordnen, so schließen wir doch fast definitionsgemäß aus, daß diejenigen Ergänzungen nachfolgen würden, die sonst zur Erkennung des neuen Stoffes gehören. Ja selbst bei gleichen Atomgewichten soll, nach gewissen Auffassungen[1]), schon der Unterschied der Radioaktivität, und zwar nicht der der Abwesenheit und des Vorhandenseins, sondern auch schon der bloß quantitative ihrer Stärke, zur Behauptung des Vorliegens neuer Isotopen genügen. — Wird dann doch noch die Ergänzung durch die Beobachtung neuer charakteristischer Eigenschaften eintreten? Wird die Eigenschaft, radioaktiv zu sein, später einmal auch in ihren weiteren chemischen Korrelationen erkannt werden?

Ganz eigenartig sind freilich die radioaktiven Umwandlungen in einer Hinsicht: Sie entziehen sich gänzlich unserer Beeinflussung. Vor kurzem ist es aber nun gelungen, willkürlich eine Elementzerlegung vorzunehmen. E. RUTHERFORD hat mit Hilfe der Strahlung von Ra C aus dem Stickstoffatom Wasserstoffatome herausgeschlagen[2]). Dieses Experiment verwirklicht, was man vom Boden der Relativitätstheorie aus voraussehen konnte. Freilich handelte es sich dabei um von den „gewöhnlichen" sehr, sehr fern liegende Verhältnisse; von den Grenzen unserer Erkenntnis her entwickelt sich wieder eine neue energetische Auffassung von Materie und Elementen, die vielleicht recht bald auch auf den ganzen Bereich wird ausgedehnt werden können.

Doch vielleicht ist noch ein Wort über dieses „Außergewöhnliche" angebracht. Wäre damit wirklich das richtige Verhältnis ganz gekennzeichnet, so gäbe es auch keine so enge Verbindung zu den anderen Erscheinungsgebieten und keine Rechtfertigung zu radikalen Veränderungsplänen. Doch die Radioaktivität findet sich auch beim Kalium und Rubidium (N. R. CAMPBELL und A. WOOD, 1906), Steinsalz, und besonders Sylvin (KCl) enthalten nachweisbare Mengen des Zerfallsproduktes dieser Umwandlungen, Helium. Bald nach den ersten Befunden entdeckte man in vielen natürlichen Quellwassern und in der Luft radioaktive Strahlungen; ja nun zeigte sich, daß man an Uran und Radium und in anderen Elementen nur in sehr hoher Konzentration wahrgenommen hatte, was in allerdings sehr kleinen Anteilen überall verbreitet ist.

---

[1]) Vgl. z. B. STEFAN MEYER, „Zur Frage nach der Existenz von Isotopen mit gleichem Atomgewicht". Zeitschr. f. physikal. Chemie **95**, 407 (1920).

[2]) „Zusammenstoß von α-Teilchen mit leichten Atomen" von Sir E. RUTHERFORD, Philosophical Magazine, Juni 1919, S. 537—587. Vgl. auch für dieses ganze Gebiet: A. SOMMERFELD, „Atombau und Spektrallinien", Braunschweig 1919.

4. Der kolloide und der feste Aggregatzustand.

Die Entwicklung der Kolloidchemie ging von der Betrachtung der kolloiden Lösungen aus. Sie hätte demnach im Anschluß an den Abschnitt über die Lösungen behandelt werden können, wenn nicht andrerseits von hier aus wichtige Teile der Theorie des festen Zustandes gewonnen worden wären; und diese wieder hängt eng zusammen mit den Entwicklungen, die durch die Erkenntnis der elektrischen Strahlung begründet waren. Auch in die folgende Darstellung muß wieder von vielen speziellen und recht wichtigen Untersuchungen ohne ausdrückliche Angaben nur derjenige Teil aufgenommen werden, der allgemeine Entwicklungen veranlaßte und förderte[1]).

GRAHAM hatte recht scharf die kolloiden Lösungen von denen der Kristalloide getrennt. Die Diffusion blieb natürlich nicht lange das einzige Kennzeichen für diese Unterscheidung. Die osmotischen Eigenschaften ließen sich etwa auch erklären, wenn man die kolloiden Lösungen für „echte" mit sehr hohem Molekulargewichte des gelösten Stoffes hielt, während andrerseits manche Ähnlichkeiten mit den gewöhnlichen Suspensionen, den Aufschwemmungen nicht zu grober Partikeln zu finden waren. Bei den langen Diskussionen in den letzten Jahrzehnten des vorigen Jahrhunderts wollte man wieder sogleich die tiefstgehenden Fragen beantworten und die Grundprobleme auf einmal lösen. Es hatte sich ja so oft schon gezeigt, daß eine wirklich entscheidende, auf die Tatsachen gegründete Erklärung aus dem Verhältnis der kleinsten Stoffteilchen eine sehr späte Frucht der Forschung ist. So brachte denn auch diese Auseinandersetzung manches an neuen speziellen Erkenntnissen und zur Klärung der Begriffe, aber noch nicht die Erreichung des Zieles. Das wichtigste Ergebnis aber war wohl, daß man in die Verbreitung des kolloiden Zustandes Einblick gewann; darum beteiligten sich auch — neben dem Chemiker — Physiker, Botaniker, Zoologen an dieser Arbeit. Die „BROWNsche Bewegung" hatte ja ein Botaniker (R. BROWN, 1828) im Mikroskope an den kleinen, festen und flüssigen Partikeln einer Lösung zuerst beobachtet. Der Zoologe O. BÜTSCHLI untersuchte (von 1892 an) die Strukturen mancher kolloiden Ausscheidungen, besonders der Gallerten, in denen er die Waben erkannte. Die Erforschung der eigentümlichen Fällungsgesetze der Kolloide und ihres Verhaltens gegen den elektrischen Strom wurde von Angehörigen ver-

---

[1]) Vgl. z. B. die zusammenfassenden Darstellungen von L. CASSUTO, H. FREUNDLICH, V. KOHLSCHÜTTER. WOLFGANG OSTWALD, R. ZSIGMONDY u. a.

schiedener Fachgebiete gefördert; auch manche technischen Zweige lieferten, zuerst in handwerkerlichem Verfahren, viel Material über die Kolloide. Ein außerordentlich wichtiges wissenschaftliches Hilfsmittel bot dann die Erfindung des Ultramikroskops durch H. Siedentopf und R. Zsigmondy (1903).

Nun konnte man die Teilchengröße in dem kolloiden Systeme messen, und R. Zsigmondy glaubte darin das exakteste Merkmal für eine Klassifikation der Kolloide zu haben (1905). Aber eine Zerlegung in anderer Richtung erwies sich als geeigneter. H. Bechhold unterschied z. B. Kolloide erster Ordnung, zu denen insbesondere organische, wie Dextrin, Eiweiß, gehörten, von den meist anorganischen Kolloiden zweiter Ordnung; wobei aber nicht die Einteilung der reinen Chemie, sondern eben das Verhalten dieser Gruppen in kolloidchemischer Beziehung (Beständigkeit z. B.) zugrunde lag. Nach manchen andern ähnlichen Versuchen, z. B. von A. Noyes, J. Perrin, gab Wolfgang Ostwald (1907) eine „natürliche" Einteilung der Kolloide, die, wie es so zu gehen pflegt, eine Art Mittel aus den beiden früher einander entgegengestellten Ansichten bildete, und doch mehr war als ein „schwächliches Kompromiß": Kolloide, wie Suspensionen und Emulsionen, gewinnen ihre merkwürdigen Eigenschaften durch die Zerteilung der Materie und durch den besonderen Grad dieser Dispersion. Die Kolloide sind höher „dispers" als die eigentlichen Suspensionen und Emulsionen und unterscheiden sich untereinander noch dadurch, daß die kleinen Teilchen darin einmal fest, in der andern Gruppe flüssig sind. Auch Viktor Kohlschütter hat diese Auffassung später vertreten können.

Die reiche weitere Entwicklung der „Kolloidchemie" betraf eigentlich gar nicht die Chemie allein. Sie ist vielen praktischen Vorgängen besonders nahe und vereinigt dementsprechend auch in eigentümlicher Weise die Probleme aus verschiedenen Gebieten. Das doch eigentlich physikalische Merkmal des Verteilungsgrades beeinflußt auch das chemische Verhalten, und es ist eine Verteilung nicht nur des gelösten Stoffes, sondern des Lösungs-, oder wie es hier heißt, Dispersionsmittels auch. So entstehen hier Grenzflächen in einer Ausbildung, die weder so extrem ist wie bei den „echten" Lösungen, noch so unbedeutend, daß sie nicht besondere Erscheinungen hervorriefe. Dann können eben durch sie auch Einflüsse sich geltend machen, die denen der chemischen Affinität weitgehend ähneln. An diesen Grenzflächen geschehen Adsorptionen, d. h. Bindungen von fremden Stoffen, über deren „rein" chemische oder rein physikalische Erklärung der Streit noch heute andauert. Dem entsprach eine hohe praktische Bedeutung dieser Vorgänge; J. M. van Bemmelen, der nach manchen Vorgängern die Untersuchung systematisch aufnahm, veröffentlichte sie zuerst und auch späterhin noch oft in einer landwirtschaftlichen Zeitschrift. Wir können ja nun in Analogie zu so oft festgestellten Entwicklungen voraussehen, daß die Entscheidung der theoretischen Grundfrage der Adsorption wieder ein Mittelding zwischen der physikalischen und der chemischen Deutung sein wird. Dabei werden wir uns wohl vor Übertreibung dieser Voraussagen hüten, und eben als den Gewinn unserer historischen Anschauungen festhalten, daß erst neue Versuche dieses Mittelding verwirklichen würden.

Strukturen waren nun auf Grund der Kolloidforschungen auch in manchen festen Gebilden erkannt worden, in denjenigen zunächst, die man mit so offenem Eingeständnisse unserer Unkenntnis als amorph bezeichnet hatte. „Gestaltlos" waren die in dem Sinne, wie die Seife „reinigend" ist: für unsere Erkenntnis und deren Anwendung. Der russische Forscher P. P. VON WEIMARN glaubte freilich (in Veröffentlichungen seit 1906) die allgemeine Verbreitung der kristallinischen Zustände annehmen zu müssen; Amorphes gäbe es danach überhaupt nicht. Aber diese Ansicht mag eher als ein Beispiel für die nun gewonnene Einbeziehung der Eigenart auch des amorphen und des festen Zustandes in die physikalisch-chemische Forschung, denn als eine anerkannte Theorie erwähnt sein. Man erkennt die Fülle dieser neuen Beziehungen — mit zum Teil schon recht weit zurückliegenden Beobachtungen — und zugleich eine wichtige praktische Seite derselben etwa aus Werken wie dem von P. EHRENBERG über die „Bodenkolloide" (2. Auflage, 1918).

Auf die Konstitution, den molekularen Bau im festen Aggregatzustande, bezog sich auch die Entwicklung der Theorie der spezifischen Wärme. Sie nahm ihren neuerlichen Ausgangsort natürlich von molekular-kinetischen Betrachtungen, die hierfür BOLTZMANN (1871) und später RICHARZ (seit 1893) ausführten. RICHARZ brachte die Abweichungen vom DULONG-PETIT-Gesetze in einen Zusammenhang mit dem Abstande der Atome; auch hier ergeben sich Ausnahmen für die Zustände starker Kompression, nämlich kleinen Atomvolumens, weil man bei den ersten idealisierenden Ableitungen von den Einflüssen zwischen den Atomen abgesehen hatte. Andere versuchten, diese vereinfachte Grundlage wenigstens insoweit beizubehalten, daß sie eine „wahre" spezifische Wärme als Grundlage der in der Wirklichkeit gelegentlich „modifizierten" annahmen. Die theoretische Lösung dieses praktisch verhältnismäßig einfachen Problemes lag dennoch recht tief; auch hier kam man zur theoretischen Erfassung gerade des Einfachen erst nach mannigfachen Erfolgen bei viel komplizierteren Vorgängen. ALBERT EINSTEIN leitete mit Hilfe der Strahlungs- und der Quantentheorie von MAX PLANCK eine Formel ab (1908), welche die spezifische Wärme als eine Funktion der Temperatur und der Schwingungszahl der Atome darstellte. Der Wert 6 für die Atomwärme ist danach der höchste und wird eigentlich bei $T = \infty$ erst erreicht; bei sehr tiefen Temperaturen nimmt dieser Wert rasch ab. WALTHER NERNST fand bei seinen Messungen diese Voraussage nur qualitativ erfüllt; wie bei den Verdampfungsformeln wurde nun auch hier die theoretische Gleichung als das Muster für eine empirische Formel genommen.

Der Schluß von der beobachteten Eigenschaft, der Wärmekapazität, auf die Vorgänge im Bereiche der Atomdimensionen muß als einer über recht weiten Zwischenraum hinweg erscheinen. Tatsächlich stellen ja die Strahlungstheorien das Bindeglied her, und da sind wohl auch direktere Vergleiche zwischen der Feinheit der Wellenlängen und derjenigen der Atomgrößen möglich. Die Übereinstimmung zwischen Atomabstand in Kristallen und Wellenlängen der hindurchgehenden Strahlung ist nun bei den Röntgenstrahlen derart, daß Interferenzen und Beugungen des „Lichtes" eintreten. Die messende Untersuchung dieser Vorgänge beim Durchgange von Röntgenstrahlen durch Kristalle ließ M. VON LAUE in Gemeinschaft mit W. FRIEDRICH und P. KNIPPING seit 1912 auf die atomare Struktur der Kristalle schließen. Dabei wirkten natürlich auch die Erkenntnisse der „reinen" Kristallographen mit. Die hatten ja schon seit Jahrzehnten Erfahrungen von den Raumgittern gesammelt, in denen sich die Atome und Moleküle nach der kristallographischen Symmetrie verteilten. „Ein Kristall besteht aus einer endlichen Anzahl parallel ineinander gestellter kongruenter Raumgitter", hatte L. SOHNCKE 1888 erkannt. Doch damit war nur das ganze Gitter erfaßt; die genaue Verteilung der Atome und Atomgruppen darin „sah" man nun erst durch die Röntgenstrahlen. Das neue Verfahren wurde nun von W. H. BRAGG und W. L. BRAGG[1]) sowie von P. DEBYE weiter untersucht, neuerdings auch von F. RINNE und SCHIEBOLD in kristallographischer Beziehung. Danach befänden sich nicht die einzelnen Moleküle, durch gewisse Abstände getrennt, nebeneinander; man löste in Verbindungen wie $CaCO_3$ das ganze System auf, sah Ca und CO_3 bestimmte Abstände voneinander wahren, und zwar so, daß jeder dieser Teile zu mehreren „Molekülen" gehörte, weil er symmetrisch von deren Teilen umgeben ist. So erscheint der ganze Kristall als ein großes, und allerdings im Verhältnis zu den Dimensionen eines „alten" Moleküls gewaltiges Molekül einer durch Haupt- und Nebenvalenzen zusammengehaltenen Verbindung (PAUL PFEIFFER, 1915).

---

[1]) Vgl. deren Buch: X-Rays and Crystal Structure, London 1915; ferner A. SOMMERFELD, Atombau und Spektrallinien (1919).

5. Physikalische Eigenschaften und chemische Konstitution[1]).

Die so naheliegende Auffassung des Moleküls als rein additive Summe seiner Atome versagte in manchen Fällen schon recht frühzeitig, aber dies geschah doch immer mit engbegrenzter Wirkung. Die vielen nacheinander entdeckten Isomeriearten zeigten ja scharf genug den Einfluß der Beziehungen zwischen den Atomen. Aber solange dieser Einfluß nicht experimentell faßbar wurde, vernachlässigte man ihn: mit Recht, wenn man das Vorläufige daran betonte; und, wie der geschichtliche Verlauf oft zeigte, mit Übertreibung, wenn man völlige Additivität und die Abwesenheit konstitutiver Einflüsse behauptete. Einige der Quellen sind schon angedeutet worden, aus denen die neuen Theorien entstanden: daß bei den Valenzbindungen zwischen Atomen die Elektronen wirken, und in gewissen Fällen ein oder mehr Elektronen vom einen zum andern Atom übergehen. Dann entsprächen die Behauptungen reiner Additivität der Vernachlässigung des auch relativ kleinen Elektrons gegenüber dem Atome, allerdings mit vielen Vorbehalten; denn die Wirkung des Elektronenaustausches auf eine besondere physikalische Eigenschaft kann sich in ganz anderen als den diesem Größeverhältnisse entsprechenden Dimensionen kundtun.

Es dauerte lange, ehe man bei den Lösungen die Besonderheiten erkannte, die in keinem der Bestandteile für sich auftraten. Aber auch dann hieß es zuerst, die einfachsten Beziehungen herauszuheben: Das Lösungsmittel wirke nur wie die Schaffung eines genügend großen Raumes zur gasartigen freien Verteilung der Moleküle des gelösten Stoffes. Dieses Stadium wurde allerdings sehr rasch, in kaum zwei Jahren überwunden, wenigstens insofern, als man die elektrolytische Dissoziation mit berücksichtigte. Aber gerade weil man dieses elektrische Verhalten als ein so hervorragendes erkannte, trat gelegentlich für den Einfluß des Lösungsmittels dabei nur eine seiner physikalischen Eigenschaften ein; das Wasser oder der Alkohol schien nur mit seiner Dielektrizitätskonstante in Betracht zu kommen. Der Chemiker verlangte aber auch hier die Erkennung einer stofflichen Veränderung zu der physikalischen Wirkung. Wenn bei dieser Abweichungen vom additiven Verlaufe vorkamen, sollten nun auch diejenigen Stoffe gefaßt werden, die den Unterschied bedingten. Noch vor der Schaffung der WERNERschen Theorie ging da manchmal die chemische Erkennung der physikalischen voraus, während seitdem oft das Verhältnis umgekehrt ist.

---

[1]) Vgl. dazu die Spezialdarstellungen dieses Themas von SMILES-HERZOG, H. KAUFFMANN.

Wenn man die physikalischen Eigenschaften mehrerer Verbindungen verglich, so benutzte man dazu wie in der Chemie selbst die Voraussetzung, daß immer, wo man dasselbe Atom schrieb, es auch genau dasselbe in allen Beziehungen bedeutete; das ist eben die Grundlage der Additivität der Atomeigenschaften zum Moleküle. Aber ein weit genug gedehnter Vergleich zwang dann zur Annahme konstitutiver Beziehungen. Die erwiesen sich nun hier wieder in ihrer Relativität; die Probleme wie ihre Lösungen entstehen aus dem Vergleiche.

Die Beziehungen zwischen physikalischen Eigenschaften und chemischer Konstitution entwickelten sich mit verschiedenartiger Geschwindigkeit von der Annahme der Additivität hinweg. HERMANN KOPP fand schon um die Mitte des vorigen Jahrhunderts (vgl. S. 183 ff.) konstitutive Einflüsse auf das Volumen. Die Oberflächenspannung, die der ungarische Forscher ROLAND VON EÖTVÖS 1886 mit dem Molekulargewichte in einfache Beziehung bringen konnte, ließ sich lange Zeit aus den atomaren Werten allerdings additiv zusammensetzen; aber schon in den letzten Jahren des vorigen Jahrhunderts gewann man Andeutungen von Verschiedenheiten etwa bei Ortho-, Meta- und Parastellungen. — In einem starken Magnetfelde drehen die Stoffe die Polarisationsebene des durchgesandten Lichtes. W. H. PERKIN, der seit 1882 diese Eigenschaft bei verschiedenen Körpern verglich, kam allmählich dahin, sie zu Konstitutionsbestimmungen benutzen zu können. Der Weg bei diesen Untersuchungen ist der typische gewesen: Nachdem man durch die Voraussetzung der Additivität eine erste Sammlung der Daten erreicht hat, erkennt man mit der Verfeinerung der Methoden und der Sicherheit ihrer Auswertung, daß die chemisch festgestellten Konstitutionen sich auch in der beobachteten physikalischen Eigenschaft äußern. Von diesem Boden aus erschließt man dann die neuen Gesetze der konstitutiven Einflüsse und überschreitet damit an dieser und jener Stelle weit das chemisch schon Erreichte. Dann gibt die physikalische Untersuchung dort Aufschluß, wo chemisch keine Entscheidung zu gewinnen ist. Bei der Erforschung der ätherischen Öle waren die Lichtbrechungsexponenten auch in der heute längst weitgehend verfeinerten Ausarbeitung J. W. BRÜHLS (um 1890 und später) wesentliche Hilfsmittel. Seitdem haben besonders K. v. AUWERS und F. EISENLOHR (1910 bis in jüngste Zeit) die Zerlegung in konstitutiv und spektrochemisch konstant bleibende Molekülteile so weit vertieft, daß man damit allen Feinheiten der Konstitution folgen und sie andrerseits eben danach erkennen kann.

Die Absorptionsspektren wurden in ihrer Anwendung auf die Konstitutionsforschung schon erwähnt. Neuerdings gewannen die Emissionsspektren ganz besonders an Bedeutung. Seit den Arbeiten von BUNSEN und KIRCHHOFF (1860) hatten vor allem Physiker die von glühenden Körpern ausgesandten Lichtquellen analysiert. Zu den früher für charakteristisch angesehenen wenigen Linien kamen zahlreiche neue, die besonders nach dem violetten Gebiete hin sehr eng aneinander liegen. Diese Fülle neuer Linien suchten BALMER (1885) und später RYDBERG (1890) durch empirische Formeln zu ordnen. Aber erst in den letztvergangenen Jahren gewann man auch eine grundlegende Theorie für das große angesammelte Material. Mit Hilfe der Quantentheorie PLANCKS (1901) und der neuen Anschauung über den Atombau konstruierte NIELS BOHR (1903) das Modell aus einem positiven Kerne und den darum in bestimmten Abständen kreisenden negativen Elektronen, deren Übergang von der einen zur anderen der möglichen Bahnen die Aussendung oder Absorption von Energie in der Form des Lichtes veranlaßt. Auch die weitere Zerlegung jeder der Spektrallinien, die JOHANNES STARK (1913) erreichte, konnte in die Theorie eingeordnet werden. Während die radioaktiven Erscheinungen uns manches über den Bau der schwersten Atome lehren können, erfahren wir aus den Emissionsspektren den Feinbau des Atoms zunächst der leichtesten Elemente.

Diesen Entwicklungen ist nun freilich zum Teil die Chemie noch nicht gefolgt. Der Physiker möchte Elemente vom Atomgewicht 2 und 3 aus seinen Beobachtungen erschließen, und er wartet nicht nur dabei auf die Unterstützung durch neue chemische Erkenntnisse. Nach manchen neuesten Untersuchungen darf man vielleicht glauben, daß in dieser Richtung liegende Erkenntnisse rasch auf dem Wege sind.

IV. Biochemie.

Einleitung.

Seit der Mitte des 19. Jahrhunderts hatte sich die organische Chemie als die Chemie der Kohlenstoffverbindungen erklärt; sie war damit ausdrücklich von ihrem früheren Ausgangspunkte abgerückt. Dieser Vorgang entspricht auf diesem Gebiete den „Objektivierungen", die wir früher an so manchen Stellen als eine Art Befreiung vom Ich antrafen. Die organische Chemie gewann exaktere Bestimmungen für ihre Stoffe, und es kam manchen zunächst nicht darauf an, daß diese Bestimmungen sich nun nur auf Teile desjenigen bezogen, das früher als Forschungsgegenstand galt. Das Produkt aus Breite und Tiefe des Wissens war gewachsen, wenn auch der erste seiner Faktoren sehr viel kleiner geworden war.

Über solcher Isolierung eines dem Zusammenhang im Organischen ferneren und exakten Gebietes war natürlich die ursprüngliche Aufgabe nicht ganz vergessen worden. Die Erforschung des Lebens war nur eines jener allerumfassendsten Ziele gewesen, das sich jede Wissenschaft vor allem in ihrer Frühzeit stellt. Allmählich konnte dann für die Größe dieses Zieles der Zusammenhang des neuerworbenen speziellen und von jenem entfernten Wissens eintreten, um zu der ganzen Arbeit das Interesse, energetischer gesagt: das Schaffenspotential zu geben. Wenn man dabei aber genügend viele Teile erkannte, so ergab sich die erneute Annäherung an die alte Aufgabe. An die Stelle des intuitiven Erfassens konnte die Zusammensetzung des Ganzen aus seinen Teilen treten. Aber es ist charakteristisch für all solche Entwicklungen, daß man nicht bis zur Auffindung möglichst aller Teile zu warten braucht, ehe man die Synthese beginnt. Die wäre ja sonst in keiner absehbaren Zeit möglich. Außerdem aber hat man es ja mit diesen Ganzen, Lebendigen immer zu tun. Von hier aus entspringt die praktische Nötigung zu der wissenschaftlichen Arbeit am Ganzen; und sie ist auch für das theoretische Ziel selbst erforderlich, da Synthese und Analyse kaum auch nur in einer reinen — nämlich von aller Erfahrung reinen — Logik völlig getrennt werden, in den Wissenschaften aber eng miteinander verbunden sind.

Gerade hier gibt es Gegenstände, deren Kenntnis seit ihrer frühen Bearbeitung vor vielen Jahrzehnten kaum bedeutend verändert worden ist, wo man also auch heute noch oder doch meist bis vor kurzem nichts anderes an die Stelle der damaligen Untersuchungen zu setzen hatte. Das ist besonders bei so zusammengesetzten Gebilden der Fall, wie den Humus- und Pektinstoffen, gewiß auch deshalb, weil man sich lange Zeit nicht darum gekümmert hat. Jetzt kommen nun von der physikalischen Chemie, manchmal besonders der Kolloidchemie her neue Antriebe und Methoden[1]).

Manche Naturwissenschaftler wenden sich in einer späteren Periode ihrer Tätigkeit gern stärker zur Philosophie als Mystik, Erkenntnistheorie oder Identischsetzung alles Existierenden mit ihrem Spezialgebiete: Ähnlich findet man, und allerdings ebensowenig ausnahmslos, bei manchen hervorragenden Chemikern als ein spätes Arbeitsgebiet die Einbeziehung von Themen, die sich auf noch nicht vom Organismus isolierte Stoffe erstrecken. Nachdem man einen Teil recht gründlich erkannt hat, glaubt man auch das Ganze nach seinem Vorbilde konstruieren zu können; und mit Recht, da mit diesem Ganzen doch auch nur wieder ein Teil des Lebensvorganges gemeint ist. Man

---

[1]) Vgl. auch die neueren Entwicklungen der Chemie des Kautschuks, z. B. nach C. D. HARRIES, „Untersuchungen über die natürlichen und künstlichen Kautschukarten" (1919).

nimmt es sich dann so ähnlich vor wie LIEBIG, als er die natürlichen Quellwässer ganz identisch durch die Zusammensetzung aus ihren erkannten Teilen erzeugen wollte. Vielleicht hat man es aber hier leichter, die Schranken des Erreichten zu erkennen: „Lebendiges" Eiweiß hat man eben noch nicht „künstlich" darstellen können. Aber man sieht bei Atmung, Ernährung, Entwicklung zunächst von denjenigen Einflüssen ab, die aus dem Zusammenwirken aller Organismenteile entstehen und begnügt sich mit einem vereinfachten Idealgebilde dieser organischen Vorgänge. Einer späteren Zeit mag das dann ebenso wirklichkeitsfern erscheinen wie uns heute etwa das einfache BOYLE-MARIOTTEsche Gasgesetz oder die anfängliche Theorie der verdünnten Lösungen. In der Chemie der Nahrungsmittel haben wir ja vor wenigen Jahren eine solche Korrektur der vorherigen Meinungen erlebt, als man aus den gewonnenen Zerlegungsteilen das Ganze genau zusammensetzen zu können glaubte und dabei das Fehlen einer besonders wirksamen Stoffart, der Vitamine, fand. Man sieht, wie produktiv solche Voreile manchmal werden kann. Isolierungen einzelner Teilvorgänge, wie man sie hier künstlich vornahm, bietet das pathologische Leben in gewisser Weise von sich aus dar, wenn eine der Funktionen ausfällt oder überstark wird. Auch das ist ein von früheren Entwicklungen hervorgehobener Zug: Nicht das Normale, sondern das Außerordentliche ist es, wo die wissenschaftliche Forschung einsetzt.

Eine scharfe Abgrenzung des Gebietes der Biochemie ist natürlich nicht angängig, aber wir können es von zwei Seiten her einengen: von der reinchemischen und der reinbiologischen. Dort handelt es sich ja nur um die einzeln isolierten Stoffe, hier um das Zusammenwirken derjenigen Gruppen, die den Organismus aufbauen. Dazwischen bliebe für die Biochemie dasjenige übrig, was noch nicht bis zur chemischen Einheitlichkeit isoliert werden konnte; und wie sie damit die Beziehung zum Organismus wahrt, hat sie nun auch von den Vorgängen in ihm die chemischen zu untersuchen. Danach würde sich der Umfang dieses Wissenschaftsgebietes nach der einen Seite hin ständig verringern; es ist gerade ein Zeichen des Erfolgs, wenn die Biochemie Untersuchungsmaterial an die reine Chemie übergibt; andrerseits dehnt sie ihr Bereich immer weiter ins Biologische und erobert dort neuen Raum.

Nach diesen Gesichtspunkten gewinnen wir die Einteilung dieses Abschnittes mit seinen besonders unscharfen Abgrenzungen gegen Nachbargebiete: die chemischen Bestandteile des Organismus, chemische Vorgänge am Organismus (mit Einschluß der Enzymwirkungen) und die Wirkung von Chemikalien auf den Organismus. Es ist unnötig, gegenüber der starken Bearbeitung des Gebietes besonders in neuer Zeit noch einmal zu betonen, daß hier nur allgemeine Entwicklungslinien gezeichnet werden[1]).

1. Chemische Bestandteile des Organismus.

Kohlenhydrate: Die einfachen Zuckerarten konnten im Zusammenhange mit der rein organisch-chemischen Entwicklung behandelt werden; die Kohlenhydrate mit sehr großem Moleküle dagegen ordnen sich besser hier ein. Holz kann noch heute für manche Verrichtungen als ein einheitliches Gebilde gelten, und es entspricht daher nicht ohne weiteres bloß einem zurückgebliebenen Stadium, wenn keine Trennungen weiter an diesem Körper vorgenommen würden. Die Zellulosen, die man aus verschiedenen Holzarten gewinnt, unterschied der Praktiker vielleicht nach gewissen komplexen Verhaltensarten, die doch nicht genau definiert werden können.

Gerade in der Zelluloseforschung findet man ein Beispiel dafür, wie dem handwerkerlichen, später fabrikmäßigen Betriebe manchmal erst spät die wissenschaftliche Begründung folgt. Die hat es dann leicht, insofern ihr Materialien und Probleme offen dargeboten werden, und doch auch recht schwer, wenn sie den beinahe instinktmäßig in der Praxis erzielten Erfolgen aus ihrer wissenschaftlichen Arbeit entspringende Verbesserungen an die Seite setzen soll. Da bleibt oft der praktische Betrieb den wissenschaftlichen Erkenntnissen noch ebensofernes Ziel wie das Leben selbst. Immerhin entstanden wohl die vielen Neugründungen von Forschungsinstituten in den letzten Jahren, und besonders auch auf dem speziell in Rede stehenden Gebiete, aus der Einsicht in die hohe Bedeutung der wissenschaftlichen Arbeit auch für den praktischen Erfolg. Und so sind denn die Zellulose und das Lignin, sein Begleiter im Holz, durch die neuen Forschungen größtenteils der Biochemie entrückt und der organischen Chemie übergeben worden. Das Lignin, zunächst nur der zu einigen Farbreaktionen erfundene stoffliche Träger, ist seit TIEMANN und HAARMANNS Untersuchungen (1874) besonders durch PETER KLASON chemisch charakterisiert worden. Die eigentliche Zellulose, mit der man früher kaum mehr als recht weit zerstörende Abbaureaktionen vorzunehmen verstand, erwies sich als ein verhältnismäßig empfindlicher Stoff. Man nähert sich der chemischen Erkenntnis der Veränderungen seiner mechanischen Eigenschaften, die durch schon recht alte Verfahren erreicht werden (vgl. die Mercerisation, durch MERCER seit 1844 ausgeführt und ähnliches)[2]).

---

[1]) Über Einzelheiten vgl. z. B. das von Emil Abderhalden herausgegebene „Biochemisches Handlexikon".

[2]) Siehe die Werke von CROSS nud BEVAN, SCHWALBE, HEUSER.

Reaktionen, die man zunächst chemisch gar nicht Schritt für Schritt verfolgen konnte, dienten doch als oft recht gute, wenn auch ergänzungsbedürftige Merkmale, um das zu unterscheiden, was man in verschiedenen Pflanzenteilen getrennt auffand. Die „empirische" Formel gab ungefähr Aufschluß über das Verhältnis zu den einfachen Zuckerarten; und wenn man auch nicht das Molekulargewicht selbst bestimmen konnte, so bewiesen doch die Hydrolysen bei gewissen Behandlungsweisen, daß wirklich eine Wasseraufnahme die Zellulosen in die Reihe der süßen Zucker führt. Das hatte schon 1819 Henri Braconnot beachtet. Doch erst neuerdings hat man diese Reaktion genauer zu erforschen gesucht, als beinahe gleichzeitig das praktische und wissenschaftliche Interesse daran außerordentlich gestiegen war. Von dem soviel genauer bekannten Abbauprodukte, dem eigentlichen Zucker aus, sollte dann auch die Zellulose selbst, wenigstens in der Theorie, synthetisiert werden. Deutsche und amerikanische Forscher, u. a. Bernhard Tollens, A. G. Green, H. Ost, Cross und Bevan, C. Hess, H. Pringsheim, schlossen so aus den Derivaten, auch bei anderer Art von Eingriffen, auf das ganze Molekül. Es ist einleuchtend, daß auch hier ein solches Schließen dann am erfolgreichsten sein wird, wenn es dem Gedanken den kleinsten Zwischenraum zwischen den Präparaten zu überbrücken gibt.

Recht ähnlich liegen die Aufgaben für die Erkenntnis des Stärkemoleküls. Auch hier war schon zu Anfang des vorigen Jahrhunderts eine grundlegende Beobachtung gemacht worden: als G. S. C. Kirchhoff 1811 bei der Einwirkung von verdünnten Säuren Zucker daraus herstellte. Das war bald als ein Beispiel für „katalytische Prozesse" benutzt worden. Den Weg zwischen Anfangs- und Endprodukt beleuchteten freilich erst sehr viel später A. Meyer (1885) und Moreau (1905), und eine erste feinere Zerlegung in Amylose und Amylopektin fand L. Maquenne (1904).

Bei hochmolekularen Stoffen ist die Frage besonders schwer zu entscheiden, ob die Reinigung nicht schon Zerstörung bedeutet. So hat man erst jüngst (1914) die Phosphorsäure der Stärke nicht als Beimengung, sondern als chemisch gebundenen Bestandteil angenommen. Auch wenn man die stärkeartigen Bestandteile verschiedener Pflanzenwurzeln untersuchte und dabei gleichartige Produkte erkannte, mußte man sich fragen, ob man denn auch die ursprünglichen Stoffe und nicht durch die Isolierungsmethode unwissentlich erzeugte Derivate derselben erhielt. Rein logisch ließe sich natürlich immer behaupten, daß Veränderungen eingetreten sein müssen: sonst hätte man ja nur den ganzen Organismus als Einheit hinnehmen dürfen. Die Frage hat eben vielmehr den chemischen Sinn, ob bei sanfterer Behandlung ein eigenartiges und höher zusammengesetztes Gebilde erhalten würde. Darum war mit der Isolierung einer solchen Substanz allein noch wenig getan. Das Glykogen, von dem schon 1858 KEKULÉ die Formel $(C_6H_{10}O_5)$ erkannte, kennt man doch kaum besser als die Stärke. Bei anderen Stoffen ist der frühzeitigen Isolierung auch heute die genauere Erkenntnis eben erst angebahnt. Pektinstoffe unterschied schon FREMY — der Lehrer MOISSANS — um 1840 von den Pflanzenschleimen. Ein halbes Jahrhundert später brachte TOLLENS die chemische Charakteristik des damaligen Unterscheidungsmerkmales, und in den letzten Jahren fanden SUAREZ, TH. V. FELLENBERG und FELIX EHRLICH Entscheidendes über die eigentliche chemische Struktur dieser schleimbildenden Substanzen.

Vom Ackerboden kannte man außer den mineralischen Bestandteilen die H u m i n s u b s t a n z e n, die zuerst wohl ACHARD (vgl. S. 176) 1786 mit Wasser daraus extrahierte. Hier ist man, trotz vieler auch neuerer Bemühungen (vgl. z. B. SVEN ODÉN, 1912), doch nur zur Kennzeichnung dieser Stoffe nach Vorkommen, Entstehung und einzelnen physikalischen Eigenschaften — also noch nicht durchaus ihren komplexen chemischen — gelangt. Ihre um die Mitte des vorigen Jahrhunderts so viel umstrittene physiologische Bedeutung wird noch kurz zu erwähnen sein.

Bei den F e t t e n und Ö l e n finden wir an vielen Stellen das schon so oft beobachtete Verfahren wieder: vor der chemischen Trennung die eigentlich organische nach dem Lebenszusammenhange einzuführen. Die nimmt das als charakteristische Einheit an, was später die Chemie nach aufgewiesenen gleichen Teilen neu ordnet. Es gibt noch heute rituelle Vorschriften, die den Gebrauch etwa von Bienenwachs an manchen Stellen verlangen. Man sieht an solchen Beispielen, deren sich noch manche auf anderen Gebieten finden, daß die in besonders große Bewußtseinstiefen hinabreichende religiöse Denkweise am allerwenigsten eine Eigenschaft allein zum Urteile über Stoffe benutzt und vielmehr die ursprüngliche stoffliche Einheit in den Vordergrund stellt.

CHEVREUL hatte ja in seinen Untersuchungen (vgl. S. 151) vieles über „das Wesen" der Fette geklärt. Aber wo es sich mehr um ihr natürliches Vorkommen handelte, erwies sich wieder die Schwierigkeit der Gewinnung reiner Stoffe. Durch die neuesten Arbeiten von EMIL FISCHER und AD. GRÜN können wir wenigstens einen Grund für diese Schwierigkeiten in leicht eintretenden Verschiebungen im Moleküle der Fette angeben.

Das G e h i r n erweist sich auch chemisch als eine ganz besondere Substanz. Allerdings hat hier eine Anzahl von Trennungen nach den Löslichkeiten Stoffe geliefert, die doch nur teilweise weiter erforscht sind. THUDICHUMS Einteilung dieser Substanzen benutzt darum auch (1901) das empirische Zusammensetzungsverhältnis. Ein wichtiger und, wie HOPPE-SEYLER fand, weit verbreiteter Vertreter dieser Gruppe ist das Lecithin, mit dem schon VAUQUELIN (1811) sich beschäftigt hatte. Gewiß hat man seitdem in verschiedenen Präparaten genau definierte Stoffe daraus hergestellt; dennoch läßt es sich nach IVAR BANG vorläufig „nur als ein Monoaminophosphatid definieren, welches durch Ätherextraktion der Organe erhalten werden kann und in den üblichen organischen Lösungsmitteln, mit Ausnahme von Aceton, leichtlöslich ist"[1]. Die Eigenschaftsbeschreibung, die sonst einen ganz erforschten Stoff genau kennzeichnet, muß also hier teilweise noch ersetzt werden durch die Angabe des Ursprungsmaterials und der Darstellungsmethode. Neuerdings sind in Untersuchungen von P. A. LEVENE (1912) die Zerebroside in diesen Richtungen weiter verfolgt worden.

Eiweißstoffe: Die Biochemie in dem strenger begrenzten Sinne, wie er hier gelten soll, zieht natürlich manchen großen Gewinn aus den Forschungen eines EMIL FISCHER. Aber ihr müssen außerdem die Beziehungen zum Organismus und zum natürlichen Vorkommen besonders im Vordergrunde stehen, und dafür sind die bisher isolierten und untersuchten Eiweißstoffe doch Spaltprodukte aus den „nativen" Körpern. EMIL ABDERHALDEN, OLAF HAMMERSTEN, FRANZ HOFMEISTER, A. KOSSEL, K. H. A. und CARL TH. MÖRNER, C. NEUBERG, E. SALKOWSKI und viele andere durchforschten die natürlichen und zunächst anatomisch unterschiedenen Bestandteile des Organismus, und indem die Grenzen zwischen den so isolierten Stoffen immer enger aneinander gelegt werden, erkennt man erst recht zu der anatomischen und physiologischen auch die chemische Eigenart dieser Gebilde. Man führt sie durch leichte chemische Einflüsse, durch Abbaureaktionen, wie z. B. MAX SIEGFRIED (seit etwa 1900), in möglichst kleinen Stufen auf einfachere Stoffe zurück oder schafft sich durch die Einführung neuer Atomgruppen Handhaben für die Erkennung und Isolierung (vgl. TH. CURTIUS, H. SCHIFF, S. P. L. SÖRENSEN).

Die in diesem Abschnitte besonders reichliche — und dennoch ganz unvollständige — Anführung von Forschernamen deutet wohl schon die Fülle der hier vorliegenden Bearbeitungen an. Der Vergleich einer älteren Untersuchung mit gewissen neueren mag dazu noch ein Gefühl für die Entwicklung dieses Gebietes vermitteln. Im Jahre 1819 beschrieb HENRI BRACONNOT eine „Analyse des Ochsenmagens"[2]. Durch Auflösen des zerriebenen Organs in Wasser trennte er 18,94% Gewebe und Membranen ab. Das Filtrat gab beim Aufkochen ein Koagulum wie eine konzentrierte Lösung des Weißen von Ei. Nachdem BERZELIUS gezeigt hatte, daß Alkohol auf solche Produkte um-

---

[1] Vgl. ABDERHALDEN, „Biochemisches Handlexikon", 3, 231 (1911).
[2] Ann. de chim. et de phys. (2) 10, 189—200.

wandelnd einwirkt, wurde nun Terebinthenessenz statt des Alkohols als Lösungsmittel für einen Teil dieses Gemisches verwendet: So wird eine ölige Materie erhalten, die sich gegen Alkalien und bei der Verbrennung anders verhält als es sonst Fette und andere Teile des Tierkörpers tun; nur im Gehirne findet man sonst solche phosphorhaltigen Öle wie im Magen: „Das erinnert an eine recht merkwürdige Meinung eines Philosophen des Altertums (PLATON), der eine gewisse moralische Beziehung zwischen diesen beiden Organen zu finden geglaubt hatte." Die vom Koagulum getrennte Flüssigkeit wird auf ihr Verhalten zu Pflanzenfarbstoffen und auf ihre anorganischen Bestandteile (mit Kalk, Barium- und Silbernitrat) geprüft und vor allem ihre Asche untersucht. „Es gibt im tierischen Organismus kein Organ, das so wesentlich albuminös wäre wie der Magen." — Daneben sei der Gang einer neueren Untersuchung des Fibroins aus der Seide angedeutet[1]). Da hatte man u. a. einen Stoff erhalten, der nach seinen bei vorsichtigem Abbau identifizierten Spaltprodukten als Glyzyl-d-alanyl-glyzyl-l-tyrosin gekennzeichnet wurde. Die Elementaranalyse, von der bei BRACONNOT keine Rede ist, weil sie damals noch eine selten ausgeführte schwierige Prozedur vorstellte, versteht sich von selbst. Im Polarimeter, durch Einwirkung von selbst schon hochzusammengesetzten Reagentien, welche erkennbare Verbindungen gaben, verfolgte man die Reaktionen, und auf der Basis einer langen Untersuchung der einzelnen einfachsten Produkte aus den Eiweißstoffen konnte man sie so deuten. Man benutzt das Verhalten gegen genau dosierte Zusätze verschiedener Salze, gegen elektrische Aufladung in quantitativ bestimmter Weise und mit anderen feinen physikalischen Meßmethoden. Und dennoch: „Fassen wir das Ergebnis der bisherigen Bemühungen, Eiweißstoffe als chemische Individuen abzutrennen, zusammen, dann ergibt sich, daß dieses Ziel nicht erreicht worden ist, oder besser ausgedrückt, wir besitzen zur Zeit keine Kriterien dafür, ob die Reindarstellung von Eiweißstoffen gelungen ist. Dagegen haben Forscher wie KÜHNE, HOFMEISTER, OSBORNE Methoden ausgearbeitet, die es uns ermöglichen, aus den einzelnen Ausgangsmaterialien immer wieder die gleiche Eiweißart zu erhalten"[2]).

Farbstoffe aus verschiedenen Pflanzen sind ja recht genau untersucht; andere dagegen bieten dasselbe Bild wie manche der Bitterstoffe oder der Saponine: Unterscheidung nach der Herkunft, Beschreibung durch die Darstellungsmethode und einige, zur vollständigen stofflichen Charakteristik unzureichende Merkmale. Natür-

---

[1]) Vgl. die Darstellung bei E. ABDERHALDEN, „Lehrbuch der physiologischen Chemie I". 4. Aufl. 1920. S. 392—400.

[2]) ABDERHALDEN, l. c., S. 419.

lich muß bei einer solchen Feststellung nie vergessen werden, wie
ungeheuer viel Geist und Arbeit auch in diesen Forschungen enthalten ist. Nur einer allzu formalistischen Betrachtungsweise könnte
der Zustand dieser Gebiete dem der organischen Chemie vor vielen
Jahrzehnten zu gleichen scheinen. Freilich ist manches Einzelne
nicht neu bearbeitet worden, weil kein besonderes Interesse daran
vorlag; in vielen anderen Fällen konnte auch der Aufwand aller
unserer neuen Errungenschaften nicht bis zur völligen Konstitutions-
aufklärung dieser Stoffe führen. Das gilt besonders von den Fer-
menten, diesen entscheidend bedeutsamen Katalysatoren physiologischer Reaktionen. Um sie zu fassen, hat man zuerst ganze Organ-
und Gewebsteile verwendet, dann die wirksamen Bestandteile daraus
durch fraktionierte Lösungen und Fällungen angereichert und oft
den Arbeitsgang in ähnlicher Weise verfolgt wie die Anreicherung
von Niederschlägen an radioaktiven Substanzen, ehe man sie rein
isolieren konnte.

So sind fast alle Organe von vielen Pflanzen und Tieren in ihren
Feinheiten chemisch untersucht worden: Blätter und Blüten, Früchte,
Blut, Gehirn, Galle, Leber, Schilddrüse — um nur von denjenigen
zu sprechen, die neuerdings besonders wichtige Fortschritte gebracht
haben. Dennoch hat man gerade dabei die Unvollkommenheit gegenwärtig, sobald man an das natürliche Zusammenwirken dieser Teile
denkt. Ihm sucht man noch anders als durch die chemische Zerlegung
nahe zu kommen: indem man nämlich nicht die Eigenschaften bloß
dieser so fein isolierten Teile zum Forschungsgegenstande macht,
sondern außerdem auch die Reaktion des ganzen Organismus auf
chemisch möglichst genau definierte Stoffe.

2. Chemische Vorgänge am Organismus.

Die Überschrift dieses Abschnittes verspricht zu viel, wenn man
sich nicht der Grenzbestimmung aus der Einleitung erinnern will.
Aus der Entwicklungsgeschichte der chemischen Physiologie sollen
hier nur über Ernährung und Gärung einige kurze Angaben gemacht
werden.

Die Ernährung der Pflanzen wie die der Tiere hat eigentlich
zuerst LIEBIG nach dem großen wissenschaftlichen Prinzipe neu behandelt, dessen Einfluß die Entwicklung der Chemie wie der Physik
umgestaltete: das Prinzip von der Erhaltung[1]). Zunächst war es
auch hier vor allem im Sinne einer Erhaltung des Stoffes gemeint;
die energetischen Beziehungen blieben lange Zeit viel roher als jene

---

[1]) Zur älteren Geschichte der Lehre von der pflanzlichen Ernährung vgl.
JULIUS SACHS, „Geschichte der Botanik", München 1875.

bekannt. LIEBIG trennte in seinen agrikulturchemischen Schriften (und den betreffenden Stellen der „Chemischen Briefe") streng zwischen dem verbrennlichen Anteile der Pflanzen und ihrem mineralischen: dieser und nur er entstammt dem Boden, alles Organisch-chemische, alle Kohlenstoffwasserstoffverbindungen aus der Kohlensäure der Luft. Von den organischen Düngemitteln wirkt darum nur der mineralische Anteil; und nur der mineralische braucht dem Boden ersetzt zu werden, da er ihm von der Pflanze entzogen und beim Ernten entrissen wird. Die organischen Bestandteile des Bodens erscheinen hier von recht nebensächlicher Art, vor allem wird die Theorie bekämpft, daß der Humus direkter Nährstoff wäre. Die Bedeutung dieses lange nach beiden Extremen hin verkannten Bodenstoffes trat eigentlich erst aus VAN BEMMELENS und BAUMANNS kolloidchemischen Forschungen hervor (1888 und später). Neuerdings macht sich sogar eine, allerdings nur recht teilweise, Rückkehr zu der von LIEBIG so scharf verworfenen Auffassung geltend, da auch der Kohlensäureentwicklung aus den organischen Bodenbestandteilen eine wichtige Rolle zuerkannt wird[1]): Nicht der Humus, aber doch ein daraus entstehender Stoff wirkt bei der pflanzlichen Ernährung mit. Man erinnert sich dabei jener früheren Erörterung, wie das über dem Kalk abgebrannte Öl nicht als Ganzes, sondern nur mit seinem Verbrennungsprodukte aus dem ätzenden Stoffe den milden macht (vgl. S. 168).

Den Verlauf der Kohlensäureassimilation durch die grünen Blätter hat dann letzthin RICHARD WILLSTÄTTER[2]) recht weit in Einzelheiten hinein verfolgen können.

Aus den Forschungen über Ernährung von Tieren und Menschen, die von landwirtschaftlichen und physiologischen Chemikern in so mühevollen Versuchen gefördert wurden, ist schon der Entdeckung der Vitamine gedacht worden. Über Krankheiten bei der Ernährung mit Fleischkonserven und geschältem Reis war seit langer Zeit berichtet worden: Die Ursache, das Fehlen eines lebenswichtigen Bestandteiles in geringer Menge, wurde doch erst in den letzten Jahren und nach manchem Fehlgriffe gefunden. Da zeigte sich, daß die Berechnung einer Normalnahrung aus den Verbrennungswärmen von Fett, Kohlenhydrat und Eiweiß auch bei Hinzunahme der mineralischen Körperbausteine noch nicht jenes natürliche Ganze zusammenzusetzen gestattete, das, freilich in dumpfer Unbewußtheit, seit jeher bekannt war. Manche reichlich mystisch erscheinende Vorstellungen darüber suchte man schon im frühen 19. Jahrhundert chemisch prä-

---

[1]) Vgl. die Forschungen von HUGO FISCHER, E. REINAU, M. BORNEMANN u. a.

[2]) R. WILLSTÄTTER und A. STOLL, „Untersuchungen über die Assimilation der Kohlensäure", Berlin 1918.

ziser zu gestalten; und wenn man auch bis jetzt noch nicht die wirksamen Stoffe als chemische Individuen gefaßt hat, so ist man doch von der Lösbarkeit dieser Aufgabe überzeugt. Auch hier soll eine als Ganzes wirkende Einheit in wirklich alle ihrer wesentlichen Teile zerlegt werden. Besonders in Amerika und in Deutschland sind wohl die Einzelforschungen dazu neuerdings recht lebhaft.

Gärung: Die Bezeichnung „Gärung" wurde erst ziemlich spät auf den so alten Vorgang der Alkoholbildung aus süßen Stoffen eingeengt. Noch bei LIEBIG (1839) sind Verwesung, Gärung, Fäulnis nur wenig voneinander verschieden. Der Bodensatz von den alkoholischen Gärungen erregte schon vor Jahrhunderten die Aufmerksamkeit: als Ferment brachte man ihn in enge, wenn auch ganz unklare Beziehung zu dieser Umwandlung. Das „Ferment" wurde, wie z. B. THÉNARD in seinem „Lehrbuche der Chemie" (1813) erzählt, in Paris von den sog. Levuriers als blaugraue feste Paste verkauft. GAY-LUSSAC glaubte (1810) bewiesen zu haben, daß Sauerstoff zur Gärung notwendig und bedingend sei; den eigentlichen Vorgang faßte er wenigstens in eine summarische Formel zusammen, nach der Alkohol und Kohlensäure die einzigen Produkte aus dem Zucker wären. 1837 lenkten gleichzeitig CAGNIARD DE LATOUR in Frankreich und SCHWANN in Deutschland die Aufmerksamkeit auf die mikroskopische Untersuchung der Hefe. LEEUWENHOECKs frühe Ansätze dazu (1680) waren ja bis dahin kaum weiter gebildet worden. SCHWANN zeigte auch in Reihen von Vergleichen, daß nach einer Erhitzung aller anwesenden Substanzen, auch der Luft, keine Gärung eintritt. Nicht der Sauerstoff, aber „ein in der Atmosphäre enthaltener, durch Hitze zerstörbarer Stoff" veranlaßt sie: eben der Pilz, den man mikroskopisch so schön beobachten kann[1]). Das schien manchen ein Rückfall in zu vitalistische und vorchemische Begriffe zu sein. BERZELIUS wollte statt dessen nur von „katalytischer Kraft" der Hefe sprechen, und noch eigentlicher chemisch faßte LIEBIG (1839) die Gärung auf: Das Ferment zersetzt sich und bezieht auch den Zucker in seine Reaktion mit hinein.

PASTEUR (1857 und später) veränderte die alte GAY-LUSSAC-Gleichung; sie wäre danach nur eine grobe Annäherung an die Wirklichkeit, da noch Glyzerin und Bernsteinsäure entstehen. Später zeigte sich freilich, daß in diese anscheinend umfassendere, genauere Gärungsgleichung auch gar nicht streng zugehörige Vorgänge aufgenommen worden waren. Ihre kausale Erklärung durch PASTEUR litt ähnlich darunter, daß von den beobachteten Faktoren nicht die kleinste mögliche Anzahl ausgewählt wurde: „Eine alkoholische Gärung ohne gleichzeitige Organisation, Entwicklung und Vermeh-

---

[1]) Vgl. F. B. AHRENS, „Das Gärungsproblem", Stuttgart 1902.

rung, d. h. ohne fortgesetztes Leben (der Hefe) findet niemals statt."
Aber damit sei ja nichts chemisch erklärt, meinte LIEBIG (1868) darauf;
allerdings vermochte er auch in vielen Bemühungen keine tiefergehende
Deutung zu geben als er sie im wesentlichen schon vor 30 Jahren
entwickelt hatte. Er war ganz Chemiker dabei, während PASTEUR
das Biologische betonte. Ihm war (1875) Gärung „die Folge des
Lebens ohne Luft." (Schon 1861 hatte er sich ähnlich geäußert.)
Andrerseits lehnte auch z. B. C. v. NÄGELI alle Fermenttheorien ab
(auch die von M. TRAUBE geäußerte); Bewegungszustände übertrügen
sich von dem lebenden und dabei chemisch unverändert bleibenden
Plasma auf das Material (1879). So stritt man über die Rolle des lebendigen Materials und eben des Lebensvorganges an ihm, bis EDUARD
BUCHNER im Jahre 1897 „eine Trennung der Gärwirkung von den
lebendigen Hefezellen" wirklich vornahm: Sein Hefepreßsaft enthält
keine lebenden Zellen mehr und doch „Gärkraft".

Seitdem sind ähnliche Verfahren bekannt gemacht worden, um
nun auch auf diesem Gebiete für die chemische Untersuchung ein
aus der natürlichen Einheit abgetrenntes Gebilde zu erzeugen. Die
rein chemische Seite des Problemes war von ADOLF BAEYER (1870)
berührt worden; Anlagerungen von Wasser und Abspaltungen desselben zwischen anderen Molekülteilen bildeten die hypothetische
Leiter, die vom Sechs-Kohlenstoffzucker zu Alkohol und Kohlensäure
führte. Wirklich gefaßt wurde ein wahrscheinliches Zwischenprodukt
erst in der Hexosephosphorsäure (HARDEN und JOUNG, 1907, v. LEBE-
DEW, 1909).

Aber während späterhin seine Bedeutung für den normalen Gär-
vorgang wieder zweifelhaft wurde, gewann man andre und näher am
Endprodukte liegende Stoffe jüngst als offenbare Zwischenstufen:
C. NEUBERG und seine Mitarbeiter wiesen für Azetaldehyd und Brenz-
traubensäure diese Bedeutung nach[1]).

3. Wirkungen von Chemikalien auf den Organismus.

In der physiologisch-chemischen Forschung untersucht man u. a.
die Einwirkung von chemisch genau bekannten Stoffen auf kunstvoll
isolierte Organismusteile. H. BECHHOLD, R. HOEBER, JACQUES LOEB,
R. PAULI, H. ZWAARDEMAKER und andere haben dabei aus rein- oder
physikalisch-chemischen Gesichtspunkten viele wertvolle Resultate
gewonnen. Aber danebenher geht doch zugleich auch die Beobachtung
der Reaktion des ganzen Organismus. Um diese dann zu erklären,
stützt man sich natürlich auf die im Versuche mit den isolierten Teilen

---

[1]) Vgl. die Veröffentlichungen in den letzten Jahrgängen der „Biochemi-
schen Zeitschrift", ferner „Chemiker-Zeitung", 1920, S. 9ff.

gewonnene Einsicht in ein einfaches Abhängigkeitsverhältnis zwischen ausschlaggebenden Bedingungen. Wir werden uns nunmehr nicht wundern, dabei Übertreibungen und Auftreibungen des Teiles zum Ganzen zu finden. Nach ihren verschiedenartigen Teilversuchen schlossen z. B. LOEB (1893) auf chemische Bindung bei allen Giftwirkungen, HANS MEYER (1899), OVERTON (1901) auf den notwendigen und hinreichenden Einfluß der Fettlöslichkeit einer Substanz auf ihre narkotische Wirkung, und neuerdings etwa I. Traube, daß allein die Veränderung der Oberflächenspannung an der narkotischen Wirkung schuld sei. Freilich erfahren solche Versuche, die komplexen Wirkungen aus nur einer einzelnen — und daher physikalisch zu nennenden — Eigenschaft des Reagens durchaus zu deuten, die ihrer Einseitigkeit entsprechende Würdigung: begeisterte Zustimmung der gleichgerichteten Einseitigen, scharfe Ablehnung von den andern, und Registrierung als Teilerkenntnis von den Vielseitigen. Diese Erörterungen sind entwicklungsgeschichtlich besonders interessant: Wir erleben an ihnen das Verfahren, das für die ältere Zeit sonst vielfach ganz rätselhaft erschien: wie man in der Anfangsperiode einer wissenschaftlichen Forschung schon die Erklärung des ganzen Problemkomplexes gefunden zu haben glaubt.

Betrachtet man allerdings die Zahl der „künstlichen" Arzneimittel, so wird man kaum den Eindruck haben können, daß man sich in einer Anfangsperiode befände. Dennoch ist die Synthese solcher Stoffe nach physiologisch-chemischen Gesichtspunkten vor nicht viel mehr als 30 Jahren begonnen worden. Natürlich war auch dies kein Beginn aus dem Nichts heraus; zahlreiche Einzeluntersuchungen, ganz abgesehen von der fast uralten Tradition, waren bekannt; Männer wie O. SCHMIEDEBERG, O. LIEBREICH hatten wichtige Vorarbeit geleistet. Aber chemisch genau definierte Stoffe als Arzneimittel brachten doch erst die Entdeckungen von LUDWIG KNORR (Antipyrin, 1883) und OSCAR HINSBERG und A. KAST (Phenacetin, 1887). Hier suchte nun der Chemiker nach den ihm geläufigen Substitutionsmethoden neue Derivate zu gewinnen. A. EINHORN führte z. B. solche Untersuchungen in den neunziger Jahren systematisch durch, um den Träger der anästhesierenden Wirkung des Kokains zu entdecken[1]).

Die chemischen Veränderungen solcher dem Organismus eingegebenen Stoffe verfolgte man zuerst am Endprodukte: Den ersten Befunden von EUGEN BAUMANN und HERTER, die (1876) Phenol in der Form seines Schwefelsäureesters mit dem Harne ausgeschieden sahen, schlossen sich dann viele allmählich verfeinerte Feststellungen

---

[1]) Vgl. dazu auch FRITZ HOFMANN (Breslau), „Wie unsere Heilmittel entstehen", Zeitschr. f. angew. Chemie **23**, _273_ (1920).

solcher Art an. C. NEUBERG fand sehr oft die Glukuronsäure daran
beteiligt, wenn ein solcher giftiger Stoff in den Ausscheidungsflüssig-
keiten entfernt wurde. Noch jetzt spricht man oft in der bioche-
mischen Literatur von diesen Estern als „gepaarten Verbindungen",
mit einem Ausdrucke, der an KOLBES Zeit erinnert.

PAUL EHRLICH (geboren 1854, seit 1899 in Frankfurt tätig, gestorben 1915) hatte schon 1885 feine chemische Methoden angewendet,
um die Reaktionen im Organismus zu verfolgen: Durch Küpenfarb-
stoffe stellte er die Verteilung des Sauerstoffes fest. Die hohe Ausbildung der Farbstoffchemie diente ihm dann auch weiterhin bei
seinen Forschungen zur Chemotherapie. Wie man dort in chromophore
und auxochrome Gruppen getrennt hatte, so wollte man auch das
Molekül der Arzneistoffe nach den Trägern der hier besonders betonten
Wirkungsart zerlegen. EHRLICH bezog nun auch die Ergebnisse mit
ein, die KOCH und BEHRING bei ihrer Serumtherapie gewonnen hatten,
und R. PFEIFFERS Entdeckung (1893) von Antikörpern, die im Organismus z. B. bei Einführung von Bakterienkulturen gebildet werden,
baute er weiter aus. So entstand im Zusammenhange mit seinen
eigenen, immer auf das Chemische zurückgehende Forschungen jene
große theoretische Grundlegung der Chemotherapie (etwa 1904)[1]).
Man kann auch an ihr wieder sehen, wie einleuchtend doch die mechanischen Grundvorstellungen sind, die in dieser modernen und freilich
im einzelnen sehr feinen Theorie doch stellenweise an die Atomistik
eines LEMERY erinnern; und auch darin übrigens ihr ähneln, daß sie
im anfangs raschen Laufe ihrer Entwicklung doch bald durch große
Hindernisse aufgehalten werden. Was früher vielleicht zu „greifbar"
anschaulich daran war, ist schließlich doch wieder kaum genau be-
gründbar geworden.

Immerhin sind solche Anläufe sehr wichtig. Uns bleibt als Ziel
befriedigender Erklärungen eben doch dasjenige, das schon vor
Jahrhunderten zu spekulativ fundiert und darum schon für erreicht
gehalten wurde; wir müssen es nur weiter und genauer bestimmen,
was die einfachen mechanischen Verhältnisse nun auf dem neuen Boden bedeuten; und dafür bleibt auch nach der großen Leistung
EHRLICHS noch ein weites Betätigungsfeld.

---

[1]) Vgl. z. B. die zusammenfassende Darstellung von A. v. WEINBERG in
seinem Nekrolog auf P. EHRLICH: Ber. d. Dtsch. Chem. Ges. **49**, 1223 (1916).

Namenverzeichnis.

Sachverzeichnis.

Druck der Spamerschen Buchdruckerei in Leipzig.